Hans-Ulrich Küpper / Stefan Helber

Ablauforganisation in Produktion und Logistik

3., überarbeitete und erweiterte Auflage

2004
Schäffer-Poeschel Verlag Stuttgart

Autoren:

Prof. Dr. Hans-Ulrich Küpper,
Institut für Produktionswirtschaft und Controlling,
Ludwig-Maximilians-Universität München

Prof. Dr. Stefan Helber,
Institut für Produktionswirtschaft,
Universität Hannover

Bibliografische Information Der Deutschen Bibliothek
Die Deutsche Bibliothek verzeichnet diese Publikation
in der Deutschen Nationalbibliografie; detaillierte bibliografische Daten
sind im Internet über <http://dnb.ddb.de> abrufbar.

Gedruckt auf säure- und chlorfreiem, alterungsbeständigem Papier.

ISBN 3-7910-2342-X

© 2004 Schäffer-Poeschel Verlag für Wirtschaft · Steuern · Recht GmbH & Co. KG
www.schaeffer-poeschel.de
info@schaeffer-poeschel.de
Einbandgestaltung: Willy Löffelhardt
Druck und Bindung: Kösel, Krugzell
Printed in Germany
Oktober / 2004

Schäffer-Poeschel Verlag Stuttgart
Ein Tochterunternehmen der Verlagsgruppe Handelsblatt

Vorwort zur 3. Auflage

Die Schwerpunkte in der Betriebswirtschaftslehre haben sich mit der Zeit deutlich verschoben. Im Bereich der Produktion sind die Probleme der Planung und Kontrolle sowie der Organisation immer stärker in den Vordergrund getreten. Deshalb haben die in diesem Buch zur Ablauforganisation von Produktion und Logistik behandelten Gegenstände auch in der betriebswirtschaftlichen Ausbildung ein höheres Gewicht erlangt. Dem haben wir mit der intensiven Behandlung von Entscheidungsmodellen und Lösungsverfahren für die Produktion und Logistik schon in der 2. Auflage Rechnung getragen.

Die früher im Vordergrund stehende Produktions- und Kostentheorie hat heute nicht mehr eine vorherrschende Stellung in Forschung und Lehre. Sie ist jedoch weiter eine zentrale Grundlage für die in Produktion und Logistik zu lösenden Entscheidungsprobleme. Deshalb haben wir die Darstellung und Analyse der wichtigsten produktions- und kostentheoretischen Aussagensysteme in die Neuauflage dieses Buches aufgenommen. Davon ausgehend wurden die Instrumente zur Datenermittlung und –prognose um die Verfahren zur Materialbedarfsvorhersage erweitert. Dies erscheint uns vor allem im Hinblick auf die umfassendere Behandlung von Problemen der Ablauforganisation in Produktion und Logistik innerhalb des Studiums der Betriebswirtschaftslehre zweckmäßig. Die anderen, bewährten Teile des Buches haben wir aktualisiert.

Für die Mitwirkung an dieser Neuauflage, die Erstellung von Abbildungen und die technische Anpassung bis zum reproduktionsfähigen Manuskript danken wir den Mitarbeitern unserer beiden Lehrstühle. In besonderer Weise gilt dieser Dank Herrn Dipl.-Ing., Dipl.-Wirtsch.-Ing. Alexander Susanek, in dessen Hand die gesamte Projektbetreuung lag.

München und Hannover, im Juli 2004

Hans-Ulrich Küpper   Stefan Helber

Vorwort zur 2. Auflage

Probleme und Methoden der Ablauforganisation wurden in der Organisationslehre lange eher am Rande behandelt. Im Rahmen der Produktionsplanung hat man ihnen dagegen schon immer ein hohes Gewicht eingeräumt. Inzwischen ist deutlich geworden, daß man bei vielen Fragestellungen der Organisation zweckmäßigerweise von den Abläufen ausgeht. Damit rückt die Prozeßorientierung in den Mittelpunkt des Interesses.

Aus dieser Blickrichtung können die Erkenntnisse zur Ablauforganisation in Produktion und Logistik für den gesamten Organisationsbereich nutzbar gemacht werden. Dies um so mehr, als die Verfahren zur Lösung ablauforganisatorischer Probleme in diesem traditionellen Kern der Ablauforganisation im vergangenen Jahrzehnt ein hohes Maß an praktischer Anwendbarkeit erreicht haben.

Deshalb konzentriert sich die zweite Auflage dieses Buches stärker auf die Abläufe in Produktion und Logistik. Diese beiden Bereiche hängen so eng zusammen, daß sie gemeinsam betrachtet werden müssen. Über die Herausarbeitung der grundlegenden Beziehungen und Strukturen, welche für die Ablauforganisation bestimmend sind, wird jedoch auch eine Basis für die Ablauforganisation von Informations- und Verwaltungsprozessen gelegt. Diese schon für die erste Auflage wichtige Blickrichtung wurde beibehalten und bei den verschiedenen Problemen herausgearbeitet.

Maßgebend war weiter die Zielsetzung, die ablauforganisatorischen Probleme, Modelle und Verfahren möglichst verständlich darzustellen und dennoch bis zu neuesten Ansätzen heranzuführen. Die Verfahren werden an einfachen Beispielen veranschaulicht, so daß ihre Struktur konkret nachvollzogen werden kann. Aufgrund der inzwischen eingetretenen Entwicklungen wurden die Abschnitte zu Entscheidungsmodellen und Verfahren der Ablauforganisation stark ausgeweitet. Zugleich wird deren theoretischer Hintergrund gekennzeichnet und analysiert, um so die Grundzüge einer Theorie der Ablauforganisation erkennbar zu machen.

Dem Verlag danken wir für die Aufnahme der Neuauflage in seine Reihe und die unkomplizierte Zusammenarbeit. In der konkreten Umsetzung und der Fehlersuche haben uns die Mitarbeiterinnen und Mitarbeiter des Instituts für Produktionswirtschaft und Controlling an der Universität München intensiv unterstützt. Prof. Dr. Horst Tempelmeier und Dr. Matthias Derstroff haben uns inhaltliche Hinweise und Anregungen gegeben. Ihnen sind wir ebenso dankbar wie all den Studenten, die uns in Vorlesungen und Übungen auf Mängel oder Unklarheiten hingewiesen haben.

München, im April 1995

Hans-Ulrich Küpper   Stefan Helber

Inhaltsverzeichnis

1 Gegenstand und Ziele von Ablauforganisation in Produktion und Logistik

1.1 Struktur des Wertschöpfungsprozesses von Unternehmungen

Unternehmungen sind darauf ausgerichtet, Produkte zu erzeugen, mit denen sie bestimmte Bedürfnisse von Kunden erfüllen können. Durch deren Verkauf an diese Kunden lassen sich in der Regel Einnahmen erzielen und damit ökonomische Unternehmensziele wie die Sicherung der Liquidität und die Steigerung des Periodengewinns sowie des Marktwerts erreichen. Mit den Aktivitäten ihres Produktionsprozesses ist eine Unternehmung im allgemeinen in einen umfassenderen Prozeß eingebunden, der von der Urgewinnung von Rohstoffen wie z.B. Erzen oder landwirtschaftlichen Produkten bis zum Verbraucher reicht. Durch die Umwandlung der in der Natur verfügbaren Güter in konsumfähige Güter wird Wert geschaffen, weil Kundenbedürfnisse befriedigt werden können. Deshalb spricht man von Prozessen der **Wertschöpfung**, in den entsprechend Abbildung 1-1 verschiedene Unternehmungen eingebunden sein können. Sie bilden gemeinsam eine unternehmensübergreifende Wertschöpfungskette.

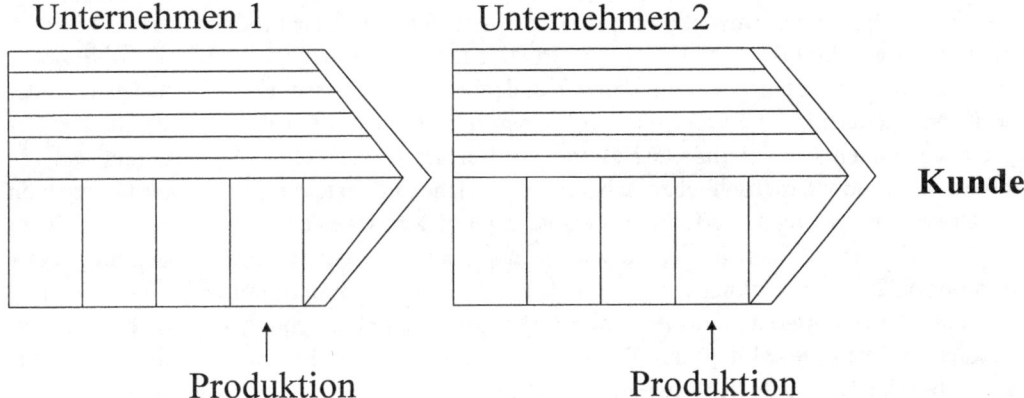

Abb. 1-1: Unternehmensübergreifende Wertschöpfungskette

Für die Durchführung des eigenen Produktionsprozesses muß eine Unternehmung verschiedenartige Einsatzgüter von den in der **Wertschöpfungskette** vor ihr liegenden Unternehmungen sowie vom Arbeits- und Kapitalmarkt beziehen. Deren Kombination und Verarbeitung im Rahmen ihres Produktionsprozesses führt zur Entstehung neuer Güter, die sie als ihre Endprodukte an ihre Kunden absetzt. Ihre eigene Wertschöpfung ergibt sich aus ihren Wertschöpfungsaktivitäten und der von ihr erzielbaren Gewinnspanne; sie schlägt sich monetär in der Differenz zwischen ihrem Umsatz und den Kosten für die von anderen Unternehmungen bezogenen Vorleistungen nieder. Damit umfasst sie den Wert, der von den Anteilseignern und Arbeitnehmern einer Unternehmung erwirtschaftet wird.

Die betriebliche Wertschöpfungskette ist unmittelbar darauf gerichtet, die Produkte einer Unternehmung bei Kunden abzusetzen. Daraus ergibt sich eine hohe Bedeutung von **Kundenorientierung** für alle Wertschöpfungsprozesse. Die Unternehmensaufgabe wird in der Erstellung und Verwertung der von ihr erzeugten Produkte gesehen. Deshalb wird das Produktionsprogramm auch als ihr Sachziel bezeichnet. Bei einer Reihe von insbesondere öffentlichen Unternehmungen wie z.B. Krankenhäusern und Hochschulen ist dieses Sachziel bestimmend. Dagegen stehen bei erwerbswirtschaftlichen Unternehmungen im allgemeinen ökonomische (Formal-) Ziele im Vordergrund. Zu ihnen gehören vor allem die Liquidität bzw. Zahlungsfähigkeit und der Unternehmenserfolg, der sich im Hinblick auf die mehrperiodigen Erwartungen im Marktwert des Eigenkapitals bzw. Shareholder Value und in Bezug auf einzelne Perioden bzw. Produkte im Perioden- bzw. Stückgewinn niederschlägt.

Die Wertschöpfung innerhalb einer Unternehmung erfolgt im Rahmen eines Gütererstellungs- oder Produktionsprozesses, der sich aus einer Vielzahl verschiedenartiger Einzelprozesse zusammensetzt. Dieser lässt sich in mehrere charakteristische **Phasen** einteilen, wie sie für die Erstellung von Sachgütern und Dienstleistungen im Normalfall erforderlich sind und als Glieder der innerbetrieblichen Wertschöpfungskette interpretiert werden können. Zu ihnen gehören im allgemeinen entsprechend Abbildung 1-2 Forschung und Entwicklung (F&E), Beschaffung, Fertigung und Absatz. Die *F&E-Phase* zielt darauf ab, Produktinnovationen und –variationen durchzuführen. In ihr können Forschungsprozesse zur Gewinnung von Ideen und Erkenntnissen sowie daraus abgeleitete Entwicklungsprozesse zur Erfindung neuer Produkte oder zur Veränderung bisheriger Produkte bis hin zur Konstruktionsreife durchgeführt werden. Hiermit möchte man zu Neuerungen gelangen, mit denen Kundenbedürfnisse besser als bisher befriedigt oder neue Kundenbedürfnisse geweckt werden können. Die *Beschaffungsphase* beinhaltet den Bezug der benötigten Roh-, Hilfs- und Betriebsstoffe, der maschinellen Anlagen und anderen Gebrauchsgüter sowie menschlicher Arbeitskraft, welche zur Erstellung von Gütern notwendig sind. Diese Gütererzeugung erfolgt in den *Fertigungsprozessen.* Um die in ihnen erzeugten Sachgüter wie Möbel, Werkzeuge, Maschinen u.a. oder Dienstleistungen wie Beratung, Ausbildung oder Kreditvermittlung u.a. an Kunden zu verkaufen, unternimmt eine Unternehmung verschiedenartige Tätigkeiten des *Absatzes.* Insbesondere durch Werbung, eine bestimmte Produkt- und Sortimentsgestaltung, ihre Preispolitik und die Art des Gütervertriebs beispielsweise über Groß- oder Einzelhändler sowie entsprechende Serviceleistungen der Beratung, Wartung usw. versucht sie möglichst viele Kunden zum Erwerb ihrer Produkte zu bewegen. Ein Kennzeichen dieser Phasen liegt darin, daß sie sich unmittelbar auf die Produkte als die eigentlichen Leistungen einer Unternehmung beziehen. Deshalb können die in ihnen durchgeführten Prozesse auch als Leistungssystem der Unternehmung bezeichnet werden.

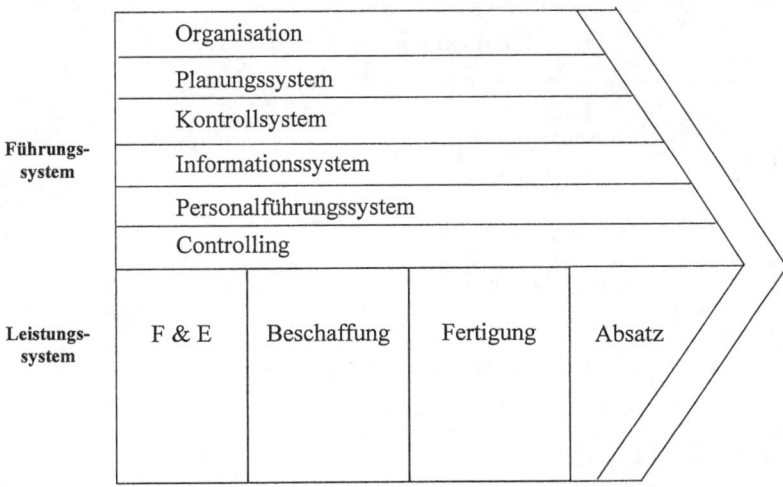

Abb. 1-2: Betriebliche Wertschöpfungskette

Um diese Prozesse zielorientiert zu lenken, können Unternehmungen verschiedene Instrumente einsetzen. Zu ihnen gehören Informationssysteme wie die Unternehmensrechnung, die Betriebsdatenerfassung und die Marktforschung, welche Daten beispielsweise zur Entscheidung über den Ablauf von Prozessen liefern. Mit diesen lassen sich die Prozesse in den Phasen planen und kontrollieren. Da diese Prozesse in den meisten Unternehmungen von mehreren oder einer Vielzahl von Mitarbeitern vollzogen werden, müssen die Beziehungen zwischen diesen zum Beispiel durch die Bildung einer Hierarchie organisiert werden. Um die Mitarbeiter so zu beeinflussen, daß sie im Sinne der Unternehmung handeln, benötigt man Instrumente der Personalführung wie das Anreizsystem der Entlohnung. Schließlich müssen diese verschiedenen Managementinstrumente koordiniert werden, um eine zielorientierte Steuerung des Gesamtprozesses zu erreichen. All diese Instrumente dienen zur **Führung** der Unternehmung und können daher als ihr **Führungssystem** bezeichnet werden[1].

Da alle Phasen des Leistungsprozesses gelenkt werden müssen, beziehen sich die Teilsysteme und Instrumente der Führung auf jede von ihnen. In Abbildung 1-2 erstrecken sie sich daher über alle Glieder der betrieblichen Wertschöpfungskette. Der Bezug zwischen **Führungs- und Leistungssystem** wird noch deutlicher, wenn man sie entsprechend Abbildung 1-3 wiedergibt. Im Hinblick auf das Führungssystem bringt sie die koordinierende Funktion des Controlling[2] zum Ausdruck, ohne daß hieraus eine übergeordnete Stellung dieses Teilsystems abgeleitet werden könnte. Ferner läßt diese Darstellung die Notwendigkeit des Einsatzes und der Kombination verschiedener Güter zur Durchführung von Produktionsprozessen in den verschiedenen Güterphasen erkennen. Als wichtigste Einsatzgüter oder Produktionsfaktoren von Unternehmungen kann man Material bzw. Stoffe, Personal oder deren menschliche Arbeit, Anlagen bzw. deren maschinelle Arbeit, Informationen sowie Nominalgüter bzw. Geld unterscheiden.

---

[1] Vgl. hierzu Küpper (2001), S. 13 ff.
[2] Küpper (2001), S. 409 ff.

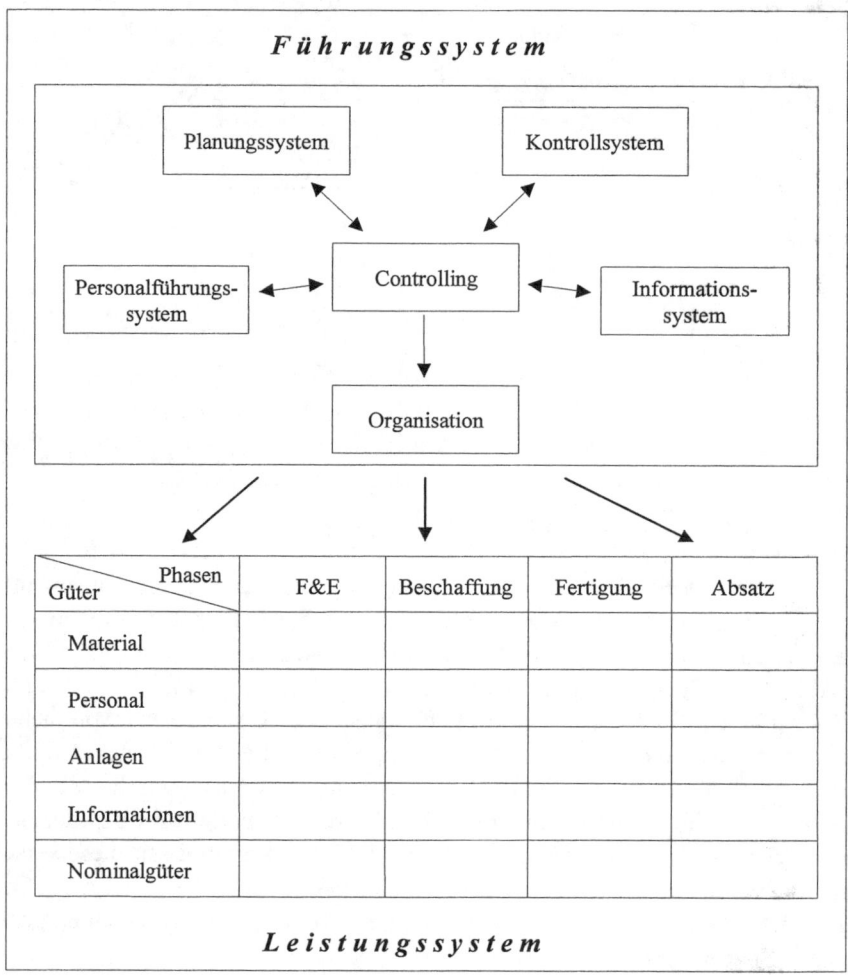

Abb. 1-3: Führungs- und Leistungssystem von Unternehmungen

An dieser Systematisierung von Unternehmensprozessen lassen sich die in diesem Buch behandelten Probleme allgemein einordnen. Die **Ablauforganisation** betrifft die raum-zeitliche Organisation von Prozessen in der Unternehmung. Sie ist damit Teil des Führungssystems und dient zur Lenkung von Prozessen im Leistungssystem. Für ihre Gestaltung zieht man häufig Instrumente anderer Führungsteilsysteme heran. Eine besondere Bedeutung mißt man der Informationsgewinnung und der Planung bei. Deshalb werden nach einer Kennzeichnung der **theoretischen Grundlagen der Produktion** in Kapitel 2 die Instrumente der **Datenermittlung und –prognose** in Kapitel 3 sowie **Entscheidungsmodelle und Lösungsverfahren** charakteristischer ablauforganisatorischer Probleme in den darauf folgenden Kapiteln behandelt. Letztere sind ein Basisinstrument der Planung, unter der man die gedankliche Vorwegnahme künftigen Geschehens verstehen kann. Sie dient dazu, Probleme zu analysieren, Alternativen zu ihrer Lösung herauszufinden, die Wirkungen insbesondere auf die Unternehmensziele zu prognostizieren und daraus eine Bewertung der realisierbaren Alternativen abzuleiten. Dies ist die Grundlage für die Auswahl einer möglichst optimalen Alternative im Entscheidungsakt. Da die Planung auf die Entscheidungsfindung abzielt, sind Entscheidungsmodelle ein leistungsfähiges Instrument, um Handlungsprobleme zu analysieren sowie zu strukturieren und mit einem geeigneten Lösungsverfahren eine Alternative zu bestimmen, durch die das angestrebte Ziel optimal erreicht werden kann. Bei der Durchführung der Entscheidung kommt den Instrumenten der Personalführung und der Kontrolle ein hohes Gewicht zu.

Der **Begriff der Produktion** wird in der Betriebswirtschaftslehre in einem weiten und einem engen Sinn gebraucht. In seiner weiten Fassung beinhaltet er die gesamte betriebliche Wertschöpfungskette und bezieht sich auf jede Form der Erstellung von Gütern. Wie aus Abbildung 1-4 im Hinblick auf die einzelwirtschaftlichen Leistungseinheiten ersichtlich wird, steht der Erzeugung von Sachgütern die Erstellung von Dienstleistungen gegenüber. Produktion ist in diesem Sinn jede Erstellung von Gütern. Dazu gehören auch die Erbringung von F&E-Leistungen, die Beschaffung von Einsatzgütern und der Absatz von Produkten. In dieser weiten Fassung bezieht sich der Begriff Produktion deshalb auf die Erstellung von Sachgütern und Dienstleistungen in allen Phasen des Leistungssystems.

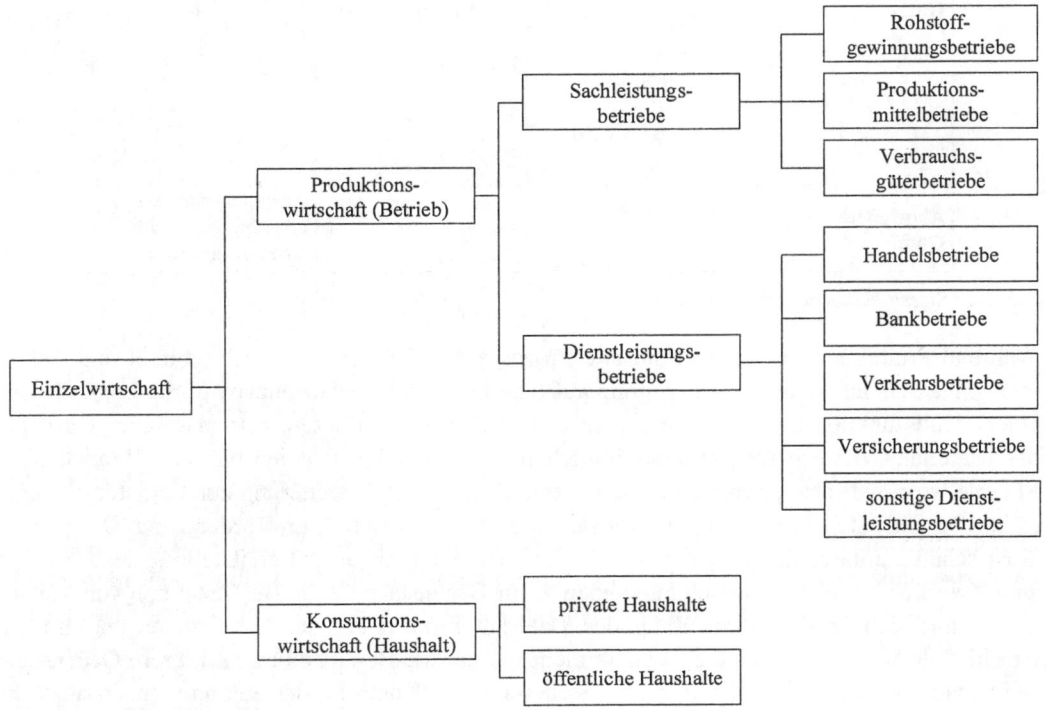

Abb. 1-4: Systematik der Einzelwirtschaften[3]

---

[3] Quelle: Wöhe (2002), S. 16.

Dagegen wird er im engeren Sinn synonym mit dem Wort **Fertigung** verwandt. Dann bezieht man sich nur auf die Erstellung der Produkte einer Unternehmung, bei denen es sich entsprechend der Systematik von Tabelle 1-1 um materielle (Sach-) Güter oder immaterielle Dienstleistungen in Form von menschlicher oder maschineller Arbeit, Informationen, Versicherungen, Kapitalbereitstellung u.ä. handeln kann. Besonders intensiv sind die Probleme der Ablauforganisation für diesen Teil der betrieblichen Wertschöpfung untersucht worden. Deshalb steht er bei der Kennzeichnung und Analyse von Entscheidungsmodellen und Lösungsverfahren der Ablauforganisation in diesem Buch im Vordergrund. Jedoch wird der Blick darüber hinaus auf die anderen Phasen gerichtet, um die Produktion im weiten Sinn im Auge zu behalten.

Güter	Realgüter		Nominalgüter (generelle Güter)
	Materielle (körperliche) Güter	*Immaterielle* (unkörperliche) Güter	Stets *immaterielle* Güter
Ursprüngliche Güter	Sachgüter	1. Arbeitstätigkeiten jeder Art	Geld
	1. *unbewegliche* (Immobilien)	2. Dienste	
	2. *bewegliche* (Mobilien)	3. Informationen	
Abgeleitete Güter		Ansprüche auf ursprüngliche Realgüter	Ansprüche auf ursprüngliche Nominalgüter (auf Geld)

Tab. 1-1: Klassifikation betrieblicher Güter

Während Produktion im weiten Sinn alle Prozesse der Gütererstellung einschließt und sich in ihrer engen Gleichsetzung mit Fertigung auf eine Umlaufphase bezieht, wird mit **Logistik** eine Querschnittsfunktion bezeichnet. Sie geht nämlich über alle Phasen, betrachtet aber vorrangig das Material. Während man es ursprünglich für zweckmäßig gehalten hat, den Bereich einer Materialwirtschaft abzugrenzen, hat sich inzwischen dessen Erweiterung zur Logistik durchgesetzt. Für beide steht eine bestimmte Einsatzgüterart, das Material, im Vordergrund. Die Materialwirtschaft „umfasst alle Vorgänge in der Unternehmung, die einer Bereitstellung des Materials zum Zwecke der Leistungserstellung dienen"[4]. Ihr Gegenstand ist die Bereitstellung von Material einschließlich der Qualitätsprüfung, des Materialtransports und der Abfallverwertung. Im Unterschied dazu erstreckt sich die Logistik nicht nur auf die Bereitstellung. Zu ihrem Gegenstand zählt man vielmehr neben der Planung, Steuerung und Kontrolle der einkommenden auch die der innerbetrieblichen und der ausgehenden Warenflüsse mit den zugehörigen Informationen.

---

[4] Grochla (1979), Sp. 1257 f.

Sie erfasst somit den Fluss von Stoffen, Halb- und Fertigerzeugnissen sowie Handelswaren über alle Funktionsbereiche hinweg.

1.2 Gegenstand und Ziele von Produktion und Logistik

1.2.1 Ausprägungen von Produktionssystemen

1.2.1.1 Bedeutung und Systematisierung von Produktionstypen

Für die Analyse der in der Wirklichkeit auftretenden Produktionsprozesse ist es zweckmäßig, charakteristische Ausprägungen der Produktion als **Produktionstypen** zu unterscheiden.[5] Diese werden gebildet, indem man die realen Erscheinungsformen der Produktion anhand eines oder mehrerer abstufbarer Merkmale kennzeichnet.

Die Bildung von Produktionstypen ist stets auf einen oder mehrere (Untersuchungs-) **Zwecke** ausgerichtet. Ihr erster Zweck besteht in einer möglichst exakten und umfassenden *Beschreibung* der Realität. Durch eine Herausarbeitung von Merkmalen der Produktion lassen sich ihre Erscheinungsformen darstellen und ordnen. Zweitens dient die Typenbildung dazu, die am häufigsten in der Realität vorkommenden Eigenschaften und *Formen der Produktion* zu bestimmen. Ein dritter Zweck ist darin zu sehen, daß eine Abgrenzung von Produktionstypen die Formulierung und Überprüfung von *Hypothesen* bzw. *Theorien über die Produktion* erleichtert. Schließlich liefert sie viertens eine wichtige Grundlage für die Analyse typischer *Entscheidungsprobleme der Produktion* und die Entwicklung von Modellen *der Produktionsplanung*.

Nach der Zahl an Merkmalen, die zur Bildung eines Typus herangezogen werden, lassen sich ein- und mehrdimensionale **Typen** unterscheiden. Grundlage einer umfassenden Typenbildung ist die Herausarbeitung von *Elementartypen*. Mit ihnen versucht man, die für den Untersuchungszweck charakteristischen Erscheinungsformen der Realität durch möglichst wenige Merkmale wiederzugeben. Durch die Kombination von Elementartypen gelangt man zu *Kombinations-* oder *Verbundtypen*.

Als wichtige Komponenten der Produktion kann man den Einsatz (Input) von Gütern, ihre Transformation in Bearbeitungsprozessen und das hierbei erstellte Produktionsprogramm (Output) unterscheiden. Entsprechend dieser Einteilung bietet es sich an, die Elementartypen der Produktion in Einsatz-, Prozess- und Programmtypen zu gliedern.

1.2.1.2 Programmtypen

Die Produktion ist auf die Erstellung und Verwertung von Gütern ausgerichtet. Daher bildet die **Struktur des Produktionsprogramms** i. d. R. eine grundlegende Bestimmungsgröße der Produktion. Zum Produktionsprogramm können sowohl die Zwischen- und Endprodukte der Fertigung als auch die Absatzgüter gerechnet werden.

Materielle oder *Sachgüter* sind insbesondere Bauwerke, Maschinen, Werkzeuge und Stoffe, denen als andere Güterart die Klasse der *immateriellen* oder *unkörperlichen Güter* gegenüber-

---

[5] Vgl. zu den Produktionstypen Küpper (1979a), Sp. 1636 ff.

steht. Zu letzteren gehören vor allem menschliche und maschinelle Arbeit, Dienste und Informationen.

Im Hinblick auf die **Gestalt der Güter** lassen sich *ungeformte Fließgüter, geformte Fließgüter* und *Stückgüter* differenzieren.[6] Fließgüter liegen nicht in natürlich vorgegebenen Einheiten vor. Ungeformte Fließgüter sind z.b. Flüssigkeiten und Gase. Bei geformten Fließgütern wie Drähten oder Blechen u. ä. sind lediglich Breite und Höhe konstruktiv bestimmt, ihre Länge ist frei variierbar. Dagegen sind bei Stückgütern wie Maschinen, Bohrern usw. alle drei Dimensionen festgelegt. Einteilige Produkte wie Schneideisen, Gewindebohrer o. ä. werden aus einem einzigen Rohstoff gefertigt. Durch die Montage oder Verschmelzung mehrerer Stoffe entstehen mehrteilige Produkte wie Motoren und Lampen. Nach der Beweglichkeit der Güter differenziert man zwischen beweglichen Produkten (*Mobilien*) und unbeweglichen Produkten (*Immobilien*) wie z.B. Straßen und Brücken.

Für viele ablauforganisatorische Probleme besitzt die **Zahl der herzustellenden Güterarten** eine besondere Bedeutung. Im Fall der Einproduktfertigung enthält das Produktionsprogramm einer Unternehmung lediglich eine Produktart, die in unbegrenzter Menge als *Massenprodukt* erstellt wird. Dieser Programmtyp tritt z.B. bei der Erzeugung von Gas, Kies u. ä. auf, ist in der Realität jedoch selten. Eine Mehrproduktfertigung liegt bei der Herstellung von Sorten-, Serien- oder Einzelprodukten vor.[7]

Die Art der **Beziehungen zwischen Produktion und Absatzmarkt** führt zur *Kunden-* und *Marktproduktion*. Bei Kundenproduktion (*Bestellproduktion, auftragsorientierter Produktion*) liegt der Bestellvorgang des Kunden zeitlich vor dem Herstellungs- (bzw. Beschaffungs-) prozess. Demgegenüber erfolgt die Gütererzeugung (bzw. –beschaffung) bei Marktproduktion im Hinblick auf einen anonymen Markt. Bei lagerfähigen Produkten bezeichnet man diesen Typ auch als *Vorratsproduktion* (*lagerorientierte Produktion*). Eine Mischform besteht darin, daß auf den ersten Fertigungsstufen auf Lager produziert wird, auf den letzten Stufen insbesondere Montageprozesse nur noch auftragsorientiert erfolgen.

1.2.1.3 Prozeßtypen

Produktionsprozesse bestehen aus Operationen, die von Arbeitsträgern an (materiellen oder immateriellen) Objekten vollzogen werden. Die Menge der zur Erstellung eines Zwischen- oder Endprodukts (an einem oder mehreren Objekten) durchzuführenden Operationen bezeichnet man als seinen **Stückprozeß**. Daher bietet es sich an, Produktionsprozesse anhand von Merkmalen der sie durchführenden Arbeitsträger, der Stückprozesse sowie der Zuordnung von Stückprozessen zu den Arbeitsträgern zu kennzeichnen. Nach den Merkmalen der räumlichen Anordnung der Arbeitsträger oder Produktiveinheiten und den aufgrund der Stückprozesse zwischen ihnen möglichen Transportbeziehungen unterscheidet man mehrere **Organisationstypen** der Produktion. Als grundlegende organisatorische Anordnungstypen kennt man *Werkstatt-* und *Fließfertigung* sowie die Zwischentypen der *Werkstattfließ-*, der *Fließinsel-* und der *Gruppenfer-*

---

[6] Vgl. Riebel (1963).
[7] Zur näheren Kennzeichnung vgl. Abschnitt 2.2.2.

tigung. Die Arbeitsträger können *chemische, biologische* und *physikalische* sowie *geistige Verfahren* als Technologietypen durchführen.

Dabei können sie im Hinblick auf ihren **Mechanisierungsgrad** nichtautomatisiert, teilautomatisiert oder vollautomatisiert sein. Entsprechend der zeitlichen Abstimmung zwischen den von verschiedenen Arbeitsträgern durchgeführten Operationen differenziert man zwischen *abgestimmter* und *nicht abgestimmter Produktion.* Wird die zeitliche Abstimmung für die aufeinanderfolgenden Arbeitsträger einer Fertigungslinie durchgeführt, spricht man von *Taktfertigung.*

Die **Struktur des Materialflusses** führt zu den **Vergenztypen** der *glatten (linearen oder durchlaufenden), konvergierenden (synthetischen), divergierenden (analytischen)* und der *umgruppierenden Produktion.*[8] Die Ausprägung dieses Merkmals ergibt sich aus der Analyse des Materialflusses je Arbeitsgang, indem aus einer oder mehreren Materialarten eine oder mehrere Produktarten erzeugt werden.[9]

Einen Spezialfall *diskontinuierlicher Produktion* stellt die **Chargenproduktion** dar. Bei ihr werden periodisch wiederkehrend Mengen gleich- oder verschiedenartiger Objekte gemeinsam an einem Arbeitsträger eingesetzt, gleichzeitig dessen Produktionsbedingungen ausgesetzt und als Ganzes gemeinsam entnommen.[10] Sofern die Produktionsbedingungen z.B. eines Schmelz- oder Brennofens nicht voll beherrschbar sind, weisen die in verschiedenen Chargen enthaltenen Produkte prozeßbedingte Qualitätsunterschiede auf (z.B. beim Färben von Stoffen).

Die **Ortsbindung** der Produkte während des Produktionsprozesses führt zur Differenzierung zwischen *örtlich gebundener* und *örtlich ungebundener Produktion.* Bei örtlich gebundener oder *Baustellenproduktion* müssen alle Betriebsmittel, Arbeitskräfte und Stoffe zum Produktentstehungsort gebracht werden. Eine örtliche Bindung der Produktion kann durch die begrenzte Mobilität des Zwischen- oder Endprodukts zwangsläufig vorgegeben (z.B. Straßenbau) oder wirtschaftlich zweckmäßig (z.B. Schiffs- oder Flugzeugbau) sein.

Die **Zahl** der innerhalb eines Stückprozesses nacheinander durchgeführten **Arbeitsgänge** ist maßgeblich für die Kennzeichnung *einstufiger* und *mehrstufiger Produktion.* Im weiteren Fall kann die Reihenfolge der Operationen innerhalb eines Stückprozesses technologisch vorgegeben oder (frei) variierbar sein. In enger Beziehung hierzu steht die Reihenfolge, in welcher dieselben Arbeitsträger von verschiedenen Stückprozessen durchlaufen werden. Nach dieser „Maschinenfolge" lassen sich *reihenfolgeidentische* von *reihenfolgeverschiedenen Prozessen* unterscheiden.

1.2.1.4 Einsatztypen

Als wichtige Klassen von Einsatzgüterarten sind materielle Güter wie Roh-, Hilfs- und Betriebsstoffe sowie immaterielle Güter in Form von menschlicher Arbeit, von maschineller Arbeit und von Informationen anzusehen. In den meisten Produktionsprozessen sind Einsatzgüter aus jeder dieser Klassen miteinander zu kombinieren. Jedoch kann auf einzelne Einsatzgüterarten ein besonders großer Anteil der gesamten Einsatzgütermenge und deshalb auch der Kosten entfallen.

---

[8] Vgl. Kosiol (1966); Schäfer (1969).
[9] Zur näheren Kennzeichnung vgl. Abschnitt 2.2.2.
[10] Vgl. Riebel (1963).

Dann kann man die Produktion entsprechend der **vorherrschenden Einsatzgüterart** als *materialintensiv, anlagen-* (bzw. *betriebsmittel-) intensiv, arbeitsintensiv* oder *informationsintensiv* bezeichnen.

Nach der **Konstanz der Güterqualität** des Werkstoffeinsatzes lässt sich *werkstoffbedingt wiederholbare Produktion* von *Partieproduktion* abgrenzen. Im allgemeinen sind die Unterschiede der Werkstoffqualität von so geringer Bedeutung für das Endprodukt, daß die Qualität trotz geringer Schwankungen als konstant betrachtet wird. Bei Partieproduktion weisen dagegen Werkstoffe, die nicht aus derselben Partie (z.B. von Fellen, Holz, Tabak u. ä.) stammen, stärkere und für das Endprodukt maßgebliche Qualitätsunterschiede auf.

1.2.1.5 Kombinationstypen

Die den Elementartypen zugrunde liegenden Merkmale erfassen eine Vielzahl unterschiedlicher Aspekte der Produktion. In der Realität ist ein konkreter Produktionsprozess nicht allein durch ein einziges Merkmal zu beschreiben. Seine exakte Kennzeichnung erfordert die Angabe der Ausprägungen mehrerer charakteristischer Merkmale. Deshalb müssen *Kombinationstypen* gebildet werden. Jeder in der Realität vorkommende Produktionsprozess lässt sich durch Angabe seiner Merkmalsausprägungen als spezifischer Kombinationstyp charakterisieren.

1.2.2 Entscheidungsprobleme und Ziele der Produktion

1.2.2.1 Überblick über wichtige Entscheidungsprobleme der Produktion

Auch wenn man Produktion im engen Sinn nur auf die Fertigung bezieht, umfasst sie eine Vielzahl von Entscheidungsproblemen. Darin kommt zum Ausdruck, daß es in Unternehmungen eine große Menge an Variablen und deren Kombinationsmöglichkeiten gibt, mit denen ihre Entscheidungsträger die Prozesse zur Erstellung ihrer Produkte gestalten können. Dies gibt ihnen einerseits die Chance, durch eine entsprechende Festlegung dieser Handlungsparameter ihren Kunden bessere Lösungen als die Konkurrenz anzubieten und dadurch ihre ökonomischen Unternehmensziele zu optimieren. Andererseits kann die Analyse dieser vielartigen Entscheidungsmöglichkeiten und der Beziehungen zwischen ihren Variablen sowie deren Wirkungen auf die Unternehmensziele sehr komplex sein.

Um den Überblick über die Entscheidungsprobleme zu behalten, sind sie nach geeigneten Kriterien zu systematisieren. In der Planung hat die Trennung zwischen den **Ebenen** der *strategischen, taktischen* und *operativen* Planung große Bedeutung erlangt.

	Strategische Planung	Taktische Planung	Operative Planung
Planungs-horizont	langfristig von 5 bis über 10 Jahre	mittelfristig bis ca. 5 Jahre	kurzfristig bis 1 Jahr und kürzer
Zielgrößen	qualitative Zielgrößen	eher quantitative Zielgrößen	quantitative Zielgrößen
	- Erfolgspotentiale	- Produktziele	- Produktionsziele . opt. Kapazitätsauslastung . Kostenminimierung . Durchlaufzeiten- minimierung
	- Bestimmungsgrößen des Gewinns	- mehrperiodige Erfolgsziele . Kapitalwert . Endwert . interner Zinsfuß	- einperiodige und stück- bezogene Erfolgsziele . Periodengewinn . Periodendeckungs- beitrag . Stückgewinn . Stückdeckungsbeitrag
		- Erhaltung der Zahlungs- fähigkeit	- Sicherung der Tages- Monats-, Jahresliquidität
Variablen und Alternativen	- Produkt- und Marktstrategien - Geschäftsfelder - Standorte	- quantitatives und qualitatives Produktions- programm - Investitions- und Finanzierungsprogramme - Personalausstattung	- Ablaufplanung - Losgrößenplanung - Bestellmengenplanung - Kapazitätsabstimmung - Personaleinsatzplanung
Charakte- ristische Merkmale	- gesamtunternehmens- bezogen - hohes Abstraktions- niveau - großer Planungs- umfang, geringe Detailliertheit und Vollständigkeit - qualitative Ausrichtung - langfristige Rahmen- planung	- funktionsbezogen - mittleres Abstraktions- niveau - mittlerer Planungs- umfang, zunehmende Detailliertheit und Vollständigkeit - stärker quantitative Ausrichtung - inhaltliche Konkretisierung der strategischen Planung	- durchführungsbezogen - niedriges Abstraktions- niveau - geringer Planungs- umfang, hohe Detailliertheit und Vollständigkeit - quantitative Ausrichtung - Umsetzung der taktischen Planung in konkrete Durchführungspläne

Tab. 1-2: Merkmale der strategischen, taktischen und operativen Planung

Wie Tabelle 1-2 veranschaulicht, richtet sich diese Unterscheidung an mehreren Kriterien aus. **Strategische Entscheidungen** haben eine grundlegende und langfristige Bedeutung. Sie beziehen sich in der Regel auf Geschäftseinheiten, die für bestimmte Produkt-Markt-Kombinationen tätig sind. Mit ihnen werden Potentiale für die Unternehmung erschlossen. In der Fertigung gehören in diesen Bereich vor allem Entscheidungen über Produktinnovationen, Produktvariationen und Produkteliminationen. Durch die Erfindung, Entwicklung und Konstruktion neuer Produkte sowie eine Veränderung eingeführter Produkte können Märkte erschlossen oder auf dem bisherigen Markt neue Nachfrage geweckt werden. Sie betreffen damit die Frage, in welchen Produktfeldern eine Unternehmung tätig ist. Vielfach können die Entscheidungen dieser Ebene höchstens in begrenztem Umfang durch quantitative Modelle erfasst und unterstützt werden. Dies ist auf der **taktischen** Ebene in wesentlich stärkerem Maße möglich. Dort geht es um die konkrete Gestaltung der Potentiale insbesondere durch die Investition in Anlagen sowie Personal und deren Pflege durch Instandhaltung bzw. Weiterbildung sowie die artmäßige Gestaltung des Produktionsprogramms. Deshalb sind in der Fertigung zu dieser Ebene vor allem die Entscheidungen über den Standort von Betrieben, den Organisationstyp der Fertigung, das Layout, die Produktgestaltung, das Produktionssortiment sowie die Personalausstattung der

Fertigung und die darin verwendeten Anreiz- bzw. Entlohnungssysteme zu rechnen. Die **operative** Ebene betrifft die Nutzung der Potentiale durch Entscheidungen über die konkrete Ausgestaltung der Produktionsprogramme und (den Vollzug) des Produktionsprozesses. In bezug auf das Produktionsprogramm sind die einzelnen Arten sowie Mengen der zu erstellenden Produkte und deren zeitliche Verteilung beispielsweise auf Monate und Wochen festzulegen. Zu den Entscheidungstatbeständen der Produktionsprozeßplanung gehören die Bereitstellung der erforderlichen Einsatzgüter, also der Maschinen, Mitarbeiter und des Materials sowie die Variablen wie Losgrößen, Maschinenbelegung usw., die man der Ablauforganisation zurechnet.

Die Skizzierung von Entscheidungstatbeständen der strategischen, taktischen und operativen Ebene deutet an, daß jede Produktion Variablen aus drei Dimensionen beinhaltet, die auf jeder Planungsebene auftreten, das Programm, die Ausstattung und den Prozeß. Das **Produktionsprogramm** bezieht sich auf die zu erstellenden Güter, die letztlich auf Märkten an Kunden abgesetzt werden sollen, als Sachziel der Unternehmung. Seine Ausgestaltung wird von der strategischen über die taktische bis zur operativen Ebene immer mehr konkretisiert. Die **Ausstattung** betrifft die Potentialgüter, mit welchen dieses Programm zu erstellen ist. Während ihre Ausprägung auf der strategischen Ebene mit der Kennzeichnung der leistenden Geschäftseinheiten eher allgemein abgegrenzt wird, ist sie auf der taktischen Ebene in bezug auf Grundstücke, Gebäude sowie maschinelle Anlagen und deren Standorte, Personal, Informationssysteme, aber auch Kreditbeziehungen u.ä. recht klar festzulegen. Auf der operativen Ebene können nur noch begrenzte Änderungen beispielsweise durch Überstunden oder geänderte Instandhaltungen an der Ausstattung vorgenommen werden. Die **Prozeßdimension** wird auf der operativen Ebene in den ablauforganisatorischen Entscheidungen besonders deutlich sichtbar. Sie ist aber auch auf den anderen Ebenen enthalten, indem zum Beispiel auf der taktischen Ebene die Prozesse maßgeblich für Entscheidungen über die Aufbauorganisation sein können und auf der strategischen Ebene die Produkt-Markt-Kombinationen mit bestimmten Technologien und deren grundsätzlicher Prozeßstruktur verbunden sind.

1.2.2.2 Ziele der Produktion

Entscheiden ist die bewusste Wahl zwischen Alternativen[11]. Um diese Wahl optimal durchzuführen, ist die Alternative zu wählen, welche das Ziel des Entscheidungsträgers am besten erreicht. Deshalb spielen die von einer Unternehmung verfolgten Ziele eine maßgebliche Rolle für die Kennzeichnung von Verfahren zur Lösung ablauforganisatorischer Entscheidungsprobleme in Produktion und Logistik. Um die Alternativen zu bewerten und die beste zu finden, sind ihre Wirkungen auf das oder die angestrebten Ziele zu prognostizieren. Zwischen den Alternativen, die ein Entscheidungsproblem kennzeichnen, und den Zielen muß also ein Zusammenhang bestehen. Deshalb werden beispielsweise in verschiedenen Planungsebenen und Funktionen unterschiedliche Ziele verfolgt. Eine rationale Planung erfordert jedoch, daß eine Unternehmung über ein einheitliches Zielsystem verfügt und die auf die einzelnen Entscheidungsprobleme bezogenen Ziele der Produktion aus den obersten Unternehmenszielen abgeleitet sind.

---

[11] Vgl. hierzu Sieben/Schildbach (1990), S. 1; Bamberg/Coenenberg (1992 2002), S. 15 ff.; Laux (2003), S. 1.

Bei erwerbswirtschaftlichen Unternehmungen gibt es eine Reihe von Argumenten[12], daß die Steigerung des **Marktwerts ihres Eigenkapitals**, der sogenannte *Shareholder Value*, eine ökonomische Zielgröße darstellt, die mit den Zielen ihrer Anteilseigner in hohem Maße übereinstimmt. Da sich dieser Marktwert aus deren Erwartungen über die in Zukunft an sie von der Unternehmung fließenden Zahlungen ergibt, spiegeln bei börsennotierten Unternehmungen die Kurswerte der Aktien diese Erwartungen zum jeweiligen Zeitpunkt wider. Bei nicht börsennotierten Unternehmungen ist er aus den prognostizierten Ein- und Auszahlungen, den Cash Flows, der Unternehmung unter Abzug des Marktwerts des Fremdkapitals herzuleiten.

Diese Zielsetzung schlägt sich bei der Unternehmung in der Maximierung des **Kapitalwerts** bzw. dem *Discounted Cash Flow* nieder. Dieser ergibt aus der Differenz zwischen den zum risikoangepaßten Kalkulationszinsfuß diskontierten künftigen Ein- und Auszahlungen der Unternehmung. Sofern ein vollkommener Kapitalmarkt vorliegt oder (für die betrachtete Problemstellung näherungsweise) angenommen werden kann, führt die Maximierung des *Endwerts* zu demselben Ergebnis. Für Produktionsentscheidungen auf der taktischen Ebene stellt deshalb diese quantitative Größe das vielfach geeignete Erfolgsziel dar. Soweit man bei strategischen Entscheidungen nicht ebenfalls mit quantitativen Modellen und damit demselben Ziel planen kann, wird die Steigerung des Erfolgspotentials als zweckmäßiges Ziel angesehen. Diese Größe drückt das Potential aus, das zur Erzielung von Erfolgen beispielsweise in Form von Kapitalwerten genutzt werden kann. Sie wird häufig in Form von *Wachstumszielen* konkretisiert.

Aus dem mehrperiodigen quantitativen Ziel des Kapital- (bzw. End-)Werts ist für operative Entscheidungen häufig ein **kurzfristiges Erfolgsziel** herzuleiten. Dies kann in der Maximierung des *Periodengewinns* als Differenz zwischen den in einer Periode anfallenden Erlösen und Kosten, eines *Residualgewinns*[13] z.B. als Differenz zwischen den Einzahlungen sowie den Auszahlungen, Abschreibungen und Kapitalkosten der Periode oder eines *Stückgewinns* liegen. Je mehr Entscheidungsvariablen durch Entscheidungen anderer Bereiche festliegen, desto eher kann das jeweilige Entscheidungsziel auf einzelne Komponenten der übergeordneten Zielgröße konzentriert und damit vereinfacht werden. Sofern man beispielsweise von einer gegebenen, nicht veränderlichen Kapazität auszugehen hat, lassen sich die Fixkosten durch die zu treffende Entscheidung nicht verändern. Dann geht das Gewinnziel in die Maximierung des Perioden- oder Stück-Deckungsbeitrags als Differenz zwischen Erlösen und variablen Kosten über. Liegen darüber hinaus der Absatz und damit die Erlöse fest, so kann die Minimierung der Perioden- oder der Stückkosten als Subziel verwendbar sein. Da viele Entscheidungsprobleme der Ablauforganisation noch speziellere Variablen und deren Wirkungen erfassen, müssen für sie häufig die Ziele noch stärker bis auf Zeit- und andere Größen spezifiziert werden. Deshalb haben sich spezielle *Ziele der Ablauforganisation* herausgebildet, die in Abschnitt 1.3.3 beschrieben werden.

Eine derartige **Herleitung vereinfachter Erfolgsziele** beruht auf einer Aufspaltung des umfassenden Entscheidungsfelds der Unternehmung in partielle Teilentscheidungen. Da ihre Hand-

---

[12] Vgl. Breid (1994), S. 68 ff.
[13] Vgl. hierzu Küpper (2001), S. 232 f.

lungsvariablen und deren Wirkungen auf die Unternehmensziele jedoch interdependent sind, muß für eine zuverlässige und präzise Planung jeweils geprüft werden, inwieweit das Unterziel wirklich zur Erreichung des übergeordneten Gesamtziels der Unternehmung führt und ob die durch die Aufteilung zerschnittenen Interdependenzen vernachlässigt werden dürfen. Einen Ansatz, um die Beziehungen zwischen mehrperiodigen Kapitalwerten und einperiodigen Gewinn- und Kostengrößen zu erfassen und zu analysieren, bietet die investitionstheoretische Kostenrechnung[14].

Neben dem Erfolgsziel müssen zumindest erwerbswirtschaftliche Unternehmungen das **Liquiditätsziel** beachten, weil Zahlungsunfähigkeit einen Konkursgrund darstellt. Ferner können von ihnen **Produkt-, Potential-, Sozial-** und **Umweltziele** verfolgt werden[15]. Derartige Ziele spielen auch für die Produktion sowie insbesondere bei nicht erwerbswirtschaftlichen Unternehmungen eine Rolle. So hat insbesondere die Beachtung von Umweltzielen in der Produktion eine zunehmende Bedeutung erlangt[16].

1.2.3   Teilbereiche und Ziele der Logistik

Das charakteristische Merkmal der **Logistik**[17] liegt darin, daß sie eine *Querschnittsfunktion* über alle Umlaufphasen des Wertschöpfungsprozesses darstellt. In der Abgrenzung ihrer Entscheidungsprobleme und insbesondere den Instrumenten zu deren Lösung soll deshalb das Ineinandergreifen von Bewegungs- und Lagerungsvorgängen erfasst werden. Die für die Logistik typischen *raum-zeitlichen Transformationsprozesse* findet man in der Beschaffung, der Fertigung und dem Absatz, da in jeder dieser Phasen Material zeitlich und räumlich bewegt sowie gelagert wird. Dementsprechend unterscheidet man Probleme der *Beschaffungs-, Fertigungs-* und *Distributionslogistik*. Hinsichtlich der letzten Phase spricht man i.d.R. nicht von Absatzlogistik, weil deren logistische Probleme die physische Verteilung oder Distribution der auszuliefernden Produkte betreffen. In der Forschung und Entwicklung wird dagegen Wissen erarbeitet; deshalb geht es in ihr nicht um die Transformation von Material, sondern von Informationen, die anderen Bedingungen unterliegt und daher nicht zur Logistik gerechnet wird. Wegen der Umweltbelastung durch verschiedenartige Stoffe wie Kunststoffe, Metalle, Öle u.a., die in der Produktion und durch nicht mehr gebrauchte Produkte anfallen, übernehmen Unternehmungen aufgrund rechtlicher Vorschriften oder freiwillig die Aufgabe ihrer Entsorgung. Da hierbei die raum-zeitliche (Rück-) Transformation oder Vernichtung dieser Güter ebenfalls eine zentrale Rolle spielen, wirft auch die *Entsorgungslogistik* wichtige Entscheidungsprobleme auf.

Kennzeichnend für die Logistik sind Transport- und Lagerprozesse. Deshalb stellen sich in allen Phasen **Transport-** und **Lagerhaltungsprobleme**. Zu diesen treten als weitere typische Entscheidungsprobleme der Logistik die Gestaltung von Lagerhäusern, Verpackung und Auftragsabwicklung. Mit **Lagerhaus** wird die Ausstattung von Lagern bezeichnet, die sich beispielsweise in der Art ihrer Regale, den Lager- und ggf. zugleich Transportbehältern sowie dem

---

[14] Küpper (1985); Küpper (1993a); Schweitzer/Küpper (2003), S. 237 ff.
[15] Zu dieser Zieleinteilung vgl. Küpper (2001), S. 112.
[16] Vgl. Hansmeyer (1979); Kreikebaum (1994), S. 1037 ff.; Dyckhoff u.a.(1994), S. 1071 ff.
[17] Vgl. Pfohl (2004a) und (2004b).

Ein- und Auslagerungssystem niederschlagen. Der **Verpackung** kommt im Hinblick auf Funktionen wie der Eignung für Transport und Lagerung, Sicherung der Ware, Information und Werbung sowie Entsorgung eine Bedeutung zu. All diese Aufgaben werden an Aufträgen vollzogen, zu denen die Stoffe bzw. Produkte zusammengestellt sind. Vom Zugang der eingesetzten Roh-, Hilfs- und Betriebsstoffe über deren Verarbeitung zu Zwischen- und Endprodukten bis zu ihrer Distribution an die Kunden kann es zweckmäßig sein, sie immer wieder in größeren Aufträgen zusammenzufassen oder in Einzelaufträge zu zerlegen. Die Art dieser Auftrags- oder Losbildung beeinflußt die Struktur der Lager- und Transportprobleme. Logistische Entscheidungen werden im allgemeinen in Bezug auf diese Aufträge getroffen. Daher stellt die **Auftragsabwicklung** einen zentralen Problembereich der Logistik dar.

Auch für die Logistik müssen konkrete **Ziele** aus den übergeordneten Unternehmenszielen abgeleitet werden, weil sich die Wirkungen von Logistikentscheidungen auf den Marktwert oder den Kapitalwert häufig nicht ausreichend zuverlässig und genau bestimmen lassen. Eine besondere Bedeutung bei Logistikentscheidungen besitzen insbesondere vier Arten von Zielen, die zur Entscheidungsfindung konkretisiert werden müssen:

- Kostenziele,

- Liquiditätsziele,

- Qualitätsziele sowie

- Sicherungs- und Serviceziele.

Das **Kostenziel** leitet sich als Inputkomponente aus dem Gewinnziel ab. Wenn man bei isolierten Logistikentscheidungen die Erlöse der Unternehmung als gegeben und konstant unterstellen kann, sind lediglich Kostenwirkungen von logistischen Handlungsalternativen relevant. Deshalb werden vielfach nur die von Logistikhandlungen ausgelösten Kosten berücksichtigt. Diese bestehen vor allem aus den Bezugskosten für die Einsatzgüter, Kosten der Lagerung, des Transports, der Verpackung und Auftragsabwicklung sowie jenen der betrieblichen Planung, Durchführung und Kontrolle der Logistikprozesse. Die wichtigste Komponente der Bezugskosten ist der Güterpreis. Die Kosten der Lagerung umfassen einerseits Kosten für das in den Lagergütern gebundene Kapital, andererseits Kosten für die Lagerprozesse (Lagerpersonal, Güterpflege, Lagerraum usw.). Für Transporte können Frachtkosten bei externer Vergabe oder Kosten für Betriebsstoffe (Benzin, Strom u. ä.) beim Einsatz eigener Transportmittel sowie anteilige Kosten der Transportmittel und des Transportpersonals anfallen. Bei allen Kostenarten ist zu prüfen, inwieweit ihre Höhe durch die jeweiligen Logistikalternativen verändert wird und sie damit als relevante Kosten zu berücksichtigen sind oder nicht.

Für die Beschaffung von Gütern müssen finanzielle Mittel bereitgestellt werden. Ihre Bindung belastet die Liquidität der Unternehmung. Deshalb müssen die Auswirkungen der Logistik auf das **Liquiditätsziel** berücksichtigt werden. Vor allem durch die Lagerung von Gütern, aber auch bei ihrem Transport werden finanzielle Mittel gebunden. Das Liquiditätsziel ist deshalb besonders bei Entscheidungen über die Höhe von Lagerbeständen und Transportmengen zu beachten.

Qualitätsziele bezeichnen Anforderungen an die Eigenschaften der durch die Logistik bereitzustellenden Güter. Ihre Ausprägung leitet sich aus den Qualitätsmerkmalen her, denen die Produkte der Unternehmung genügen sollen. Da die Qualität der eingesetzten Materialien und der zur Fertigung verwendeten Maschinen maßgebend für die erreichbare Qualität der Absatzprodukte ist, hat dieses Ziel in der Beschaffungslogistik eine eigene Bedeutung[18]. Sie bezieht sich auf die von einem Gut wahrnehmbaren Funktionen sowie auf ästhetische Merkmale, die Haltbarkeit und die Kombinierbarkeit mit anderen Einsatzgütern (Funktions-, Stil-, Dauer- und Integrationsqualität).

Die **Sicherungs- und Serviceziele** beziehen sich darauf, die Versorgung von Fertigung bzw. Absatz mit den benötigten Einsatzgütern zu gewährleisten. Grundsätzlich sind zukunftsbezogene Entscheidungen in allen Funktionsbereichen mit Unsicherheit verbunden. Für die Logistik ist ihre Berücksichtigung besonders wichtig, weil schon der Ausfall einzelner Güter schwerwiegende Konsequenzen in Fertigung und Absatz nach sich ziehen kann. Beim Güterbezug wird die *Sicherheit der Güterversorgung* insbesondere durch die Zuverlässigkeit der Lieferanten bestimmt. Sie kann ferner durch eine entsprechende Vertragsgestaltung, beispielsweise über Konventionalstrafen, beeinflusst werden. In vielen Fällen kann die Sicherheit der Güterversorgung durch eine geeignete Lagerhaltung verbessert werden. Je größer der *Liefer-Servicegrad* eines Lagers ist, desto eher kann ein Ausfall von externen Lieferungen aufgefangen werden. Der Liefer-Servicegrad wird durch die *Servicezeit* des Lagers und die *Zuverlässigkeit* des Services gekennzeichnet. Die Servicezeit lässt sich durch den zeitlichen Abstand zwischen dem Eingang einer Bedarfsmeldung im Lager und der Bereitstellung der Güter messen. Sie kann für die verschiedenen Lagergüter unterschiedlich groß sein. Mit ihr wird der Verfügbarkeitsstandard eines Lagers bestimmt. Die Zuverlässigkeit eines Service entspricht dem Wahrscheinlichkeitsgrad, mit dem ein Verfügbarkeitsstandard erreicht wird. Zu den Sicherungszielen können darüber hinaus Ziele gerechnet werden, welche die *Sicherheit* von Lager- und Transportprozessen gegenüber Explosionen, Beschädigungen, Alterung, Diebstahl, Schwund und dergl. betreffen.

Zwischen den verschiedenen Zielen der Logistik können **komplementäre** und **konkurrierende Beziehungen** vorliegen. Die gleichzeitige Beachtung verschiedener Ziele erfordert daher die Schaffung eines Zielsystems. Vielfach wird man Qualitäts-, Liquiditäts- und Sicherungsziele in Form von Nebenbedingungen festlegen. Für diese Ziele werden dann Ausprägungen vorgegeben, die bei Logistikentscheidungen mindestens einzuhalten sind, während man eine Minimierung der Kosten anstrebt.

1.3   Gegenstand und Ziele der Ablauforganisation

1.3.1   Kennzeichnung der Ablauforganisation

Die Ablauforganisation in Unternehmungen stellt einen Teil der betrieblichen Organisation dar. Über den **Gegenstand der Organisation** gibt es unterschiedliche Auffassungen. Vereinfachend lassen sich zwei grundsätzliche Positionen einander gegenüberstellen[19]. Nach der einen

---

[18] Vgl. Männel (1980).
[19] Vgl. Hill/Fehlbaum/Ulrich (1994), S. 17; Schanz (1992), Sp. 1460 f.; Picot (1993), S. 104 f.

Auffassung, die man als "instrumentale" Konzeption oder "Strukturierungskonzeption" bezeichnen kann, versteht man unter betriebswirtschaftlicher Organisation die bewußte Gestaltung einer Ordnung zwischen den Elementen betrieblicher Prozesse. Dagegen werden nach der "institutionalen" oder "verhaltenswissenschaftlichen" Konzeption zielgerichtete soziale Gebilde als Organisationen bezeichnet. Auf der Grundlage der zweiten Auffassung untersucht man vor allem das Verhalten und Handeln der in Sozialgebilden tätigen Personen und Gruppen sowie die Bestimmungsgrößen ihrer Verhaltensweisen.

Nach der verhaltenswissenschaftlichen Konzeption deckt sich der Gegenstand einer betriebswirtschaftlichen Organisationslehre weithin mit dem Bereich einer Lehre von der Unternehmung. Dagegen befaßt sich die Organisationslehre nach der Strukturierungskonzeption mit einem Teilbereich der Unternehmung, der neben anderen Bereichen wie Produktion, Absatz, Planung oder Unternehmensrechnung steht. In dieser Schrift wird vom Organisationsbegriff der **Strukturierungskonzeption** ausgegangen. Dies erscheint zweckmäßig, weil er die übliche Verwendung des Begriffs der Ablauforganisation besser einschließt.

Der Unternehmensprozeß setzt sich aus einer Vielzahl von Teilprozessen oder Aktionen zusammen. Seine Strukturierung erfordert die Ordnung der Beziehungen zwischen den Elementen, die an ihm mitwirken. Die Teilprozesse bestehen aus Verrichtungen, die von Subjekten unter Verwendung von Arbeitsmitteln an Objekten durchgeführt werden. Jeder einzelne Prozeß vollzieht sich an einem Ort zu einem bestimmten Zeitpunkt und dauert eine gewisse Zeit. Durch die gegenseitige Zuordnung der Elemente Subjekt und Objekt sowie der durchzuführenden Verrichtungen in Raum und Zeit wird der Unternehmensprozeß strukturiert. Die Gesamtheit der in ihm herrschenden Beziehungen bildet seine Struktur. Der Gegenstand der Organisation kann demnach wie folgt gekennzeichnet werden: Organisation bedeutet die bewußte **Gestaltung** der **Beziehungen** zwischen den **Subjekten, Arbeitsmitteln** und **Objekten** sowie den auszuführenden **Verrichtungen.**

Allgemein verwendet man den Begriff Organisation sowohl für die Tätigkeit des Organisierens als auch für das Ergebnis dieser Tätigkeit, das in der Ausprägung der Beziehungen zwischen den Elementen zum Ausdruck kommt.

Um den Gegenstandsbereich der Ablauforganisation abzugrenzen, sind die zu ihr gehörenden **Elemente** und Beziehungsarten näher zu kennzeichnen. Zu den Subjekten sind alle in der Unternehmung tätigen Personen und Personengruppen zu rechnen. Sie führen Verrichtungen in Form von Zuführung (Beschaffung, Gewinnung), Umwandlung (Fertigung, Verarbeitung), Lagerung (Speicherung) und Verwertung (Absatz, Übermittlung) an Objekten durch. Bei den Objekten kann es sich einerseits um körperliche (materielle) Gegenstände wie Roh- bzw. Hilfsstoffe oder Zwischen- bzw. Endprodukte handeln, andererseits um geistige (immaterielle) Tatbestände wie Informationen. Für die Durchführung der Verrichtungen werden im allgemeinen **Arbeitsmittel** eingesetzt. Zu diesen gehören insbesondere maschinelle Anlagen sowie Werkzeuge, Vorrichtungen und Betriebsstoffe, aber auch Informationen, Daten oder Algorithmen. Indem man die organisatorischen Elemente Subjekte, Objekte, Arbeitsmittel und Verrichtungen kombiniert, werden zwischen ihnen Beziehungen hergestellt.

Der Begriff **Ablauforganisation** beruht auf einer Einteilung des Gegenstands der Organisation in die Bereiche der Aufbauorganisation und der Ablauforganisation. Obwohl sich diese Unterscheidung weithin durchgesetzt hat, besteht über ihre genaue Abgrenzung keine einheitliche und eindeutige Auffassung. Der Grund hierfür ist darin zu sehen, daß beide Bereiche den Gegenstand der Organisation lediglich aus verschiedenen Blickwinkeln betrachten und deshalb eng miteinander verknüpft sind. Allgemein geht man davon aus, daß zur **Aufbauorganisation** die Beziehungsarten gehören, durch welche institutionellen Tatbestände und **Bestandsphänomene** gestaltet werden. Hierzu sind in erster Linie die Macht-, Kommunikations- und sozioemotionalen Beziehungen zwischen den zu einer Unternehmung gehörenden Personen zu rechnen. Von grundlegender Bedeutung sind innerhalb dieses Bereiches die Aufgaben, die als Handlungsziele erfüllt werden sollen, deren Verteilung auf Stellen und Personen und die hierarchische Ordnung innerhalb der Unternehmung.

Dagegen rechnet man zur betriebswirtschaftlichen **Ablauforganisation**[20] die **raum-zeitlichen Arbeits- und Bewegungsvorgänge**. Sie erstreckt sich auf die Prozeßphänomene in der Unternehmung. Die Struktur der Bewegungsvorgänge wird davon bestimmt, wie die organisatorischen Elemente gruppiert sind, wie die Arbeitsprozesse in Raum und Zeit angeordnet und wie die Objekte weitergegeben werden. Gegenstand der Ablauforganisation ist somit die Untersuchung und Gestaltung folgender vier Beziehungsarten:

- Gruppierungsbeziehungen,

- Raumbeziehungen,

- Zeitbeziehungen und

- Arbeitsbeziehungen.

Gruppierungsbeziehungen werden durch die sachliche Zuordnung von Elementen zu einer gemeinsamen Klasse geschaffen. Man ordnet Subjekte anderen Subjekten, Objekte anderen Objekten und Arbeitsmittel anderen Arbeitsmitteln zu. Hierdurch entsteht jeweils eine Gruppe von Elementen mit einem gemeinsamen Merkmal. Zum Beispiel erhält man durch die Zuordnung gleichartiger Produkte, die von einer Maschine nacheinander ohne Umrüstung bearbeitet werden, ein Fertigungslos. Auch Verrichtungen können eine Gruppe bilden. So bezeichnet man die Menge aller Verrichtungen, die eine Person oder Maschine an gleich- oder verschiedenartigen Objekten vollzieht, als Gangfolge. Die Ausprägungen von Gruppierungsbeziehungen lassen sich insbesondere durch die Größe der jeweiligen Gruppe sowie die Eigenschaften und Einheitlichkeit der Gruppenelemente beschreiben.

Alle Verrichtungen werden in Raum und Zeit vollzogen. Deshalb ist für die Durchführung der Prozesse die Gestaltung der **räumlichen und zeitlichen Beziehungen** zwischen Subjekten, Objekten, Arbeitsmitteln und Verrichtungen von grundlegender Bedeutung. Sie wird allgemein als das Kernproblem der Ablauforganisation aufgefaßt. Zeitbeziehungen betreffen die von Subjekten und Arbeitsmitteln an den Objekten durchgeführten Verrichtungen. Betrachtet man den Vollzug der Verrichtungen im Zeitablauf, so wird sichtbar, welche Verrichtungen gleichzeitig

---

[20] Vgl. Kosiol (1976), S. 187; Schweitzer (1964); Gaitanides (1983), S. 2.

und welche nacheinander durchgeführt werden. Faßt man die Zeitdauern der Verrichtungen als eine ihrer Eigenschaften auf, so kommen zeitliche Beziehungen in den zeitlichen Reihenfolgen der Verrichtungen zum Ausdruck.

Häufig sind an den Objekten nacheinander verschiedene Verrichtungen von unterschiedlichen Subjekten bzw. Arbeitsmitteln auszuführen. Dann müssen sie von einem Arbeitsplatz zum nächsten weitergegeben werden. Damit entstehen **Arbeitsbeziehungen** zwischen den unterschiedlichen Subjekten und/oder Arbeitsmitteln. Diese gliedern sich in Transportbeziehungen für die Weitergabe körperlicher Objekte und Übertragungsbeziehungen für die Übermittlung von Informationen. Transport- und Kommunikationsbeziehungen lassen sich durch die Subjekte bzw. Arbeitsmittel beschreiben, zwischen denen Objekte bzw. Informationen befördert werden müssen, sowie durch die Art der weitergegebenen Objekte bzw. Informationen, den Weg und das Mittel des Transports oder der Übertragung.

In dieser Arbeit werden vor allem die Prozeßphänome in Produktions- und Logistiksystemen untersucht. Während in **Produktionssystemen**[21] die *materielle Transformation physischer Objekte* im Vordergrund steht, dienen **Logistiksysteme**[22] vor allem dem *raum-zeitlichen Transfer* durch Transport und Lagerung. Die betriebswirtschaftlichen Entscheidungsfelder von Produktion und Logistik überschneiden sich vielfach. Ihre Modellierung führt daher oft auf inhaltliche und formale Analogien. So stellt die Bestimmung von Produktionslosen einerseits einen Teilbereich der Produktionsplanung dar. Sie hat andererseits erheblichen Einfluß auf Lagerbestände und Durchlaufzeiten und ist daher auch aus logistischer Sicht relevant. Dort ist die Abstimmung mit den Bestellmengen der Beschaffung und Distribution erforderlich. Aus diesem Grund wird in diesem Buch die **Ablauforganisation in Produktion und Logistik** gemeinsam betrachtet.

1.3.2 Stellung der Ablauforganisation in der Unternehmung

1.3.2.1 Stellung der Ablauforganisation zur Aufbauorganisation der Unternehmung

Aufbau- und **Ablauforganisation** haben als gemeinsamen Gegenstand die Beziehungen zwischen Subjekten, Arbeitsmitteln, Objekten und Verrichtungen. Sie untersuchen verschiedene Beziehungsarten innerhalb desselben Unternehmensprozesses. *Bestandsphänomene* sind vom Ablauf der Prozesse abhängig. So sind z.B. Güterbestände das Ergebnis von Güterströmen und damit von *Bewegungsphänomenen*. Institutionelle Tatbestände wie die Aufgaben- und Kompetenzverteilung werden durch Prozesse geschaffen und verändert, die sich in Raum und Zeit vollziehen. Eine Betrachtung von Bestandsphänomenen bezieht sich auf den Zustand der Unternehmung zu einem Zeitpunkt sowie auf Größen, die über einen Zeitraum hinweg konstant sind. Die Ablauforganisation analysiert demgegenüber den Ablauf der Prozesse in Raum und Zeit sowie die Bewegungen der Größen. Aus der engen Verknüpfung zwischen Prozeßablauf und den sich ergebenden Bestandsgrößen folgt eine äußerst **enge Verbindung** zwischen den beiden Bereichen.

---

[21] Vgl. Schweitzer (1993).
[22] Vgl. Pfohl (2004b) und (1993); Tempelmeier (1993).

Diese enge Verflechtung wird auch an den einzelnen **Beziehungsarten** erkennbar. Die Struktur von Machtbeziehungen, Kommunikationsbeziehungen sowie sozio-emotionalen Beziehungen als maßgeblichen Beziehungsarten der Aufbauorganisation hat einen großen Einfluß auf den Ablauf von Macht- und Informationsprozessen in der Unternehmung, aber auch auf die konkreten Arbeitsprozesse in Beschaffung, Fertigung, Absatz und Verwaltung. Andererseits wird beispielsweise die Struktur von Machtbeziehungen vor allem am Verlauf und Ergebnis von Verhandlungsprozessen sichtbar. Ferner kann die Reihenfolge der Behandlung verschiedener Beratungs- und Entscheidungstatbestände sowie des Einbringens von Argumenten das Ergebnis der Verhandlungsprozesse wesentlich bestimmen.

Die Festlegung und Verteilung von **Aufgaben** in der Aufbauorganisation ist maßgeblich für die Gestaltung der Gruppierungs-, Raum-, Zeit- und Arbeitsbeziehungen beim Vollzug der Arbeitsprozesse. Jedoch kann die Entscheidung über die Abgrenzung und Verteilung von Aufgaben nicht vorgenommen werden, ohne daß man Vorstellungen über Umfang und Art der Aufgabenerfüllung besitzt.

Die Analyse des Zusammenhangs zwischen Aufbau- und Ablauforganisation macht deutlich, daß bei dieser Unterscheidung die Prozesse der Unternehmung gedanklich aufgeteilt werden, um einfachere Teilbereiche zu erhalten. Da in jedem Bereich nur einzelne Beziehungsarten betrachtet werden, ist seine isolierte Analyse weniger komplex.

In der Aufbauorganisation werden tendenziell Beziehungsarten festgelegt, die einen länger anhaltenden Einfluß auf den Unternehmensprozeß haben. Demgegenüber erfaßt die Ablauforganisation Beziehungen, durch welche der konkrete Vollzug der einzelnen, sich ggf. wiederholenden Prozesse bestimmt wird. Die Wirkungen einzelner ablauforganisatorischer Entscheidungen sind daher von kürzerer Dauer. Die Entscheidung über die grundsätzliche Struktur der ablauforganisatorischen Prozesse muß jedoch zusammen mit der Aufbauorganisation betrachtet werden, da diese in Marktwirtschaften unter Wettbewerbsbedingungen durchgeführt werden und man solche aufbauorganisatorischen Regelungen benötigt, die eine effiziente Steuerung der Prozesse erlauben[23].

1.3.2.2 Stellung der Ablauforganisation zur Planung der Unternehmung

Die Gestaltung der Gruppierungs-, Raum-, Zeit- und Arbeitsbeziehungen gehört zu den Planungstatbeständen einer Unternehmung. Aus der Kennzeichnung des Gegenstands der Ablauforganisation ist deutlich geworden, daß ablauforganisatorische Probleme in allen Funktionsbereichen sowie bei physischen und geistigen Prozessen auftreten. Sie stehen damit in enger Beziehung zur **Planung** des Leistungsprogramms in allen Unternehmensbereichen. Die Planung von Aufträgen z.B. für die Fertigung, den Einkauf oder den Vertrieb, aber auch für die Verwaltung und die Planung selbst bildet den Ausgangspunkt für die Gestaltung der jeweiligen Arbeitsprozesse zur Auftragsdurchführung. Die Ablauforganisation erfaßt daher einen speziellen kurzfristigen Aspekt in allen Planungsbereichen der Unternehmung.

---

[23] Vgl. Picot (1993), S. 105.

Ihre Probleme sind bislang vor allem im Rahmen der Planung und Steuerung des Fertigungsbereiches ausführlich untersucht worden. Deshalb ist es notwendig, den Gegenstand der Ablauforganisation gegenüber zwei anderen eng verwandten Begriffen dieses Bereichs abzugrenzen, der Ablaufplanung und der Arbeitsvorbereitung. Mit **Ablaufplanung** bezeichnet man i.d.R. die Planung des zeitlichen Ablaufs von Produktionsprozessen[24]. Der Begriff Ablaufplanung erfaßt einen Teil der zur Ablauforganisation gehörenden Tatbestände. Im allgemeinen rechnet man zu ihm nur die Planung der Reihenfolge sowie der Anfangs- und Endzeitpunkte der einzelnen Prozesse. Ferner bezieht man den Begriff der Ablaufplanung in der Regel primär auf den Fertigungsbereich und bringt mit ihm den Planungsaspekt besonders zum Ausdruck. Demgegenüber ist eine Lehre von der Ablauforganisation in einem zusätzlichen Schwerpunkt auf die Erklärung ablauforganisatorischer Phänomene ausgerichtet. Der Gegenstand der **Ablauforganisation** ist somit durch die Analyse von Gruppierungsbeziehungen, durch seine Ausdehnung über alle Unternehmensbereiche sowie durch die Ausrichtung auf theoretische Aussagen weiter als der Gegenstand der Ablaufplanung. Die Ablauforganisation schließt die Ablaufplanung als Teilbereich mit ein.

Mit dem Begriff **Arbeits-** oder **Fertigungsvorbereitung** bezeichnet man in Wissenschaft und Praxis einen bestimmten Führungsbereich innerhalb der Fertigung. Die Arbeitsvorbereitung "... umfaßt alle planenden und steuernden Teilaufgaben für die Herstellung von Produkten mit dem Ziel einer optimalen Realisation aller Fertigungsprozesse."[25] Zu den Aufgaben der Arbeitsvorbereitung gehört die **Fertigungsplanung** mit der Auftragsumwandlung, Stücklistenausfertigung, Ablauf- und Bedarfsplanung. Ferner muß sie im Rahmen der **Fertigungssteuerung** die Werkstattvorbereitung, Materialbereitstellung, Termin- und Arbeitsträgerbelastungssteuerung ausführen[26].

Vergleicht man diese Aufgaben der Arbeitsvorbereitung mit dem Gegenstand der Ablauforganisation, so zeigt sich eine **Überschneidung** beider Bereiche. Die Planung von Losgrößen in der Auftragsumwandlung, die Ablaufplanung und die Fertigungssteuerung sind ablauforganisatorische Tatbestände der Arbeitsvorbereitung. Dagegen werden durch die Stücklistenausfertigung sowie die Bedarfsplanung an Stellen, Betriebsmitteln und Material keine ablauforganisatorischen Beziehungen festgelegt. Insoweit geht der Aufgabenbereich der Arbeitsvorbereitung über ablauforganisatorische Probleme hinaus. Da sich die Ablauforganisation aber nicht nur auf den Fertigungsprozeß erstreckt, ist ihr Gegenstand im Hinblick auf die Art der betrachteten Prozeßphänomene umfassender als der Bereich der Arbeitsvorbereitung.

1.3.3   Ziele der Ablauforganisation

1.3.3.1 Anforderungen an Ziele der Ablauforganisation

Die Entscheidungen innerhalb der Ablauforganisation lösen eine Reihe empirischer Wirkungen oder Konsequenzen aus. Bestimmte Ausprägungen dieser Konsequenzen werden von den in

---

[24] Vgl. Seelbach (1993), Sp. 1 f.
[25] Schweitzer (1994), S. 679.
[26] Vgl. Schweitzer (1994), S. 680.

der Unternehmung tätigen Personen als positiv bewertet, andere als negativ. Die Entscheidungsträger versuchen, ablauforganisatorische Entscheidungen so zu treffen, daß die als positiv angesehenen Konsequenzen und Zustände erreicht werden. Deshalb wählen sie die ihnen wichtigen Konsequenzen als Kriterien zur Auswahl einer Alternative. Demnach kennzeichnen die Ziele der Ablauforganisation jene Konsequenzen oder Folgezustände ablauforganisatorischer Entscheidungen, nach denen die Alternativen von Entscheidungsträgern bewertet werden. Die Wahl bestimmter Ziele stellt eine Entscheidung des bzw. der Entscheidungsträger einer Unternehmung dar.

Aus entscheidungslogischer Sicht lassen sich zwei **Anforderungen** an die Ziele der Ablauforganisation stellen. **Erstens** ist es nur zweckmäßig, solche Ziele bei ablauforganisatorischen Entscheidungen zu verfolgen, deren Ausprägung von diesen Entscheidungen beeinflußt wird. Die Ziele müssen in bezug auf das jeweilige Problem **"operational"** sein. Diese Bedingung ist erfüllt, wenn eindeutige Beziehungen zwischen den ablauforganisatorischen Alternativen und den Zielen als Konsequenzen oder bewirkten Folgezuständen dieser Alternativen bestehen und die Ausprägung der Beziehungen dem Entscheidungsträger bekannt ist. Andernfalls läßt sich nicht bestimmen, wie sich die einzelnen Alternativen auf die verfolgten Ziele auswirken. Dann haben die Ziele den Charakter von Leerformeln.

Da in der Ablauforganisation vielfach Entscheidungen über die konkrete Durchführung einzelner Teilprozesse getroffen werden, sind die Oberziele einer Unternehmung wie Gewinnstreben, Rentabilität oder Liquiditätssicherung für sie nicht operational. Daher müssen die verfolgten Ziele **zweitens** der Anforderung genügen, zur **Erfüllung der übergeordneten Ziele** beizutragen. Dann können sie als Mittel zur Erreichung der Unternehmensziele interpretiert werden.

1.3.3.2   Gliederung und Formen ablauforganisatorischer Ziele

Ablauforganisatorische Entscheidungen haben Auswirkungen auf verschiedene Komponenten des Unternehmensprozesses. Deshalb ist eine Reihe verschiedenartiger Ziele der Ablauforganisation formuliert worden. Um die Vielzahl möglicher Ziele zu klassifizieren, wird in Tabelle 1-3 von zwei Merkmalen ausgegangen. Einmal kann man die Ziele nach den Elementen einteilen, auf die sie sich beziehen. Sie geben entweder Eigenschaften von Arbeitsträgern oder Eigenschaften von Arbeitsobjekten bzw. Aufträgen wieder. Nach dem Klassifikationsmerkmal "Zielelement" wird zwischen auftragsorientierten und arbeitsträgerorientierten Zielen unterschieden. Zum anderen können die Ziele nach dem Maßstab gegliedert werden, in dem ihre Ausprägung gemessen wird. Jeder "Zielmaßstab" erfaßt eine bestimmte Eigenschaftsart. Als wichtige Maßgrößen werden in der Ablauforganisation

- Zeitgrößen,

- Erfolgsgrößen,

- Qualitätsgrößen und

- soziale sowie Umweltgrößen

verwendet. **Zeitgrößen** wie die Dauer des Durchlaufs von Aufträgen oder Auslastungszeiten von Arbeitsträgern sind verhältnismäßig einfach meßbar. **Erfolgsgrößen** erfassen Auswirkungen auf den Unternehmenserfolg. Sie werden in der Ablauforganisation vor allem als Kostengrößen sowie als Opportunitätskostengrößen verwendet. Da der betriebliche Erfolg definiert ist als die Differenz zwischen Leistungen bzw. Erlösen und Kosten, bilden Kostengrößen nur eine seiner beiden Teilkomponenten ab. In der Verwendung von Kostengrößen kommt zum Ausdruck, daß man lediglich die Auswirkungen in einem Teilbereich des betrieblichen Aktionsfeldes betrachtet. Demgegenüber versucht man bei einer Verwendung von Opportunitätskostengrößen, die Auswirkungen der Alternativen auf Kosten und Erlöse zu erfassen. Opportunitätskosten stellen entgangene Gewinne bzw. Grenzdeckungsbeiträge dar. Sie geben an, auf welche Gewinne oder Deckungsbeiträge bei einer Alternative verzichtet werden muß.

Qualitätsgrößen umfassen spezielle Eigenschaften der Objekte und Arbeitsträger. Zu ihnen gehören Nutzenmerkmale von Produkten wie technisch-funktionelle Zweckeignung, Bedienungskomfort, Lebensdauer oder Formgestaltung sowie technisch-wirtschaftliche Leistungsmerkmale.

Zielelement / Zielmaßstab	auftragsorientierte Ziele	arbeitsträgerorientierte Ziele
Zeitgrößen	Durchlaufzeiten Zykluszeiten Wartezeiten Transportzeiten Terminüberschreitungszeiten	Kapazitätsauslastungen Belegungszeiten Leerzeiten Rüstzeiten Bandwirkungsgrade
Kostengrößen	Terminüberschreitungskosten Stückkosten	Rüstkosten Beschleunigungskosten
Opportunitätskostengrößen	Verzögerungskosten	Leerkosten
Qualitätsgrößen	Mindestqualität der Produkte	Mindestqualtität des Fertigungsprozesses
soziale Größen	Zufriedenheit der Kunden z.B. bei Dienstleistungen	Gesundheit und Motivation der Arbeitskräfte
Umweltgrößen	Emissionen je transportierter Einheit	Losgrößen- oder reihenfolgeabhängige Emissionen des Arbeitsträgers

Tab. 1-3: Überblick über die Ziele der Ablauforganisation

Zu den **sozialen Zielen** ist u.a. die Zufriedenheit und Motivation der Mitarbeiter zu rechnen. Da sich ablauforganisatorische Entscheidungen vielfach unmittelbar auf diese persönlichen Merkmale der in einer Unternehmung tätigen Menschen auswirken, erscheint es geboten, sie als Ziele der Ablauforganisation zu berücksichtigen. Im Dienstleistungsbereich kann die Zufriedenheit von Kunden z.B. über Wartezeiten ebenfalls von ablauforganisatorischen Entscheidungen abhängen. Die Bedeutung von **Umweltzielen** steigt in dem Maße, in dem ehemals praktisch unbeschränkte Ressourcen wie (saubere) Luft zu knappen Ressourcen werden.

Wendet man die beiden Klassifikationsmerkmale Zielelement und Zielmaßstab auf die ablauforganisatorischen Ziele an, so erhält man die in Tabelle 1-3 angegebene Übersicht. Sie nennt einzelne Ziele, von denen im folgenden einige näher beschrieben werden.

1.3.3.3 Auftragsorientierte Ziele

Zeitliche Konsequenzen der Ablauforganisation für die Objekte und Aufträge stellen die Durchlauf-, Warte- bzw. Lager- und Zykluszeiten, die Transportzeiten sowie die Terminüberschreitungen dar. Unter der **Durchlaufzeit** eines Objekts (oder Auftrags) versteht man die Zeitspanne von der Bereitstellung für den ersten bis zum Abschluß des letzten Arbeitgangs. Die Durchlaufzeiten setzen sich aus zwei Bestandteilen zusammen, den Bearbeitungszeiten und den Warte- oder Lagerzeiten vor (sowie ggf. nach) den Arbeitsträgern. Vereinfachend vernachlässigt man vielfach die Transportzeiten.

In der Reihenfolgeplanung wird als Ziel häufig die Minimierung der Summe der Durchlaufzeiten eines gegebenen Auftragsbestandes verwendet. Bezeichnet man die Bearbeitungszeit von Auftrag j an Maschine m mit t_{jm} und seine Wartezeit an der Maschine mit w_{jm}, so läßt sich die Zielsetzung *Minimierung der Gesamtdurchlaufzeit D* formal entsprechend Gleichung (1-1) angeben:

$$Min \ D = \sum_{j=1}^{J} \sum_{m=1}^{M} \left(t_{jm} + w_{jm} \right) \tag{1-1}$$

Sofern die Bearbeitungszeiten t_{jm} fest vorgegeben und von der Reihenfolge unabhängig sind, führt die *Minimierung der Wartezeit W* zu derselben Alternative:

$$Min \ W = \sum_{j=1}^{J} \sum_{m=1}^{M} w_{jm} \tag{1-2}$$

Für eine gegebene Zahl an Aufträgen J entsprechen diese Ziele einer *Minimierung der mittleren Durchlaufzeit je Auftrag* bzw. der *mittleren Wartezeit je Auftrag*:

$$Min \ \frac{D}{J} = \frac{1}{J} \sum_{j=1}^{J} \sum_{m=1}^{M} \left(t_{jm} + w_{jm} \right) \tag{1-3}$$

$$Min \ \frac{W}{J} = \frac{1}{J} \sum_{j=1}^{J} \sum_{m=1}^{M} w_{jm} \tag{1-4}$$

Charakteristisch für diese Ziele ist, daß sie von einem **vorgegebenen Auftragsbestand** ausgehen. Man unterstellt, daß alle Aufträge gleichzeitig für die Bearbeitung freigegeben werden. Deshalb enthalten die Wartezeiten auch die Zeiten bis zum Beginn des ersten Arbeitsganges.

In einer großen Zahl von Reihenfolgemodellen wird als weiteres Ziel die *Minimierung der Zyk-luszeit Z* zugrunde gelegt. Sie bezeichnet die Zeitdauer bis zur Fertigstellung des letzten Auf-trages eines vorgegebenen Auftragsbestandes. Formal kann diese Zielsetzung mit D_j als der Durchlaufzeit des Auftrags j gemäß Gleichung (1-5) wiedergegeben werden:

$$Min \ Z = \max\left\{ D_j \mid j = 1, ..., J \right\}$$
$$= \max\left\{ \sum_{m=1}^{M} \left(t_{jm} + w_{jm} \right) \mid j = 1, ..., J \right\} \tag{1-5}$$

Die Minimierung der Zykluszeit "... ist darauf gerichtet, den Auftragsbestand als Ganzes mög-lichst frühzeitig fertigzustellen"[27]. Die *Minimierung der Transportzeiten* greift einen Bestand-teil der Durchlaufzeiten heraus und kann zur Lösung von Transportproblemen herangezogen werden. Ihre konkrete Formulierung hängt von der Struktur des betrachteten Transportprob-lems ab.

Ein weiteres auftragsorientiertes Ziel bezieht sich auf die **Termineinhaltung.** Es ist formulier-bar, wenn für jeden berücksichtigten Auftrag ein Liefertermin festlegt. Durch einen Vergleich zwischen den zugesagten Lieferterminen und den Fertigstellungsterminen kann man die Sum-me aller Terminüberschreitungszeiten ermitteln. Rechnet man vom Beginn der Auftragsfreiga-be an und bezeichnet die zugesagten Liefertermine je Auftrag j mit T_j, so lautet die Zielsetzung *Minimierung der Summe der Terminüberschreitungen*:

$$Min \ \sum_{j=1}^{J} \left(D_j - T_j \mid D_j > T_j \right) \tag{1-6}$$

In dieser Formulierung wird die Terminüberschreitung bei allen Aufträgen gleich stark gewich-tet und durch die Überschreitungszeit stetig gemessen. Strebt man eine möglichst genaue Ein-haltung der zugesagten Liefertermine bei allen Aufträgen und auch eine Vermeidung von Ter-minunterschreitungen an, so sind über sämtliche J Aufträge die Absolutbeträge der Terminab-weichungen zu addieren. Ferner kann die exakte Einhaltung einzelner Termine gefordert wer-den.

Auftragsorientierte Ziele der Ablauforganisation können auch mit **Kostengrößen** formuliert werden. Zu dieser Klasse lassen sich die Ziele *Minimierung der Terminüberschreitungskosten* sowie *Minimierung der Stückkosten* rechnen. Als **Terminüberschreitungskosten** können die einer Überschreitung von Lieferterminen direkt zurechenbaren Kosten bezeichnet werden. Hierzu zählen vor allem Konventionalstrafen. Nach dem Ziel der **Stückkostenminimierung** soll die Alternative gewählt werden, bei der die für jede Produkteinheit anfallenden Kosten am niedrigsten sind. Die Stückkosten setzen sich in der Regel aus Kosten für die Herstellung sowie für die Lagerung zusammen. Wichtige Bestandteile der Kosten der Herstellung bilden Materi-aleinzelkosten, Lohneinzelkosten sowie arbeitsträgerorientierte Rüstkosten je Los. Die Kosten

---

[27] Vgl. Seelbach und Mitarbeiter (1975), S. 36.

der Lagerung umfassen neben den eigentlichen Lagerkosten z.B. für die Pflege der gelagerten Güter, Raummiete und Lagerpersonal die Zinskosten des im Lager gebundenen Kapitals.

Ein schwieriges Problem besteht darin, die von dem betrachteten Entscheidungsproblem abhängigen Kosten abzugrenzen. Nach dem Grundsatz der **relevanten Kosten** sind bei jeder Entscheidung nur die Kosten zu berücksichtigen, welche von den Alternativen der zu fällenden Entscheidung beeinflußt werden. Löst man ein partielles Entscheidungsproblem, wie beispielsweise die Entscheidung über die Losgröße einer Produktart, so stellt sich die Frage, inwieweit Kosten einzubeziehen sind, deren Höhe von dieser und von anderen Entscheidungen beeinflußt wird. Beispielsweise hängt der bereitzustellende Lagerraum nicht nur von der Losgröße eines Auftrages ab, sondern auch von den Losgrößen anderer Aufträge sowie deren zeitlicher Verteilung. Betrachtet man bei der Entscheidung über einen Auftrag die Kosten der Raummiete und des Lagerpersonals als nicht relevante Fixkosten, so vernachlässigt man einerseits den Einfluß der verschiedenen Losgrößen auf den Raum- und Personalbedarf. Andererseits werden durch eine Variation der Losgröße eines einzelnen Auftrags diese Lagerkosten im allgemeinen nicht verändert.

Ursache für das skizzierte Zurechnungsproblem der Kosten ist die **Interdependenz** verschiedener partieller Entscheidungen. Die Auswirkungen einer Entscheidung auf Kosten und ggf. Leistungen hängen auch davon ab, wie andere Entscheidungen getroffen werden. Deshalb kann man versuchen, in die Zielfunktion **Opportunitätskosten** aufzunehmen. Zum Beispiel soll ein Lager- und Zinskostensatz ausdrücken, welche Gewinne durch eine Verwendung von Lagerraum und Lagerpersonal sowie eine Anlage von Kapital in anderen Unternehmensbereichen erzielt werden könnten. Dann gibt der Opportunitätskostensatz an, auf welche Gewinne durch eine Lagerung des Auftrages verzichtet werden muß. Durch eine Berücksichtigung z.B. von Verzögerungskosten sollen die Deckungsbeiträge erfaßt werden, die der Unternehmung durch eine verspätete Fertigstellung von Aufträgen entgehen. Diese Opportunitätskostengröße soll angeben, in welchem Umfang eine mangelnde Termineinhaltung zur Abwanderung bisheriger und Abschreckung möglicher neuer Kunden führt. Eine Abschätzung derartiger Erfolgswirkungen ist jedoch äußerst schwierig.

Schließlich können sich auftragsorientierte Ziele der Ablauforganisation auf **Qualitätsmerkmale** der Produkte beziehen. Im allgemeinen strebt man dabei jedoch nicht eine Maximierung der Qualität an. Vielmehr werden Mindestbedingungen formuliert. Qualitätsmerkmale sollen durch eine Festlegung von Anspruchsniveaus eingehalten werden.

1.3.3.4 Arbeitsträgerorientierte Ziele

Arbeitsträgerorientierte Ziele erfassen Merkmale der Produktiveinheiten, d.h. der Menschen und Maschinen, welche die Arbeitsprozesse durchführen. Im Vordergrund stehen dabei **Zeitgrößen,** durch welche die Auslastung der Arbeitsträger wiedergegeben wird. Die gesamte Zeit, während der ein Arbeitsträger innerhalb eines Planungszeitraums eingesetzt ist, nennt man seine **Belegungszeit.** Sie setzt sich aus den Bearbeitungszeiten, den Rüstzeiten und den Stillstands- oder Leerzeiten zusammen. Eine hohe Auslastung oder Ausnutzung der Kapazität liegt vor, wenn die Summe der Bearbeitungs- und Rüstzeiten im Verhältnis zur gesamten Belegungszeit groß ist. Bezeichnet man die Bearbeitungszeit des m-ten Arbeitsträgers an Auftrag j

mit t_{jm}, seine Rüstzeit vor Auftrag j mit s_{jm} und seine Leerzeit vor Auftrag j mit v_{jm}, so läßt sich seine individuelle **Kapazitätsauslastung** A_m in einem vorgegebenen Zeitraum wie folgt ermitteln:

$$A_m = \sum_{j=1}^{J} \frac{t_{jm} + s_{jm}}{t_{jm} + s_{jm} + v_{jm}} \tag{1-7}$$

Meist versucht man, eine möglichst hohe Kapazitätsauslastung aller Arbeitsträger zu erreichen. Dieses Bestreben kommt in dem Ziel *Maximierung der durchschnittlichen Auslastung der gesamten Kapazität A* zum Ausdruck:

$$Max\ A = \frac{1}{M} \sum_{m=1}^{M} A_m = \frac{1}{M} \sum_{m=1}^{M} \sum_{j=1}^{J} \frac{t_{jm} + s_{jm}}{t_{jm} + s_{jm} + v_{jm}} \tag{1-8}$$

Sofern in einem Planungszeitraum ein vorgegebener Bestand von J Aufträgen bearbeitet werden muß und die Bearbeitungszeiten t_{jm} sowie die Rüstzeiten s_{jm} von den Auftragsfolgen unabhängig sind, führen die *Minimierung der Gesamtbelegungszeit B*

$$Min\ B = \sum_{m=1}^{M} \sum_{j=1}^{J} \left(t_{jm} + s_{jm} + v_{jm} \right) \tag{1-9}$$

und die *Minimierung der Leerzeiten L*

$$Min\ L = \sum_{m=1}^{M} \sum_{j=1}^{J} v_{jm} \tag{1-10}$$

zu derselben optimalen Reihenfolgealternative. Diesen Zielsetzungen entsprechen auch die *Minimierung der durchschnittlichen* oder *mittleren Belegungszeit B/M* bzw. der *durchschnittlichen* oder *mittleren Leerzeit L/M*.

Sind die **Rüstzeiten** von der gewählten Reihenfolge abhängig, so müssen sie in der Zielfunktion berücksichtigt sein. Bei der Entscheidung über die Auftragsfolge an einem Arbeitsträger beschränkt man die Zielsetzung häufig auf die *Minimierung der Rüstzeitensumme*. Die **Zykluszeit** eines Auftragsbestandes kann auch über die Arbeitsträger bestimmt werden. Ein Auftragsbestand hat alle Arbeitsgänge durchlaufen, wenn kein Arbeitsträger mehr belegt ist. Deshalb läßt sich die Zykluszeit nicht nur als maximale Durchlaufzeit eines Auftrags gemäß Beziehung (1-5), sondern entsprechend Beziehung (1-11) auch als maximale Belegungszeit eines der M Arbeitsträger bestimmen:

$$\begin{aligned} Min\ Z &= \max\left\{ B_m \,\middle|\, m = 1,...,M \right\} \\ &= \max\left\{ \sum_{j=1}^{J} \left(t_{jm} + s_{jm} + v_{jm} \right) \,\middle|\, m = 1,...,M \right\} \end{aligned} \tag{1-11}$$

Bei der **Leistungsabstimmung von Fertigungslinien** wird i.d.R. ebenfalls eine hohe Kapazitätsauslastung angestrebt. Solange eine Produktart auf einer Linie erzeugt wird, muß diese nicht umgerüstet werden. Während im Bereich der Reihenfolge- und Maschinenbelegungsplanung die Bearbeitungszeit eines *Auftrags* an einer *gegebenen Maschine* zugrundeliegt, wird im Bereich der Leistungsabstimmung die Bearbeitungszeit d_i des i-ten Arbeitselementes für *ein Stück* des Produktes betrachtet. Die einzelnen Arbeitselemente werden den Stationen $m=1,...,M$ zugeordnet. Zur Bearbeitung einer Produkteinheit steht jeder Station m die Taktzeit c zur Verfügung. Innerhalb dieser Taktzeit ist sie aber nur während der Bearbeitungszeit ausgelastet. Die Differenz zwischen Takt- und Bearbeitungszeit bildet eine Leerzeit. Deshalb ist eine möglichst hohe Auslastung der Fertigungslinie erreicht, wenn man ihren *Bandwirkungsgrad BG*

$$BG = \sum_{i=1}^{I} d_i \bigg/ M \cdot c \qquad (1\text{-}12)$$

maximiert.

Als arbeitsträgerorientierte **Kostenziele** der Ablauforganisation verwendet man insbesondere die *Minimierung der Rüst- und Lagerkosten*, die *Minimierung der Transportkosten* sowie die *Minimierung der Beschleunigungskosten*. Zu den Kosten, die für die **Umrüstung** einer Maschine aufgebracht werden müssen, gehören in erster Linie Personalkosten für den menschlichen Arbeitseinsatz bei der Umrüstung sowie Kosten für den Verbrauch von Energie und anderen Betriebsstoffen während der Umrüstung. **Transportkosten** enthalten insbesondere Kosten für das Transportmittel und die während des Transports verbrauchten Betriebsstoffe. Sie werden häufig als proportional zur Transportzeit angenommen. **Beschleunigungskosten** entstehen durch eine Erhöhung der Produktionsgeschwindigkeit. Sie beruhen im allgemeinen auf einem gesteigerten Verbrauch an Energie, Ölen, Schmierstoffen, Werkzeugen u.ä.

Durch eine Bewertung von Leerzeiten mit einem Opportunitätskostensatz gelangt man zu den **Leerkosten.** Sie sollen die Auswirkungen einer mangelnden Kapazitätsauslastung auf den Unternehmenserfolg wiedergeben. Für ihre Ermittlung ist bestimmend, welche Gewinne oder Deckungsbeiträge dadurch entgehen, daß die Arbeitsträger leer stehen. Mit den bisher entwickelten Verfahren lassen sich Leerkosten nicht genau bestimmen, sie müssen geschätzt werden. Für ihre Ermittlung ist ferner die Entscheidung über die zu fertigenden Aufträge maßgebend. Sofern bei der Entscheidung für einen Auftragsbestand alle Absatzmöglichkeiten berücksichtigt wurden, sind keine Leerkosten anzusetzen, da sie den entgangenen Gewinn zum Ausdruck bringen sollen, der durch die Fertigung anderer Aufträge hätte erzielt werden können. In diesem Fall gibt es aber keinen anderen Auftrag, auf dessen Fertigung verzichtet wird[28].

Während sich die Auswirkungen ablauforganisatorischer Entscheidungen auf Zeit-, Kosten- und Erfolgsgrößen vielfach quantitativ erfassen lassen, stehen für soziale und Umweltziele derartige Maßstäbe bisher kaum zur Verfügung. Aus diesem Grund werden sie in Modellen der

---

[28] Vgl. Seelbach und Mitarbeiter (1975), S. 36.

Ablauforganisation oft nicht berücksichtigt. Für die Gestaltung der Arbeitsgänge und der Arbeitsinhalte in der Arbeitsstrukturierung besitzen sie jedoch eine größere Bedeutung.

Um zu prüfbaren Aussagen zu gelangen, sollten ordinale und nach Möglichkeit kardinale Skalen zur **Messung** von sozialen Merkmalen wie Arbeitszufriedenheit, Motivation und Entscheidungsbeteiligung entwickelt werden. Als quantitativer Hilfsmaßstab wird häufig die Fluktuationsrate vorgeschlagen. Sie ergibt sich aus dem Verhältnis der Zahl an Arbeitsplatzwechseln zur Anzahl der Beschäftigten während eines Planungszeitraums. Zur Messung der Arbeitszufriedenheit ist dieses Merkmal aber nur bedingt geeignet, da es auch von anderen Größen abhängig ist.

1.3.4 Elemente der Ablauforganisation

1.3.4.1 Arbeit und Arbeitsträger

In der betriebswirtschaftlichen Organisationslehre bezeichnet man die **Arbeit** als Gegenstand der ablauforganisatorischen Gestaltung[29]. Damit wird eine begriffliche Unterscheidung zur Aufbauorganisation vorgenommen, in der die Aufgaben den Ausgangspunkt der Betrachtung bilden. Unter Arbeit versteht man "... die Erfüllung einer Aufgabe an einem Arbeitsobjekt durch die Güterabgaben von Mensch und Arbeitsmittel ...".[30] Die Arbeit wird von Menschen und Arbeitsmitteln wie z.B. Maschinen vollzogen. Diese führen die Verrichtungen aus, durch welche die Eigenschaften der materiellen bzw. immateriellen Arbeitsobjekte verändert werden. Man bezeichnet sie als **Arbeitsträger.** An der Ausführung einer Arbeit wirken in der Regel Menschen und Arbeitsmittel gemeinsam mit. Der Mensch bedient und steuert Maschinen oder verwendet zumindest Hilfsmittel wie Werkzeuge, Rechner, Tabellen usw. Nur in wenigen Grenzfällen der reinen Handarbeit wird der Mensch ohne Verwendung von Arbeitsmitteln tätig. Deshalb sind nicht der einzelne Mensch oder das Arbeitsmittel, sondern die jeweilige **Produktiveinheit** als Arbeitsträger zu betrachten.

Eine Produktiveinheit wird durch die gegenseitige sachliche und räumliche Zuordnung von Arbeitskräften und Arbeitsmitteln gebildet. Sie stellt die kleinste produktive Einheit im Unternehmensprozeß dar. Meist wird diese Zuordnung von Mensch und Arbeitsmitteln für eine längere Zeit beibehalten. Aufgrund der Leistungsfähigkeit und Einsetzbarkeit der zusammengefaßten Personen, maschinellen Anlagen und Werkzeuge besitzt jede Produktiveinheit eine bestimmte qualitative und quantitative **Kapazität.** Diese kommt in der Art und Menge der Verrichtungen zum Ausdruck, welche die Produktiveinheit in einem Zeitraum ausführen kann. Den Standort einer Produktiveinheit sowie deren konkrete räumliche Gestaltung nennt man ihren **Arbeitsplatz.**

1.3.4.2 Arbeitsanalyse

Grundlage einer Gestaltung von ablauforganisatorischen Beziehungen ist die **Analyse** der Arbeitsprozesse, die "Arbeitsanalyse". In ihr wird untersucht, in welche Teile sich eine Arbeit

---

[29] Vgl. Kosiol (1976), S. 185; Schweitzer (1964), S. 37 f.
[30] Schweitzer (1964), S. 38.

zerlegen läßt. Daher bezeichnet man die Arbeitsanalyse auch als **Arbeitsteilung** oder **Arbeitszerlegung**. Die Zerlegung eines Arbeitsprozesses kann insbesondere nach den Merkmalen *Verrichtung*, *Objekt*, *Phase* und *Zweckbeziehung* durchgeführt werden.

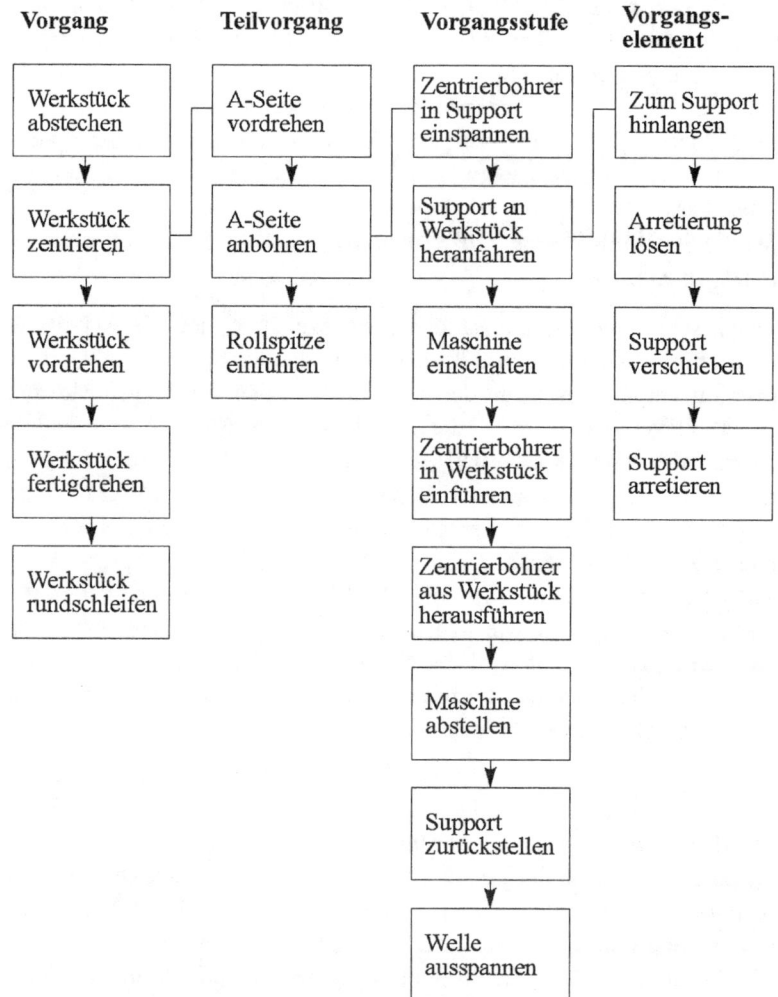

Abb. 1-5:   Beispiel für die Zerlegung eines Arbeitsprozesses nach Verrichtungsarten

Bei der Zerlegung nach **Verrichtungsarten** können die Verrichtungen bis hin zu elementaren Körperbewegungs-, Seh-, Hör-, Sprech- oder Denkvorgängen in Teilverrichtungen und Verrichtungselemente gegliedert werden. Beispielsweise kann man entsprechend Abbildung 1-5 die einzelnen Verrichtungen von Mensch und Maschine angeben, die zum Abdrehen eines Stahles auf einer Drehbank erforderlich sind. Vielfach wird der Zerlegung nach Verrichtungsarten die größte Bedeutung beigemessen, weil durch sie die Bewegungsvorgänge deutlich werden, die zur Erreichung einer Leistung als Arbeitsergebnis notwendig sind. Die vom REFA Bundesverband e.V. (Darmstadt) vorgeschlagene Gliederung in Vorgänge, Teilvorgänge, Vorgangsstufen und Vorgangselemente (vgl. Abbildung 1-5) beruht vor allem auf diesem Merkmal.

Für die Kennzeichnung der an einem Arbeitsprozeß mitwirkenden Einzelelemente sind aber auch die anderen Merkmale der Arbeitsanalyse wichtig. Durch die Zerlegung nach **Objekten** wird festgestellt, an welchen Gegenständen innerhalb eines Arbeitsprozesses Verrichtungen durchgeführt werden. Diese Form der Arbeitsanalyse ist bedeutsam, wenn in das zu erstellende Gut mehrere Teile eingehen. Dann wird beispielsweise untersucht, aus welchen verschiedenen Teilen ein Motor zusammenzusetzen ist, welche Stoffe bei der Erzeugung eines Kunststoffes in eine Verbindung gebracht oder welche Informationen bei der Aufstellung eines Jahresabschlusses zusammengefaßt werden müssen.

Ferner kann man in der Zerlegung nach **Phasen** die zu einem Arbeitsprozeß gehörenden Planungs[31]-, Durchführungs- und Kontrollvorgänge herausarbeiten. Eine große Zahl von Arbeitsprozessen wird in der Unternehmung bewußt geplant und nach ihrer Durchführung kontrolliert. Deshalb ist in der Arbeitsanalyse auch zu untersuchen, welche Informationsprozesse zu ihrer Planung und Kontrolle vollzogen werden können.

Darüber hinaus sind mit einer Reihe von Arbeitsprozessen **Verwaltungsaufgaben** verbunden. Zum Beispiel müssen nach Beendigung eines Arbeitsganges in der Fertigung dessen Vollzug und ggf. die Höhe des entstandenen Ausschusses erfaßt und an die Arbeitsvorbereitung oder benachbarte Arbeitsträger weitergegeben werden. Dies kann beleglos durch elektronische Betriebs- und Maschinendatenerfassung oder manuell durch Laufkarten oder Bearbeitungszettel geschehen. Derartige Verwaltungstätigkeiten beinhalten keine unmittelbare Bearbeitung des herzustellenden (materiellen oder immateriellen) Gutes und damit keine Wertschöpfung. Sie haben nur eine mittelbare Beziehung zur Produkterzeugung. Daher werden sie erkennbar, wenn man die Arbeitsprozesse nach dem Merkmal der **Zweckbeziehung** daraufhin untersucht, inwieweit sie zur Gütererzeugung oder zur Verwaltung der unmittelbar produktbezogenen Prozesse dienen.

---

[31] Zur näheren Untergliederung der Planungsphase vgl. die Abschnitte 1.3.5.1 bis 1.3.5.3.

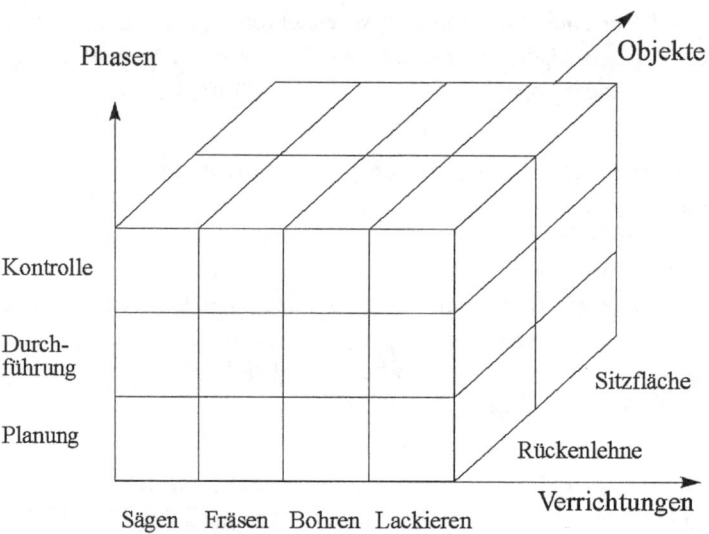

Abb. 1-6: Dimensionen eines Arbeitsprozesses

Die angeführten Merkmale der Analyse stellen verschiedene Blickrichtungen dar, nach denen der Arbeitsprozeß "durchleuchtet" und zerlegt werden kann. Sie bilden deshalb nicht sich gegenseitig ausschließende Formen der Arbeitsanalyse, sondern sind nebeneinander bzw. nacheinander anzuwenden. Man kann sie, wie in Abbildung 1-6 dargestellt, als die **Dimensionen** eines Arbeitsprozesses verstehen. Die Kennzeichnung eines jeden Arbeitsteils ist erst dann vollständig, wenn neben der Verrichtungsart beschrieben wird, an welchem Objekt diese vollzogen wird und ob es sich um die Planung, Durchführung oder Kontrolle einer Tätigkeit am Produkt oder um eine Verwaltungtätigkeit handelt.

Durch die Arbeitsanalyse werden die Möglichkeiten zur organisatorischen Gestaltung der Arbeitsprozesse erkennbar. Die Herausarbeitung der einzelnen Arbeitsteile macht ersichtlich, in welch unterschiedlicher Weise diese auf Arbeitsträger verteilt und wie sie räumlich sowie zeitlich angeordnet werden können. Deshalb besteht ein Zusammenhang zwischen der Tiefe bzw. dem Detaillierungsgrad der Arbeitsanalyse und dem Erkennen der organisatorischen Handlungsmöglichkeiten. Je feiner die Arbeitsprozesse in ihre Arbeitsteile zerlegt werden, desto deutlicher werden die verschiedenen Möglichkeiten zur Organisation des Arbeitsablaufes. Die Arbeitsanalyse kann so weit vorangetrieben werden, bis man Arbeitsteile erhält, die sich weder zur Beschreibung noch in ihrer zeitlichen Erfassung weiter untergliedern lassen. Bei dieser Entscheidung über den Detaillierungsgrad ist zu berücksichtigen, daß die Arbeitsanalyse selbst wirtschaftlich sein muß. Ferner kann es zweckmäßig sein, nicht alle Elemente der Arbeitsprozesse festzulegen, um den Mitarbeitern einen eigenen Handlungsspielraum zu belassen. Durch eine zu weitgehende Analyse und Organisation der Arbeitsprozesse kann die Motivation der Mitarbeiter beeinträchtigt werden.

1.3.4.3 Arbeitssynthese, Arbeitsgang und Stückprozeß

Die Arbeitsanalyse bildet die Grundlage für die "Organisation" der Arbeitsprozesse. Durch die Gestaltung der Beziehungen zwischen den Elementen der Arbeitsprozesse wird eine Verknüpfung oder **Synthese** zwischen den in der Arbeitsanalyse bestimmten Arbeitsteilen geschaffen. Sie umfaßt zum einen die Bildung von Arbeitsgängen bzw. Arbeitsvorgängen, zum anderen die Strukturierung der Beziehungen zwischen den Arbeitsgängen.

Unter einem **Arbeitsgang** versteht man im allgemeinen die Zusammenfassung von Arbeitsteilen, die als raum-zeitlich abgeschlossener Teilprozeß behandelt werden können und an einem Arbeitsobjekt von einer Person oder Personengruppe durchführbar sind[32]. Ein Arbeitsgang umfaßt eine in sich geschlossene Menge von Arbeitsteilen. Diese Voraussetzung ist erfüllt, wenn der Arbeitsträger zu seiner Durchführung in die Ausgangslage zurückkehrt, um anschließend dieselbe Arbeitsgangart an einem anderen Objekt oder eine andere Arbeitsgangart zu vollziehen.

Die Gruppierung der Verrichtungen und Arbeitsgänge, die zur Herstellung einer bestimmten Zwischen- oder Endproduktart notwendig sind, nennt man deren **Stückprozeß**[33]. Er wird in der Praxis durch *Arbeitspläne* abgebildet. Seine Struktur ergibt sich aus den Ergebnissen der Arbeitsanalyse für ein Produkt sowie aus der Gestaltung der Arbeitsgänge innerhalb der Arbeitssynthese. Die für die Herstellung eines Produktes erforderlichen Verrichtungen sind häufig durch technologische Bedingungen vorgegeben.

Wenn die Arbeitsteile zu Arbeitsgängen zusammengefaßt sind, müssen die Beziehungen zwischen ihnen gestaltet werden. Dieser Teil der Arbeitssynthese beinhaltet die Festlegung der Raum-, Gruppierungs-, Zeit- und Arbeitsbeziehungen innerhalb des Unternehmensprozesses. Er bildet den zentralen Kern der ablauforganisatorischen Tätigkeit.

1.3.5 Phasen der Ablauforganisation

1.3.5.1 Problemanalyse und Zielformulierung

Ausgangspunkt rationalen Handelns ist die Analyse des jeweils anstehenden Problems. Hierzu müssen die **Handlungsmöglichkeiten** oder **-variablen** der Unternehmung gekennzeichnet werden. Durch eine Charakterisierung der verschiedenen Planungs- und Entscheidungstatbestände in der Ablauforganisation wird deren Gegenstandsbereich ersichtlich. Deshalb befaßt sich Abschnitt 1.3.6 mit einer systematischen Beschreibung der **Problembereiche** der Ablauforganisation in Produktion und Logistik.

Dabei erscheint es notwendig, zwei verschiedene Problemklassen zu trennen. Die erste bezieht sich auf die Gestaltung des Ablaufs **physischer Prozesse.** Diese sind gekennzeichnet durch Handlungen von Personen oder Arbeitsmitteln an materiellen Gegenständen und können häufig leicht beobachtet werden. Zu ihnen gehören insbesondere die Beschaffungs-, Fertigungs- und Absatzprozesse materieller Güter sowie räumliche und zeitliche Transferprozesse in Logistik-

---

[32] Vgl. Kosiol (1976), S. 196 f.
[33] Vgl. Schweitzer (1964), S. l2 und 43.

systemen. Den am häufigsten untersuchten Problembereich der Ablauforganisation bilden die Be- und Verarbeitungsprozesse materieller Produkte in der Industrie.

Probleme der Gestaltung von Gruppierungs-, Zeit-, Raum- und Arbeitsbeziehungen treten auch bei **geistigen Prozessen** auf. Bei der Planung und Kontrolle von Unternehmensprozessen, der Entscheidung über betriebliche Alternativen und der Organisation von Prozessen werden Informationen als Objekte verarbeitet. Diese zweite Problemklasse der Ablauforganisation erfaßt daher die Gestaltung des Ablaufs von **Informationsprozessen.** Die Informationsprozesse stehen in enger Wechselwirkung zur Gestaltung der physischen Prozesse innerhalb der Produktion und Logistik.

Eine rationale Entscheidung über die Tatbestände der Ablauforganisation setzt die Formulierung von **Zielen** voraus. Optimale Entscheidungen lassen sich nur treffen, wenn die Auswirkungen der Handlungsvariablen auf die Ziele feststellbar sind. Häufig können die Oberziele einer Unternehmung wie beispielsweise die Gewinnerzielung nicht unmittelbar auf Entscheidungstatbestände der Ablauforganisation angewandt werden. Zum Beispiel lassen sich die Konsequenzen verschiedener Reihenfolgen von Aufträgen an einer Maschine auf den Periodengewinn nicht bestimmen, wenn man die Vielzahl der anderen gewinnbeeinflussenden Handlungen in den übrigen Unternehmensbereichen außer acht läßt.

1.3.5.2 Datenermittlung und Datenprognose

Bei jedem Entscheidungsproblem sind die Handlungsmöglichkeiten der Unternehmung bzw. ihrer Entscheidungsträger begrenzt. Ihr Handlungsspielraum wird durch außerhalb der Unternehmung liegende Tatbestände oder durch selbstgesetzte Bedingungen eingeschränkt. Vor einer Entscheidung müssen daher die **Begrenzungen des Handlungsspielraums** ermittelt werden.

Grundlage der Entscheidungsfindung ist somit die Bestimmung der für den betrachteten Entscheidungstatbestand relevanten **Daten.** Zu diesen gehören alle Informationen über Tatbestände, die einerseits die Handlungsmöglichkeiten begrenzen und beeinflussen oder andererseits von der Entscheidung beeinflußt werden. Hierbei kann es sich um **Istinformationen** über in der Vergangenheit oder Gegenwart realisierte Größen handeln. Beispielsweise ist vor der Entscheidung über die Verteilung mehrerer Aufträge auf die Maschinen einer Werkstatt festzustellen, welche Maschinen zum Zeitpunkt der Entscheidung störungsfrei arbeiten und von Arbeitskräften besetzt sind. Da Entscheidungen in der Zukunft verwirklicht und wirksam werden, benötigt man ferner **Prognoseinformationen** über zukünftig eintretende Größen. So muß vorausgesagt werden, welche Maschinen und Arbeitskräfte im weiteren Ablauf des Planungszeitraums einsatzbereit sein werden. Die angeführten Ist- und Prognoseinformationen beziehen sich jeweils auf Einzeltatbestände. Um prognostische Informationen herzuleiten, benötigt man aber im allgemeinen Informationen über regelmäßige Beziehungen in der Realität. Solche Informationen stellen **nomologische Hypothesen oder theoretische Aussagen** dar. Sofern die Entscheidungsträger kein derartiges Wissen besitzen, müssen sie plausible Annahmen setzen, um begründete Prognosen in Form von Schätzungen bei der Entscheidungsfindung zugrunde legen zu können. Das Wissen über die Zukunft ist stets unsicher. Alle Entscheidungen tragen daher ein Risiko in sich. Da sich die Ablauforganisation i.d.R. mit den unmittelbar bevorstehenden Prozessen z.B. der nächsten Stunden oder Tage beschäftigt, gelingt es jedoch in diesem Bereich vergleichsweise häufig, das künftige Geschehen mit hinreichender Genauigkeit zu prognostizieren.

Die Gewinnung von Daten für die Ablauforganisation erstreckt sich demnach auf zwei grundlegende Aspekte. Zum einen sollte die Unternehmung Instrumente oder Verfahren zur **Ermittlung** von Istdaten sowie zur **Prognose** von Zukunftsdaten besitzen. Zum andern benötigt sie **theoretisches Wissen** über die in der Wirklichkeit vorliegenden regelmäßigen Beziehungen zwischen ablauforganisatorischen Größen.

1.3.5.3 Alternativensuche und Entscheidung

Das theoretische Wissen über regelmäßige Beziehungen sowie die Datenermittlung und -prognose bilden lediglich die Grundlage für ablauforganisatorische Entscheidungen. Anhand der verfügbaren Informationen müssen **Alternativen** formuliert werden. Eine Alternative kann aus verschiedenen Handlungsvariablen kombiniert sein. Ferner müssen die Beschränkungen des Handlungsspielraums beachtet werden. Auf die Suche und Formulierung der realisierbaren Alternativen folgt deren **Bewertung**. Indem man die Auswirkungen jeder Alternative auf das bzw. die gesetzten Ziele bestimmt, bringt man sie in eine Rangordnung. Der Zielerreichungsgrad einer Alternative wird als ihr relevanter Wert interpretiert. Die Bewertung der Alternativen ist die Basis für das Treffen der Entscheidung.

Maßgebend für den **Entscheidungsakt** sind neben den verfügbaren Alternativen und den gesetzten Zielen das Entscheidungskriterium sowie die Risikobereitschaft des Entscheidungsträgers. Das **Entscheidungskriterium** besagt, welches Ausmaß der Zielerreichung angestrebt wird. Eine Extremierung als Maximierung oder Minimierung des Zieles liegt vor, wenn die Alternative mit dem eindeutig höchsten Zielerreichungsgrad gewählt wird. Dagegen setzt man im Fall der Satisfizierung ein bestimmtes Mindest- oder Höchstniveau des Zieles fest und wählt eine Alternative, welche diese Bedingung erfüllt. Aus der **Risikobereitschaft** des Entscheidungsträgers folgt, mit welchem Sicherheitsgrad die prognostizierte Zielausprägung erreichbar sein soll. Sie ist ferner bestimmend für die Entscheidungsregel, durch welche der Entscheidungsträger seine Ungewißheit bei der Alternativenwahl berücksichtigt.

Die Darstellung von Instrumenten zur Suche und Bewertung von ablauforganisatorischen Alternativen sowie zur Alternativenwahl bei unterschiedlichen Entscheidungsproblemen bilden den Inhalt der Kapitel 4 bis 8. In ihnen werden **Entscheidungsmodelle** der Ablauforganisation in Produktion und Logistik sowie ausgewählte exakte und heuristische **Verfahren** zu deren Lösung behandelt. Die Entscheidungsmodelle stellen wichtige Hilfsmittel dar, um Einsichten in die Problemstrukturen zu vermitteln. Die korrespondierenden Lösungsverfahren sind vielfach in praktisch eingesetzten, **computergestützten Systemen** zur Entscheidungsunterstützung enthalten. Beispiele sind die in Kapitel 9 behandelten Produktionsplanungs- und –steuerungssysteme, aber auch elektronische Leitstände, Lagerhaltungssysteme oder computergestützte Tourenplanungssysteme.

1.3.5.4 Durchführung und Kontrolle

Nach der Wahl einer Alternative muß diese durchgeführt werden. Eine wichtige Aufgabe dieser Phase ist es, die **Mitarbeiter** so zu beeinflussen, daß sie die gegebenen Anweisungen einhalten. Den Mitarbeitern müssen die Entscheidungen übermittelt und verständlich gemacht werden. Sie müssen motiviert werden, die Entscheidungen im getroffenen Sinne zu verwirklichen. Die Art der Durchführung hängt ferner davon ab, daß die während des Planungs- und Entscheidungsprozesses zugrunde gelegten Istdaten richtig waren und die prognostizierten Daten tatsächlich eintreffen. Erweisen sich Daten als fehlerhaft oder treten unerwartete Datenänderungen auf, so kann der Mitarbeiter die Entscheidung nicht planmäßig ausführen. Dann müssen Verfahren eingesetzt werden, mit deren Hilfe man sich an Abweichungen anpassen kann.

Zum Erkennen von Abweichungen zwischen dem im Entscheidungsakt festgelegten Plan und der Durchführung dient die **Kontrolle**. Durch sie soll überprüft werden, ob und inwieweit die vorgegebenen Entscheidungen tatsächlich ausgeführt worden sind. Dabei sind die Informationen über die getroffenen Entscheidungen und verabschiedeten Pläne den Informationen über die konkreten Handlungen in der Unternehmung gegenüberzustellen. Aus dem Vergleich der beiden Informationsarten erhält man die Abweichungen zwischen Plan und Ist.

Sofern bei der Kontrolle **Plan-Ist-Abweichungen** festgestellt werden, sollten deren **Ursachen** untersucht werden. Eine Analyse sämtlicher auftretender Abweichungen ist aber in der Regel zu kosten- und zeitaufwendig. Deshalb ist zu entscheiden, welche Plan-Ist-Abweichungen für so bedeutend gehalten werden, daß man sie näher betrachtet. Diese Analyse der Abweichungsursachen bildet einen wichtigen Bestandteil der Kontrolle. In ihr sind die verantwortlichen Personen sowie die sachlichen Gründe festzustellen, die zu der Differenz zwischen Plan und Ist geführt haben. Ferner müssen die Plan-Ist-Abweichungen mit den verantwortlichen Entscheidungsträgern und ggf. deren Mitarbeitern durchgesprochen werden. Darüber hinaus ist zu prüfen, welche Auswirkungen die Abweichungen auf die Kosten und die Terminplanung haben. Daraus wird erkennbar, in welchem Umfang die ursprünglich getroffenen Ablaufentscheidungen geändert und welche zusätzlichen Maßnahmen eingeleitet werden müssen.

Die Wirkung ablauforganisatorischer Handlungen hängt demnach nicht nur von der Güte getroffener Entscheidungen ab. Sie wird maßgeblich davon bestimmt, wie die Entscheidungen durchgesetzt und kontrolliert werden. Die Durchführung und die Kontrolle besitzen auch ein großes Gewicht. Deshalb werden innerhalb des Abschnitts 3.3 verschiedene Instrumente zur Beschreibung und Überwachung von Prozeßabläufen dargestellt.

1.3.6 Problembereiche der Ablauforganisation

Die Probleme der Ablauforganisation können nach den Bezugsgrößen Subjekt, Objekt sowie Arbeitsmittel und/oder nach den Beziehungsarten Gruppierungs-, Raum-, Zeit- und Transportbeziehungen gegliedert werden[34]. Damit läßt sich eine umfassende **Klassifikation** vornehmen. Bei einer Einteilung nach diesen organisatorischen Elementen wird jedoch deren Zusammen-

---

[34] Vgl. Schweitzer (1964), S. 3.

wirken im Vollzug der Arbeitsprozesse wenig betont. Deshalb wird hier einer einfacheren Gliederung in Problembereiche der

- Arbeitsverteilung und Leistungsabstimmung, der

- Arbeitsgruppierung, der

- Reihenfolgebildung sowie des

- Transports

gefolgt. Die Darstellung von Entscheidungsmodellen und Lösungsverfahren der Ablauforganisation in den Kapiteln 4 bis 8 folgt dieser Gliederung der Problembereiche.

1.3.6.1 Probleme der Arbeitsverteilung und Leistungsabstimmung

Die Arbeitsverteilung umfaßt die **Festlegung von Arbeitsgängen** sowie die **Zuordnung** der Objekte, an denen diese Arbeitsgänge zu vollziehen sind, zu den **Produktiveinheiten** als Arbeitsträgern[35]. Da Arbeitsgänge als die von einer Person (oder gegebenenfalls Personengruppe) durchzuführenden abgeschlossenen Arbeitsteile definiert sind, wird mit ihnen der **Grad der Arbeitsteilung** beeinflußt. Je weniger Arbeitsteile zu einem Arbeitsgang zusammengefaßt werden, auf desto mehr Arbeitsträger kann ein Arbeitsprozeß aufgeteilt werden. Für den Umfang der Arbeitsteilung auf Menschen erscheinen zwei Gesichtspunkte als besonders wichtig. Zum einen ermöglicht eine sehr tiefgehende Arbeitsteilung eine Spezialisierung der Arbeitsträger und eine Ausnützung von Lernerfolgen. Zum anderen führt aber eine derartige Arbeitsteilung zu vermehrten Abstimmungs- und Transportproblemen zwischen den Arbeitsträgern und birgt die Gefahr der Monotonie in sich. Deshalb werden durch Maßnahmen der Aufgabenerweiterung (Job Enlargement) und der Aufgabenbereicherung (Job Enrichment) umfassendere Arbeitsinhalte für die einzelnen Mitarbeiter geschaffen.

Die Abgrenzung der Arbeitsgänge ist Voraussetzung für ihre **Zuordnung zu den Arbeitsträgern.** Dieses Teilproblem der Arbeitsverteilung tritt auf, wenn mehrere Arbeitsträger gleichartige Verrichtungen an identischen Objekten ausführen können. Dann ist darüber zu entscheiden, welcher der einsetzbaren Arbeitsträger den jeweiligen Arbeitsgang übernimmt. Durch die Arbeitsverteilung wird einem Arbeitsträger nicht nur ein konkreter Arbeitsgang sachlich übertragen. Mit ihr wird zugleich das Objekt, an dem der Arbeitsgang zu vollziehen ist, der Produktiveinheit räumlich zugeordnet. Deshalb kann die Arbeitsverteilung auch als die Gestaltung einer bestimmten **Raumbeziehung** zwischen Arbeitsträger, Arbeitsobjekt und Arbeitsverrichtung interpretiert werden. Sofern es sich nicht um die Durchführung von Großprojekten (z.B. im Anlagenbau) handelt, gehört die Arbeitsverteilung zu den laufenden Entscheidungstatbeständen, die in kurzfristigen Abständen festgelegt werden.

Durch die Festlegung der Arbeitsverteilung ist der zeitliche Vollzug von Arbeitsprozessen noch nicht eindeutig bestimmt. U.a. müssen die **Leistungen** der verschiedenen Arbeitsträger abgestimmt und die zeitliche Anordnung der Arbeitsgänge festgelegt werden. Zum Problembereich der Leistungsabstimmung lassen sich mehrere Teilprobleme rechnen, bei denen die Leistung

---

[35] Vgl. Kosiol (1976), S. 110 ff.

der Arbeitsträger beeinflußt wird. Sofern die Arbeitsträger ihre Verrichtungen mit unterschiedlichen Intensitätsgraden durchführen können, sind ihre **Produktionsgeschwindigkeiten** für jeden Arbeitsgang festzulegen. Hierdurch wird die Dauer der Arbeitszeiten je Stück geregelt. Die Produktionsgeschwindigkeiten sind im allgemeinen maßgebend für den Verbrauch an Betriebsstoffen wie Energie, Öl oder Werkzeugen je Maschine.

Ferner lassen sich die Leistungen verschiedener Arbeitsträger gegenseitig **abstimmen.** Dabei versucht man, die Leistungen aufeinanderfolgender oder in einer Werkstatt bzw. Abteilung zusammengefaßter Arbeitsträger so einander anzupassen, daß ihre Durchschnittsleistungen näherungsweise gleich groß sind. Wichtige Variablen zur Lösung dieses Problems sind die Produktionsgeschwindigkeiten, die Arbeitsverteilung, die Auftragsfolgen sowie die Einfügung von Arbeitspausen. Will man für mehrere Arbeitsträger dieselben **Leistungstakte** erreichen, wird man von dem Arbeitsträger mit der niedrigsten Leistung ausgehen und zuerst prüfen, ob sich seine Leistung durch eine intensitätsmäßige Anpassung steigern läßt. Ferner kann man die Produktionsgeschwindigkeiten der anderen Arbeitsträger senken oder bei diesen nach Durchführung eines bzw. mehrerer Arbeitsgänge Pausen einlegen. Des weiteren läßt sich versuchen, die Leistungsunterschiede durch geeignete Verteilung der Aufträge und entsprechende Festlegung der Gangfolgen auszugleichen.

Besondere Bedeutung hat die Leistungsabstimmung im Fall der **taktierten Fließfertigung**[36]. Durch die Vorgabe eines gleichlangen Arbeitstaktes für alle Arbeitsträger der Linie wird eine vollständige Leistungsabstimmung angestrebt. Maßgebliche Größen für die Lösung dieses Problems der **Fließbandabstimmung** oder **Bandabgleichung** sind die durchzuführenden Arbeitsteile bis zur Fertigstellung des Zwischen- oder Endprodukts, die herzustellenden Produktmengen, die vorgegebenen Maschinenfolgebedingungen je Stückprozeß sowie die Zahl und Leistungsfähigkeit der Arbeitsträger, welche die Fertigungslinie bilden sollen.

Im Rahmen der Ablauforganisation von **Informationsprozessen** entsteht ein Entscheidungsproblem der *Arbeitsverteilung*, wenn mehrere Mitarbeiter als Arbeitsträger die geistige Fähigkeit zur Lösung der anstehenden Aufgabe besitzen. Da sich komplexe geistige Arbeit einer genauen Regelung i.d.R. entzieht, kann sie lediglich in weiten Grenzen geordnet werden. Eine genaue *Leistungsabstimmung* ist aus diesem Grund nur bei einfachen und klar strukturierten Informationsprozessen vorzunehmen. Sie kann sich vor allem auf Prozesse der Datenverarbeitung sowie einfache Verwaltungs-, Kontroll- und Rechenvorgänge im betrieblichen Rechnungswesen erstrecken. Bei umfassenden Informationsprozessen beispielsweise der Planung, der Produktentwicklung oder der Kontrolle in Form von Abweichungsanalysen sowie Gesprächen mit Kostenstellenleitern kann man lediglich versuchen, eine globale gegenseitige Abstimmung der Informationsleistungen zu erreichen.

1.3.6.2 Gruppierungsprobleme

Gruppierungsprobleme umfassen bei **Arbeitssubjekten** vor allem die Entscheidung über die Stärke von Arbeitsgruppen, Arbeitskolonnen und Arbeitsschichten sowie die Zusammenfas-

---

[36] Vgl. Abschnitt 2.2.3.

sung mehrerer Personen zu einem Arbeitsträger. Hierbei werden jeweils Arbeitskräfte, die einander entsprechende bzw. miteinander kombinierbare Tätigkeiten beherrschen und gleichartige Arbeitsgänge ausführen sollen, in eine Gruppe eingeordnet. Die Leistungsfähigkeiten der einzelnen Personen sowie die Zahl der eine Gruppe bildenden Personen bestimmen deren art- und mengenmäßiges Leistungsangebot.

Eine **Gruppierung von Arbeitsmitteln** erfolgt in erster Linie durch die Zusammenfassung von Maschinen zu einer Werkstatt oder zu einer Fertigungslinie. Eine **Werkstatt** besteht aus mehreren funktionsgleichen Maschinen, die räumlich beieinander angeordnet sind. Dagegen bildet man eine **Fertigungslinie,** indem verschiedenartige Maschinen räumlich aufeinander folgen, um dieselben Produkte nacheinander bearbeiten zu können. Gruppierungsbeziehungen zwischen Maschinen werden im allgemeinen längerfristig festgelegt, weil Maschinen häufig weniger mobil sind als Menschen. Deshalb ist bei Arbeitsmitteln die Gestaltung von Gruppierungsbeziehungen eng mit der Festlegung räumlicher Beziehungen verbunden. Da die Einrichtung von Werkstätten und Fertigungslinien in der Regel auf längere Sicht erfolgt, gehört dieser Problemkreis zu den Bestandsphänomenen der Unternehmung. Er wird üblicherweise als Einflußgröße und nicht als Entscheidungstatbestand der Ablauforganisation behandelt. Daran zeigt sich die Schwierigkeit, Aufbau- und Ablauforganisation gegenseitig abzugrenzen.

Das in der Ablauforganisation am häufigsten auftretende Gruppierungsproblem ist die Festlegung von **Losgrößen.** Es tritt auf, wenn ein Arbeitsträger (in der Regel eine Maschine) nacheinander verschiedenartige Objekte bearbeitet und für jede dieser Objektarten umgerüstet werden muß. Die Losgröße kennzeichnet die Anzahl gleichartiger Objekte, die von dem Arbeitsträger ohne Umrüstung nacheinander gefertigt werden. Für jedes Los ist der Umrüstprozeß nur einmal vorzunehmen. Entscheidungen über Losgrößen haben deshalb einerseits Auswirkungen auf die pro Stück anfallenden Umrüstkosten. Andererseits beeinflussen sie die Höhe der Lagerbestände und damit der Lager- sowie Zinskosten.

Maßgeblich für die Auswirkungen auf die Lagerbestände ist die **Art der Weitergabe** bearbeiteter Produkte. Werden die Objekte eines Loses gemeinsam zum nächsten Arbeitsgang transportiert, spricht man von **geschlossener Produktion.** Gibt man hingegen jedes zu einem Los gehörende Objekt unmittelbar nach dessen Bearbeitung zum nächsten Arbeitsgang weiter, so liegt eine vollständig **offene Produktionsweise** vor. Im Fall geschlossener Produktion hat die Losgröße einen direkten Einfluß auf die Höhe der vor und/oder nach jedem Arbeitsträger gelagerten Zwischenprodukte. Dagegen wirkt sie sich bei offener Produktion im Extremfall lediglich auf die Höhe des Fertigwarenlagers aus, wenn während der Fertigung die Zwischenprodukte über alle Arbeitsgänge hinweg sofort weitertransportiert werden können.

Bei einer Reihe von Produktionsprozessen ist es auch möglich, an verschiedenen Objekten gleichzeitig einen Arbeitsgang durchzuführen. Beispielsweise werden an Hoch-, Schmelz- oder Brennöfen gleich- oder verschiedenartige Objekte gemeinsam eingesetzt, gleichzeitig den Produktionsbedingungen des Arbeitsträgers ausgesetzt und als Ganzes gemeinsam wieder entnommen. Diese Objekte bilden eine **Charge.** Die qualitativen Eigenschaften der zu verschiedenen Chargen gehörenden gleichartigen Objekte können Unterschiede aufweisen, weil die Produktionsbedingungen der Arbeitsträger bei verschiedenen Chargenprozessen häufig nicht völlig identisch gestaltet werden können. Deshalb kann es notwendig sein, bestimmte Produkte derselben Charge zuzuordnen, damit sie genau dieselben Qualitätseigenschaften erhalten. Für die Festlegung der Chargengrößen sind vor allem die quantitative Kapazität der Arbeitsträger sowie die qualitativen Anforderungen an die Objekte maßgebend.

Gruppierungsprobleme treten bei **Informationsprozessen** vor allem auf, wenn mehrere Informationen in der Informationsverarbeitung oder -speicherung zu einer Gruppe zusammengefaßt werden können. So läßt sich die Frage, welche Tatbestände bei der Sitzung eines Kollegiums behandelt werden sollen, als informatorisches Gruppierungsproblem interpretieren. Häufig ist das Problem zu lösen, welche Informationen gemeinsam zu speichern sind. Die Zusammenfassung von Informationen auf Datenträgern der EDV, Karteikarten, Mikrofilmen, Büchern oder ähnlichem hat einen wesentlichen Einfluß auf den Raumbedarf der Speicherung und auf Zugriffsmöglichkeiten sowie Zugriffszeiten zu den Informationen.

1.3.6.3   Reihenfolgeprobleme

Reihenfolgeprobleme treten in verschiedenartigen Formen auf. Als grundlegende Typen lassen sich räumliche und zeitliche Reihenfolgeprobleme trennen. Die **räumliche Reihenfolge** betrifft die Folge der Arbeitsgänge und der sie vollziehenden Arbeitsträger innerhalb eines Stückprozesses. Da sich die Arbeitsträger an bestimmten Standorten befinden, ergibt sich aus der Reihenfolge der Arbeitsträger innerhalb eines Stückprozesses, an welche Standorte ein Objekt in welcher Reihenfolge gelangen muß. Man spricht bei diesem Problem auch vereinfachend von der **Maschinenfolge** je Stückprozeß. Es gehört lediglich dann zu den Entscheidungstatbeständen der Ablauforganisation, wenn die Maschinenfolge nicht durch technologische Bedingungen vorgegeben ist. Aber auch in diesen Fällen sind in der Regel nur bestimmte Reihenfolgen der Arbeitsgänge frei wählbar.

Zeitliche Reihenfolgeprobleme beziehen sich auf die **Gangfolgen** an den einzelnen Arbeitsträgern. Diese kennzeichnen die zeitliche Folge gleich- bzw. verschiedenartiger Aufträge, die von einem Arbeitsträger an gleichen oder unterschiedlichen Objekten durchgeführt werden[37]. Die zeitliche Reihenfolge wird vereinfachend auch als **Auftragsfolge** je Arbeitsträger bezeichnet, weil sich die von einem Arbeitsträger durchzuführenden Arbeitsgänge aus den ihm zugeordneten Aufträgen ergeben. Die **Notation** $< j_1, j_2,..., j_n]$ drückt aus, daß an erster Stelle der Auftragsfolge an einem Arbeitsträger der Auftrag j_1 steht, an zweiter Stelle j_2 etc. Mit dieser Notation werden im folgenden die Maschinenfolgen der Aufträge analog abgebildet.

Zeitliche Reihenfolgebeziehungen bestehen einmal zwischen den von **einem Arbeitsträger** durchzuführenden Arbeitsgängen. Für die aufgrund der Arbeitsverteilung ihm übertragenen Aufträge muß festgelegt werden, in welcher Folge sie nacheinander zu bearbeiten sind. Zum anderen gibt es zeitliche Reihenfolgebeziehungen zwischen den von **verschiedenen Arbeitsträgern** durchzuführenden Arbeitsgängen. Entsprechend dieser Unterteilung hängt die Zahl der Reihenfolgealternativen vom Umfang des betrachteten Reihenfolgeproblems ab.

---

[37] Vgl. Kosiol (1976), S. 206; Schweitzer (1966), S. 43.

Bei der ersten Ausprägung des zeitlichen Reihenfolgeproblems betrachtet man lediglich die Auftragsfolge an **einem** Arbeitsträger. Die **Zahl** möglicher Reihenfolge- oder Gangfolgealternativen wird bei diesem Betrachtungsumfang nur von der Zahl an Aufträgen bestimmt, die der Arbeitsträger zu bearbeiten hat. Wie aus Tabelle 1-4 leicht zu erkennen ist, entspricht sie den $J!$ möglichen **Permutationen** der J Aufträge, die sich zu einem bestimmten Zeitpunkt vor einem Arbeitsträger befinden.

Alternative	Zahl der Aufträge am Arbeitsträger		
	$J=2$	$J=3$	$J=4$
1	<1,2]	<1,2,3]	<1,2,3,4]
2	<2,1]	<1,3,2]	<1,2,4,3]
3		<2,1,3]	<1,3,2,4]
4		<2,3,1]	<1,3,4,2]
5		<3,1,2]	<1,4,2,3]
6		<3,2,1]	<1,4,3,2]
....			....
24			<4,3,2,1]

Tab. 1-4: Auftragsfolgealternativen an einem Arbeitsträger

Dehnt man den Betrachtungsumfang auf die zeitlichen Reihenfolgebeziehungen zwischen den Arbeitsgängen an **mehreren** Arbeitsträgern aus, so ist die **Zahl** der Reihenfolgealternativen darüber hinaus von der Zahl M berücksichtigter Arbeitsträger abhängig. Wenn jeder von insgesamt J Aufträgen von jedem der M Arbeitsträger bearbeitet werden muß, ist die Zahl möglicher Reihenfolgealternativen gleich $(J!)^M$.

In Tabelle 1-5 wird deutlich, daß sich z.B. bei zwei Aufträgen auf drei Arbeitsträgern 8 Möglichkeiten ergeben. Bei drei Aufträgen auf zwei Arbeitsträgern sind es bereits 36 und bei sieben Aufträgen auf zwei Arbeitsträgern 25 401 600 Möglichkeiten.

Alternative	$m=1$	$m=2$	$m=3$
1	<1,2]	<1,2]	<1,2]
2	<1,2]	<1,2]	<2,1]
3	<1,2]	<2,1]	<1,2]
4	<1,2]	<2,1]	<2,1]
5	<2,1]	<1,2]	<1,2]
6	<2,1]	<1,2]	<2,1]
7	<2,1]	<2,1]	<1,2]
8	<2,1]	<2,1]	<2,1]

Tab. 1-5: Auftragsfolgealternativen bei zwei Aufträgen an drei Arbeitsträgern

Die Reihenfolgen der Aufträge an verschiedenen Arbeitsträgern lassen sich jedoch nicht festlegen, ohne die (vorgegebenen oder festgelegten) **Maschinenfolgebedingungen** für die Aufträge zu beachten. Aufgrund dieser Bedingungen kann sich eine Reihe denkbarer Reihenfolgealternativen als nicht durchführbar erweisen. Müssen z.B. zwei Aufträge drei Arbeitsträger in der Maschinenfolge <a,b,c] bzw. <b,a,c] durchlaufen, so ist die Alternative "Auftrag 2 vor Auftrag 1 auf Maschine a *und* Auftrag 1 vor Auftrag 2 auf Maschine b" nicht realisierbar.

Wenn man die Maschinenfolgen der verschiedenen Aufträge berücksichtigt, lassen sich zwei Formen des mehrstufigen Auftragsfolgeproblems unterscheiden. Erstens können die **Maschinenfolgen** für alle Aufträge **übereinstimmen.** Dann ist bei allen Aufträgen, deren Auftragsfolgen festzulegen sind, die Reihenfolge der zu durchlaufenden Arbeitsträger je Stückprozeß gleich. Derartige Probleme werden als *Flow-Shop-Probleme* bezeichnet. Die Zahl denkbarer und realisierbarer Auftragsfolgealternativen an den Maschinen wird durch diese Voraussetzung alleine nicht eingeschränkt. In diesem Fall legt man jedoch häufig zugleich fest, daß an allen Arbeitsträgern dieselbe Auftragsfolge eingehalten werden soll. Dann reduziert sich die Zahl der Reihenfolgealternativen auf *J!* entsprechend dem obigen einfacheren Problem, bei dem nur die Auftragsfolge eines Arbeitsträgers zu bestimmen ist.

Zweitens können für die Aufträge **unterschiedliche Maschinenfolgen** vorgeschrieben sein. Dann spricht man von *Job-Shop-Problemen.* Dabei ist zu prüfen, ob sämtliche Aufträge alle Arbeitsträger durchlaufen müssen oder ob die Maschinenfolgen der Aufträge nur teilweise dieselben Arbeitsträger enthalten.

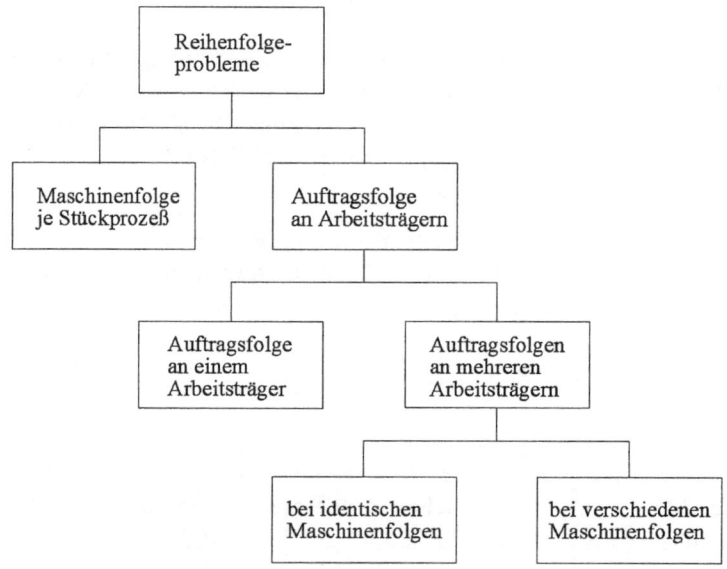

Abb. 1-7 : Überblick über die Reihenfolgeprobleme der Ablauforganisation

Bei der Ablauforganisation von Fertigungsprozessen mit maschinellen Arbeitsträgern rechnet man die Planung der Auftragsfolgen meist zur **Maschinenbelegung.** Als Belegung der Maschinen mit Aufträgen bezieht diese sich darüber hinaus auf die Festlegung der Arbeitsverteilung und die zeitliche Anordnung der Arbeitsgänge. Der Begriff der Maschinenbelegung ist deshalb als Oberbegriff für die Arbeitsverteilung und die Reihenfolgeplanung anzusehen. Zusammenfassend gibt Abbildung 1-7 einen Überblick über die gekennzeichneten Arten von Reihenfolgeproblemen.

Besonderes Gewicht besitzen Reihenfolgeprobleme auch bei **Informationsprozessen**. Sie lassen sich in gleicher Weise wie bei physischen Prozessen untergliedern. So kann man einmal untersuchen, welche verschiedenen Informationstätigkeiten zur Ermittlung einer bestimmten Information in welcher Reihenfolge vorzunehmen sind. Diese Reihenfolge innerhalb eines Informationsprozesses wird vielfach in einem Flußdiagramm dargestellt. Wichtige Beispiele derartiger Reihenfolgeprobleme sind an Verhandlungsprozessen erkennbar. In ihnen kann die Reihenfolge, in der bestimmte Argumente während der Behandlung eines Gegenstands in die Diskussion eingebracht werden, maßgeblich für das Ergebnis sein. Zum anderen ist festzulegen, in welcher zeitlichen Reihenfolge verschiedenartige Informationstatbestände von einem oder mehreren Arbeitsträgern behandelt werden. Ein typisches Beispiel für dieses Problem ist die Bestimmung einer Reihenfolge für die Tagesordnungspunkte der Sitzung eines Kollegiums. Wirken an der Erstellung einer umfassenderen Information wie dem Jahresabschluß verschiedene Arbeitsträger mit, so muß die Reihenfolge der Informationsbearbeitung unter den Arbeitsträgern abgestimmt werden.

1.3.6.4 Transportprobleme

Typische Bewegungsvorgänge in der Unternehmung stellen die Transporte von Stoffen, Zwischen- und Endprodukten sowie sonstigen materiellen Gütern dar. Maßgeblich für ihre Gestaltung sind zum einen die **Standorte** der Arbeitsträger und der Läger. Deshalb sind Raum- und Transportbeziehungen eng miteinander verbunden. Zum anderen sind für Transportbeziehungen die **Stückprozesse** und die **Arbeitsverteilung** bestimmend. Aus ihnen ergibt sich, zu welchen Arbeitsträgern die Objekte transportiert werden müssen. Transportentscheidungen hängen ferner davon ab, welche **Transportmittel** der Unternehmung zur Verfügung stehen.

Die Lösung von Transportproblemen erstreckt sich auf mehrere Tatbestände. In der Regel gibt es verschiedene Wege, auf denen ein Objekt von einem Standort zu einem anderen befördert werden kann. Deshalb bildet die Entscheidung über die **Transportwege** einen wichtigen Aspekt des Transportproblems. Weiter ist festzulegen, auf welche Art und mit welchem Transportmittel ein Objekt zu befördern ist. Die Bestimmung von Mengen gleichartiger Güter, die gemeinsam transportiert werden, kann als Festlegung von **Transportlosen** bezeichnet werden. Häufig werden auch verschiedenartige Güter gemeinsam befördert. Dann kann man die zu transportierende Menge als **Transportcharge** auffassen. In einer Reihe von Fällen sind Mengen derselben Güterart an unterschiedliche Orte zu liefern. In diesem Fall ist zu entscheiden, wie die Gesamtmenge auf die verschiedenen Empfangsorte und die zugehörigen Transportwege aufgeteilt wird. Also handelt es sich um eine **Verteilung von Transportmengen.** Schließlich ist festzulegen, welche Transportmittel auf welchen Wegen verkehren. Dabei können feste **"Transportrouten"** für einzelne Transportmittel geschaffen werden. Beispielsweise kann man ein Transportmittel lediglich zwischen zwei Arbeitsträgern oder Werkstätten hin- und herfahren lassen, während andere Transportmittel **"Rundreisen"** zwischen mehreren Arbeitsträgern vornehmen.

Aufgrund der Interdependenzen zwischen Transport- und Standortproblemen werden die **Transportkosten** vielfach als eine maßgebliche Zielgröße der Entscheidungen über den Standort von Arbeitsträgern verwendet[38]. Manche Autoren behandeln darüber hinaus die **Standortprobleme** wegen dieser engen Beziehungen im Rahmen der Ablauforganisation[39]. Diese Betrachtungsweise kann auch damit begründet werden, daß sich die Ablauforganisation mit der Gestaltung sämtlicher Raumbeziehungen zu befassen habe. Rechnet man dagegen nur die Gestaltung von **Bewegungsvorgängen** zur Ablauforganisation, so erscheint es konsequent, die Standorte von Arbeitsträgern und Lägern als typische Bestandsphänomene nicht zu den Entscheidungsproblemen der Ablauforganisation zu zählen. Dann sind die Festlegung der Standorte von Arbeitsträgern und Lägern sowie die Gestaltung der Arbeitsplätze als wichtige **Bestimmungsgrößen** für die Transportvorgänge herauszuarbeiten. Dieser Auffassung wird hier gefolgt. Zu den ablauforganisatorischen Entscheidungstatbeständen gehört aber in diesem Fall die räumliche Anordnung der Bearbeitungsobjekte im Verlauf der Arbeitsprozesse. Sie bezieht sich auf die Anordnung von Stoffen und Zwischenprodukten oder von Informationen während der Arbeitsprozesse an den Arbeitsplätzen, auf den Transportmitteln sowie in den Lägern.

Dem Transportproblem physischer Prozesse entspricht die **Übermittlung von Informationen** zwischen verschiedenen Arbeitsträgern. Dabei kann es sich um eine Informationsübermittlung zwischen mehreren Personen, zwischen Personen und Anlagen oder zwischen informationsverarbeitenden Anlagen handeln. Auch bei der Weitergabe von Informationen sind wichtige Fragestellungen zu berücksichtigen. So ist darüber zu entscheiden, durch welches Übertragungsmittel Informationen vom Sender an den Empfänger weitergegeben werden. Ferner sind der Übermittlungsweg und die Menge gleichzeitig weitergegebener Informationen festzulegen. Ein spezifisches Problem der Informationsübermittlung liegt darin, wie der Empfang und die gewünschte Interpretation der weitergegebenen Nachrichten sichergestellt werden können.

---

[38] Vgl. zum Überblick Domschke (1993) und Drexl (1993).
[39] Vgl. Domschke/Scholl/Voß (1997), S. 31.

2 Theoretische Grundlagen der Produktion

2.1 Wissenschaftsziele und Struktur theoretischer Aussagensysteme

Eine zentrale Aufgabe von Wissenschaft besteht darin, Entscheidungsträgern Wissen zur Lösung ihrer Probleme bereitzustellen. Im Hinblick auf die Realität verfolgt sie dabei insbesondere drei Ziele:

(1) Eine Beschreibung oder Deskription empirischer Sachverhalte,

(2) deren Erklärung oder Explikation und Voraussage bzw. Prognose sowie

(3) auf dieser Basis die Unterstützung von Entscheidungen oder Dispositionen.

Ein wichtiges Instrument zur Erreichung dieser Wissenschaftsziele sind **Modelle**. Diese lassen sich als strukturgleiche (isomorphe) oder strukturähnliche (homomorphe) Abbildungen von Teilzusammenhängen aus einem Betrachtungsgegenstand kennzeichnen. Realmodelle beziehen sich auf einen empirischen Sachverhalt, von dem sie (lediglich) einen bestimmten Ausschnitt wiedergeben, weil eine Erfassung aller Gegenstände, Eigenschaften und Relationen kaum möglich und häufig auch nicht zweckmäßig ist. Vielmehr konzentrieren sie sich auf die für den jeweiligen Zweck charakteristischen Tatbestände und Zusammenhänge.

Ein wissenschaftliches Aussagensystem, insbesondere ein Realmodell, erfüllt das Wissenschaftsziel der **Deskription**, wenn es die Beschreibung eines bestimmten Betrachtungsgegenstandes liefert. Dann enthält es singuläre oder Einzelaussagen über die zu diesem Gegenstand gehörenden Elemente, deren Eigenschaften und Relationen. Die in einem solchen Beschreibungsmodell vorkommenden Begriffe haben beobachtbare oder messbare Tatbestände zum Inhalt, weil sie empirische Sachverhalte wiedergeben. Eine spezielle Klasse von Beschreibungsmodellen sind die Ermittlungsmodelle, in denen man mithilfe von Transformationsregeln eine bestimmte Größe wie z.B. die Durchlaufzeit eines Auftrags oder die Stückkosten eines Produkts als Rechnungsziel ermittelt.

Eine Beschreibung informiert lediglich über Einzelsachverhalte. Dies ist eine wichtige Basis für eine Wissenschaft und für praktisches Handeln. Wissenschaftliches Interesse reicht aber weiter, indem es **Erklärungen** und **Prognosen** liefern will. Letztere sind auch notwendig, wenn man in der Realität zielorientierte Entscheidungen treffen will. Eine **Explikation** beantwortet die Frage nach dem "Warum" eines Sachverhaltes und vermittelt dadurch eine tiefere Erkenntnis als eine Deskription. Von einer wissenschaftlichen Erklärung spricht man, wenn ein bestimmter Tatbestand mit Hilfe allgemeiner Gesetz- oder Regelmäßigkeiten aus Antecedens- oder Ausgangsbedingungen abgeleitet werden kann. Der zu erklärende Tatbestand wird als Explanandum bezeichnet und kann ein Einzelereignis wie z.B. die Durchlaufzeit oder die Kosten eines Auftrags sowie eine Gesetzmäßigkeit sein. Ein Einzelereignis wird in der Erklärung mithilfe einer Gesetzmäßigkeit (z.B. den Stückzeiten je Auftragseinheit auf bestimmten Maschinen oder einer Kostenfunktion) aus konkreten Ausgangsbedingungen wie einer vorgegebenen Maschinenfolge für diesen Auftrag oder der Art und Zahl an Produkten, die zu dem Auftrag gehören, hergeleitet. Die wissenschaftlich interessante Komponente hierbei sind die Gesetzmäßigkeiten. Diese werden durch theoretische Aussagen oder **Theorien** wiedergegeben, deren charakteristische Bestandteile universelle Sätze bilden. In ihnen wird das Vorliegen von Regelmäßigkeiten für den durch die Anwendungsbedingungen der Theorie gekennzeichneten Bereich behauptet. Theoretische Aussagen werden vielfach als Wenn-dann-Sätze formuliert, in denen die Wenn-Komponente die Anwendungsbedingungen angibt, für welche der in der Dann-Komponente behauptete Tatbestand stets gelten soll.

Eine Theorie (z.B. Kostenfunktionen für Umrüstung und für Lagerhaltung) kann zur Erklärung eines Ereignisses (z.B. den Stückkosten bei einer bestimmten Losgröße) herangezogen werden, wenn ihre Anwendungsbedingungen auf die Antecedensbedingungen (z.B. Periodenbedarf, Losgröße u.a.) des betrachteten Problems (z.B. der Losgrößenbestimmung) passen. Setzt man diese Bedingungen in die Wenn-Komponente der theoretischen Aussage ein, so ergibt sich der zu erklärende Tatbestand als Dann-Komponente.

Im Hinblick auf die Planung noch wichtiger ist die Verwendbarkeit von Theorien für die Herleitung und Begründung von **Prognosen**. Kennt man geeignete theoretische Aussagen (z.B. über die Stückzeiten der Produkte verschiedener Aufträge an mehreren Maschinen) und gibt bestimmte Antecedensbedingungen (z.B. die Maschinenfolge des Auftrags und die Reihenfolge verschiedener Aufträge auf den einzelnen Maschinen) vor, so läßt sich daraus ein Explanandum (z.B. die Fertigstellungszeitpunkte der Aufträge) ableiten, das sich auf ein zukünftiges Ereignis bezieht. Bei Prognosen tritt das interessierende Ereignis demnach erst in der Zukunft ein, während es bei einer Erklärung schon realisiert und damit bekannt ist.

Bei den in diesem Buch in den Kapiteln 4 bis 9 dargestellten Problemen der Ablauforganisation in Produktion und Logistik steht das dritte Wissenschaftsziel der **Fundierung von Entscheidungen** im Vordergrund. In diesem Teil werden Entscheidungsmodelle und Verfahren zu deren Lösung dargestellt und analysiert. Die charakteristischen Komponenten eines Entscheidungsmodells sind *Alternativen* und die *Zielvorstellung*. Eine Entscheidung läßt sich nur treffen, wenn eine zielorientierte Auswahl zwischen verschiedenen "alternativen" Handlungsmöglichkeiten durchführbar ist, die voneinander unabhängig sind und nicht gleichzeitig realisierbar sind. Die Zielvorstellung gibt an, welche Konsequenzen der Alternativen dem Entscheidungsträger wichtig sind und ob dieser deren Maximierung bzw. Minimierung oder die Erreichung eines Höchst- bzw. Mindestwertes bei ihnen anstrebt. Die Konsequenzen der Alternativen auf das oder die verfolgten Ziele lassen sich mithilfe von theoretischen Aussagen prognostizieren, in deren Anwendungsbedingungen die konkreten Gegebenheiten der Entscheidungssituation eingesetzt werden. Die realisierbaren Handlungsmöglichkeiten können beispielsweise aufgrund gesetzlicher oder technologischer Rahmenbedingungen beschränkt sein. Deshalb schließen Entscheidungsmodelle sowohl eine Beschreibung von einzelnen Tatbeständen an Beschränkungen und Ausgangsbedingungen als auch Theorien ein; sie enthalten aber zusätzlich eine Zielvorstellung, die eine Bewertung der Alternativen ermöglicht. Über die Vorgabe einer Zielsetzung und konkreter Randbedingungen können in einem Entscheidungsmodell eine oder mehrere optimale Alternativen bestimmt und damit zur wissenschaftlichen Grundlage von Entscheidungen werden.

Um dem Wissenschaftsziel der Erklärung und Prognose zu genügen und für Entscheidungen verwendbar zu sein, müssen Theorien bestimmte **Anforderungen** erfüllen. Diese lassen sich in

Mindest- und Vergleichsanforderungen einteilen. Zu den **Mindestanforderungen**, damit man ein Aussagensystem als Theorie akzeptieren kann, gehören

(1) Widerspruchsfreiheit und

(2) Allgemeingültigkeit.

Diese beiden Anforderungen gelten sowohl für Real- als auch für Formal-Theorien. Erstere geben Regelmäßigkeiten der Empirie wieder. Dagegen kennzeichnen Formaltheorien beispielsweise aus der Mathematik rein logische Zusammenhänge. Beide dürfen *keine logischen Widersprüche* enthalten, da sonst aus ihnen jede beliebige Folgerung ableitbar wäre und sie keinen Aussagegehalt besitzen würden. Charakteristisch für beide Formen einer Theorie ist ferner, daß sie sich nicht nur auf eine endliche Anzahl von Tatbeständen beziehen dürfen, sondern *allgemeingültig* sein sollen. Während sich diese Eigenschaft bei logischen Zusammenhängen verifizieren läßt, kann die Gültigkeit universeller empirischer Aussagen für künftige Fälle nicht geprüft werden. Deshalb sind letztere nicht verifizierbar, sondern höchstens falsifizierbar.

Aufgrund ihrer Ausrichtung auf die Wirklichkeit sind an *Realtheorien* zwei weitere Mindestanforderungen zu stellen:

(3) Empirischer Gehalt

(4) Faktische Überprüfbarkeit

Realtheorien können Wissen über die Wirklichkeit nur dann wiedergeben, wenn sie entsprechend der dritten Anforderung *empirisch gehaltvoll* sind. Im Gegensatz zu den in Formaltheorien enthaltenen Herleitungen bedeutet dies, daß sie nicht tautologisch, also in allen denkbaren Fällen wahr sein dürfen. Vielmehr müssen sie umgekehrt denkbare Fälle ausschließen. Dementsprechend sind Realtheorien *an der Wirklichkeit überprüfbar*. Aus ihnen müssen - durch Einsetzung konkreter Antecedensbedingungen in ihre Anwendungsbedingungen - Einzelaussagen herleitbar sein, die realen Ereignissen gegenübergestellt und damit bestätigt oder widerlegt werden können. Durch erfolgreiche faktische Überprüfungen können Realtheorien als vorläufig bestätigt angesehen werden.

Während die bisherigen Anforderungen von jeder Realtheorie erfüllt werden müssen, lassen sich über die nachfolgenden **Vergleichsanforderungen** qualitative Unterschiede zwischen ihnen kennzeichnen. Zu diesen gehören neben der Präzision und der Operationalität der in ihnen verwendeten Begriffe, dem Grad an Einfachheit und dem Informationsgehalt insbesondere

(5) die Axiomatisierung,

(6) der Geltungsbereich und

(7) der Bewährungsgrad.

Die anspruchsvollste und übersichtlichste Struktur erhält man durch die *Axiomatisierung* einer Theorie. Dies bedeutet, daß alle ihre Sätze aus einer beschränkten Anzahl grundlegender Sätze, den Axiomen, hergeleitet werden können. Ein solches Axiomensystem darf keine Widersprüche enthalten, seine Axiome müssen unabhängig sein. Aus ihnen müssen alle für den Geltungsbereich behaupteten Aussagen logisch deduziert werden können. Der *Geltungsbereich* kennzeichnet den Umfang des Betrachtungsgegenstands, für den die Aussagen einer Theorie behauptet werden. Während diese beiden Vergleichsanforderungen auch auf Formaltheorien bezogen werden können, ist der *Bewährungsgrad* auf Realtheorien gerichtet, da sie nur falsifizierbar, aber nicht verifizierbar sind. Er hängt davon ab, wie viele und vor allem welche faktische Überprüfungen eine Realtheorie bisher überstanden hat.

2.2 Bestimmungsgrößen der Produktion

2.2.1 Bedeutung und Struktur von produktions- und kostentheoretischen Einflußgrößensystemen

Theoretische Aussagensysteme behaupten einen generellen Zusammenhang zwischen bestimmten Größen. Nach deren Präzisionsgrad kann man unterschiedlich genaue Erklärungen und Prognosen aus ihnen herleiten. Dieser ist am niedrigsten, wenn lediglich ein *qualitativer Zusammenhang* behauptet wird, ohne daß dieser in Form einer Relation oder Funktion quantitativ präzisiert wird. Deshalb liegt ein erster Schritt der Theorienbildung in der Herausarbeitung der *Einflußgrößen*, welche für die betrachteten abhängigen Größen bestimmend sind.

Derartige Einflußgrößensysteme sind auch im Rahmen der betriebswirtschaftlichen Produktions- und Kostentheorie entwickelt worden. Dabei hat man herauszuarbeiten versucht, welche Größen für die Höhe der Kosten und deren Veränderungen maßgebend sind. Unter Kosten versteht man den bewerteten Güterverbrauch, der zur Erstellung des Produktionsprogramms als dem Sachziel einer Unternehmung erbracht wird.[1] Da die Kosten als Komponente des Gewinns (und damit indirekt auch des Unternehmenswerts oder Shareholder Values) ein zentrales Element der für erwerbswirtschaftliche Unternehmungen maßgeblichen Erfolgsziele bilden, besitzen diese Einflußgrößen eine grundlegende Bedeutung für Produktion und Logistik sowie die in ihnen zu treffenden Entscheidungen.

Kosteneinflußgrößen stellen die Antecedensbedingungen kostentheoretischer Aussagen dar. Sie bilden die unabhängigen, im Wenn-Satz angegebenen Variablen, von denen die im Dann-Satz wiedergegebene Kostenhöhe abhängig sein soll. Zu ihnen gehören sowohl beeinflußbare als auch nicht beeinflußbare Kostendeterminanten. Während letztere wie beispielsweise technisch-physikalische Eigenschaften von Maschinen, Verhaltenseigenschaften von Menschen, (umwelt-) gesetzliche Rahmenbedingungen usw. von einer Unternehmung beachtet werden müssen und höchstens indirekt durch den Kauf einer Maschine oder die Einstellung einer Person beeinflußt werden können, richtet sich das zentrale Interesse auf die beeinflußbaren Größen. Durch die Entscheidung über deren Ausprägung kann eine Unternehmung unmittelbar bestimmen, zu welchen Kostenkonsequenzen ihr Handeln führt.

Zuerst hat man in der Betriebswirtschaftslehre auf der Grundlage empirischer Erfahrungen zum Beispiel herauszufinden versucht, welche Größen die Kosten einer Unternehmung am meisten bestimmen und wie die Gesamtkosten oder einzelne Kostenarten bei ihrer Variation verlaufen[2].

---

[1] Schweitzer/Küpper (2003), S. 12 ff.

[2] Vgl. z. B. Schmalenbach (1963), S. 41 ff.; Mellerowicz (1963), S. 207 ff.; Walther (1959), S. 233 ff.

Als wichtigste Kosteneinflußgröße wurde dabei meist die **Beschäftigung** bzw. der **Beschäftigungsgrad** angeführt. Unter der Beschäftigung versteht man die Leistung einer Unternehmung oder einer ihrer Teileinheiten während einer Produktionsperiode. Da man die mit einem gegebenen Potential technisch maximal mögliche Leistung als Kapazität bezeichnet, stellt das Verhältnis zwischen tatsächlicher Leistung und Kapazität den Beschäftigungsgrad dar. Zur Messung von Kapazität, Beschäftigung und Beschäftigungsgrad kann man im Fall der Herstellung eines Produkts oder einer Dienstleistung die Zahl erstellter Produkte bzw. Leistungen nehmen. Bei Mehrproduktfertigung gibt es keinen derart einheitlichen *Maßstab*. Deshalb greift man hier insbesondere auf *Arbeits-, Fertigungs-* und *Laufstunden* oder die Anzahl der *Beschäftigten* zurück.

Auch wenn man der, in den realen Situationen von Mehrproduktfertigung nicht ohne Probleme messbaren, Beschäftigung die zentrale Bedeutung beilegte, blieb der Blick nicht auf sie beschränkt. Die Vertreter dieses traditionellen Konzepts erkannten den Einfluß **weiterer Größen.** Unter ihnen wurden insbesondere die *Maschinengröße, Maschinenspezialisierung, Betriebsgröße, Intensität, Auflagengröße* und *Artikelzahl* herausgestellt[3].

Aus der Wirkung dieser, mit der Beschäftigung verbundenen, speziellen Einflußgrößen wurde entsprechend Abbildung 2-1 ein spezieller **Verlauf der Kosten** einer Unternehmung in Abhängigkeit von ihrer Beschäftigung behauptet. Dabei wird angenommen, daß Beschäftigungsvariationen zu einer Änderung der Intensitäten, der Kapazität und damit der Betriebsgröße sowie der Einsatzgüterpreise führen. Über den Zusammenhang zwischen diesen verschiedenen Größen und der Beschäftigung werden aber keine eindeutigen Hypothesen aufgestellt. Die vorliegende Kapazität begründet ebenso wie Mieten, Versicherungen und gewisse Gehälter sowie Löhne fixe Bereitschaftskosten (Kostenart I) als Basis und Ausgangspunkt der Kostenfunktion. Einzelkosten für Fertigungsmaterial und –löhne begründen ebenso wie Sondereinzelkosten einen Verlauf der periodischen Gesamtkosten einer Unternehmung proportional zur Beschäftigung, der bei Überbeschäftigung z.B. wegen überhöhtem Ausschuß oder Überstundenzuschlägen überproportional ansteigen kann (Kostenart II). Dazu kommen Kostenarten wie ein Teil der Personalkosten, Raum- und Stromkosten sowie Kosten für Hilfs- und Betriebsstoffe, die zuerst zu einem unterproportionalen Kostenverlauf führen, an die sich ein insbesondere auf die Überbeanspruchung von Menschen und Maschinen zurückgeführter überproportional ansteigender Verlauf der Kosten anschließt (Kostenart III). Insgesamt wurde aus diesen Einzelhypothesen eine **S-förmige Gesamtkostenkurve** hergeleitet.

---

3 Vgl. hierzu Schweitzer/Küpper (1997), S. 232 ff. sowie insbesondere Henzel (1967), S. 301 ff.

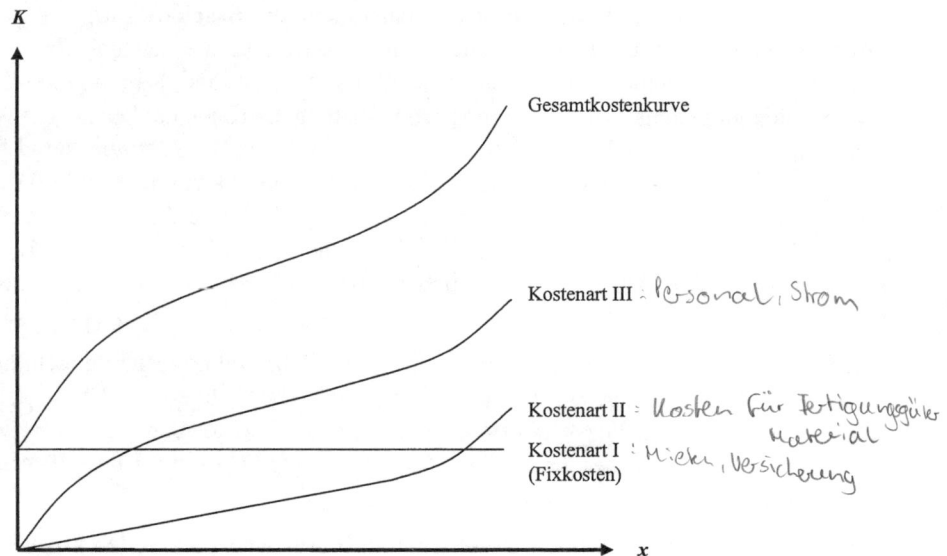

Gesamtkostenkurve

Kostenart III - *Personal, Strom*

Kostenart II : *Kosten für Fertigungsgüter Material*

Kostenart I : *Miete, Versicherung*
(Fixkosten)

Abb. 2- 1: Zusammensetzung einer S-förmigen Gesamtkostenkurve aus einzelnen Kostenarten

Den Versuch einer umfassenden Systematisierung der wichtigsten Einflußgrößen hat *Erich Gutenberg* vorgenommen. Er arbeitete fünf **Haupteinflußgrößen der Kosten** heraus[4] und analysierte zusätzlich[5] Bestimmungsgrößen für den Bedarf an Kapital, die in hohem Maße mit seinen Kosteneinflußgrößen übereinstimmen. Ein grundlegender Einfluß geht nach seiner Auffassung von

(1) der Beschäftigung und ihren Schwankungen,

(2) der Qualität der Einsatzgüter und deren Änderungen,

(3) den Preisen der Einsatzgüter,

(4) der Betriebsgröße und ihren Änderungen sowie

(5) dem Fertigungsprogramm und seinen Änderungen

aus. Für den Kapitalbedarf werden als weitere Einflußgrößen lediglich die Prozeßgeschwindigkeit, die bei der kostentheoretischen Analyse bei der Beschäftigung eingebunden ist, und die Prozeßanordnung herausgestellt.

Im Hinblick auf die Wirkung von **Beschäftigungsänderungen** wird eine Aufteilung der fixen Kosten in *Nutz-* und *Leerkosten* vorgenommen. Diese gibt keine Änderung der tatsächlichen, sondern der in den Produkten und ihrer Kalkulation proportional verrechneten Kosten wieder. Die Leerkosten können als nicht genutzte Bereitschaftskosten verstanden werden, welche auf

---

[4] Vgl. Gutenberg (1983), S. 344 ff.
[5] Vgl. Gutenberg (1980), S. 5-122.

die Unteilbarkeit des technischen sowie dispositiven Apparates, betriebspolitische Entscheidungen u.a. zurückgehen. Des weiteren hat Gutenberg die grundsätzlichen Formen herausgearbeitet, mit denen eine Unternehmung bei Konstanz der anderen Einflußgrößen auf Beschäftigungsschwankungen reagieren kann. Er unterscheidet hierbei

(1) *zeitliche,*

(2) *intensitätsmäßige* und

(3) *quantitative* **Anpassung**[6].

Wenn eine Unternehmung (oder eine ihrer Teileinheiten) ihre Leistungsmenge erhöhen will, kann sie entweder zeitlich länger, intensitätsmäßig schneller oder mit mehr Arbeitsträgern arbeiten. An dieser einfachen Überlegung wird ersichtlich, daß es sich hierbei um drei grundlegende, weithin gültige Formen zur Veränderung des Outputs handelt. Diese können isoliert angewandt oder miteinander kombiniert werden. Die sich dafür ergebenden Kostenverläufe hat Gutenberg auf der Grundlage seiner quantitativen Produktionstheorie hergeleitet[7]. Bei der quantitativen Anpassung unterscheidet er zwischen einer *rein quantitativen* und einer *selektiven* Form. Im ersten Fall wird die höhere Ausbringung durch eine Zuschaltung gleichartiger Arbeitsträger erreicht, während man bei selektiver Anpassung über verschiedenartige Potentiale verfügt, die in Abhängigkeit von ihren (zusätzlichen) Kosten eingesetzt werden. In entsprechender Weise läßt sich im Hinblick auf die **Betriebsgröße** zwischen *multiplen* und *mutativen* Änderungen durch den Kauf von gleichartigen oder andersartigen Arbeitsträgern trennen. Diese Kapazitätsänderungen unterscheiden sich von Beschäftigungsänderungen dadurch, daß sich die betreffenden Potentialgüter wie Menschen und Maschinen noch nicht in der Verfügung einer Unternehmung befinden, sondern neu beschafft werden.

Für die Auswirkungen auf den **Kapitalbedarf** mißt Gutenberg der *Prozeßanordnung* und *–geschwindigkeit* eine besondere Bedeutung zu, weil sie maßgebend für die Schwankungen und die Dauer des Kapitalbedarfs sind. Durch eine verschachtelte Anordnung von Prozessen läßt sich eine Glättung des Kapitalbedarfs erreichen, durch eine Steigerung der Intensitäten oder Prozeßgeschwindigkeiten können die Erlöse früher erzielt werden.

Während Gutenberg dem Ansatz folgte, (wenige) Haupteinflußgrößen herauszustellen, zielt das Einflußgrößensystem von *Edmund Heinen*[8] auf eine umfassende und tiefgehende Erfassung der Handlungsvariablen ab, welche die Kostenhöhe determinieren. Sie sollen so abgegrenzt werden, daß keine Überschneidungen auftreten. An seiner Gliederung in Einflußgrößen

(1) des Fertigungsprogramms,

(2) des produktionswirtschaftlichen Instrumentariums, und zwar

    a. der Ausstattung und

---

6 Von Erich Kosiol wurden dieselben als Variationsformen untersucht. Vgl. hierzu Kosiol (1972), S. 52 ff.; Kosiol (1979), S. 49 ff.; Schweitzer/Küpper (1997), S. 235 ff.

7 Vgl. hierzu Abschnitt 2.4.4.

8 Vgl. Heinen (1983), S. 454 ff. und insbesondere S. 581 ff.

    b. des Prozesses,

(3) dem Kostenwert als Einflußgröße sowie

(4) den Einflußgrößen des Kapitalverbrauchs

wird deutlich, daß es sich um allgemeine Bestimmungsgrößen der Produktion handelt.

Während im Fertigungsprogramm, der Ausstattung für die Betriebsgröße, dem Kostenwert anstelle der Einsatzgüterpreise und der Berücksichtigung des Kapitalverbrauchs (statt Kapitalbedarf) das Konzept von Gutenberg aufgenommen ist, wird die Beschäftigung nicht mehr als eigenständige Einflußgröße aufgeführt. Damit werden ihre Überschneidungen zum quantitativen Fertigungsprogramm vermieden und (mit Recht) erkannt, daß sich ihre Ausprägung aus verschiedenen Variablen des Programms (z.B. der Produktmengen) und des Prozesses (z.B. der Intensität) ergibt. Die Qualität der Einsatzgüter wird indirekt über die Einsatzgüterarten sowie die Einsatzmengen substituierbarer Güter unter den Prozeßvariablen berücksichtigt, da eine Unternehmung die Qualitäten durch die Entscheidung für bestimmte Einsatzgüterverhältnisse beeinflußt.

Bei der Festlegung des potentiellen und des jeweils aktuellen **Fertigungsprogramms** ist über dessen *art-* und *mengenmäßige* Zusammensetzung und *zeitliche Verteilung* zu entscheiden. Seine nähere Spezifikation bezieht sich auf die drei Dimensionen der in ihm enthaltenen Güterarten und deren Qualitäten, die jeweils herzustellenden Mengen der einzelnen Güterarten und die Zeitpunkte zu ihrer Fertigstellung. Nicht explizit berücksichtigt hat Heinen die räumliche Dimension des Ortes ihrer Fertigung, der jedoch für ablauforganisatorische Probleme sowie insbesondere die Logistik eine spezifische Bedeutung zukommt.

Durch die **Ausstattung** einer Unternehmung mit Potentialgütern wird ihre *Kapazität* in jeder Periode bestimmt. Zu ihr gehören vor allem die Menschen und Maschinen, die in ihr tätig sind, aber auch Gebäude, Wissen, Werkzeuge u.ä. Deren Kombination führt zu Arbeitsträgern, welche die Prozesse durchführen. Sie sind nach Heinen in bezug auf die Dimensionen der artmäßigen und mengenmäßigen Zusammensetzung sowie der räumlichen Verteilung zu kennzeichnen[9]. Von letzterer hängen die innerbetrieblichen Transportvorgänge ab; daran zeigt sich wiederum ihre spezifische Bedeutung für logistische Fragestellungen.

Zu den Einflußgrößen des **Prozesses** gehören typische ablauforganisatorische Variablen wie die *Arbeitsverteilung,* die *Auflagen-* oder *Losgröße,* die *Maschinenbelegung* und die *Intensitäten.* Des weiteren zählen zu ihnen die Wahl der Verbrauchsgüterarten sowie die Einsatzmengen substituierbarer Güter, die Fertigungstiefe, die Ausbringungsmengen von Elementarprozessen, die Lagerhaltung im Fertigungsbereich, Lohnfabrikation sowie die Leistungsbereitschaft.

Mit der Betonung des **Kostenwerts** anstelle der Einsatzgüterpreise bezieht sich *Heinen* auf den *wertmäßigen Kostenbegriff.* Dieser will zum Ausdruck bringen, daß der Wert eines Einsatzgutes in einer Entscheidungssituation nicht nur von dem dafür gezahlten Preis, sondern von seiner

---

[9] Die zeitliche Dimension drückt sich bei ihnen darin aus, ob sie in einer Periode verfügbar sind.

Knappheit abhängig ist[10]. Dann ist für ihn nicht nur die mit einer (Wieder-) Beschaffung des Einsatzgutes verbundene *Grenz-Ausgabe*, sondern auch der mit ihm verbundene *Grenznutzen* oder –gewinn bestimmend. Um den **Kapitalverbrauch**[11] und die mit ihm anfallenden Kapitalkosten zu erfassen, sind die kumulierten Einnahmen und Ausgaben gegenüberzustellen. Deren Analyse läßt erkennen, daß die Mengenkomponente des Kapitalverbrauchs ebenfalls vom Fertigungsprogramm sowie den Einflußgrößen der Ausstattung und des Prozesses abhängt. Dabei wird deren Zeitdimension vor allem von den Durchlaufzeiten bestimmt, als deren wichtigste Bestimmungsgrößen *Heinen* die quantitative Zusammensetzung des Fertigungsprogramms, die Arbeitsverteilung, Maschinenbelegung, Intensitäten, Kapazitäten der Potentialgüter, Losgrößen und Lagerbildung ansieht. An ihnen zeigt sich die spezifische Bedeutung ablauforganisatorischer Variablen.

Die im Rahmen der betriebswirtschaftlichen Produktions- und Kostentheorie entwickelten Einflußgrößensysteme führen bei *Heinen* zu einer Struktur, die für die Ablauforganisation in Produktion und Logistik zweckmäßig erscheint. Für die Festlegung ablauforganisatorischer Variablen und deren Wirkungen auf die ablauforganisatorischen und die diesen übergeordneten Unternehmensziele kommt dem Produktionsprogramm sowie dem Potential der Arbeitsträger eine grundlegende Bedeutung zu. Neben diesen Komponenten des Leistungssystems einer Unternehmung beeinflussen insbesondere das Planungs- und Informationssystem als Komponenten seines Führungssystems[12] die Wirkungen ablauforganisatorischer Entscheidungen. Ferner sind vor allem im Hinblick auf die Logistik neben den Preisen weitere marktbezogene Bestimmungsgrößen zu berücksichtigen.[13]

2.2.2 Produktionsprogramm und Stückprozesse als grundlegende Bestimmungsgrößen

Eine maßgebliche Klasse von Einflußgrößen der Ablauforganisation in Produktion und Logistik ergibt sich aus dem **Produktionsprogramm,** an dem die Arbeitsprozesse zu vollziehen sind. Es kann sich aus materiellen und immateriellen sowie aus einteiligen und mehrteiligen Gütern zusammensetzen. Wichtige Merkmale sind insbesondere die Übereinstimmung der Produkte und die Struktur der Stückprozesse.

Nach der Übereinstimmung zwischen den zum Produktionsprogramm gehörenden Produkten unterscheidet man die Typen der Massen-, Sorten-, Serien- und Einzelproduktion. Im Fall der **Massenproduktion** stellt die Unternehmung in einem längeren Zeitraum lediglich eine Produktart in großer Menge her. Da die erzeugten Güter identisch sind, müssen gleichartige Verrichtungen laufend wiederholt werden. Weisen die Erzeugnisse nur geringfügige Unterschiede hinsichtlich ihrer Abmessung, Größe, Gestalt, Qualität oder ihres Formats auf, so spricht man von **Sortenprodukten.** Zwischen den Produktarten besteht ein hoher Verwandtschaftsgrad. Maßgeblich für die Ablauforganisation ist, daß die Herstellungsprozesse der Produktarten nur geringfügig voneinander abweichen und die Sortenprodukte im allgemeinen in großen Aufla-

---

[10] Vgl. hierzu Heinen (1983), S. 57 ff. und S. 395 ff.; Schweitzer/Küpper (1997), S. 259 ff.
[11] Zur Kennzeichnung des Kapitalverbrauchs vgl. Heinen (1983), S. 354 ff.
[12] Vgl. hierzu Küpper (2001), S. 15 f.
[13] Vgl. Abschnitt 2.2.5.

gen hergestellt werden. **Serienprodukte** sind verschiedenartige Güter, zwischen denen nur geringe oder keine Übereinstimmung vorliegt, die aber u.U. auf gleichartigen Fertigungsmaschinen hergestellt werden. Von jeder Produktart wird aber eine Auflage aus mehreren Einheiten erzeugt. Die zu einer Auflage oder Serie gehörenden Güter sind homogen. Nach der Auflagenhöhe kann zwischen Groß- und Kleinserien unterschieden werden. Sofern von jeder Produktart lediglich ein Stück oder ggf. sehr wenige Einheiten erzeugt werden, setzt sich das Produktionsprogramm aus **Einzelprodukten** zusammen. Die Abgrenzung zwischen Sorten- und Serienprodukten ist fließend. Deshalb können zwischen Sorten- und Großserienproduktion enge Beziehungen bestehen. Dehnt man den Begriff der Einzelproduktion auf die Herstellung sehr weniger Einheiten je Produktart aus, so ist auch die Abgrenzung zwischen Einzel- und Kleinserienproduktion nicht exakt möglich.

Aus der Zusammensetzung des Produktionsprogramms ergibt sich für die Ablauforganisation, in welchem Umfang **Losgrößenprobleme** zu lösen sind und welche bzw. wieviele Aufträge auf die Arbeitsträger zu verteilen sowie an diesen in eine Reihenfolge zu bringen sind. Beispielsweise treten Losgrößenprobleme bei Massen- und bei Einzelfertigung nicht auf. Sie sind charakteristisch für die Sorten- und die Serienproduktion.

Eng verbunden mit der Zusammensetzung des Produktionsprogramms ist die **Struktur der Stückprozesse**. Die Zahl, Art und Reihenfolge der Operationen, die bis zur Fertigstellung eines Produktes durchzuführen sind, kann der Unternehmung mit der Entscheidung für dieses Produkt technologisch vorgegeben sein. Sie kann aber auch eine Reihe von Wahlmöglichkeiten in bezug auf die Gestaltung der Operationenfolge besitzen. Dann gehört diese zu den Entscheidungstatbeständen der Ablauforganisation.

Als grundlegende Strukturmerkmale der Stückprozesse, die mit der Entscheidung für bestimmte Produktarten weithin festlegen, sind die **Vergenz des Objektflusses** sowie die Mehrstufigkeit und Übereinstimmung der Operationenfolgen anzusehen. Der Vergenztyp gibt an, inwieweit zur Herstellung eines materiellen Gutes Werkstoffe (Roh- oder Zwischenprodukte) kombiniert und/oder aufgespalten werden müssen. Dieses Merkmal beschreibt den Objekt- bzw. Materialfluß. Als wichtigste Vergenztypen unterscheidet man glatten (linearen oder durchlaufenden), konvergierenden (synthetischen), divergierenden (analytischen), umgruppierenden und generellen Objektfluß. Die Charakterisierung der Vergenztypen geht vom einzelnen Arbeitsgang aus und läßt sich anhand von Abbildung 2-2 graphisch verdeutlichen.

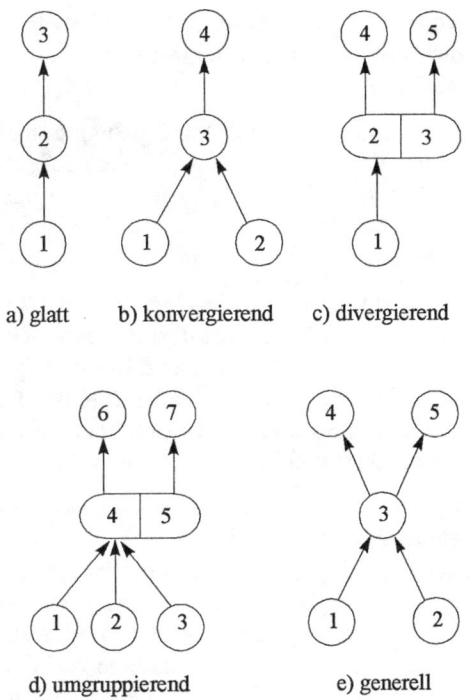

a) glatt   b) konvergierend   c) divergierend

d) umgruppierend   e) generell

Abb. 2- 2: Kennzeichnung wichtiger Vergenztypen

In ihr geben Knoten die Arbeitsgänge und Kanten bzw. Pfeile die zu- und abfließenden Ströme an Stoffen bzw. Produkten wieder. Bei **glatten,** seriellen, linearen oder durchgängigen Prozessen (vgl. Abbildung 2-2a) wird ein Produkt aus einer Werkstoffart erzeugt. Der Fertigungsprozeß beinhaltet die Umformung oder Umwandlung des eingesetzten Werkstoffes. Dagegen wird bei **konvergierendem** oder synthetischem Objektfluß eine Produktart durch die Vereinigung mehrerer Werkstoff- oder Produktarten hergestellt. Es werden mechanische Montage- oder chemische Synthesevorgänge vollzogen. In Abbildung 2-2b führen daher mehrere Kanten zu dem Arbeitsgangknoten hin, aber lediglich eine Kante für die erzeugte Produktart von ihm weg.

Ein **divergierender** oder analytischer Objektfluß wie in Abbildung 2-2c kann bei *prozeßbedingten Divergenz* auf die Aufspaltung des Werkstoffes zurückzuführen sein. Dies ist z.B. bei der Erzeugung von Benzin und Heizöl aus Erdöl der Fall. Fallen in einem solchen Prozeß zwangsläufig mehrere Produktarten gleichzeitig an, so nennt man ihn **Kuppelprozeß**[14]. Daneben kann durch *programmbedingte Divergenz* eine Menge gleichartiger Produkte zur Weiterverarbeitung in verschiedenen Prozessen aufgespalten werden. Der Objektfluß wird als **umgruppierend** bezeichnet (vgl. Abbildung 2-2d), wenn in einem Arbeitsgang einerseits mehrere Werkstoffarten eingesetzt werden und andererseits mehrere Produktarten entstehen. Solche Prozesse treten insbesondere in der chemischen Industrie auf. Wenn dagegen eine konvergierende Struktur mit programmbedingter Divergenz in einem Arbeitsgang verknüpft ist, so liegt

---

[14] Vgl. Riebel (1971).

ein **genereller** Objektfluß vor. Dann sind zur Herstellung eines Produktes verschiedene (Vor-) Produkte erforderlich. Andererseits gehen die hergestellten Produkteinheiten in verschiedene Produkte ein (vgl. Abbildung 2-2e).

Sofern innerhalb eines Stückprozesses mehrere Arbeitsgänge durchlaufen werden müssen, ergibt sich der Objektfluß aus den Vergenztypen der einzelnen Arbeitsgänge. Eine äußerst einfache Struktur besitzt ein Stückprozeß, in dem lediglich Arbeitsgänge mit glattem Objektfluß hintereinander geschaltet sind. Die Struktur wird um so komplexer, je mehr konvergierende und insbesondere divergierende sowie umgruppierende Arbeitsgänge auftreten[15].

Während das Merkmal der Vergenz sich auf die Objekte von Stückprozessen bezieht, kennzeichnen die **Mehrstufigkeit** und die **Übereinstimmung der Operationenfolgen** Eigenschaften ihrer Verrichtungen. Man nennt einen Stückprozeß mehrstufig, wenn zur Herstellung des Endprodukts zwei oder mehr Arbeitsgänge nacheinander durchzuführen sind. Das Merkmal der Mehrstufigkeit ist für die Ablauforganisation z.B. insofern bedeutsam, als Probleme der Festlegung von Maschinenfolgen bei einstufigen Prozessen nicht auftreten können.

Maßgebend für die Ablauforganisation ist ferner die Übereinstimmung zwischen den Operationen der verschiedenen Stückprozesse. Sie macht sichtbar, in welchem Umfang zur Erzeugung verschiedenartiger Endprodukte artgleiche Verrichtungen durchzuführen sind und deren Reihenfolgen übereinstimmen[16]. Das Maß an Übereinstimmung zwischen den Operationenfolgen zweier Stückprozesse ist um so größer, je mehr artgleiche Verrichtungen in ihnen enthalten sind und je mehr sich die Reihenfolgen dieser Verrichtungen entsprechen. Die größte Übereinstimmung besitzen identische Operationenfolgen, bei denen sowohl die Art als auch die Reihenfolge der Verrichtungen gleich sind. Derartige Stückprozesse können bei Sortenproduktion vorliegen, wenn beispielsweise funktionsgleiche Werkzeuge in unterschiedlichen Abmessungen gefertigt werden.

Soweit Stückprozesse gleichartige Verrichtungen enthalten, können diese von denselben Arbeitsträgern durchgeführt werden. Dann entstehen an diesen Arbeitsträgern Auftragsfolgeprobleme. Ferner sind weithin übereinstimmende Operationenfolgen Voraussetzung dafür, daß verschiedenartige Produkte in gleicher Reihenfolge die Arbeitsträger durchlaufen und damit übereinstimmende Maschinenfolgen bestehen.

2.2.3 Potential der Arbeitsträger

Eine weitere Klasse von Einflußgrößen bezieht sich auf die **Struktur der Arbeitsträger.** Diese wird vor allem bestimmt durch die Eigenschaften der zu Arbeitsträgern zusammengefaßten Menschen sowie maschinellen Anlagen. Um den Einfluß der Arbeitsträger auf die Ablauforganisation zu erfassen, ist eine Reihe von Eigenschaften zu berücksichtigen. Wichtig erscheinen die qualitative und quantitative Kapazität der Arbeitsträger, ihre Einsatzzeit sowie ihre Standorte, die Arbeitsplatzgestaltung und ihre organisatorische Anordnung.

Jeder Mensch, jede Anlage und damit auch jeder Arbeitsträger können aufgrund ihrer persönlichen bzw. technischen Eigenschaften bestimmte Arten von Verrichtungen ausführen. Der Be-

---

[15] Vgl. hierzu Große-Oetringhaus (1974), S. 183 ff.
[16] Vgl. Große-Oetringhaus (1974), S. 196 ff.

reich und die Qualität der möglichen Verrichtungsarten kennzeichnen ihre **qualitative Leistungsfähigkeit** oder **Kapazität**. Aus dieser Einflußgröße ergibt sich, welche Aufträge den einzelnen Arbeitsträgern zugeordnet werden können.

Die **quantitative Leistungsfähigkeit** oder **Kapazität** der Arbeitsträger charakterisiert die Anzahl der von ihnen in einem Zeitraum ausführbaren Verrichtungen. Sie hängt von der Intensität, in der die Verrichtungen vollzogen werden, und der Arbeitsdauer ab. Sofern ein Arbeitsträger unterschiedliche Verrichtungsarten beherrscht und seine Intensität verändern kann, läßt sich seine quantitative Leistungsfähigkeit nicht durch einen Skalar exakt beschreiben. Dann ist in einem Vektor anzugeben, welche Anzahl an Verrichtungen er pro Zeiteinheit maximal bei jeder Art und Intensität ausführen kann. Durch die **Einsatzzeit** von Mensch bzw. Betriebsmittel wird die maximal verfügbare Arbeitsdauer festgelegt. Bei Arbeitskräften hängt sie von extern vorgegebenen Arbeitszeitregelungen sowie internen Vereinbarungen über Arbeitszeiten, Überstunden, Sonderschichten oder Kurzarbeit sowie Pausenregelungen ab. Ferner wird sie durch Krankheitsausfälle, Urlaubsregelungen und Entscheidungen über Arbeitsplatzbesetzungen beeinflußt. Die Einsatzzeit von Betriebsmitteln kann insbesondere durch Störungen und Ausfälle verkürzt werden. Sie läßt sich daher durch geeignete Wartungs- und Instandhaltungsmaßnahmen beeinflussen. Die Kapazität eines Teilbetriebes, einer Abteilung oder Stelle innerhalb eines Zeitraums ergibt sich aus der Zahl an Arbeitsträgern, die in dieser Einheit zusammengefaßt sind, und deren Leistungsfähigkeiten sowie Einsatzzeiten.

Die **Standorte** der Betriebsstätten und Abteilungen sowie der einzelnen Arbeitsträger und die Lagerplätze bilden die zentralen Einflußgrößen für den räumlichen Vollzug von Produktionsprozessen[17]. Von ihnen hängen in erster Linie die Gestaltungsmöglichkeiten der Transportprozesse ab. Für die Festlegung der Standorte sind neben den Kosten der durchzuführenden Transporte insbesondere die vorhandenen räumlichen Verhältnisse, der Flächen- und Raumbedarf der Arbeitsträger, die Anforderungen der Transportmittel sowie rechtliche Bedingungen (z.B. Sicherheitsvorschriften) und soziale Merkmale (z.B. Kontaktmöglichkeiten der Mitarbeiter) bestimmend.

Die **Arbeitsplatzgestaltung** wirkt sich vor allem auf die Qualität der Arbeit und die Arbeitszufriedenheit aus. Sie umfaßt die Ausstattung der Arbeitsplätze mit Arbeitsmitteln, die räumliche Anordnung der Arbeitsmittel sowie die Ausprägung der Umweltbedingungen (z.B. Licht- sowie Temperaturverhältnisse). Bei der Entscheidung über die Arbeitsplatzgestaltung spielen arbeitswissenschaftliche Erkenntnisse eine wichtige Rolle.

In enger Verbindung zu den Standorten steht die **organisatorische Anordnung der Arbeitsträger**. Sie folgt aus ihrer räumlichen Anordnung und den potentiellen Transportbeziehungen zwischen ihnen, die durch die Stückprozesse bestimmt werden. Als grundlegende organisatorische Anordnungstypen können Werkstatt-, Fließ-, Werkstattfließ- und Fließinselfertigung angesehen werden[18]. Beispiele für diese **Organisationstypen** sind in Abbildung 2-3 dargestellt.

---

[17] Vgl. Kosiol (1976), S. 235 ff.
[18] Vgl. z.B. Große-Oetringhaus (1974), S. 269 ff.

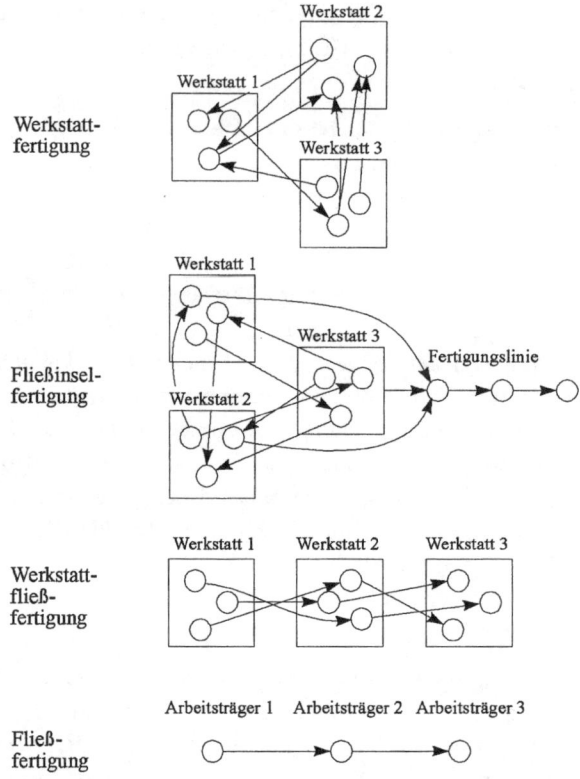

Abb. 2- 3:   Wichtige Organisationstypen der Fertigung

Bei **Werkstattfertigung** sind Arbeitsträger, die artgleiche Verrichtungen durchführen, nach dem Verrichtungsprinzip räumlich in Werkstätten zusammengefaßt. Diese Anordnung wird auch als *Job-Shop* bezeichnet. Die Fertigung ist dann z.B. in eine Härterei, eine Fräserei, eine Dreherei und eine Stanzerei gegliedert. Die Reihenfolge, in welcher die Werkstätten durchlaufen werden, kann für alle Produktarten verschieden sein. Deshalb gibt es eine große Zahl möglicher Transportbeziehungen unter den Arbeitsträgern innerhalb der Werkstätten und zwischen den Werkstätten.

Im Gegensatz hierzu sind die Arbeitsträger bei **Fließfertigung,** die auch Linien- oder Straßenfertigung genannt wird, nach dem Objekt- oder Fließprinzip angeordnet. Die Reihenfolge der Arbeitsgänge bestimmt bei diesem auch als *Flow-Shop* bezeichneten Typ die räumliche Anordnung der Arbeitsträger. Die auf einer Fertigungslinie erzeugten Produkte besitzen übereinstimmende Operationenfolgen. Deshalb ist die Zahl möglicher Transportbeziehungen sehr klein. Zwischen jeweils zwei Arbeitsträgern tritt (im Extremfall) lediglich eine einzige direkte Transportbeziehung auf. Zu einer Fertigungslinie werden Arbeitsträger zusammengefaßt, die unterschiedliche Operationen durchführen. Als Unterformen der Fließfertigung unterscheidet man nichttaktierte (ungebundene) und taktierte (gebundene) Fließfertigung. **Nichttaktierte** Fließfertigung nennt man auch Reihenfertigung. Bei **taktierter** Fließfertigung ist der Objektdurchlauf zeitlich so genau abgestimmt, daß die ankommenden Objekte an jeder Station sofort bearbeitet werden.

Durch die Kombination von Verrichtungs- und Objektprinzip erhält man die Zwischentypen der Fließinsel- und der Werkstattfließfertigung. Während bei der Werkstattfließfertigung eine integrierte Kombination aus Verrichtungs- und Objektprinzip vorliegt, kommen bei der **Fließ-inselfertigung** beide Prinzipien isoliert oder verbunden nebeneinander vor. Die Arbeitsträger sind entweder nebeneinander oder nacheinander teilweise nach dem Verrichtungsprinzip in Werkstätten zusammengefaßt und teilweise nach dem Objektprinzip in einer Linie angeordnet. Ein solcher Organisationstyp kann z.B. gewählt werden, wenn Einzelteile zur Herstellung von Motoren in Werkstätten produziert werden und die Montage danach auf Montagelinien erfolgt.

Im Fall der **Werkstattfließfertigung** ist das Verrichtungsprinzip dem Objektprinzip unterge-ordnet. Arbeitsträger mit artgleichen Verrichtungen sind zu Werkstätten zusammengefaßt, die man nach dem Objektfluß anordnet. Die Zahl möglicher Transportbeziehungen ist geringer als bei Werkstattfertigung. Es treten nur Übergänge zwischen den Arbeitsträgern innerhalb jeder Werkstatt sowie zwischen den Arbeitsträgern von zwei direkt aufeinanderfolgenden Werkstät-ten auf. Dieser Organisationstyp kann beispielsweise bei Sortenfertigung verwendet werden, wenn an allen Produkten artgleiche Operationen in gleicher Reihenfolge durchzuführen sind, eine Einrichtung von Fertigungslinien wegen unterschiedlicher Stückzeiten in den Arbeitsgän-gen jedoch unzweckmäßig ist.

2.2.4 Planungs- und Informationssystem

Die bisher beschriebenen Einflußgrößen bilden Komponenten physischer Prozesse in der Un-ternehmung. Daneben hängt die Ablauforganisation auch von Strukturmerkmalen der **Ent-scheidungsprozesse** ab. Die Ablauforganisation physischer Prozesse wird somit durch Eigen-schaften von Informationsprozessen beeinflußt und wirkt auf diese zurück. Wichtige Bestim-mungsgrößen sind insbesondere das Planungs- und das Informationssystem der Unternehmung.

Für die Koordination zwischen den Planungsgegenständen bieten sich die **simultane** und die **sukzessive Vorgehensweise** als grundlegende Alternativen an[19]. Durch die simultane Berück-sichtigung und Festlegung der verschiedenen Planungsgegenstände wird ein Höchstmaß an Koordination oder "Planungsintegrität" erreicht. Eine solche Planung liegt vor, wenn mehrere Planungsgegenstände gleichzeitig betrachtet werden. Die Ziel-, Mittel- und Risiko-Interdependenzen[20] zwischen den Planungsbereichen und ihren einzelnen Handlungsvariablen müssen in der Planung beachtet werden. Damit gehen deren gegenseitige Wirkungen auf die Unternehmensziele, die Nutzung der Ressourcen und die Unsicherheit in die Analyse und Auswahl der durchzuführenden Maßnahmen ein. Insofern scheint eine simultane Planung die besten Voraussetzungen für eine hohe Koordination zu bieten.

Dem steht eine Reihe gewichtiger Nachteile entgegen[21]. So erfordert dieses Planungsprinzip *genaue Kenntnisse* über die Beziehungen zwischen den Variablen, Zielen und Ressourcen. In

---

[19] Vgl. ausführlicher Küpper (2001), S. 81-86.
[20] Vgl. Laux/Liermann (2003), S. 191 ff.; Küpper (2001), S. 31 ff
[21] Vgl. Koch (1982), S. 24 ff.

einem Planungsprozeß und in dem hierbei zu verwendenden Planungsmodell müssen sehr viele Daten gemeinsam verarbeitet werden. Sie sollten in relativ hoher Präzision zur Verfügung stehen. Da eine simultane Planung mehrere Planungsbereiche und -gegenstände einschließt, weist sie notwendigerweise ein hohes Maß an Komplexität auf. Dies hat zur Folge, daß simultane Planungsansätze häufig nur kurzfristig sind, um sie überhaupt durchführen zu können. Eine Totalplanung, die sich über alle Planungsbereiche und bis zu einem weiten Planungshorizont erstreckt, ist ein praktisch nicht umsetzbares Ideal.

Ein weiterer Nachteil der simultanen Planung liegt in der *mangelnden Planungselastizität.* Schon geringe Änderungen in den Rahmenbedingungen und Daten können eine neue Durchführung der gesamten Simultanplanung erfordern. Wegen der notwendigen Zentralisierung kann man auf derartige Änderungen nicht nur in Einzelbereichen reagieren. Ein Aufrollen der Planung dürfte aber so aufwendig sein, daß man sie nur selten vornimmt. Dann erhält der simultane Plan eine Starrheit, die wegen der Dynamik insbesondere auf den Märkten dazu führt, daß mit ihm häufig suboptimale Lösungen realisiert werden.

Noch gewichtiger erscheint das Argument, daß bei simultaner Planung das Wissen und die *Mitwirkungsbereitschaft der dezentralen Planungsträger* zu wenig genutzt werden. Die Motivation von Mitarbeitern steigt vielfach mit dem Grad ihrer Mitwirkungs- und Entscheidungskompetenz. Zudem besitzen sie in der Regel die genauesten Kenntnisse über die Zusammenhänge ihres Bereichs. Vielfach dürfte es schwierig oder unmöglich sein, diese Informationen in vollem Umfang in eine zentrale simultane Planung einzubringen. Die Bereitschaft der dezentralen Handlungsträger zur Informationsübermittlung dürfte nicht groß sein, wenn sie nur wenig Einfluß auf die Planung nehmen können. Aus diesen Gründen beachtet eine (rein) simultane Planung "die *organisatorische Struktur* des Planungsprozesses zu wenig."[22]

Diese Argumente sprechen für ein *sukzessives Vorgehen* bei der Planung der verschiedenen Gegenstände und Bereiche. Eine Koordination wird bei diesem Planungsprinzip erreicht, wenn die Ergebnisse der zuerst geplanten und festgelegten Tatbestände zu Rahmenbedingungen für die nachfolgenden Bereiche werden. Dies bedeutet, daß in jede Teilplanung zumindest grobe Vorstellungen über die nach ihr zu planenden Gegenstände eingehen müssen. Erst bei der nachfolgenden Planung zeigt sich, inwieweit diese Annahmen zutreffen. Im Extremfall kann sich der zuerst festgelegte Plan als nicht realisierbar erweisen. Beispielsweise kann man in einer Programmplanung unrealistische Prämissen über die Fertigungszeiten gesetzt haben. Dann zeigt die Fertigungsplanung, daß die für den geplanten Absatz notwendigen Produkte nicht rechtzeitig herstellbar sind und der Absatzplan revidiert werden muß.

Maßgeblich in der sukzessiven Planung wird daher die *Reihenfolge,* in welcher die Bereiche und Gegenstände nacheinander geplant werden. Darüber hinaus ist festzulegen, ob und wann es zu Rückläufen mit einer Anpassung der zuerst erstellten Pläne kommt. Die Reihenfolge der Planung richtet sich vor allem nach der Bedeutung der Bereiche und ihrer Gegenstände[23]. Man

---

[22] Kistner/Steven (1993), S. 252.
[23] Vgl. Küpper (1980), S. 269 ff.

wird zuerst die Bereiche festlegen, deren Variablen sich in hohem Maße auf die Ziele auswirken und die eine große sachliche sowie zeitliche Reichweite haben.

Bei der **hierarchischen Planung** werden die Planungsgegenstände zwischen mehreren organisatorischen Ebenen aufgeteilt[24]. "Die oberste Leitung trifft die Entscheidungen über *global gefaßte,* d.h. zeitlich und sachlich sehr umfassende, aber wenig detailliert definierte Unternehmensvariablen, z.B. über ganze Produktzweige, über deren Marktanteile, über Absatzregionen und dergleichen. Sie legt damit den Gesamt-Unternehmensablauf groblinig, aber unter gegenseitiger Abstimmung der verschiedenen Teilbereiche und Variablen fest."[25] In der Regel ist ihr die Entscheidung über die strategischen Planungsgegenstände vorbehalten. Eine erste Konkretisierung kann auf einer mittleren Hierarchieebene erfolgen, die z.B. die taktische Planung vornimmt. Charakteristisch ist auf jeden Fall die Existenz einer unteren Ebene, in der die einzelnen (operativen) Tatbestände für die verschiedenen Funktionsbereiche und/oder Sparten detailliert geplant werden.

Die Koordination zwischen Planungsgegenständen verschiedener Ebenen wirft spezifische Probleme auf. Durch die Verknüpfung von Gegenständen verschiedener Planungsebenen nimmt die Zahl der relevanten Daten und Beziehungen deutlich zu. Ihre präzise Abbildung müßte sich einerseits an der **Fristigkeit** der am weitesten reichenden Planungsebene und andererseits am **Detaillierungsgrad** der untersten Planungsebene orientieren. Damit steigt der **Komplexitätsgrad** deutlich an. Eine Erfassung in Simultanmodellen ist daher nur noch im Rahmen eines theoretischen Aussagensystems möglich[26], das wegen der Vielzahl an Variablen und Nebenbedingungen schon für einfache Beispiele nicht mehr numerisch lösbar ist. Derartige Modelle können daher nur zur Kennzeichnung und formalen Analyse der Problemstruktur dienen[27]. Für praktische Planungszwecke sind sie i.d.R. nicht verwendbar.

Bisher gibt es nur wenige Planungsinstrumente zur expliziten Koordination von Planungsgegenständen unterschiedlicher Planungsebenen. Ein Beispiel ist die Konzeption der **hierarchischen Produktionsplanung**[28]. Sie sucht einen Mittelweg zwischen der Verwendung von Simultanmodellen und dem völligen Verzicht auf gesamtzielorientierte Lösungen durch den Einsatz isolierter Planungsmodelle und -verfahren. Ihr Grundgedanke besteht in einer Strukturierung des Planungsproblems in zwei oder mehr Ebenen. Auf jeder Ebene wird eine optimale oder befriedigende Lösung mit Hilfe von quantitativen Entscheidungsmodellen und -verfahren ermittelt. Die Beziehungen zwischen den Planungsebenen werden zumindest näherungsweise erfaßt. Hierzu dienen

- die Dekomposition in Teilplanungsprobleme,

- die Hierarchisierung der Modellstruktur,

---

[24] Vgl. Koch (1982), S. 32 ff.; ausführlicher auch Küpper (2001), S. 103-108.

[25] Koch (1982), S. 32.

[26] Vgl. als Beispiel die Verknüpfung von Ausstattungs-, Programm- und Vollzugsplanung bei Küpper (1980), S. 240 ff.

[27] Vgl. Küpper (1980).

[28] Vgl. z.B. Hax/Meal (1975); Hax/Candea (1984), S. 394 ff.; Graves (1982); Stadtler (1988); Steven (1994b).

- die Aggregation der Daten und

- eine einseitige oder gegenseitige Abstimmung zwischen den Planungsebenen.

Die einzelnen Planungsgegenstände des gesamten Problems sind durch eine Vielzahl von Interdependenzen miteinander verknüpft. **Dekomposition** bedeutet deren Aufspaltung in Teilprobleme. Sie sollte so erfolgen, daß auf einer Planungsebene und in einem Planungsmodell möglichst die Gegenstände erfaßt sind, zwischen denen sehr enge Beziehungen bestehen. Durch eine **Hierarchisierung** werden die Ergebnisse der übergelagerten Modelle zu Vorgaben der unteren. Sic schränken den Handlungsspielraum der untergeordneten Ebenen ein. Beispielsweise werden im übergelagerten Modell Gesamtproduktionsmengen für einen längeren Zeitraum ermittelt, die in der nachfolgenden Losgrößen- und Reihenfolgeplanung eingehalten werden müssen und daher in deren Nebenbedingungen als Beschränkungsgrößen eingehen. Die Modelle der oberen Ebenen sind globaler als die der unteren. Deshalb werden die Daten und Variablen **aggregiert.** Beispielsweise werden Produkt- und Maschinengruppen sowie längere Planungszeiträume gebildet. Die **Abstimmung** zwischen den Planungsebenen kann in unterschiedlich starker Weise vorgenommen werden. Verzichtet man völlig auf sie, so erreicht die Hierarchisierung schon mit der Vorgabe von Rahmenbedingungen für die unteren Ebenen eine gewisse Kopplung. Befolgt man dabei eine rollierende Planung[29], so können die Ergebnisse der unteren Planungsebene(n) für eine Revision der nachfolgenden Planung auf der oberen Ebene genutzt werden.

Die Entscheidungsfindung in der Ablauforganisation hängt schließlich davon ab, welche Informationen ihr zur Verfügung stehen. Die Bereitstellung der benötigten Informationen bildet die zentrale Aufgabe des betrieblichen **Informationssystems.** Dieses muß dafür sorgen, daß den Personen, die ablauforganisatorische Tatbestände planen und entscheiden, rechtzeitig Informationen über die ihnen vorgelagerten Entscheidungen anderer Bereiche zugeleitet werden. Es werden insbesondere Informationen über die Wirkungen der Alternativen auf die ablauforganisatorischen Ziele benötigt. Hierzu gehören Informationen über Zeitgrößen wie Bearbeitungs- und Rüstzeiten der Arbeitsträger, einzuplanende Erholungszeiten von Menschen sowie relevante Kostengrößen wie variable Material- und Personalkosten, Betriebsstoffkosten, Maschinenkosten u.ä.

Die Art und Qualität ablauforganisatorischer Entscheidungen ist davon abhängig, in welchem Umfang und zu welchem Zeitpunkt die Entscheidungsträger diese Informationen erhalten. Darüber hinaus sind die Zuverlässigkeit und der Sicherheitsgrad der Informationen bedeutsam. Fehlerhafte Informationen können zur Wahl nicht-optimaler Alternativen führen. Das Maß an Ungewißheit über relevante Tatbestände wie beispielsweise die Entwicklung der Absatzmengen oder die Ausfallzeiten von Arbeitsträgern ist bestimmend für die Struktur der zu verwendenden Entscheidungsmodelle und die von der Ablauforganisation geforderte Anpassungsfähigkeit.

---

[29] Vgl. Küpper (2001), S. 303 f.

2.2.5 Marktbezogene Bestimmungsgrößen

Ein wichtiger Teil der logistischen Aktivitäten ist auf den Beschaffungsmarkt gerichtet. Ihm sind für eine Unternehmung alle Anbieter der von ihr benötigten Güter zuzurechnen, soweit sie einzeln oder in ihrer Gesamtheit den Markt spürbar beeinflussen.[30] Ferner gehören zu ihm die Anbieter von substitutiven Gütern sowie die Konkurrenten, die ebenfalls als Nachfrager auftreten und den Markt beeinflussen. Die Merkmale des Marktes werden maßgeblich davon bestimmt, inwieweit die Unternehmung nur regionale und nationale Märkte berücksichtigt oder auch auf internationalen Märkten tätig wird. Mit der Zunahme des (Welt-)Handels ist die Tendenz zur Ausweitung der Beschaffungsmärkte zu beobachten.

Während die **Marktformen** aus volkswirtschaftlicher Sicht die Konkurrenzverhältnisse auf jeder Marktseite kennzeichnen, können über das **Marktseitenverhältnis** die Beziehungen zwischen Anbietern und Nachfragern aus einer betriebswirtschaftlichen Perspektive erfasst werden (vgl. Abbildung 2-4). Das Marktseitenverhältnis gibt an, wie die Partner auf der Marktgegenseite betrachtet werden. Man unterscheidet, ob jeweils der einzelne Anbieter bzw. Nachfrager "individuell" oder nur die Gesamtheit der Anbieter bzw. Nachfrager "kollektiv" betrachtet werden. Eine Beachtung der individuellen Anbieter bzw. Nachfrager liegt insbesondere vor, wenn die einzelnen Partner der Marktgegenseite aufgrund ihrer (relativ großen) Marktanteile als gewichtig eingeschätzt werden. Umgekehrt wird eine nachfragende (anbietende) Unternehmung nur die Gesamtheit der Marktpartner "kollektiv" betrachten, wenn ihr viele, relativ kleine Anbieter (Nachfrager) gegenüberstehen.

Marktseitenverhältnisse			
	Kollektive Betrachtung der Nachfrager durch die Anbieter	Kollektive Betrachtung der Anbieter durch die Nachfrager	Gegenseitige individuelle Betrachtung
Grundlagen der Beschaffungspolitik	• Preise fest gegeben • Preis-Beschaffungs-Funktionen existieren nicht • Festlegung von Bezugsmenge	• Preise nicht gegeben • Preis-Beschaffungs-Funktionen existieren • Festlegung von Bezugspreis	• Preise nicht gegeben • Marktbestimmte Preis-Beschaffungs-Funktionen existieren nicht • Festlegung von Bezugspreis und -menge in Verhandlungen

Abb. 2-4: Wichtige Ausprägungen der Beschaffungsmarktstruktur und ihre Auswirkungen auf die Beschaffungspolitik

---

[30] Vgl. zum folgenden Theisen, (1970), S. 30 ff.

Aus der Marktstruktur lassen sich Folgerungen für die Preis- und Mengenpolitik der Unternehmung auf dem Beschaffungsmarkt ziehen. Wenn die Anbieter die Nachfrager nur in ihrer Gesamtheit betrachten, sind die Preisforderungen des einzelnen Anbieters gegeben und konstant. Die beschaffende Unternehmung kann sie nicht durch ihre Nachfrage beeinflussen. Für sie existiert keine Preis-Beschaffungs-Funktion. Deshalb kann sie nur entscheiden, welche Menge sie zu dem gegebenen Preis bezieht. Hingegen kann die beschaffende Unternehmung bei kollektiver Betrachtung der Anbieter durch die Nachfrager aufgrund einer **Preis-Beschaffungs-Funktion** wählen, zu welchen Preisen sie welche Gütermengen bezieht. In beiden Fällen kollektiver Betrachtung werden die Angebotsbedingungen einheitlich und allgemeingültig festgelegt, so daß kein Verhandlungsspielraum besteht. Demgegenüber werden bei gegenseitiger individueller Betrachtung die Bezugspreise und –mengen erst in Verhandlungen vereinbart.

Die Beschaffung muß weiter beachten, inwieweit Märkte *organisiert* sind. So gibt es für eine Reihe von Gütern wie beispielsweise Kupfer, Kaffee oder Maschinen überbetriebliche Marktveranstaltungen in Form von Börsen und Auktionen sowie Messen und Ausstellungen. Daneben bestehen einzelbetriebliche Marktveranstaltungen, wie sie z.B. in Form von Auktionen für Wein und Holz u.a. von Anbietern vorgenommen werden

2.3 Produktionstheoretische Aussagensysteme

Um zu einer größeren Aussagefähigkeit zu gelangen, sind die Beziehungen zwischen den Bestimmungsgrößen der Produktion und deren Wirkungen zu präzisieren. Hierzu formuliert man in der Produktionstheorie Relationen oder Funktionen, welche gesetzmäßige Beziehungen zwischen der Menge an Endprodukten der Unternehmung, ihrem Output, und der Menge an Einsatzgütern, ihrem Input, ausdrücken. Sind diese Beziehungen eindeutig, so handelt es sich um **Produktionsfunktionen**, andernfalls um **Produktionskorrespondenzen**.

2.3.1 Aktivitätsanalyse

Den übergeordneten Aussagenzusammenhang, aus dem einzelne Produktionsfunktionen hergeleitet werden können, erfaßt die Aktivitätsanalyse. Mit diesem formalen Input-Output-Konzept[31] kann man die Beziehungen zwischen Einsatz- und Ausbringungsgütermengen auf der Grundlage sogenannter Technologien formal präzise herleiten.

Eine Produktion beinhaltet eine Kombination und/oder Transformation von Einsatzgütern, aus denen in technischen Verfahren Ausbringungsgüter erzeugt werden. Die Einsatz- und die Ausbringungsmengenkomponenten kennzeichnen eine bestimmte Produktion als eine **Aktivität** $\vec{a}$, die sich durch den Vektor aus mehreren Einsatzgütern $\vec{r}_i$ ($i = 1, ..., m$) und mehreren Ausbringungsgütern $\vec{x}_j$ ($j = 1, ..., s$)

---

[31] Vgl. Koopmans (1951), S. 33 ff.; Debreu (1959); Hildenbrand (1966); Fandel (1996), S. 25 ff.

$$\vec{a}=(r_1, ..., r_m, x_1, ..., x_s) \tag{2-1}$$

ausdrücken läßt. Da es sich beim Vektor $\vec{a}$ formal um einen Punkt im Raum R^{m+s} handelt, kann jede Aktivität auch als Produktionspunkt bezeichnet werden, der ein Produktionsverfahren beschreibt. Faßt man die Aktivitäten oder Produktionsverfahren zusammen, über die eine Unternehmung verfügt, bilden diese eine **Technologie** (-Menge). Deshalb läßt sich im Rahmen der Aktivitätsanalyse eine Technologie als die Menge aller technisch realisierbaren Aktivitäten einer Unternehmung definieren. Beispielsweise kann eine Unternehmung über die drei in Abbildung 2-5 wiedergegebenen Aktivitäten oder Produktionsverfahren verfügen. Bei der Aktivität $\vec{a}_1$ werden zur Herstellung einer Ausbringungseinheit von x_1 zwei Einheiten der Einsatzgüterart r_1 verbraucht. Dagegen sind bei den beiden anderen Aktivitäten bzw. Verfahren zur Erzeugung von 3 (4) Einheiten desselben Produkts 5 (2) Einheiten dieses Einsatzgutes einzusetzen.

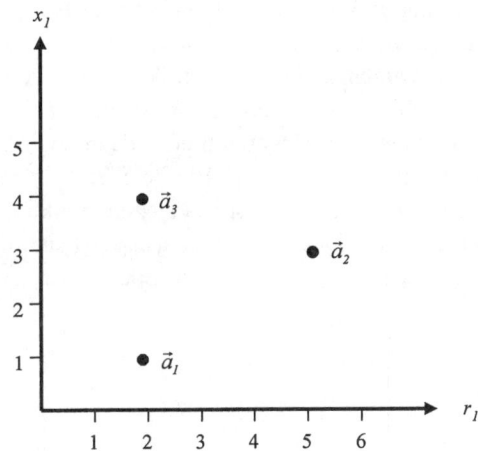

Abb. 2-5: Technologie (T) mit drei Aktivitäten ($\vec{a}_1, \vec{a}_2, \vec{a}_3$)

Um mögliche Technologiearten zu kennzeichnen, geht man für Sach- und Dienstleistungsproduktionen von mehreren plausiblen **Annahmen** aus. So kann man für reale Produktionsprozesse zugrunde legen, daß in jedem Aktivitätsvektor mindestens ein Einsatz- und ein Ausbringungsgüter-Element positiv sind, also *positive Ausbringungsmengen* hergestellt werden können. Technologien umfassen damit nicht nur Betriebsstillstand und reine Gütervernichtung. Jedoch gilt für jede Technologie, daß der Einsatzgüterverbrauch positiv sein kann, auch wenn die Ausbringungsmenge null ist. Es ist also ein Betriebsstillstand möglich, bei dem Einsatzgüter verbraucht werden.

Weiter wird unterstellt, daß reale Produktionen *unumkehrbar* oder *irreversibel* sind. Formal ist allein der Betriebsstillstand ohne Güterverbrauch (0,0) die einzige reversible Aktivität. Jede Technologie besitzt einen Rand, der selbst zu ihr gehört, und ist damit *abgeschlossen*. Wenn eine Aktivität auf dem Rand liegt, nennt man sie *effizient*. Dies bedeutet, daß die Unternehmung über keine andere Aktivität verfügt, nach der bei gleichem Gütereinsatz mehr Ausbringungsgüter oder dieselbe Ausbringungsmenge mit weniger Einsatzgütermenge erstellt werden kann.

Die Größe einer Technologie[32] bezeichnet das **Ausbringungsniveau**, durch welches innerhalb einer gegebenen Technologie eine bestimmte Aktivität mengenmäßig erhöht oder gesenkt werden kann. Wenn man das Maß des Aktivitätsniveaus mit dem Skalar λ bezeichnet und eine Aktivität $\vec{a}_l$ mit $\lambda \neq 0$ multipliziert, so erhält man eine neue Aktivität $\lambda \cdot \vec{a}_l$. Geht man davon aus, daß λ für $\vec{a}_l$ gleich 1 ist, so drückt $\lambda > 1$ eine Erhöhung und $\lambda < 1$ eine Senkung des Ausbringungsniveaus von $\vec{a}_l$ aus. Damit kann man die *Größenproportionalität, -degression* und *–progression* als drei Grundformen von Technologien präziser beschreiben. Entsprechend Abbildung 2-6a liegt eine Größenproportionalität vor, wenn für jede effiziente Aktivität $\vec{a}$ innerhalb einer Technologie T das Ausbringungsniveau beliebig verändert werden kann. Im Fall von Größendegression kann entsprechend Abbildung 2-6b für jede Aktivität $\vec{a}$ innerhalb der Technologie T das Ausbringungsniveau für effiziente Aktivitäten, deren Elemente von null verschieden sind, beliebig verringert, aber nicht erhöht werden. Beispielsweise kann eine Ausbringungserhöhung ohne Steigerung der Kapazität oder der Leistungsintensität ausgeschlossen sein. Bei nicht effizienten Aktivitäten kann diese Größe nur bis zum Rand der Technologie erhöht werden. Die dritte Grundform der Größenprogression (Abbildung 2-6c) zeichnet sich dadurch aus, daß das Ausbringungsniveau innerhalb der Technologie für effiziente Aktivitäten beliebig erhöht, aber nicht gesenkt werden kann. Ein solcher Fall kann zum Beispiel in der Stahlindustrie vorliegen, wenn der Energieeinsatz bei einer Senkung der Produktionsmenge nicht beliebig verringert werden kann. Das Ausbringungsniveau kann für nicht effiziente Aktivitäten auch bis zum Rand der Technologie verringert werden.

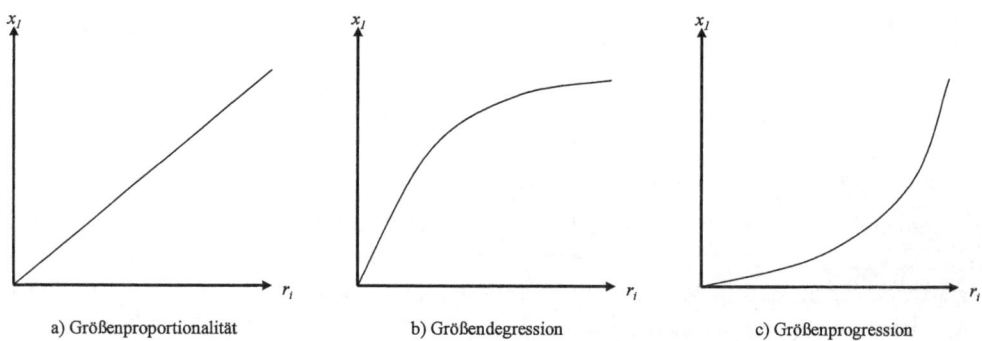

a) Größenproportionalität   b) Größendegression   c) Größenprogression

Abb. 2-6: Grundformen von Technologien

Aus einer Technologie läßt sich eine **Produktionsfunktion** ableiten. Dazu führt man die funktionale Beschreibung des Randes einer Technologie T in der Gestalt einer Produktionsfunktion durch. Jeder Einsatzgütermenge wird dazu die mit ihr maximal herstellbare Ausbringungsgü-

---

[32] Vgl. zum folgenden Fandel (1996), S. 40 ff.

termenge zugeordnet. Man berücksichtigt damit nur effiziente Produktionen und führt jede Aktivität unter strikter Vermeidung einer Verschwendung von Einsatzgütern durch.

Eine spezielle und für die Praxis besonders wichtige Klasse bieten **lineare Technologien**. Diese weisen die Eigenschaften der Größenproportionalität und der Additivität auf. Letztere beinhaltet, daß die Gütervektoren von zwei Aktivitäten addiert werden können.

2.3.2 Leontief-Funktionen und Input-Output-Ansatz

Eine große Bedeutung für die betriebswirtschaftliche Planung und die Kostenrechnung besitzt die Leontief-Funktion, weil sie von einer einfachen Hypothese über die Input-Output-Beziehungen ausgeht und dennoch oft in der industriebetrieblichen Praxis verwendet werden kann. Ihre grundlegende **empirische Hypothese** besteht darin, daß Einsatzgüter nur in *konstantem Mengenverhältnis* wirkungsvoll eingesetzt werden können. Dies schließt einmal ein, daß jede Ausbringungsmenge nur mit einer bestimmten Kombination der Einsatzgütermengen erzeugt werden kann. Darüber hinaus liegen *konstante Produktionskoeffizienten* vor, also konstante Quotienten aus Einsatz- und Ausbringungsmengen.

2.3.2.1 Struktur der Leontief-Transformationsfunktionen

Zweckmäßigerweise trennt man in der Produktionstheorie zwischen den Input-Output-Beziehungen in einem einzelnen Prozeß oder einer Stelle und denjenigen für die gesamte Unternehmung[33]; entsprechend kann man dann begrifflich die **Transformationsfunktionen** für Prozesse von der Produktionsfunktion für die Unternehmung unterscheiden. Letztere ergibt sich aus der Verknüpfung der Transformationsfunktionen, die maßgeblich durch die Produktionsstruktur beeinflußt wird.

Die **Leontief-Transformationsfunktionen** für die Beziehungen zwischen den in einem Prozeß P_j erzeugten bzw. weitergegebenen Gütermenge r_j und der eingesetzten Gütermenge r_{ij} lauten bei konstanten Produktionskoeffizienten a_{ij}:

$$r_{ij} = a_{ij} \cdot r_j \qquad (2\text{-}2)$$

Wenn also z.B. ein Zwischenprodukt 3 aus zwei Einsatzgütern 1 und 2 hergestellt wird, setzt sich die Transformationsfunktion dieses Prozesses P_3 aus den Funktionen für die beiden Einsatzgüter zusammen:

$$\begin{aligned} r_{13} &= a_{13} \cdot r_3 \\ r_{23} &= a_{23} \cdot r_3 \end{aligned} \qquad (2\text{-}3)$$

Hieraus ergibt sich, daß die beiden Einsatzgüter stets in einem *konstanten Mengenverhältnis*

---

[33] Vgl. hierzu Schweitzer/Küpper (1997), S. 46 ff.

$$\frac{r_{13}}{r_{23}} = \frac{a_{13}}{a_{23}} \qquad\qquad (2\text{-}4)$$

verbraucht werden. Graphisch läßt sich diese Transformationsfunktion entsprechend Abbildung 2-7 durch ein dreidimensionales **"Ertragsgebirge"** wiedergeben, in dem auf der Ordinate die Ausbringungsmenge r_3 und auf den Abszissen die beiden Einsatzgütermengen r_{13} und r_{23} abgetragen sind. Die Transformationsfunktion entspricht dann der vom Ursprung ausgehenden Geraden, die im unteren Teil der Abbildung auf die r_{13}-r_{23}-Ebene projiziert ist. Jedem Punkt dieser Ursprungsgeraden $r_{13} = (a_{13}/a_{23}) \cdot r_{23}$ ist eine bestimmte Ausbringungsmenge r_3 als Prozeß- oder Produktionsniveau zugeordnet. Würde man von einem Einsatzgut eine größere Menge r_{ij} als $a_{ij} \cdot r_j$ (also $r_{ij} > a_{ij} \cdot r_j$) einsetzen, läge eine teilweise Verschwendung dieses Gutes vor. Die Ursprungsgerade gibt somit die effizienten Einsatzgüterkombinationen wieder.

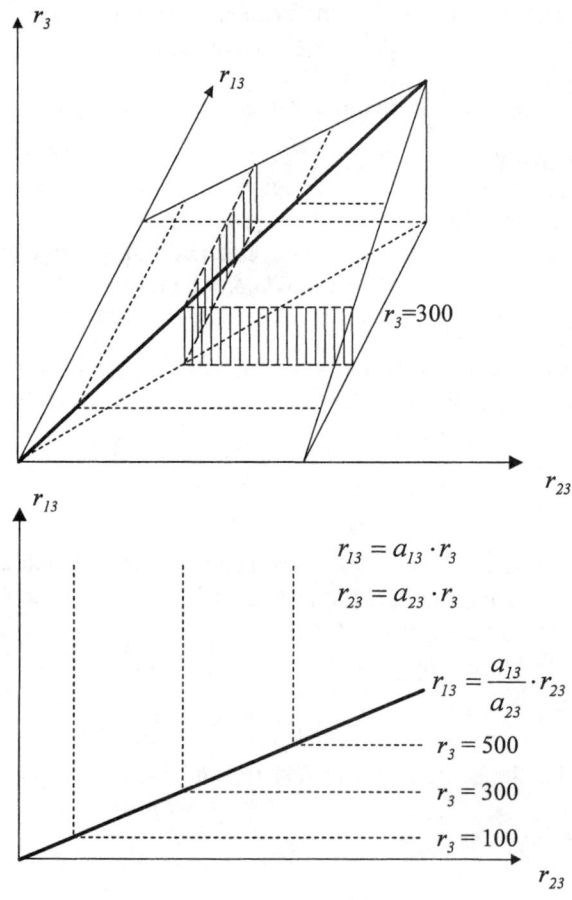

Abb. 2-7: Leontief-Transformationsfunktion

2.3.2.2 Herleitung der Leontief-Produktionsfunktion mit dem Input-Output-Modell

Die **Produktionsfunktion** der Unternehmung ist aus den einzelnen Transformationsfunktionen für ihre verschiedenen Prozesse zu bestimmen. Im Fall einer Leontief-Produktionsfunktion weisen alle Transformationsfunktionen einen *limitationalen* Gütereinsatz mit *konstanten Produktionskoeffizienten* auf. Einen leistungsfähigen Ansatz zur Herleitung der Produktionsfunktion bildet der Input-Output-Ansatz der Produktionstheorie[34]. In ihm geht man von der Aufteilung des Gesamtprozesses einer Unternehmung in unterschiedliche Prozesse aus. Diese können entsprechend dem in Abbildung 2-8 dargestellten Beispiel in Beschaffungs-, Fertigungs- und Absatzprozesse gegliedert sein. In ihnen werden beispielhaft (nur) menschliche sowie zwei Arten maschineller Arbeit und zwei verschiedene Rohstoffe eingesetzt. Die Formulierung des Gleichungssystems der Input-Output-Beziehungen beruht darauf, daß

- der Output der Beschaffungsprozesse den originären Gütereinsatz (für menschliche und maschinelle Arbeit sowie Rohstoffe) darstellt,

- der Output von Fertigungsprozessen aus Zwischenprodukten und/oder Endprodukten bestehen kann, deren Vertrieb über Absatzprozesse erfolgt,

- der Output von Absatzprozessen in den abgesetzten Endproduktmengen besteht.

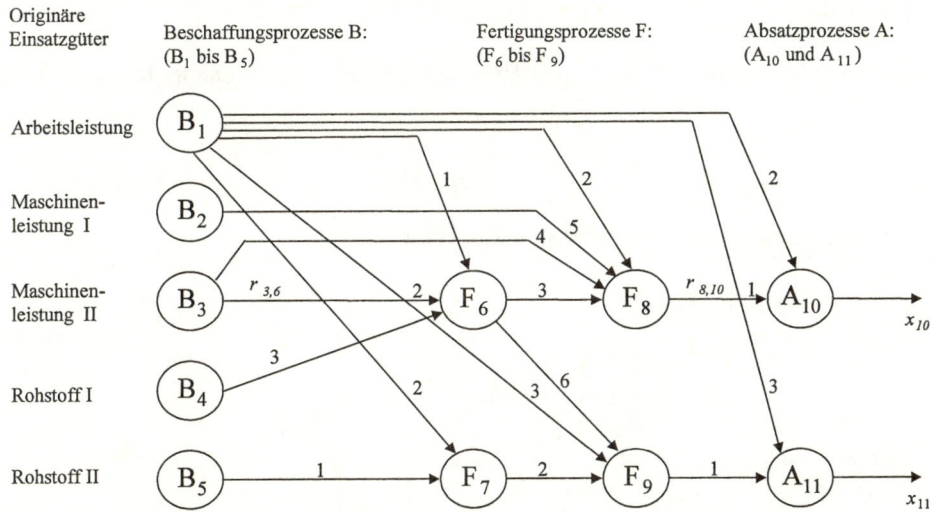

Abb. 2-8: Mehrstufige Mehrproduktfertigung

Die Pfeile in Abbildung 2-8 zeigen an, in welchen Prozessen Güter eingesetzt und an welche Prozesse erzeugte Güter weitergegeben werden. Auf ihnen sind ferner die konstanten Produkti-

---

[34] Vgl. Leontief (1966), S. 134 ff.; Kloock (1969), S. 66 ff.; Schweitzer/Küpper (1997), S. 50 ff.; Küpper (1980), S. 58 ff.

onskoeffizienten abgetragen. Für jeden Prozeß P_i gilt allgemein, daß seine Ausbringungsmenge[35] r_i pro Periode verwendet werden kann

- zum Wiedereinsatz r_{ij} in einem anderen Prozeß,

- zum Absatz x_i und/oder

- zur Lagerbestandserhöhung Δl_i.

Diesen grundlegenden Zusammenhang bringt die **Mengengleichung**

$$r_i = \sum_j r_{ij} + x_i + \Delta l_i \qquad\qquad\qquad\qquad (2\text{-}5)$$

zum Ausdruck. Wenn eine Unternehmung aus insgesamt n Prozessen besteht, läßt sich für sie hieraus das **allgemeine Gleichungssystem** aufstellen:

$$\begin{aligned} r_1 &= r_{11} + r_{12} + \ldots + r_{1n} + x_1 + \Delta l_1 \\ \vdots\;\; & \quad\vdots \qquad\qquad\qquad \vdots \\ r_n &= r_{n1} + r_{n2} + \ldots + r_{nn} + x_n + \Delta l_n \end{aligned} \qquad\qquad (2\text{-}6)$$

oder in *Matrixschreibweise*:

$$\vec{r} = R \cdot \vec{e} + \vec{x} + \Delta \vec{l} \qquad\qquad \vec{e} = (1,\ldots,1) \qquad\qquad (2\text{-}7)$$

Dabei ist R die $(n \times n)$-Matrix der eingesetzten Gütermengen. Setzt man in dieses Gleichungssystem die Leontief-Transformationsfunktionen

$$r_{ij} = a_{ij} \cdot r_j \qquad\qquad\qquad\qquad (2\text{-}8)$$

ein, so ergibt sich die **Leontief-Produktionsfunktion**:

$$r_1 = a_{11} \cdot r_1 + \ldots + a_{1n} \cdot r_n + x_1 + \Delta l_1$$

$$r_2 = a_{21} \cdot r_1 + \ldots + a_{2n} \cdot r_n + x_2 + \Delta l_2$$

$$\vdots \qquad\quad \vdots \qquad\qquad \vdots \quad\; \vdots \qquad\qquad\qquad\qquad (2\text{-}9)$$

$$r_n = a_{n1} \cdot r_1 + \ldots + a_{nn} \cdot r_n + x_n + \Delta l_n$$

Üblicherweise gibt man in der betriebswirtschaftlichen Produktionstheorie die Abhängigkeit der *originären*, d.h. von außen bezogenen Einsatzgüter von den Absatzmengen (und ggf. Lagerbestandsänderungen) an. Deshalb ist das Gleichungssystem (2-9) entsprechend umzuformen. In Matrixschreibweise bilden die konstanten Produktionskoeffizienten a_{ij} eine *Direktverbrauchsmatrix A*:

---

[35] Die Ausbringungsmengen der Prozesse werden mit r_i (bzw. r_j) bezeichnet; die da davon für den Absatz bestimmten Mengen mit x_i (bzw. x_j).

$$A = \begin{bmatrix} a_{11} & \cdots & a_{1n} \\ \vdots & & \vdots \\ a_{n1} & \cdots & a_{nn} \end{bmatrix} \tag{2-10}$$

Dann läßt sich das gesamte Gleichungssystem in Matrixschreibweise nach dem Vektor der unabhängigen Variablen Absatz plus Lagerbestandserhöhung $(\vec{x} + \vec{\Delta l}\,)$ auflösen:

$$\begin{bmatrix} r_1 \\ \vdots \\ r_n \end{bmatrix} = \begin{bmatrix} a_{11} & \cdots & a_{1n} \\ \vdots & & \vdots \\ a_{n1} & \cdots & a_{nn} \end{bmatrix} \cdot \begin{bmatrix} r_1 \\ \vdots \\ r_n \end{bmatrix} + \begin{bmatrix} x_1 \\ \vdots \\ x_n \end{bmatrix} + \begin{bmatrix} \Delta l_1 \\ \vdots \\ \Delta l_n \end{bmatrix} \tag{2-11}$$

$$\vec{r} = A \cdot \vec{r} + \vec{x} + \vec{\Delta l} \tag{2-12}$$

Wenn der Output der ersten m Prozesse den originären Gütereinsatz betrifft, geben die ersten m Gleichungen dieses Gleichungssystems die **Produktionsfunktion der Unternehmung** wieder:

$$\vec{r}_m = [\,E - A\,]_m^{-1} \cdot (\vec{x} + \vec{\Delta l}\,) \tag{2-13}$$

In dem **Beispiel** aus Abbildung 2-8 sind lediglich zwei Absatzmengen x_{10} und x_{11} und keine Lagerbestandsänderungen enthalten. Zur Bestimmung der Produktionsfunktion ist die Direktverbrauchsmatrix A von der Einheitsmatrix E zu subtrahieren und zu invertieren. Dann erhält man die *Gesamtverbrauchsmatrix*. Diese kann z.B. durch eine Zerlegung in Untermatrizen und die Anwendung der Regeln für die Inversion zerlegter Matrizen berechnet werden (vgl. 2-15)[36]. Durch eine solche Zerlegung wird auch der strukturelle Zusammenhang zwischen den verschiedenen Güterarten und Prozessen ersichtlich[37]. Bei der vorliegenden zyklenfreien Struktur lassen sich die Koeffizienten g_{ij} der Gesamtverbrauchsmatrix $[\,E - A\,]^{-1}$ zudem anstelle einer Matrizeninversion durch entsprechende Multiplikation und Addition der Produktionskoeffizienten entlang der Pfeile in Abbildung 2-8 berechnen. Beispielsweise erhält man die Gesamtverbrauchskoeffizienten $g_{1,10}$ für die Einsatzmenge an menschlicher Arbeit, welche für eine Einheit des Absatzprodukts X_{10} erforderlich ist wie folgt:

$$\begin{aligned} g_{1,10} &= a_{1,10} + a_{1,8} \cdot a_{8,10} + a_{1,6} \cdot a_{6,8} \cdot a_{8,10} = \\ &= 2 + 2 \cdot 1 + 1 \cdot 3 \cdot 1 = 7 \end{aligned} \tag{2-14}$$

---

[36] Vgl. hierzu Schweitzer/Küpper (1997), S. 68 ff.
[37] Vgl. hierzu Küpper (1980), S. 62 ff.

Über diese Rechenverfahren erhält man das Gleichungssystem für alle elf Stellen

$$
\begin{bmatrix} r_1 \\ r_2 \\ r_3 \\ r_4 \\ r_5 \\ r_6 \\ r_7 \\ r_8 \\ r_9 \\ r_{10} \\ r_{11} \end{bmatrix} = \begin{bmatrix} 1 & 0 & 0 & 0 & 0 & 1 & 2 & 5 & 13 & 7 & 16 \\ 0 & 1 & 0 & 0 & 0 & 0 & 0 & 5 & 0 & 5 & 0 \\ 0 & 0 & 1 & 0 & 0 & 2 & 0 & 10 & 12 & 10 & 12 \\ 0 & 0 & 0 & 1 & 0 & 3 & 0 & 9 & 18 & 9 & 18 \\ 0 & 0 & 0 & 0 & 1 & 0 & 1 & 0 & 2 & 0 & 2 \\ 0 & 0 & 0 & 0 & 0 & 1 & 0 & 3 & 6 & 3 & 6 \\ 0 & 0 & 0 & 0 & 0 & 0 & 1 & 0 & 2 & 0 & 2 \\ 0 & 0 & 0 & 0 & 0 & 0 & 0 & 1 & 0 & 1 & 0 \\ 0 & 0 & 0 & 0 & 0 & 0 & 0 & 0 & 1 & 0 & 1 \\ 0 & 0 & 0 & 0 & 0 & 0 & 0 & 0 & 0 & 1 & 0 \\ 0 & 0 & 0 & 0 & 0 & 0 & 0 & 0 & 0 & 0 & 1 \end{bmatrix} \cdot \begin{bmatrix} 0 \\ 0 \\ 0 \\ 0 \\ 0 \\ 0 \\ 0 \\ 0 \\ 0 \\ x_{10} \\ x_{11} \end{bmatrix} \quad (2\text{-}15)
$$

sowie die Produktionsfunktion für die ersten fünf originären Einsatzgüter

$$
\begin{bmatrix} r_1 \\ r_2 \\ r_3 \\ r_4 \\ r_5 \end{bmatrix} = \begin{bmatrix} 7x_{10} + 16x_{11} \\ 5x_{10} \\ 10x_{10} + 12x_{11} \\ 9x_{10} + 18x_{11} \\ 2x_{11} \end{bmatrix} \quad (2\text{-}16)
$$

Diese Produktionsfunktion belegt u.a., daß die Einsatzmenge von Gut 4 der Summe aus der 9-fachen Ausbringungsmenge von Gut 10 und der 18-fachen Ausbringungsmenge von Gut 11 entspricht.

2.3.2.3 Verlauf der Produktionsfunktion bei einer Kombination von Leontief-Prozessen

Industrielle Produktionsprozesse sind häufig durch Leontief-Funktionen charakterisiert. Jede Ausbringungsmenge ist daher nur mit einem limitationalen Verhältnis der Einsatzgüter herstellbar, eine unmittelbare Substitution zwischen Einsatzgütern ist nicht durchführbar. Jedoch kann die Möglichkeit bestehen, daß zur Erzeugung bestimmter Zwischen- oder Endprodukte **mehrere limitationale Prozesse** mit einem jeweils anderen festen Verhältnis zwischen den Einsatzgütern zur Verfügung stehen. Dann kann die Unternehmung zwischen diesen Prozessen wählen und diese auch miteinander kombinieren. In diesem Fall kann also eine *Prozeßsubstitution* vorgenommen werden[38].

---

[38] Vgl. zum folgenden Fandel (1996), S. 95 ff.

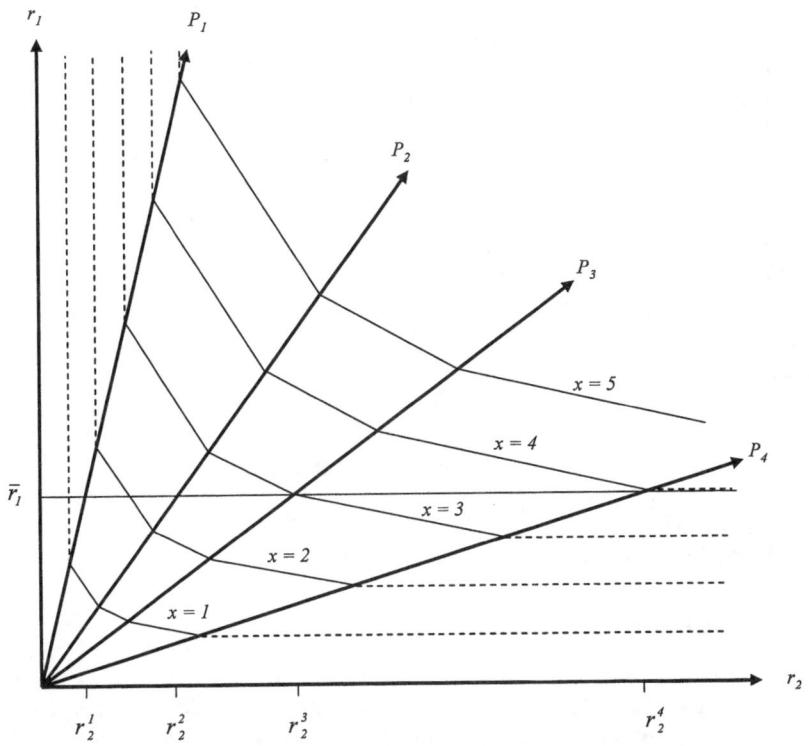

Abb. 2-9: Produktionsfunktion bei Konstanz von Einsatzgütern

Die **Transformations- oder Produktionsfunktion** kann in diesem Fall durch ein *Ertragsgebirge* mit den verschiedenen kombinierbaren Prozessen dargestellt werden. Abbildung 2-9 zeigt die Projektion der Höhenlinien eines solchen Ertragsgebirges in die r_1-r_2-Ebene für ein Endprodukt X, das aus zwei Einsatzgütern mit vier verschiedenen Prozessen P_1 bis P_4 erzeugt werden kann. Die durchgezogenen Höhenlinien zeigen dabei die effizienten Kombinationen der Prozesse.

Die Höhenlinien gelten jeweils für eine bestimmte Ausbringungsmenge x. Sie werden daher als *"Isoquanten"* bezeichnet. Aus ihnen werden die **Substituierbarkeit der Prozesse** und die davon abhängige Veränderung der Einsatzmengenverhältnisse erkennbar, durch die indirekt eine Substitution zwischen den Einsatzgüterarten möglich wird. Der in Abbildung 2-10 vorgenommene Schnitt parallel zu einer Abszisse beinhaltet, daß die Einsatzmenge des einen Gutes (hier r_1) konstant gehalten und die Ausbringungsmenge durch eine kontinuierliche Veränderung der Prozeßkombinationen erhöht wird. Dabei wird deutlich, daß eine solche Konstanthaltung eines Einsatzgutes trotz des Vorliegens von Leontief-Prozessen mit konstanten Produktionskoeffizienten zu einer nichtlinearen, unterproportionalen Erhöhung der Ausbringungsmenge führt, bis dann der "letzte" Prozeß erreicht ist. Danach steigt die Ausbringungsmenge nicht mehr an. Damit kommt man zu Beziehungen, wie sie für die im nachfolgenden Abschnitt betrachteten substitutionalen Produktionsfunktionen charakteristisch sind.

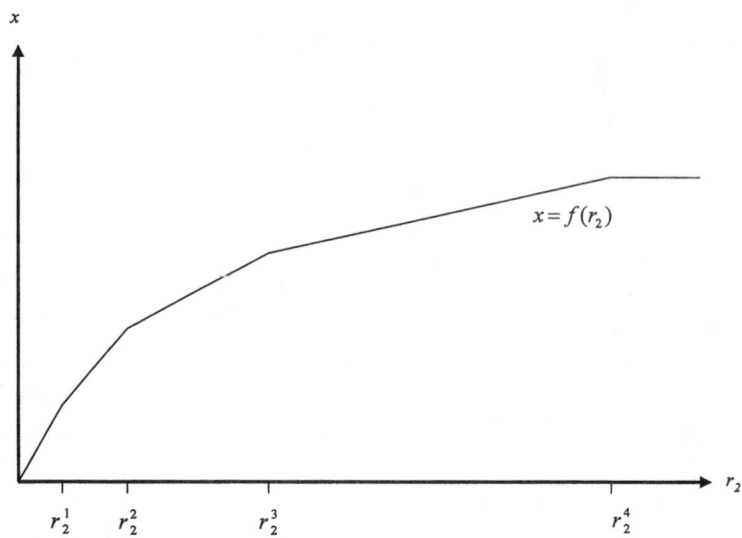

Abb. 2-10: Schnitt parallel zu einer Abszisse bei Substitution von Leontief-Prozessen

2.3.2.4 Empirische Geltung von Leontief-Funktionen

Maßgeblich für eine Verwendung von Transformations- und Produktionsfunktionen zur Planung von Produktions- und Logistikprozessen ist ihre empirische Geltung. Sie liefern nur dann eine zuverlässige Basis für die Entscheidungsfindung, wenn sie die realen Zusammenhänge wiedergeben. Deshalb ist jeweils zu analysieren, inwieweit sie die in Abschnitt 2.1 gekennzeichneten Anforderungen als reale Theorien erfüllen.

Das zentrale Merkmal von Leontief-Funktionen besteht in der universellen Aussage, daß die Einsatzgüter limitational und mit einem konstanten Mengenverhältnis einzusetzen sind. Diese Hypothese kann für bestimmte Anwendungsbedingungen als **allgemeingültig** behauptet werden. Deshalb stellen Leontief-Produktionsfunktionen theoretische Aussagensysteme dar, die auch **widerspruchsfrei** formuliert sind. Die in ihnen enthaltenen Begriffe "Einsatzgütermenge" und "Ausbringungsgütermenge" betreffen unmittelbar beobacht- sowie messbare Tatbestände, der Begriff "Produktionskoeffizient" ist aus diesen Beobachtungsbegriffen direkt herleitbar. Demnach beziehen sich Leontief-Funktionen auf empirische Sachverhalte; ihre Aussagen scheiden denkbare andere Zusammenhänge aus, sind also nicht tautologisch. Aus diesen Gründen besitzen sie **empirischen Gehalt**.

Die **faktische Überprüfung** von Leontief-Funktionen richtet sich nach ihren Anwendungsbedingungen. Diese Klasse von Transformations- und Produktionsfunktionen läßt sich für Ein- und Mehrproduktfertigung, ein- und mehrstufige sowie ein- und mehrteilige Produktion[39] formulieren[40]. Da sich die Einsatzmengen von Roh-, Hilfs- und Betriebsstoffen gut messen lassen,

---

[39] Vgl. zu diesen Produktionstypen Abschnitt 1.2.1.

[40] Vgl. hierzu Schweitzer/Küpper (1997), S. 64 ff.

ist eine Überprüfung bei ihnen leicht möglich. Dies gilt nicht in gleicher Weise für den Einsatz von Potentialgütern und Informationen, bei denen die Messung der Einsatzmengen spezifische Probleme aufwirft[41].

Leontief-Funktionen werden in Wissenschaft und Praxis bei einer Vielzahl von Problemlösungen unterstellt. Für die Lösung praktischer Prognose-, Entscheidungs- und Rechnungsprobleme sind sie besonders anwenderfreundlich, weil sie zu linearen Funktionen mit wenigen Variablen führen. Ihre häufige Nutzung in der Praxis ist ein Indiz für einen guten Bewährungsgrad und eine breite empirische Geltung. In einer umfangreichen empirischen Untersuchung von *Marcell Schweitzer*[42] in bezug auf Einsatzmaterialien traten in allen berücksichtigten Unternehmungen limitationale Prozesse auf. In über 95 % der Fälle gab es vorwiegend Produktionsprozesse, die sich durch Leontief-Transformationsfunktionen abbilden lassen. Dies belegt, daß Leontief-Funktionen einen großen **empirischen Geltungsbereich** aufweisen. Jedoch zeigte es sich, daß bei zwei Drittel der untersuchten Unternehmungen auch Prozesse vorkamen, die nicht durch Leontief-Funktionen ausreichend strukturähnlich erfaßt werden können. Diese bildeten aber eher Ausnahmefälle.

Leontief-Funktionen werden in der Praxis in hohem Maße bei der *Materialbedarfsplanung* zugrunde gelegt. Ferner findet man sie bei der Vorkalkulation, der Kapazitäts-, Produktions- und Finanzplanung. Sie sind auch auf Dienstleistungsprozesse anwendbar. Dies leuchtet unmittelbar ein, soweit es sich um standardisierbare Leistungen handelt. Darüber hinaus können sie als Approximation herangezogen werden, wenn eine präzisere Erfassung der Prozesse nicht möglich, nicht notwendig oder zu aufwendig ist. Vielfach gibt man sich dann mit einer angenäherten Durchschnittsbetrachtung zufrieden. Insgesamt kann Leontief-Funktionen damit ein hoher Bewährungsgrad zugesprochen werden, was in besonderer Weise für die Materialbedarfsplanung gilt[43].

Sie haben auch für die betriebswirtschaftlichen Systeme der *Kostenrechnung*[44] eine grundlegende Bedeutung erlangt. In den meisten Kostenrechnungssystemen werden lineare Kostenfunktionen zugrunde gelegt. Dies gilt in besonderem Maße für die Prognose- und die Standardkostenrechnung auf Vollkostenbasis, in denen man mit einvariabligen linearen Kostenfunktionen arbeitet und die Beschäftigung als zentrale Kosteneinflußgröße verwendet. Die insbesondere von *Wolfgang Kilger* ausgebaute *Grenzplankostenrechnung*[45] sowie die vor allem von *Gert Laßmann* entwickelte *periodische Planerfolgsrechnung*[46] gehen von einem System mehrvariabliger linearer Kostenfunktionen aus. *Kilger* und *Laßmann* leiten dabei die in ihren Systemen enthaltenen Kostenfunktionen explizit aus Produktionsfunktionen her, die weitgehend die Merkmale von Leontief-Funktionen aufweisen. Auch wenn der produktionstheoretische Hin-

---

[41] Vgl. hierzu Schweitzer/Küpper (1997), S. 32 ff.

[42] Schweitzer (1986); Schweitzer (1990).

[43] Vgl. Abschnitt 3.2.

[44] Vgl. Schweitzer/Küpper (2003), S. 204 ff.

[45] Kilger (1972); Kilger/Pampel/Vikas (2002); Schweitzer/Küpper (2003), S. 395 ff.

[46] Laßmann (1968); Schweitzer/Küpper (2003), S. 382 ff.

tergrund der *relativen Einzelkostenrechnung* von *Paul Riebel*[47] und der *Prozeßkostenrechnung*[48] nicht in gleicher Weise herausgearbeitet worden ist, werden ihre Rechenschritte für lineare Zusammenhänge durchgeführt. Das spricht dafür, daß bei ihnen implizit Leontief-Funktionen unterstellt werden. Diese umfassende Verwendung in der Kostenrechnung[49] untermauert die breite empirische Geltung und die Bewährung von Leontief-Funktionen.

2.3.3 Substitutionale Produktionsfunktionen

2.3.3.1 Wichtige Typen substitutionaler Produktionsfunktionen

Das Gegenstück zu der Hypothese einer limitationalen Einsetzbarkeit von Gütern, wie sie Leontief-Funktionen zugrunde liegt, bildet die Annahme, daß sich Einsatzgüter gegenseitig ersetzen oder **substituieren** können. Dann kann man eine bestimmte Ausbringungsmenge nicht mehr nur durch eine, sondern durch unterschiedliche Kombinationen verschiedener Einsatzgüter erzeugen. Bei Konstanthaltung der Outputmenge ist es nach dieser Hypothese möglich, die Menge eines Einsatzgutes zu verringern, indem man von einem oder mehreren anderen Gütern eine größere Menge verbraucht. Diese Annahme liegt der Klasse substitutionaler Funktionen zugrunde. Wichtige Ausprägungen dieses Typs bilden die ertragsgesetzliche und die neoklassischen Produktionsfunktionen.

Das **Ertragsgesetz** wurde erstmals von *Anne Robert Jacques Turgot* (1727-1781) für die landwirtschaftliche Erzeugung aufgestellt und stellt die am frühesten entwickelte Produktionsfunktion der Wirtschaftswissenschaft dar. Ihre grundlegende Hypothese lautet:

Erhöht man die Menge eines Einsatzgutes unter Konstanthaltung der Mengen aller übrigen Einsatzgüter sukzessiv, so steigt die Ausbringungsmenge zuerst überproportional und nach einem Wendepunkt unterproportional an. Unter Umständen kann sie sogar absolut abnehmen.

---

[47] Riebel (1994); Schweitzer/Küpper (2003), S. 524 ff.

[48] Horváth/Mayer (1993); Horváth/Mayer (1989); Schweitzer/Küpper (2003), S. 345 ff.

[49] Im Unterschied zu diesen Systemen gründet der umfassendere Ansatz einer investitionstheoretischen Kostenrechnung die Kosten auf Kapitalwertfunktionen, die wegen der Abzinsung von Zahlungen nichtlinear sein können. Vgl. dazu Schweitzer/Küpper (2003), S. 263 ff.

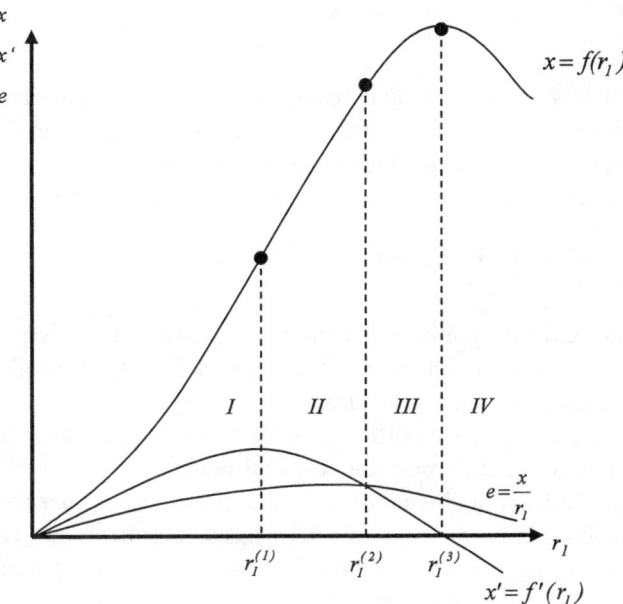

Abb. 2-11: Zonen des Ertragsgesetzes

Charakteristisch für diese Produktionsfunktion ist damit entsprechend dem in Abbildung 2-11 dargestellten Verlauf, daß bei isolierter Variation einer Einsatzmenge r_1 die Ausbringungsmenge x, also der "Ertrag", zuerst (in Abbildung 2-11 bis $r_1^{(1)}$) steigende und dann fallende Zuwächse aufweist. Über die Erhöhung eines Einsatzgutes, z.B. des Düngers auf einem Acker, kann man nach dieser Hypothese anfangs eine mehr als proportionale Zunahme der Erträge erwirken, muß dann aber damit rechnen, daß ab einem bestimmten Punkt eine weitere Steigerung dieses Einsatzgutes die Ertragszunahme bremst und ggf. sogar den Ertrag wieder verringert (in Abbildung 2-11 ab $r_1^{(3)}$).

Während die ertragsgesetzliche Produktionsfunktion einen Wendepunkt (in Abbildung 2-11 bei $r_1^{(1)}$) aufweist, ist bei den **neoklassischen Produktionsfunktionen**[50] die Hypothese auf den Teil abnehmender Ertragszuwächse (und damit den oberen Teil der ertragsgesetzlichen Kurve) beschränkt. Bei ihnen nimmt man an, daß verschiedene Einsatzgüter ebenfalls substituierbar sind. Jedoch führt die isolierte Steigerung der Einsatzmenge eines Gutes zu einer unterproportionalen Zunahme der Ausbringungsmenge. Ein besonders bekanntes Beispiel einer neoklassischen Produktionsfunktion stellt die *‚Cobb-Douglas-Funktion'* dar. Im allgemeinsten Fall werden bei ihr n verschiedene Güter zur Erzeugung eines Produkts verbraucht. Die Ausbringungsmenge x ist nach dieser Hypothese entsprechend der Funktion

---

[50] Vgl. Varian (2002); Frank (2002).

$$x = c \cdot r_1^{\alpha_1} \cdot r_2^{\alpha_2} \cdot \ldots \cdot r_n^{\alpha_n} \tag{2-17}$$

von den Einsatzmengen $r_1, \ldots, r_n$ abhängig. Dabei sind c sowie die Exponenten $\alpha_1, \ldots, \alpha_n$ konstante Faktoren. Wenn $\alpha_i = 1$, so bedeutet dies, daß die Ausbringungsmenge x bei konstanten Einsatzmengen r_j der anderen Einsatzgüter j ($j \neq i$) proportional zur Einsatzmenge r_i von gut i ist. Für $\alpha_i > 1$ unterstellt man einen überlinearen, für $\alpha_i < 1$ einen unterlinearen Zusammenhang.

2.3.3.2 Anwendungsbedingungen und Verlauf ertragsgesetzlicher Produktionsfunktionen

Die substitutionalen Funktionen sind vor allem aus volkswirtschaftlicher Sicht entwickelt und analysiert worden. Darauf dürfte zurückzuführen sein, daß man unmittelbar auf Produktionsfunktionen übergegangen ist und nicht nach der innerbetrieblichen Produktionsstruktur und einzelnen Transformationsfunktionen differenziert hat. Dem entspricht, daß die ertragsgesetzliche Produktionsfunktion üblicherweise auf den Fall einstufiger Einproduktfertigung bezogen wird. Für ihre Kennzeichnung und Analyse unterstellt man, daß bei der Herstellung eines Produkts der mengenmäßige Einsatz eines Teils der Einsatzgüter konstant gehalten werden kann, während die Verbrauchsmengen der anderen Einsatzgüter variiert werden. Für letztere wird also angenommen, daß sie (zumindest in gewissem Umfang) teilbar sind und nicht nur mit einem Fixum (z.B. Einstellung einer Person für einen Monat) eingehen können. Gibt es mehrere variierbare Güter, müssen ihre Einsatzmengen innerhalb bestimmter Grenzen gegenseitig substituierbar sein. Das Ertragsgesetz wird also für folgende **Anwendungsbedingungen** aufgestellt:

(1) Einstufige Einproduktfertigung

(2) Konstante Einsatzmenge eines bzw. mehrerer Einsatzgüter

(3) Teilbare und variierbare Einsatzmenge der anderen Einsatzgüter

(4) Begrenzte (periphere) Substituierbarkeit der variierbaren Einsatzgüter.

Der in Abbildung 2-11 wiedergegebene **Verlauf ertragsgesetzlicher Produktionsfunktionen** läßt sich präziser aufzeigen, indem man zusätzlich die Kurven des Durchschnittsertrags $e = x/r_1$ und des Grenzertrags (Grenzproduktivität) $x' = dx/dr_1$ einzeichnet. Dann erhält man die in Abbildung 2-11 unterschiedenen charakteristischen vier Zonen. Die *erste* Zone beinhaltet den Abschnitt zunehmender Ertragszuwächse. Sie reicht bis zum *Wendepunkt* der Produktionsfunktion.

Ertrag / Phase	Gesamter-trag	Durch-schnitts-ertrag	Grenz-ertrag	Maximum am Phasenende
I	steigend	steigend	steigend	Grenzertrags-maximum
II	steigend	steigend	fallend	Durchschnitts-ertrags-maximum
III	steigend	fallend	fallend	Gesamt-ertrags-maximum
IV	fallend	fallend	fallend	-

Abb. 2-12: Zonen der ertragsgesetzlichen Produktionsfunktionen

Wie Abbildung 2-12 zusammenfaßt, steigen in ihr der Gesamtertrag, der Durchschnittsertrag und der Grenzertrag (= Ertragszuwachs). An ihrem Ende erreicht der *Grenzertrag ein Maximum*, da im Wendepunkt der Kurve des Gesamtertrags deren zweite Ableitung und damit die erste Ableitung der Grenzertragskurve null ist. Die *zweite* Zone geht bis zum *Maximum des Durchschnittsertrags*. Es wird erreicht, wenn die Steigung des Gesamtertrags gleich dem Durchschnittsertrag wird. In diesem Punkt tangiert die Ursprungsgerade für den Durchschnittsertrag die Produktionsfunktion; hier besitzt sie den größten Winkel gegenüber der Abszisse und damit das Maximum des Durchschnittsertrags. In der *dritten* Zone bis zum *Maximum der Produktionsfunktion* steigt nur noch der Gesamtertrag, während Grenz- und Durchschnittsertrag schon fallen, was in der *vierten* Zone für alle drei Kurven gilt.

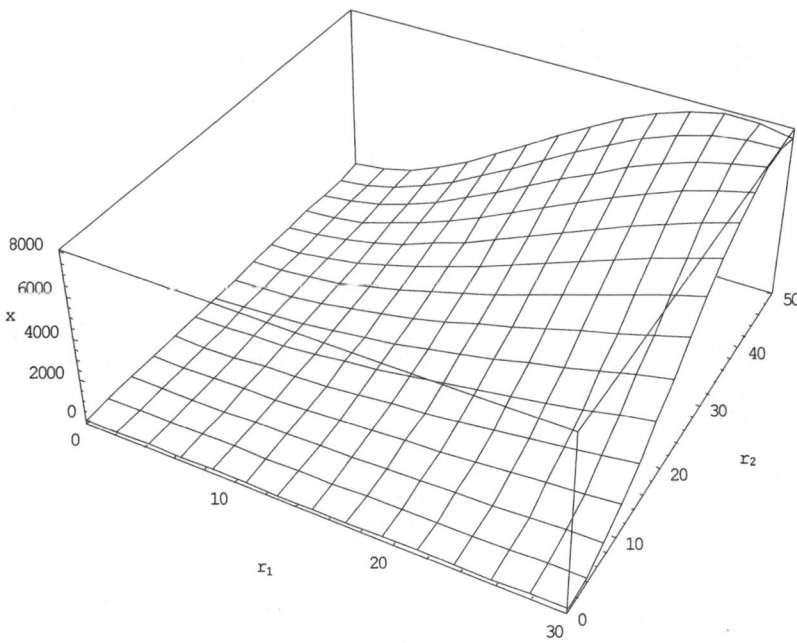

Abb. 2-13: Ertragsgebirge bei zwei variierbaren Einsatzgütern

Wenn man die **Variierbarkeit mehrerer Einsatzgüter** berücksichtigt, läßt sich die ertragsge-setzliche Produktionsfunktion nicht mehr in der zweidimensionalen Fläche darstellen. Dann gelangt man zu einem *"Ertragsgebirge"*, wie es in Abbildung 2-13 für die Variation der Einsatzmengen r_1 und r_2 (und ggf. Konstanz weiterer Einsatzgütermengen) dargestellt ist. Die charakteristischen ertragsgesetzlichen Merkmale zeigen sich an ihm, wenn man jeweils nur die Mengen eines der Einsatzgüter variiert und damit Schnitte durch das Ertragsgebirge zieht. Zur Veranschaulichung kann man von folgender ertragsgesetzlichen Produktionsfunktion ausgehen

$$x=-\frac{1}{160.000}\cdot r_1^3\cdot r_2^3+\frac{1}{80}\cdot r_1^2\cdot r_2^2+\frac{2}{5}\cdot r_1\cdot r_2 \qquad (2\text{-}18)$$

Setzt man die Einsatzmenge eines der beiden Einsatzgüter konstant und bildet die Kurven par-tieller Gesamt-, Grenz- und Durchschnittserträge, so zeigen sich in dem Schnitt durch das Er-tragsgebirge die charakteristischen Zonen des Ertragsgesetzes. Beispielsweise erhält man für r_2 = 10 die

(1) Kurve der *partiellen Erträge*

$$x=-\frac{1}{160}\cdot r_1^3+\frac{5}{4}\cdot r_1^2+4\cdot r_1 \qquad (2\text{-}19)$$

(2) Kurve *partieller Grenzerträge*

$$\frac{\partial x}{\partial r_1} = -\frac{3}{160} \cdot r_1^2 + \frac{5}{2} \cdot r_1 + 4 \qquad (2\text{-}20)$$

(3) Kurve *partieller Durchschnittserträge*

$$\frac{x}{r_1} = -\frac{1}{160} \cdot r_1^2 + \frac{5}{4} \cdot r_1 + 4 \qquad (2\text{-}21)$$

Durch Berechnung der Maxima aller drei Kurven sowie der Schnittpunkte von Grenz- und Durchschnittsertragskurve lassen sich die Lagen der vier Zonen exakt bestimmen.

Die Oberfläche des Ertragsgebirges stellt die Abbildung der ertragsgesetzlichen Produktionsfunktion in diesem Fall dar. Dessen Höhenlinien geben Kombinationen der beiden variierten Einsatzgütermengen an, die jeweils zu derselben Ausbringungsmenge führen. Man bezeichnet diese Linien mit gleichem Ertrag bzw. gleicher Ausbringungsmenge als Isoquanten. An ihnen zeigt sich deren gegenseitige Substituierbarkeit. Da aber die beiden variierten Einsatzgüter in der zugrunde gelegten Produktionsfunktion multiplikativ verknüpft sind, schneiden diese Isoquanten die beiden Abszissen nicht, und es kann kein Einsatzgut vollständig durch das andere ersetzt werden. Daran wird die periphere, also beschränkte Substituierbarkeit erkennbar. Dies wird veranschaulicht, wenn man die Isoquanten gemäß Abbildung 2-14 auf die r_1-r_2-Ebene projiziert.

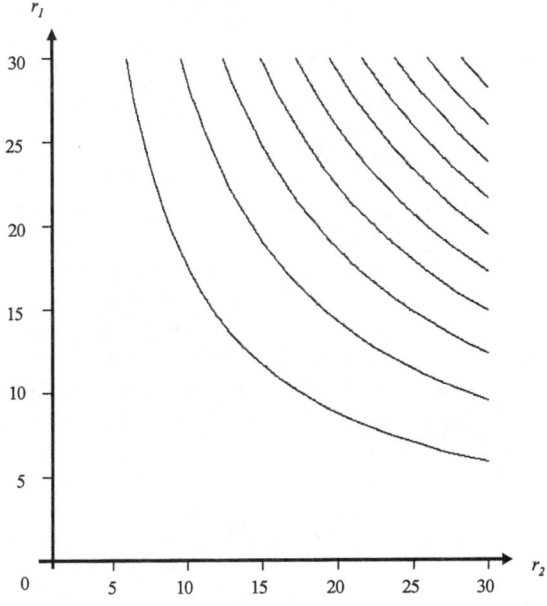

Abb. 2-14: Isoquanten der ertragsgesetzlichen Produktionsfunktion

2.3.3.3 Linear-homogene substitutionale Produktionsfunktionen

Als eine wichtige Eigenschaft von Produktionsfunktionen wird vor allem in volkswirtschaftlichen Analysen die **Homogenität** herausgestellt. Sie bezieht sich auf das Ausmaß der Steigerung des Outputs bei einer gleichmäßigen Steigerung der Einsatzmengen aller Einsatzgüter. Eine Homogenität vom Grad 1 oder lineare Homogenität liegt vor, wenn eine proportionale Steigerung aller Einsatzmengen z.B. mit dem Faktor μ zu einer Steigerung der Ausbringungsmenge um denselben Faktor μ führt:

$$f(\mu \cdot r_1, \mu \cdot r_2, ...) = \mu \cdot f(r_1, r_2, ...) = \mu \cdot x \qquad (2\text{-}22)$$

Abbildung 2-15 dient zur Veranschaulichung, daß auch **ertragsgesetzliche Produktionsfunktionen** diese Eigenschaft aufweisen können, obwohl die proportionale Ertragszunahme der Hypothese zuerst wachsender und dann sinkender Ertragszuwächse auf den ersten Blick zu widersprechen scheint.[51] Aus der proportionalen Zunahme des Outputs bei proportionaler Erhöhung der Inputs folgt, daß alle vom Ursprung ausgehenden Linien in gleicher Richtung Geraden darstellen. Zudem besitzt das Ertragsgebirge keinen Gipfel, weil die Zunahme der Ausbringungsmenge bei gleichmäßiger Steigerung aller Einsatzgüter nicht begrenzt ist. Wenn man aber für konstant gehaltene Mengen eines Einsatzgutes (z. B. $\bar{r}_2^{(1)}$ und $\bar{r}_2^{(2)}$ in Abbildung 2-15) Schnitte durch das Ertragsgebirge zieht, zeigt sich im Fall einer linear-homogenen ertragsgesetzlichen Produktionsfunktion deren typischer Verlauf. Dann steigt die sichtbare partielle Ertragskurve zuerst überproportional an, ab ihrem Wendepunkt nur noch unterproportional, um jenseits der höchsten Ursprungsgeraden wieder zu fallen.

---

[51] Vgl. Pressmar (1969) und das dort angeführte Zahlenbeispiel.

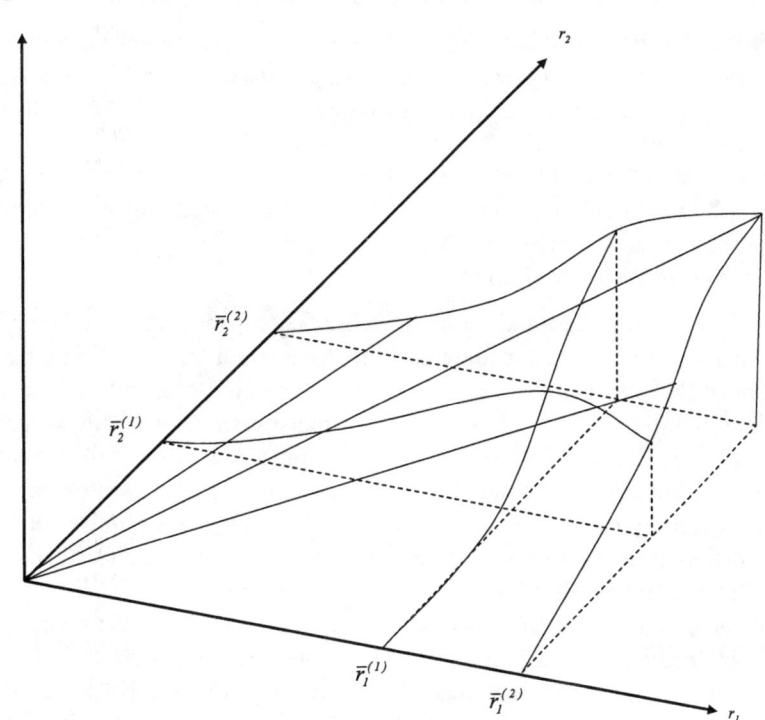

Abb. 2-15: Linear-homogenes Ertragsgebirge

Die Eigenschaft linearer Homogenität weist vor allem die **Cobb-Douglas-Funktion** auf, wenn sich die Potenzfaktoren ihrer Einsatzgüter zu Eins addieren. Dies läßt sich besonders leicht für eine Cobb-Douglas-Funktion mit zwei Einsatzgütern und den Potenzfaktoren α sowie $1-\alpha$ zeigen:

$$x = c \cdot r_1^{\alpha} \cdot r_2^{1-\alpha} \tag{2-23}$$

Multipliziert man bei ihr jede Einsatzmenge mit dem konstanten Faktor μ, so erhält man:

$$c \cdot (\mu \cdot r_1)^{\alpha} \cdot (\mu \cdot r_2)^{1-\alpha} = c \cdot \mu^{\alpha} \cdot r_1^{\alpha} \cdot \mu^{1-\alpha} \cdot r_2^{1-\alpha} =$$
$$= c \cdot \mu^{\alpha+1-\alpha} \cdot r_1^{\alpha} \cdot r_2^{1-\alpha} = c \cdot \mu^{1} \cdot r_1^{\alpha} \cdot r_2^{1-\alpha} = \mu \cdot x \tag{2-24}$$

In diesem Fall hat man eine linear-homogene Produktionsfunktion, bei der die Ertragszuwächse bei partieller Steigerung der Einsatzmenge eines Gutes abnehmen, so daß man von einem Gesetz abnehmender Ertragszuwächse sprechen kann.

2.3.3.4 Empirische Geltung von substitutionalen Produktionsfunktionen

Die ertragsgesetzliche und die skizzierten neoklassischen Produktionsfunktionen sind **widerspruchsfrei** formuliert und behaupten Zusammenhänge zwischen Einsatz- und Ausbringungsmengen, die für bestimmte Anwendungsbedingungen der Wirklichkeit **generell** gelten sollen. Deshalb stellen sie *realtheoretische Aussagensysteme* dar. Der von ihnen postulierte Verlauf über zuerst zunehmende und dann abnehmende bzw. nur über abnehmende Ertragszuwächse folgt nicht logisch aus ihren Anwendungsbedingungen und schließt andere denkbare Verläufe aus. Sie beziehen sich auf empirisch beobacht- und meßbare Gütermengen. Aus diesen Gründen kommt ihnen **empirischer Gehalt** zu.

Ihre **faktische Überprüfbarkeit** und ihr empirischer Geltungsbereich sind davon abhängig, in welchem Umfang ihre Anwendungsbedingungen in der Realität erfüllt sind und sie daher getestet werden können. Für das Ertragsgesetz folgt daraus das Problem, daß Unternehmungen mit einstufiger Einproduktfertigung nur beschränkt, beispielsweise beim Abbau von Sand usw. zu finden sind. Eine spezifische Schwierigkeit seiner Prüfung liegt darin, daß diese eine isolierte Variierbarkeit von Einsatzgütern verlangt. Bei industriellen Fertigungsprozessen ist jedoch in der Regel eine Änderung der Einsatzmenge eines Gutes zwangsläufig mit einer Änderung der Einsatzmengen aller anderen Güter verbunden. Dieser Aussage liegt zugrunde, daß man bei der Nutzung von Potentialgütern als Einsatzmenge nicht deren Bestand, z.B. die einzelne oder die Zahl an Maschinen, sondern deren Leistungsabgabe zu erfassen hat. Wenn beispielsweise die Geschwindigkeit (Intensität) einer Schleifmaschine erhöht wird, müssen auch die Zahl der eingeführten Werkstücke und die Bedienungstätigkeit angepaßt werden. Nach *Gutenberg* ist eine derartige Koppelung zwischen den verschiedenen Einsatzgütern für industrielle Fertigungsprozesse typisch[52]. Auch für andere Wirtschaftszweige wie z.B. die Landwirtschaft ist umstritten, inwieweit eine isolierte Variation einzelner Einsatzgütermengen möglich ist[53].

Wegen der äußerst einschränkenden Anwendungsbedingungen sind der **empirische Geltungsbereich** und der **Bewährungsgrad** der ertragsgesetzlichen Produktionsfunktion sehr begrenzt. Das Ertragsgesetz konnte in empirischen Untersuchungen nicht bestätigt werden. Seine Begründung aus Plausibilitätsüberlegungen liefert jedoch keine ausreichende Bewährung. Somit ist es keinesfalls als repräsentativ für einzelwirtschaftliche Produktionsprozesse anzusehen.

Das charakteristische Merkmal der in diesem Abschnitt dargestellten Produktionsfunktionen besteht gerade im Unterschied zu Leontief-Funktionen in der Substituierbarkeit von Einsatzgütern, wie sie für jene neoklassischen Funktionen mit abnehmenden Ertragszuwächsen gleichfalls gelten. Auch wenn vor allem in der industriellen Fertigung die Limitationalität vorzuherrschen scheint, finden sich insbesondere in der chemischen Industrie Prozesse, in denen Stoffe in unterschiedlichem Verhältnis gemischt werden können. Man kann sich allerdings auf den Standpunkt stellen, daß veränderte Mischungsverhältnisse auch zu veränderten Produkten führen. Gerade in der chemischen Industrie werden Produkte häufig durch die Mengenanteile der einzelnen Einsatzgüter gekennzeichnet. Deshalb kommt dem Merkmal der Substituierbarkeit

---

[52] Vgl. Gutenberg (1983), S. 307 ff.; Schweitzer/Küpper (1997), S. 105.
[53] Vgl. Schweitzer/Küpper (1997), S. 104 ff.

von Einsatzgütern eine gewisse empirische Bedeutung zu, ohne daß seine Anwendungsbedingungen klar herausgearbeitet wären.

Für die empirische Geltung vor allem der **neoklassischen Produktionsfunktionen** ist darüber hinaus die gewählte Betrachtungsebene maßgeblich. Die bisherige Analyse der empirischen Geltung substitutionaler Funktionen bezog sich auf den einzelnen Produktionsprozeß und die Möglichkeit, in ihm Einsatzgütermengen zu variieren. Die Analyse der Kombination verschiedener Herstellungsprozesse in Abschnitt 2.3.2.3 hat die Möglichkeit der Prozeßsubstitution auf der Basis von jeweils linear-limitationalen Leontief-Funktionen aufgedeckt. Dabei wurde an den Abbildungen 2-11 und 2-12 deutlich, daß über sie eine isolierte Variierbarkeit von Einsatzgütermengen erreichbar ist und man dann häufig zu linear-approximativen abnehmenden Ertragszuwächsen gelangt. Dies spricht dafür, daß substitutionale Beziehungen zwischen verschiedenen Einsatzgütern um so eher erkennbar werden, je mehr man die Betrachtung aggregiert. Damit läßt sich auch begründen, warum in betriebswirtschaftlichen Analysen limitationale Funktionen vorherrschen, während in der Volkswirtschaftslehre substitutionalen Produktionsfunktionen eine mindestens gleichrangige Bedeutung zukommt.

2.3.4 Gutenberg-Funktionen

Ein wesentlicher Schritt in der Entwicklung betriebswirtschaftlicher Produktionsfunktionen ist von *Erich Gutenberg*[54] vollzogen worden. Im Unterschied zu den volkswirtschaftlichen Konzepten limitationaler und substitutionaler Produktionsfunktionen betrachtete er nicht unmittelbar die gesamte Unternehmung, sondern leitete deren Produktionsfunktion aus den Beziehungen an einzelnen Aggregaten her. Er kritisierte das Ertragsgesetz und sah limitationale Beziehungen als repräsentativ für industrielle Produktionsprozesse an. Im Gegensatz zu der bis dahin in der Betriebswirtschaftslehre vorherrschenden Methodik und ihren Hypothesen[55] leitete er die Kostenfunktion (entsprechend dem volkswirtschaftlichen Konzept) explizit aus einem produktionstheoretischen Konzept her und wandte sich gegen die Hypothese eines im Normalfall S-förmigen (ertragsgesetzlichen) Verlaufs.

2.3.4.1 Transformationsfunktionen nach Gutenberg

Grundlegende Merkmale des produktionstheoretischen Ansatzes von Gutenberg liegen in

- der Trennung zwischen unmittelbar und mittelbar outputabhängigen Einsatzgütern,

- dem Übergang auf Partialprozesse und

- einer technischen Fundierung der Transformationsfunktionen.

Für industrielle Produktionsprozesse werden in der Regel verschiedene Arten von Materialien (Roh-, Hilfs- und Betriebsstoffe) verbraucht. Roh- und Hilfsstoffe gehen unmittelbar in das zu erstellende Produkt ein und werden als Rohstoffe wie z.B. das Holz von Möbeln zu einem we-

---

[54] Gutenberg (1983), S. 326 ff. Vgl. auch die erste Auflage dieses Buches Gutenberg (1951), S. 220 ff.
[55] Vgl. Schmalenbach (1963), S. 41 ff.; Lehmann (1926), S. 150 ff.; Mellerowicz (1963), S. 285 ff.; Walther (1947), S. 225 ff.; Rummel (1949), S. 21 ff. sowie Abschnitt 2.2.1.; eine andere Position vertrat dagegen Henzel (1967), S. 161 ff., insbesondere S. 191, S. 220 ff. und S.245 ff.

sentlichen, als Hilfsstoffe wie Schrauben oder Lack zu keinem wesentlichen Teil desselben. Dagegen werden Betriebsstoffe wie Benzin, Strom oder Öl zum "Betreiben" von Maschinen oder Aggregaten benötigt. Da zwischen den Gesetzmäßigkeiten für den Verbrauch von Roh- und Hilfsstoffen einerseits und Betriebsstoffen andererseits deutliche Unterschiede bestehen, trennt Gutenberg allgemein zwischen unmittelbar und mittelbar outputabhängigen Einsatzgütern. Bei **unmittelbar outputabhängigen Einsatzgütern** wie Roh- und Hilfsstoffen oder Halbfabrikaten gilt für die Abhängigkeit die Verbrauchsmenge r_{ij} der i-ten Einsatzgüterart am Aggregat oder Prozeß j für die Erzeugung der Ausbringungsmenge r_j die allgemeine **Transformationsfunktion**

$$r_{ij} = g_{ij}(r_j) \tag{2-25}$$

Sofern hierbei das Verhältnis zwischen Input- und Output-Mengen fix ist, geht diese Funktion in eine Leontief-Funktion mit dem konstanten Produktionskoeffizienten a_{ij} über

$$r_{ij} = a_{ij} \cdot r_j \tag{2-26}$$

Im Vordergrund des Ansatzes von *Gutenberg* stehen die Input-Output-Beziehungen für die zur Inbetriebnahme von technischen Potentialgütern wie Kfz-Motoren, Drehbänken usw. erforderlichen Einsatzgüter wie Energie, Schmiermittel, Werkzeuge u.ä. Er weist darauf hin, daß sie von den *technischen Eigenschaften* des eingesetzten Aggregats und insbesondere von dessen Arbeitsgeschwindigkeit oder Intensität abhängen. Zu den technischen Eigenschaften können zum Beispiel die Leistungsmerkmale eines Motors wie Hubraum und Drehmoment, das Fassungsvermögen und die Ausmauerung eines Härtereiofens, die Schnittstärke und die Härte des Drehstahls einer Drehbank gehören. Diese technischen Eigenschaften können durch die Variablen $z_{j1}, \ldots, z_{jv}$ des Aggregats j wiedergegeben und als seine **"z-Situation"** bezeichnet werden. Neben ihnen ist die Intensität d_j, mit der dieses Aggregat betrieben wird, für den Verbrauch an mittelbar outputabhängigen Gütern bestimmend.

Diese Aggregate vollziehen Aktivitäten, zu deren Durchführung die analysierten Betriebsstoffe verbraucht werden. Dabei kann es sich beispielsweise um das Bohren eines Loches, das Drehen oder das Sägen eines Stahls oder das Zurücklegen einer Strecke mit einem Fahrzeug handeln. Eine solche Verrichtung wird als **"Arbeitseinheit"** (AE) bezeichnet. Die **erste empirische Hypothese** der Gutenberg-Funktion besagt, daß die am Aggregat j verbrauchte Menge ρ_{ij} [ME/AE] eines Betriebsstoffs i von den technischen Eigenschaften, der z-Situation $z_{j1}, \ldots, z_{jv}$, und der Intensität d_j dieses Potentialguts abhängig ist. Dieser Zusammenhang wird durch die Verbrauchsfunktion

$$\rho_{ij} = f_{ij}^*(z_{j1}, \ldots, z_{jv}, d_j) \tag{2-27}$$

ausgedrückt. Nimmt man an, daß die technischen Eigenschaften des Potentialguts gegeben sind und konstant gehalten werden, so erhält man die Transformationsfunktion für die Einsatzmenge ρ_{ij} pro Arbeitseinheit des Potentialguts j, die **Verbrauchsfunktion**

$$\rho_{ij} = f_{ij}(d_j). \tag{2-28}$$

Beim Benzinverbrauch eines LKW auf jeweils 100 km kann sie beispielsweise in Abhängigkeit von der Durchschnittsgeschwindigkeit den in Abbildung 2-16 dargestellten Verlauf aufweisen. Entsprechende Funktionen lassen sich für den Energie- und den Ölverbrauch oder den Werkzeugverbrauch einer Maschine in Abhängigkeit von ihrer Schnittgeschwindigkeit bestimmen.

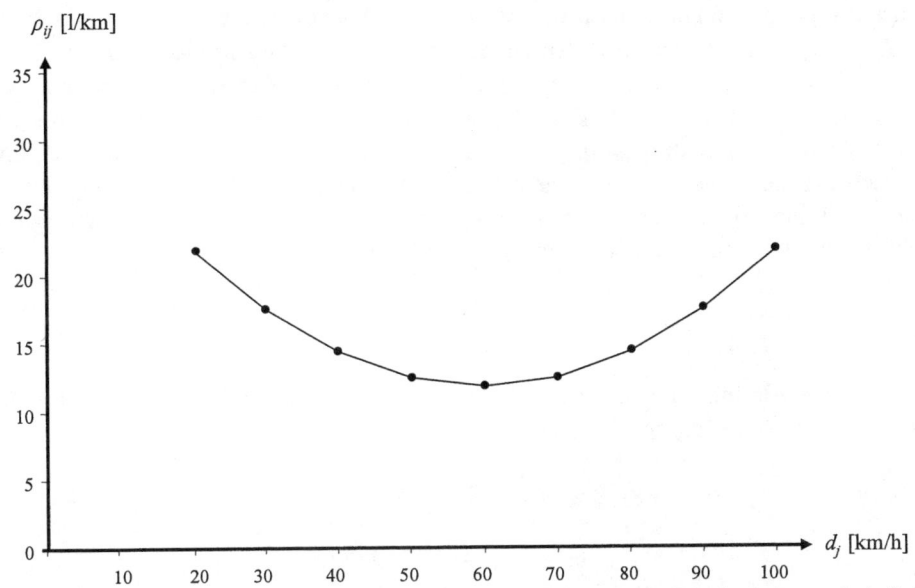

Abb. 2-16: Brennstoffverbrauch eines Benzinmotors in Abhängigkeit von der Durchschnittsgeschwindigkeit

Für die Planung benötigt man meist den in einer *Periode* anfallenden Verbrauch und die dadurch entstehenden Kosten. Deshalb ist von dem Verbrauch pro Arbeitseinheit des Potentialguts auf den **Verbrauch pro Periode** überzugehen. Dieser ergibt sich aus der Zahl der in einer Periode vollzogenen Arbeitseinheiten b_j [AE]. Deren Multiplikation mit dem Verbrauch pro Arbeitseinheit ρ_{ij} führt zu dem Verbrauch des Betriebsstoffs pro Periode r_{ij} [ME]:

$$r_{ij} = \rho_{ij} \cdot b_j \tag{2-29}$$

Zusätzlich kann man die *definitorische Beziehung* berücksichtigen, nach der die Intensität d_j als Zahl der Arbeitseinheiten b_j pro Zeiteinheit t_j [ZE] bestimmt ist:

$$d_j = \frac{b_j}{t_j} \tag{2-30}$$

bzw. durch Umformung

$$b_j = d_j \cdot t_j \tag{2-31}$$

Setzt man die empirische Hypothese der Verbrauchsfunktion (2-28) pro Arbeitseinheit in die Funktion des Periodenverbrauchs (2-29) ein, und berücksichtigt man zusätzlich die definitorische Beziehung (2-31), so gelangt man zu der **Transformationsfunktion** für den Verbrauch von Betriebsstoffen in einer Periode:

$$r_{ij} = \rho_{ij} \cdot b_{ij} = f_{ij}(d_j) \cdot b_j = f_{ij}(d_j) \cdot d_j \cdot t_j \tag{2-32}$$

Diese **Gutenberg-Transformationsfunktion** gibt die Abhängigkeit von mittelbar outputabhängigen Einsatzgütern von den Variablen wieder, durch welche die Aktivität oder Arbeit eines Potentialgutes gekennzeichnet werden kann: die Intensität d_j, die Zahl durchgeführter Arbeitseinheiten b_j und die Dauer t_j ihrer Tätigkeit. Sie besitzt in ihrer allgemeinen Form einen nichtlinearen Verlauf, weil die Funktion $f_{ij}(d_j)$ für den Verbrauch pro Arbeitseinheit ρ_{ij} als nichtlinear unterstellt werden kann und mit ihrer unabhängigen Variablen d_j multiplikativ verknüpft ist. Aus dieser Funktion können sich für bestimmte Parameter spezifische Funktionen ergeben. Beispielsweise führt auf der einen Seite eine Verbrauchsfunktion

$$\rho_{ij} = \frac{1}{160} \cdot d_j^2 - \frac{3}{4} \cdot d_j + \frac{85}{2} \tag{2-33}$$

für eine konstante Einsatzzeit von z.B. $t_j=1$ zu der in Abbildung 2-17 wiedergegebenen S-förmigen Transformationsfunktion:

$$r_{ij} = f_{ij}(d_j) \cdot d_j \cdot t_j = \frac{1}{160} \cdot d_j^3 - \frac{3}{4} \cdot d_j^2 + \frac{85}{2} \cdot d_j \tag{2-34}$$

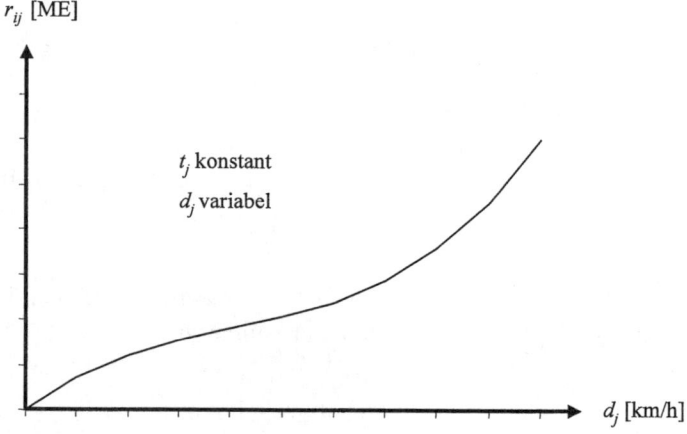

Abb. 2-17: Funktion des Verbrauchs bei konstanter Einsatzzeit

Andererseits erhält man für konstante Intensitäten $d_j = \overline{d}_j$ Leontief- und damit lineare Transformationsfunktionen entsprechend Abbildung 2-18 der Art:

$$r_{ij} = f_{ij}(\overline{d}_j) \cdot \overline{d}_j \cdot t_j = \overline{c}_{ij} \cdot t_j \tag{2-35}$$

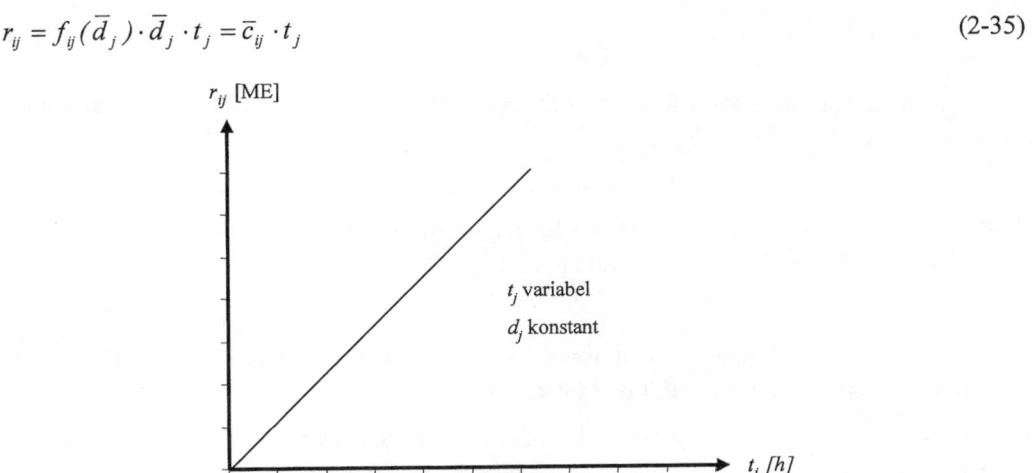

Abb. 2-18: Funktion des Verbrauchs bei konstanter Intensität

In der Produktionstheorie will man die Beziehungen zwischen Einsatz- und Ausbringungsmengen erfassen. Deshalb ist in einem weiteren Schritt der Zusammenhang zwischen den von einem Potentialgut durchgeführten Arbeitseinheiten und der von ihm erzeugten Zwischen- oder Endproduktmenge zu berücksichtigen. Diese Abhängigkeit der Anzahl an Arbeitseinheiten b_j von der Ausbringungsmenge r_j des j-ten Potentialguts gibt die **zweite empirische Hypothese** der Gutenberg-Funktion wieder:

$$b_j = \Phi_j(r_j) \tag{2-36}$$

Sie bringt in ihrer Umkehrfunktion

$$r_j = \beta_j(b_j) = \beta_j(d_j \cdot t_j) \tag{2-37}$$

zum Ausdruck, daß die Zahl der von einem Aggregat erzeugten Produkte von der Zahl durchgeführter Arbeitseinheiten bzw. seinem Produkt aus Intensität und Laufzeit bestimmt wird.

Setzt man die Gleichung (2-36) in die Transformationsfunktion für den Periodenverbrauch (2-29) ein, gelangt man zu der **outputbezogenen Gutenberg-Transformationsfunktion**

$$r_{ij} = f_{ij}(d_j) \cdot b_j = f_{ij}(d_j) \cdot \Phi_j(r_j). \tag{2-38}$$

Häufig ist die Zahl der von einem Potentialgut durchzuführenden Arbeitseinheiten proportional zur Ausbringungsmenge, so daß Gleichung (2-36) unter Verwendung des konstanten Produktionskoeffizienten a_j in

$$b_j = a_j \cdot r_j \tag{2-39}$$

übergeht. Im Fall konstanter Intensitäten wird die outputbezogene Transformationsfunktion dann zu einer Leontief-Funktion:

$$r_{ij} = f_{ij}(\overline{d}_j) \cdot a_j \cdot r_j = \overline{\alpha}_{ij} \cdot r_j \tag{2-40}$$

Die Gutenberg-Transformationsfunktion schließt demnach die **Leontief-Transformations-funktion** ein, sofern

- die Intensitäten d_j und

- die Produktionskoeffizienten a_j für die Beziehungen zwischen Arbeits- und Ausbringungs-einheiten an dem betrachteten Potentialgut

konstant sind.

Allgemein weist die Gutenberg-Transformationsfunktion, wie sie durch Gleichung (2-38) wie-dergegeben ist, eine Reihe **spezifischer Merkmale** auf:

(1) *Limitationalität* der Einsatzgüter: Jede Ausbringungsmenge ist durch eine einzige Kombi-nation der Einsatzgütermengen gekennzeichnet.

(2) *Veränderliche Produktionskoeffizienten* bei variierender Intensität: im Gegensatz zur Le-ontief-Funktion verändern sich aber die Produktionskoeffizienten bei einer Variation der Intensität.

(3) *Gegenseitige Austauschbarkeit* von Intensität und Einsatzzeit: Da dieselbe Ausbringungs-menge durch unterschiedliche Kombinationen von Intensität und Einsatzzeit des Potential-guts erzeugt werden kann, sind diese beiden Variablen in gewissem Sinn "substituierbar", woraus ein S-förmiger Verlauf ähnlich dem Ertragsgesetz folgt, obwohl es sich um eine limitationale Produktionsfunktion handelt.

(4) Leontief-Funktion als *Spezialfall*: Für konstante Intensitäten und proportionale Beziehun-gen zwischen Arbeits- und Ausbringungsmenge des Potentialguts geht die Gutenberg- in die Leontief-Transformationsfunktion für Betriebsstoffe über.

2.3.4.2 Gutenberg-Produktionsfunktionen

Für die Einproduktfertigung geht *Gutenberg* davon aus, daß jedes Aggregat die Absatzmenge x herstellt. Damit werden ganz bestimmte Produktionsstrukturen unterstellt:[56] entweder eine li-neare mehrstufige Fertigung, in der alle Anlagen dieselbe Zahl an Zwischen- bzw. Endpro-duktmengen x erzeugen oder eine einstufige Fertigung auf J gleichartigen Anlagen, die jeweils dieselbe Endproduktmenge x herstellen. In den Transformationsfunktionen für unmittelbar out-putabhängige Einsatzgüter (2-25) und für mittelbar abhängige Einsatzgüter (2-38) ist also r_j durch x zu ersetzen. Da nach *Gutenberg* mehrere Aggregate $j = 1,..., J$ verfügbar sein können, ist ferner über diese zu summieren. Dieser Verbrauch an **unmittelbar outputabhängigen Einsatzgütermengen** r_i ($i = 1, ..., h$) wie Rohstoffen ist jedoch unabhängig vom jeweiligen Aggregat; deshalb erhält man für sie die Produktionsfunktionen:

---

[56] Vgl. hierzu Schweitzer/Küpper (1997), S. 116 ff.

$$r_i = \sum_{j=1}^{J} g_{ij}(r_j) = \sum_{j=1}^{J} g_i(x) = J \cdot g_i(x) \qquad (2\text{-}41)$$

Für die **mittelbar outputabhängigen Einsatzgüter** ($i=h+1, ..., m$) ergeben sich analog zu (2-41) die Gleichungen

$$r_i = \sum_{j=1}^{J} f_{ij}(d_j) \cdot b_j = \sum_{j=1}^{J} f_{ij}(d_j) \cdot d_j \cdot t_j = \sum_{j=1}^{J} f_{ij}(d_j) \cdot \Phi_j(x). \qquad (2\text{-}42)$$

Besteht entsprechend (2-39) zwischen der Menge an Arbeitseinheiten und der Ausbringungsmenge eine proportionale Beziehung

$$b_j = a_j \cdot x \qquad (2\text{-}43)$$

so lautet die Produktionsfunktion für mittelbar outputabhängige Einsatzgüter:

$$r_i = \sum_{j=1}^{J} f_{ij}(d_j) \cdot a_j \cdot x \qquad (2\text{-}44)$$

Das System der Funktionen (2-41) und (2-42) bzw. (2-44) für alle $i = 1, ..., m$ in einer Unternehmung eingesetzten Güterarten stellt die Gutenberg-Produktionsfunktion bei Einproduktfertigung dar. Er selbst hat diese als **"Produktionsfunktion vom Typ B"** benannt, um sie von dem Ertragsgesetz abzuheben, das er als Typ A bezeichnete. *Wolfgang Kilger* hat gezeigt, daß man diese Produktionsfunktion auf **Mehrproduktfertigung** erweitern kann.[57]

Wie bei der Kennzeichnung des Kosteneinflußgrößensystems von *Gutenberg* in Abschnitt 2.2.1 beschrieben, arbeitet dieser typische Formen der **Anpassung an Beschäftigungsänderungen** heraus. An seiner Produktionsfunktion (2-42) bzw. (2-44) für mittelbar outputabhängige Einsatzgüter bei Einproduktfertigung

$$r_i = \sum_{j=1}^{J} f_{ij}(d_j) \cdot d_j \cdot t_j = \sum_{j=1}^{J} f_{ij}(d_j) \cdot a_j \cdot x \qquad (2\text{-}45)$$

lassen sich diese und ihre Wirkungen näher kennzeichnen. Man erkennt, daß eine Veränderung der Ausbringungsmenge x durch eine Variation der Einsatzzeiten t_j der Potentialgüter j, deren Intensitäten d_j und die Anzahl der eingesetzten Aggregate J erreicht werden kann. Allgemeiner ausgedrückt hängen demnach die Ausbringungsmenge x und die Verbrauchsmenge r_i eines Einsatzgutes i von der Einsatzzeit t, der Intensität d und der Anlagenzahl J ab:

---

[57] Kilger (1958), S. 65 ff; Schweitzer/Küpper (1997), S. 115 ff.

$$r_i = g\left[x\left(t, d, J\right)\right] \tag{2-46}$$

Diese Produktionsfunktion enthält drei Variablen, welche die Ausbringungsmenge bestimmen. Durch ihre isolierte Variation erhält man drei Formen der Anpassung an Beschäftigungsänderungen, die

- zeitliche, die

- intensitätsmäßige und die

- quantitative

Anpassung. Eine nähere Analyse der Produktionsfunktion bei isolierter Variation dieser Parameter unter Konstanthaltung der jeweils anderen gibt Hinweise auf den jeweiligen Verlauf der Produktionsfunktion, der maßgeblich für den jeweiligen Kostenverlauf wird[58]. Verändert man in Gleichung (2-45) lediglich die **Einsatzzeit** der Aggregate und hält deren Intensitäten sowie die Zahl der eingesetzten Aggregate konstant, ergibt sich eine proportionale Beziehung zwischen Einsatz- und Ausbringungsmenge, also ein *linearer Verlauf*. Dagegen führt die isolierte Variation der **Intensitäten** bei konstanter Laufzeit und einer festen Anlagenzahl zu einem *nichtlinearen Verlauf* der Produktionsfunktion. Variiert man schließlich lediglich die **Zahl der eingesetzten Aggregate** und läßt deren Laufzeiten sowie Intensitäten konstant, so erhält man Punkte auf einer *Treppenfunktion*. Diese liegen im Fall einer rein quantitativen Anpassung von gleichartigen Aggregaten auf einer Geraden, bei einer selektiven Anpassung verschiedenartiger Aggregate auf einer nichtlinearen Funktion. Um möglichst kostengünstige Anpassungen zu erreichen, kann man diese isolierten Anpassungsformen miteinander kombinieren.

2.3.4.3 Empirische Geltung von Gutenberg-Funktionen

Die Gutenberg-Funktionen sind **widerspruchsfrei** formuliert. Über die Leontief-Funktion hinaus liegen ihnen zwei empirische Hypothesen zugrunde, in denen ein gesetzmäßiger Zusammenhang zwischen dem Verbrauch pro Arbeitseinheit eines technischen Aggregats und dessen Intensität sowie zwischen den von ihm durchgeführten Arbeitseinheiten und der erzeugten Ausbringungsmenge behauptet wird. Da deren **allgemeine Gültigkeit** für bestimmte Anwendungsbedingungen postuliert wird, stellt sie ein theoretisches Aussagensystem dar.

Mit der Zerlegung des Produktionsprozesses auf Aggregate herunter, die Berücksichtigung ihrer technischen Eigenschaften sowie ihrer Arbeitseinheiten, Intensitäten und Einsatz- bzw. Laufzeiten werden beobachtbare Sachverhalte der Realität aufgenommen. Auch wenn die enthaltenen Hypothesen recht allgemein formuliert sind, schließen sie andere denkbare Zusammenhänge aus. Damit besitzt dieser Ansatz **empirischen Gehalt**. Über die Analyse der Beziehungen an technischen Potentialgütern werden die Input-Output-Beziehungen für mittelbar ouputabhängige Einsatzgüter genauer als durch Leontief-Funktionen erfaßt. Die Gutenberg-Funktionen sind faktisch überprüfbar, jedoch wird ihre Überprüfbarkeit dadurch beeinträchtigt, daß die technischen Bedingungen der z-Situation von Aggregaten nicht näher spezifiziert, le-

---

[58] Vgl. hierzu Abschnitt 2.4.4.

diglich recht allgemeine Beziehungen formuliert und ihre konkreten Anwendungsbedingungen nicht eindeutig abgegrenzt sind.

Die **empirische Geltung** dieser Klasse von Funktionen ist für bestimmte industrielle Fertigungsprozesse untersucht und bestätigt worden[59]. Bei einer Vielzahl von Maschinen ist es möglich, auf der Basis ihrer technischen Eigenschaften den Verlauf von Verbrauchsfunktionen für die benötigten Betriebsstoffe zu bestimmen. Mit Gutenberg-Funktionen kann insbesondere der Verbrauch von Energie und anderen Betriebsstoffen recht gut erfaßt werden[60]. Aufgrund einer Reihe empirischer Untersuchungen kann sie für diese Güter als bewährt angesehen werden. Dagegen erscheint sie weniger geeignet, den Verschleiß von Potentialgütern und die Nutzung menschlicher Arbeit an technischen Aggregaten ausreichend präzise abzubilden. Für letztere kommt weiteren Faktoren wie der Arbeitsverteilung, der Motivation u.a. Bedeutung zu.

Der **Geltungsbereich** von Gutenberg-Funktionen umfaßt die Ein- und Mehrproduktfertigung. Sie läßt sich für ein- und mehrstufige Prozesse formulieren, wobei ihre konkrete Formulierung ggf. an deren spezifische Struktur anzupassen ist[61]. Ihr zentraler Geltungsbereich liegt bei dem Verbrauch von Energie und anderen Betriebsstoffen. Zudem schließt sie unmittelbar outputabhängige Einsatzgüter wie Roh- sowie Hilfsstoffe ein und liefert eine wissenschaftliche Erklärung für Leontief-Transformationsfunktionen bei technischen Potentialgütern.

2.3.5 Weiterführende produktionstheoretische Ansätze

Die betriebswirtschaftliche Produktionstheorie ist in verschiedenen Richtungen weiterentwickelt worden. In seiner **Produktionsfunktion vom Typ C** hat *Edmund Heinen*[62] das Konzept von Gutenberg verfeinert. Die Zerlegung des Produktionsprozesses hat er über die einzelnen Aggregate hinaus bis zu deren kleinsten Teilprozessen vorangetrieben und zwischen verschiedenen Typen sogenannter *Elementarkombinationen* unterschieden. Dadurch kann man limitationale und substitutionale Prozesse erfassen. Über die Berücksichtigung von Anlauf- und Bremsvorgängen können die Verbrauchsfunktionen präzisiert werden. Die genauere Erfassung der Elementarkombinationen erhöht die Komplexität aber in einem Maße, der für betriebliche Planungsprozesse meist nicht erforderlich und auch nicht hilfreich ist. Ferner hat *Heinen* ein Konzept für eine tiefergehende Berücksichtigung der *Produktionsstruktur* vorgeschlagen. Die Einsatzmenge eines Gutes richtet sich in seiner Produktionsfunktion nach dessen Verbrauch bei einmaligem Vollzug einer Elementarkombination und der Zahl ihrer Wiederholungen. Letztere hängen von der Produktionsstruktur und wichtigen ablauforganisatorischen Entscheidungstatbeständen wie der Arbeitsverteilung, Maschinenbelegung u.a. ab.

---

[59] Vgl. die Hinweise bei Schweitzer/Küpper (1997), S. 129.

[60] Vgl. z.B. Gälweiler (1960); Pack (1966); Pack (1963); Heiss (1960); Pressmar (1968); Fandel (1996), S. 204 ff.

[61] Vgl. hierzu Schweitzer/Küpper (1997), S. 116 ff.

[62] Heinen (1983), S. 244 ff.

Obwohl in die Funktionen von *Gutenberg* und *Heinen* die Zeitdauer von Produktionsprozessen explizit eingeht, beziehen sich alle ihre Variablen auf eine einzige Periode. Damit bleiben ihre Ansätze statisch. Veränderungen wichtiger Bestimmungsgrößen im Zeitablauf sowie zeitliche Beziehungen zwischen diesen und den Produktionsvariablen erfordern für eine realitätsnähere Planung **dynamische Ansätze**. Solche wurden in kontinuierlicher Form mithilfe der *Kontroll-theorie*[63] und in diskreter Form auf Basis des *Input-Output-Ansatzes* entwickelt. Bei diskreter Betrachtung sind vor allem zwei Sachverhalte für die Verknüpfung zwischen Variablen verschiedener Zeitintervalle wichtig, die Lagerbildung und die Dauer einzelner Transformationsprozesse. Über die Lagerbildung erhalten Entscheidungen in dem einen Zeitintervall Einfluß auf die Produktionsmöglichkeiten in einem anderen Intervall. Beispielsweise kann ein nachgelagerter Arbeitsgang in einem Intervall nur gestartet werden, wenn die erforderlichen Halbfabrikate zu seinem Beginn verfügbar sind und vom Lager genommen werden können. Die Dauer einzelner Prozesse macht es erforderlich, die zu ihrer Durchführung erforderlichen Einsatzgüter rechtzeitig und damit möglicherweise mehrere Intervalle früher bereitzustellen. Diese beiden Aspekte lassen sich über eine Dynamisierung des bei der Leontief-Funktion[64] skizzierten Input-Output-Ansatzes einführen. Dessen Grundgleichung (2-5)

$$r_i = \sum_j r_{ij} + x_i + \Delta l_i \tag{2-47}$$

kann in einem ersten Schritt so erweitert werden, daß alle Variablen für Gütereinsatzmengen r_{ij}, Güterausbringungsmengen r_i und Absatzmengen x_i mit dem Index (t) einem Zeitintervall zugeordnet werden. Ferner wird die Lagerbestandserhöhung Δl_i in die Differenz zwischen Lagerendbestand $l_i^{(t)}$ und Lageranfangsbestand $l_i^{(t-1)}$ aufgelöst. Dann erhält man als Grundgleichung des **dynamischen Input-Output-Ansatzes** der Produktionstheorie die Beziehung

$$r_i^{(t)} = \sum_j r_{ij}^{(t)} + x_i^{(t)} + l_i^{(t)} - l_i^{(t-1)} \qquad i = 1, ..., n; \; t = 1, ..., T \tag{2-48}$$

Der zweite Schritt besteht in der Einführung dynamischer Transformationsfunktionen der Art

$$r_{ij}^{(t)} = f_{ij}^{(\tau)}(...) \cdot r_j^{(t+\tau)} \tag{2-49}$$

In ihnen gibt der hochgestellte Index (τ) der Funktion f_{ij} die Dauer an Intervallen des betreffenden Teilprozesses an. Durch die Unterscheidung von Prozessen mit drei verschiedenen Arten sogenannter Verweilzeiten mit null, einem und unterschiedlichen Intervallen gelangt man zu drei verschiedenen Typen dynamischer Produktionsfunktionen. Diese lassen sich durch Einsetzen der jeweiligen dynamischen Transformationsfunktionen (2-49) in die Grundgleichungen (2-48) und deren Auflösung nach den Variablen $r_i^{(t)}$ herleiten[65]. Mit diesem Ansatz lassen sich Probleme der Ablauforganisation der Produktion sowie der Materialbedarfsplanung erfassen[66].

---

[63] Vgl. hierzu insb. Stöppler (1975); Luhmer (1975).
[64] Vgl. Abschnitt 2.3.2.2.
[65] Vgl. hierzu Küpper (1979b); Küpper (1980); Troßmann (1983); Schweitzer/Küpper (1997), S. 192 ff.
[66] Küpper (1980), S. 76 ff.

Seine wichtigste Begrenzung liegt darin, daß die einzelnen Prozeßdauern τ fest vorgegeben werden müssen und die Abhängigkeit der Prozeßdauer von der Losgröße nicht unmittelbar abgebildet werden kann[67].

Die produktionstheoretischen Ansätze sind in letzter Zeit insbesondere auf die Berücksichtigung **ökologischer** Phänomene[68] wie die Bedeutung von Umweltschäden durch Emissionen und Imissionen sowie die Erfassung von **Informations-**[69] und **Dienstleistungsprozessen**[70] ausgeweitet worden. Ihre Bedeutung als theoretisches Fundament erstreckt sich damit auf ein zunehmend breiteres Feld.

2.4 Kostentheoretische Aussagensysteme

2.4.1 Verfahren zur Bestimmung von Kostenfunktionen

Da bei erwerbswirtschaftlichen Unternehmungen dem Gewinnziel eine zentrale Bedeutung zukommt und es damit auch für die Ablauforganisation eine maßgebliche Rolle spielt, sind ihren Entscheidungen häufig Kostenfunktionen zugrunde zu legen. Die in Abschnitt 2.2 gekennzeichneten Bestimmungsgrößen der Produktion und der Kosten bilden deren unabhängige Variablen. Ursprünglich hat man in der Betriebswirtschaftslehre versucht, **plausible Hypothesen** über die Abhängigkeit verschiedener Kostenarten von der als maßgeblich angesehenen Beschäftigung aufzustellen und zu begründen, aus denen man den in Abbildung 2-19 wiedergegebenen **S-förmigen Kostenverlauf** ableitete[71].

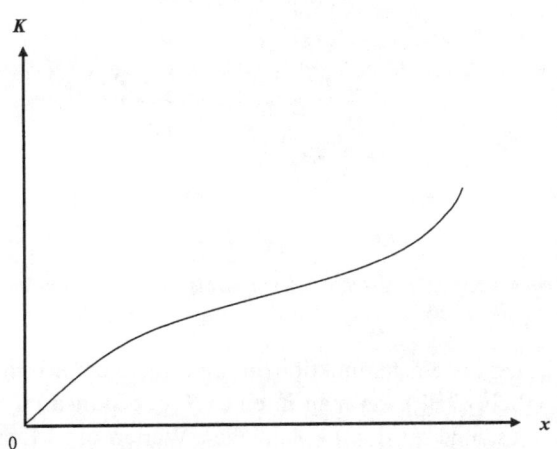

Abb. 2-19: Traditionelle Kostenfunktion

---

[67] Zu Lösungsmöglichkeiten dieses Problems vgl. insbesondere Troßmann (1983).

[68] Vgl. Dyckhoff (1994); Dyckhoff (1991); Steven (1993); Steven (1994a); Spengler (1998).

[69] Vgl. Bode (1993).

[70] Vgl. Fandel/Blaga (2004) und die dort angegebene Literatur.

[71] Vgl. Abschnitt 2.2.1.

Für eine bessere Fundierung von Kostenfunktionen bieten sich insbesondere zwei methodische Ansätze an, die

- Ableitung aus empirischen Daten mithilfe statistischer Verfahren oder die

- theoretische Herleitung aus Produktions- und Preis-Beschaffungs-Funktionen.

Auf **empirischem** Weg versucht man, aus vorliegenden Kostendaten Regelmäßigkeiten über die Beziehungen zwischen Kostenhöhe und deren Bestimmungsgrößen herauszufinden. Bei einer derartigen empirischen Analyse geht man von Vorstellungen darüber aus, welche Größen die Kosten beeinflussen könnten, daher in ihren Ausprägungen z.B. über einen längeren Zeitraum und/oder verschiedene Prozesse hinweg zu erheben und in ihrer Beziehung zur jeweiligen Kostenhöhe zu untersuchen sind. Im einfachsten Fall stellt man beispielsweise die monatlichen Kosten eines Prozesses oder einer Stelle ihrer jeweiligen Beschäftigung gegenüber, trägt die Werte in ein so genanntes **Streupunktdiagramm** ein, wie es in Abbildung 2-20a dargestellt ist, und versucht, die Kostengerade einzuzeichnen, deren Abstände von den tatsächlichen Werten möglichst gering ist.

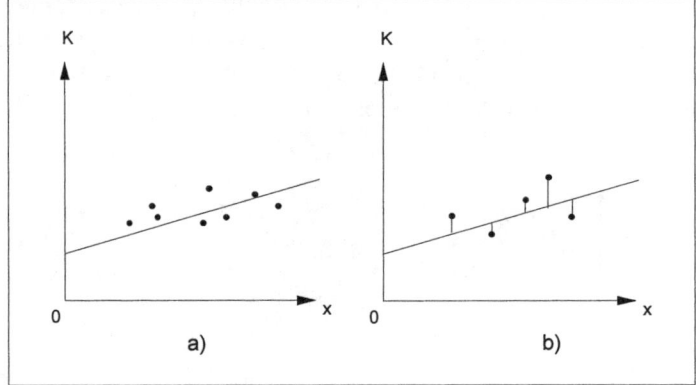

Abb. 2-20: Bestimmung der Kostenkurve aus einer Menge realisierter Kostenpunkte a) im Streupunktdiagramm und b) durch Trendberechnung

Eine präzisere Bestimmung der Kostenfunktion aus derartigen empirischen Daten ist mit **statistischen Methoden** möglich. Z.B. kann man in einer **Regressionsanalyse** die Funktion ermitteln, deren quadrierte Abstände zu den tatsächlichen Werten ein Minimum aufweisen. Über eine derartige Analyse für lineare und nicht-lineare, beispielsweise Parabel- und Hyperbelfunktionen, läßt sich prüfen, für welchen Funktionsverlauf sich die beste Anpassung ergibt.

Eine zuverlässige Ermittlung derartiger Korrelationen zwischen empirischen Kostendaten und ihren als plausibel angesehenen Bestimmungsgrößen setzt jedoch eine Prüfung der Daten und der Testbedingungen voraus. Beispielsweise sind die Daten daraufhin zu untersuchen, ob sie ausreichend breit streuen und keine ‚Ausreißer' enthalten. Ihnen müssen ferner vergleichbare Verhältnisse zugrunde liegen. Beispielsweise dürfen sich bei historischen Daten wichtige Rahmenbedingungen wie die Einstandspreise der Einsatzgüter oder die Kapazitäten nicht geändert haben.

Wenn keine theoretisch begründbaren Vorstellungen über die relevanten Kosteneinflußgrößen vorliegen, kann der Regressionsanalyse eine **Faktorenanalyse** vorgeschaltet werden. Mit ihr läßt sich herausfinden, welche Größen in erster Linie für die realisierten Kosten bestimmend sind. Dabei kann sich zeigen, daß die Kosten auch bei konstanten Preisen nicht maßgeblich von einer, sondern von mehreren Variablen beeinflußt werden. Dann sind für die Analyse ihrer Beziehungen Verfahren der multiplen Regressionsanalyse heranzuziehen.

Derartige empirisch-statistische Verfahren können wichtige Einsichten in Kostenzusammhänge aufzeigen. Da sie mit realisierten Größen vorzunehmen sind, können sie aber nur Bedingungen erfassen, wie sie tatsächlich realisiert sind und in der Vergangenheit vorgelegen haben. Auf neu einzurichtende Produktionsprozesse sind sie nur insoweit übertragbar, wie diesen schon realisierte Prozesse entsprechen. Zudem können ihre Ergebnisse nicht einfach ohne inhaltliche Prüfung und theoretische Begründung übernommen werden. Beispielsweise kann sich zeigen, daß Korrelationen auf bestimmte Formen der Kostenerfassung wie ihre Zuordnung zu Einzel- oder Gemeinkosten zurückzuführen sind oder Kontierungsfehler vorliegen.

Der **theoretischen Fundierung** von Kostenfunktionen kommt daher ein großes Gewicht zu. Allgemein geben Kostenfunktionen gesetz- oder regelmäßige Beziehungen zwischen der Kostenhöhe K und deren Einflußgrößen wieder. Wenn man entsprechend Abschnitt 2.2 die Produktmengen $\vec{x} = (x_1,...,x_s)$ des Produktionsprogramms, die Preise der verschiedenen Einsatzgüter $\vec{q} = (q_1,...,q_m)$ und sonstige Einflußgrößen $\vec{e} = (e_1,...,e_z)$ als besonders wichtig ansieht, lautet die allgemeine Kostenfunktion

$$K = f\left(x_1.....x_s; q_1.....q_m; e_1.....e_z\right) \tag{2-50}$$

Maßgeblich für die Interpretation und Verwendung einer solchen Kostenfunktion ist neben den in ihren unabhängigen Variablen berücksichtigten Einflußgrößen die präzise Abgrenzung der abhängigen Kostenvariablen. Diese Kostengröße ist inhaltlich und zeitlich genau zu definieren. Bei ihr kann es sich beispielsweise um Gesamtkosten einer Unternehmung, um Kosten eines Bereichs, einer Stelle oder eines Prozesses handeln. Ferner beziehen sich diese Kosten auf eine bestimmte Periode, bei der es sich um ein ganzes Jahr, einen Monat oder einen Tag, aber auch um eine noch kürzere Zeiteinheit handeln kann. Darüber hinaus ist zu fragen, ob alle oder nur bestimmte Kostenarten erfaßt sind, also beispielsweise nur Einzel- oder Gemeinkosten, variable oder Fixkosten.

Da man unter Kosten den sachzielbezogenen bewerteten Güterverbrauch[72] versteht, werden sie üblicherweise über die Addition bewerteter Einsatzmengen ermittelt. Aus dieser Aufgliederung in eine Mengenkomponente (Güterverbrauch) und eine Preis- oder Wertkomponente (Bewertung) ergibt sich, daß man Kosten über eine theoretische Fundierung dieser beiden Komponenten herleiten kann. Auf der einen Seite lassen sich die Verbrauchsmengen über die Produkti-

---

[72] Vgl. Schweitzer/Küpper (2003), S. 12 ff.

onstheorie untermauern. Andererseits benötigt man beschaffungspreistheoretische Ansätze zur Begründung der Wertkomponente. Deshalb bilden Produktionsfunktionen und Preis-Beschaffungs-Funktionen die beiden Elemente zur theoretischen Herleitung von Kostenfunktionen.

Unabhängig von den jeweils zugrundegelegten spezifischen Produktions- sowie Preis-Beschaffungs-Funktionen werden dabei drei **Schritte** vollzogen, die sich insbesondere graphisch entsprechend Abbildung 2-21 veranschaulichen lassen:

1. Darstellung der Produktionsfunktion in Abhängigkeit von der Produktmenge als unabhängiger Variable,

2. Bewertung der Einsatzgütermengen aufgrund ihrer jeweiligen Preis-Beschaffungsfunktionen,

3. Addition der Kostenfunktionen verschiedener Einsatzgüterarten.

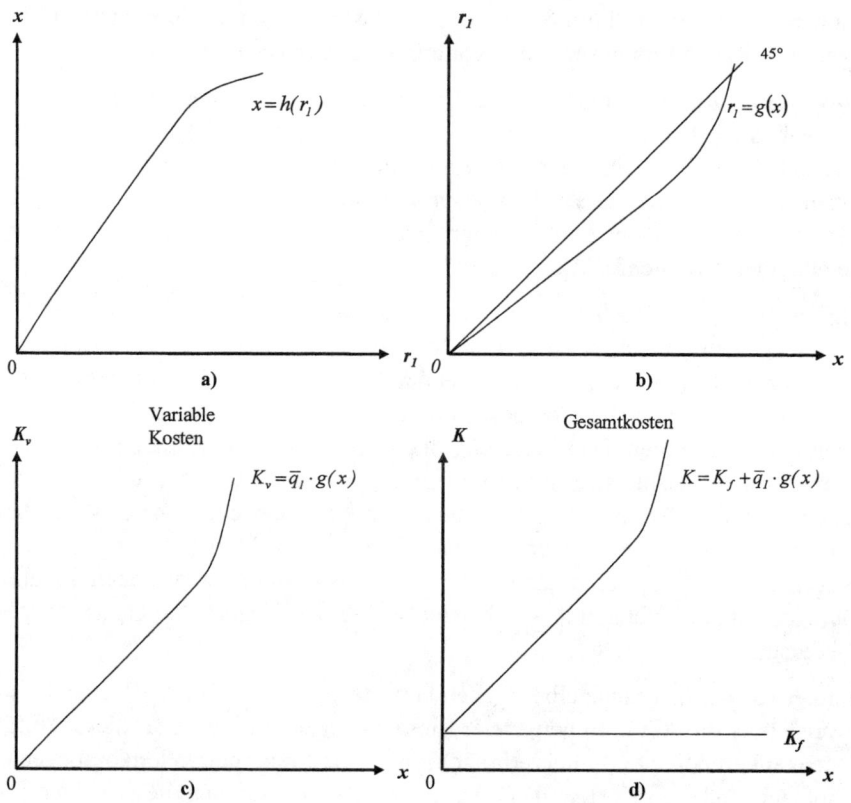

Abb. 2-21: Herleitung der Kostenfunktion aus der Produktionsfunktion

Der *erste* Schritt ergibt sich daraus, daß die Produktmenge im allgemeinen eine wichtige Kosteneinflußgröße darstellt. Wenn die Produktionsfunktion wie in Abbildung 2-21a so dargestellt ist, daß die Ausbringungsmenge als abhängige Variable auf der Ordinate abgetragen ist, muß sie im ersten Schritt an der 45°-Linie *gespiegelt* bzw. algebraisch so umformuliert werden, daß die Ausbringungsmengen die unabhängigen und die Einsatzmengen die abhängigen Variablen bilden. Die *Bewertung* dieser Einsatzmengen im *zweiten* Schritt richtet sich nach dem Verlauf ihrer Preis-Beschaffungs-Funktionen. Im Fall konstanter Einsatzgüterpreise ist jeder Wert der Einsatzmenge mit dem konstanten Preis zu multiplizieren, wodurch man zu Kostenfunktionen für die einzelne Einsatzgüter gelangt, wie es in Abbildung 2-21c beispielhaft gezeigt ist. Die Funktionen für die verschiedenen Kostenarten, beispielsweise wie in Abbildung 2-21d für die variablen Kosten K_v und eine zusätzliche fixe Kostenart K_f sind im *drittem* Schritt zu *addieren*, um die Funktion der Gesamtkosten K zu erhalten.

2.4.2 Kostenfunktionen für Leontief-Funktionen

Da Leontief-Funktionen linear sind und damit eine einfache Struktur besitzen, läßt sich an ihnen der Einfluß verschiedener Preis-Beschaffungs-Funktionen verdeutlichen. In Abbildung 22 ist dies für dieselbe Leontief-Funktion bzw. deren Umkehrfunktion $r_1 = a \cdot x$ und drei verschiedene Preis-Beschaffungs-Funktionen veranschaulicht. Offensichtlich gelangt man bei konstanten Einsatzgüterpreisen zu linearen Kostenfunktionen. Entsprechend Abbildung 2-22a verlaufen die Preis-Beschaffungs-Funktionen in diesem Fall parallel zur Abszisse.

Wenn dagegen mit höheren Einkaufsmengen günstigere Preise erzielt werden können, weisen die Preis-Beschaffungs-Funktionen einen linearen oder nicht-linearen sowie kontinuierlich oder treppenförmig fallenden Verlauf auf. Im umgekehrten Fall können zusätzliche Einsatzmengen aufgrund einer Verknappung des Angebotes, der Einbeziehung weniger kostengünstiger Lieferanten o.ä. nur zu höheren Preisen bezogen werden, so daß die Preis-Beschaffungs-Funktion ansteigt. Bei derartigen Preis-Beschaffungs-Funktionen gelangt man gemäß den Beispielen b) und c) in Abbildung 2-22 trotz des Vorliegens von Leontief-Funktionen zu nicht-linearen Kostenfunktionen, die unterproportional bzw. überproportional ansteigen. Wichtig ist daraus die Erkenntnis, daß Leontief-Transformations- und Produktionsfunktionen nicht durchweg lineare Kostenfunktionen begründen, sondern daß trotz des linearen Verlaufs von Leontief-Transformations- und Produktionsfunktionen die Kostenfunktion wegen der Preis-Beschaffungs-Funktionen nicht-linear sein kann. Lediglich Leontief-Funktionen und konstante Preise zusammen münden in lineare Kostenfunktionen.

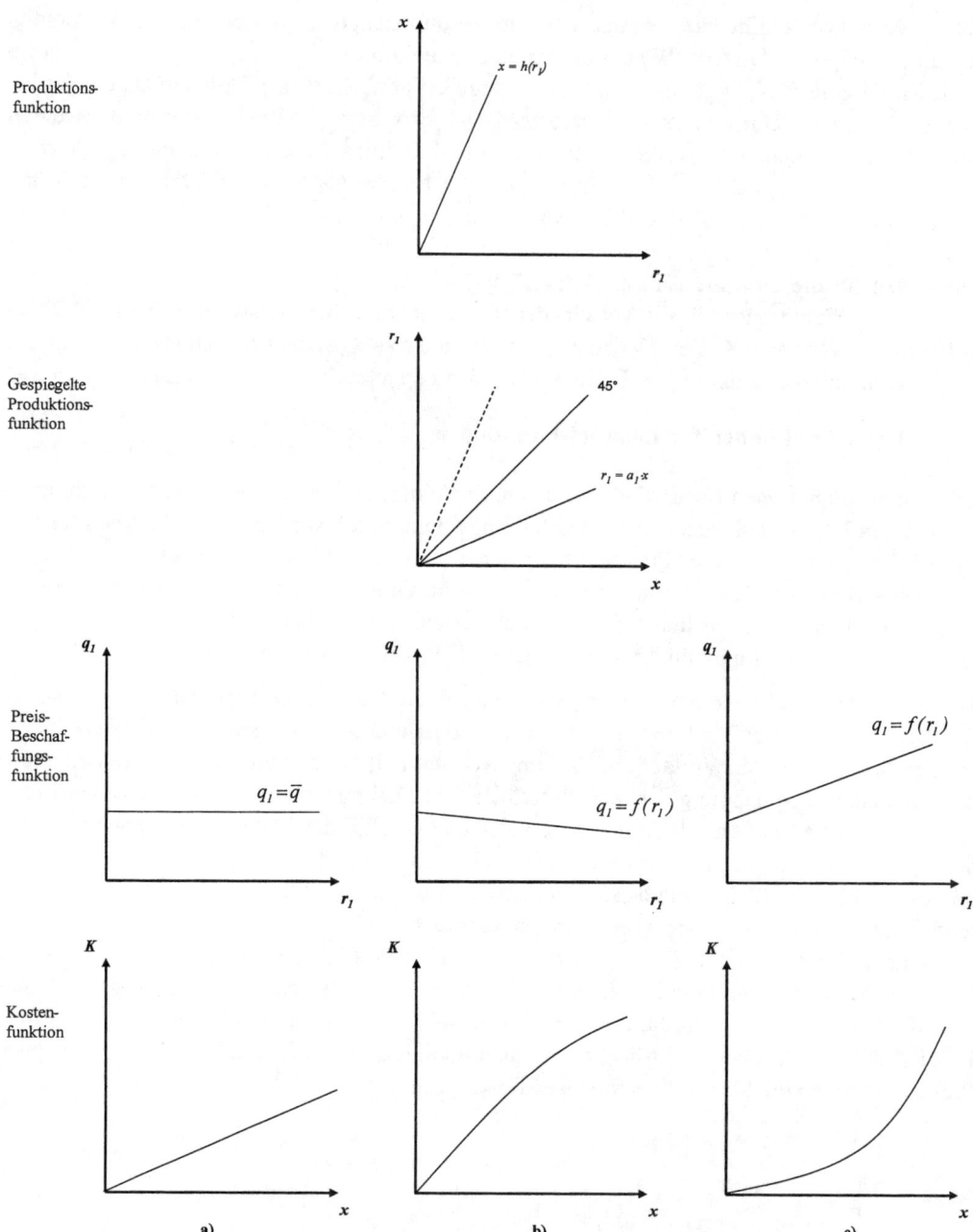

Abb. 2-22: Herleitung der Kostenfunktionen für verschiedene Preis-Beschaffungs-Funktionen

2.4.3 Kostenfunktionen für substitutionale Produktionsfunktionen

Bei der Herleitung von Kostenfunktionen aus substitutionalen Produktionsfunktionen stellt sich das zusätzliche Problem, daß im Fall mehrerer substituierbarer Einsatzgüter eine bestimmte Ausbringungsmenge mit unterschiedlichen Mengenkombinationen dieser Einsatzgüter erstellt werden kann. Berücksichtigt man die Mehrdeutigkeit dieser Beziehung, gelangt man nicht zu Kostenfunktionen, sondern zu *Kostenhyperflächen*, weil jede Ausbringungsmenge mit verschiedenen Kosten erzeugt werden kann. Um zu eindeutigen Kostenfunktionen zu kommen, wird die plausible Annahme gesetzt, daß erwerbswirtschaftliche Unternehmungen jene Kombination an Einsatzgütern realisieren, deren Kosten minimal sind. Deshalb wird zuerst diese **"Minimalkostenkombination"** ermittelt.

Ihre **Herleitung** läßt sich an Abbildung 2-23 an zwei variierbaren Einsatzgütern veranschaulichen. Da Güter, die mit konstanter Menge einzusetzen sind, das Kostenminimum nicht beeinflussen, können diese dabei außer acht gelassen werden. Wenn mit r_1 bzw. r_2 die Einsatzgütermengen und mit q_1 und q_2 deren konstante Preise bezeichnet werden, lautet die Kostenfunktion

$$K = q_1 \cdot r_1 + q_2 \cdot r_2 \qquad (q_1 = \overline{q}_1; \; q_2 = \overline{q}_2) \tag{2-51}$$

In einem r_1-r_2-Koordinatensystem wie in Abbildung 2-23 läßt sich diese Iso-Kostenlinie für verschiedene Kostenwerte K jeweils als fallende Gerade mit der Steigung $-q_1/q_2$ und den Achsenabschnitten K/q_1 auf der r_1-Achse bzw. K/q_2 auf der r_2-Achse einzeichnen. Man nennt diese Kostengeraden auch *"Isotimen"*, weil sie Einsatzmengenkombinationen gleicher Kostenhöhe darstellen.

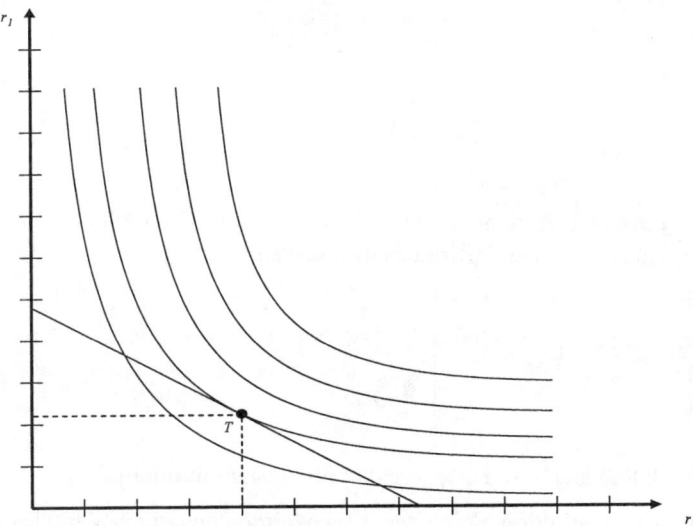

Abb. 2-23:Graphische Bestimmung der Minimalkostenkombination

Gleichzeitig sind in das r_1-r_2-Koordinatensystem die *Isoquanten* der substitutionalen Produktionsfunktion eingetragen. Sie geben die auf die r_1-r_2-Ebene projizierten Höhenlinien mit jeweils gleicher Produktmenge wieder. Da die Kosten der Isotimen zum Ursprung hin abnehmen, liegt auf einer Isoquante das Kostenminimum dort, wo sie von einer Isotime gerade tangiert wird. In dem Berührungspunkt T ist die Steigung der Isoquante dr_1/dr_2 genau gleich der Steigung der Kostengeraden. Deshalb gilt im **Kostenminimum** allgemein:

$$\frac{dr_1}{dr_2} = -\frac{\dfrac{K}{q_1}}{\dfrac{K}{q_2}} = -\frac{q_2}{q_1} \tag{2-52}$$

Die Steigung einer Isoquante gibt das Verhältnis an, in dem die beiden Einsatzgüter an dieser Stelle substituierbar sind. Sie wird daher als **Grenzrate der Substitution** bezeichnet. Algebraisch kann man sie aus der Produktionsfunktion

$$x = f(r_1, r_2) \tag{2-53}$$

über das totale Differential

$$dx = \frac{\partial x}{\partial r_1} \cdot dr_1 + \frac{\partial x}{\partial r_2} \cdot dr_2 \tag{2-54}$$

ermitteln. Aus diesem ergibt sie sich als das negative umgekehrte Verhältnis der **partiellen Grenzproduktivitäten** $\partial x/\partial r_i$:

$$\frac{dr_1}{dr_2} = -\frac{\dfrac{\partial x}{\partial r_2}}{\dfrac{\partial x}{\partial r_1}} \tag{2-55}$$

Unter Verwendung dieser Beziehung zu den Grenzproduktivitäten erhält man für die Minimalkostenkombination also folgende **Optimalbedingungen**:

$$\frac{dr_1}{dr_2} = -\frac{q_2}{q_1} = -\frac{\dfrac{\partial x}{\partial r_2}}{\dfrac{\partial x}{\partial r_1}} \tag{2-56}$$

Anhand der Graphik läßt sich also herleiten, daß im Kostenminimum

- die Grenzrate der Substitution gleich dem umgekehrten negativen Verhältnis der Einsatzgüterpreise ist bzw.

- sich die Grenzproduktivitäten wie die Einsatzgüterpreise verhalten.

Um die Minimalkostenkombination *algebraisch* zu bestimmen, ist die Zielfunktion

$$K = q_1 \cdot r_1 + q_2 \cdot r_2 \tag{2-57}$$

unter der Nebenbedingung (für die substitutionale Produktionsfunktion)

$$\bar{x}_k = f(r_1, r_2) \tag{2-58}$$

zu minimieren. Da die Nebenbedingung als Gleichung erfüllt sein muß, läßt sich die Optimalbedingung mit der Lagrange-Methode bestimmen. Dazu ist die **Lagrange-Funktion** zu bilden

$$L = q_1 \cdot r_1 + q_2 \cdot r_2 - \lambda \cdot [f(r_1, r_2) - \bar{x}_k] \tag{2-59}$$

und deren partielle Ableitung nach ihren drei Variablen r_1, r_2 und λ gleich Null zu setzen:

$$\frac{\partial L}{\partial r_1} = q_1 - \lambda \cdot \frac{\partial f(r_1, r_2)}{\partial r_1} = q_1 - \lambda \cdot \frac{\partial x}{\partial r_1} = 0$$

$$\frac{\partial L}{\partial r_2} = q_2 - \lambda \cdot \frac{\partial f(r_1, r_2)}{\partial r_2} = q_2 - \lambda \cdot \frac{\partial x}{\partial r_2} = 0 \tag{2-60}$$

$$\frac{\partial L}{\partial \lambda} = f(r_1, r_2) - \bar{x}_k = 0$$

Die letzte Gleichung führt wieder zur Produktionsfunktion. Aus den ersten beiden Gleichungen erhält man das bereits graphisch hergeleitete Ergebnis:

$$\frac{q_1}{q_2} = \frac{\dfrac{\partial x}{\partial r_1}}{\dfrac{\partial x}{\partial r_2}} \tag{2-61}$$

Diese algebraische Herleitung kann ohne Schwierigkeiten auf mehr als zwei Einsatzgüter ausgeweitet werden[73]. Man gelangt dann zu dem **allgemeinen Ergebnis**, daß sich in der Minimalkostenkombination bei substituierbaren Gütern die Grenzproduktivitäten wie die Einsatzgüterpreise verhalten:

$$\frac{\partial x}{\partial r_1} : \dots : \frac{\partial x}{\partial r_n} = q_1 : \dots : q_n \tag{2-62}$$

Über die Annahme und Herleitung der Minimalkostenkombation gelangt man trotz Substitutionalität zu einer *eindeutigen* Beziehung zwischen den Einsatz- und Ausbringungsmengen, indem jeder Ausbringungsmenge eine einzige Einsatzgüterkombination zugeordnet wird. Damit lassen sich die partiellen Ertragskurven als Grundlage für die Herleitung der Kostenfunktion angeben.

---

[73] Vgl. Schweitzer/Küpper (1997), S. 100 ff.

Um deren Verlauf und daraus den von der Produktionsfunktion bestimmten **Verlauf der Kostenfunktion** aufzuzeigen, ist zu untersuchen, wie sich die kostenminimalen Einsatzgütermengen bei einer kontinuierlichen Erhöhung der Ausbringungsmenge verändern. Über die Verbindung der Tangentialpunkte von Isotimen und Isoquanten erhält man in einem r_1-r_2-Koordinationsystem die **"Skala- oder Faktoranpassungskurve"**. Je nach Struktur des Ertragsgebirges und damit der Isoquante können sich unterschiedliche Verläufe dieser Skalakurve ergeben. In Abbildung 2-24 sind als Beispiele eine nicht-lineare und eine lineare Skalakurve eingezeichnet. Dabei beziehen sich die Isoquanten auf gleichmäßig zunehmende Ausbringungsmengen. Maßgeblich für den Verlauf der partiellen Ertragskurven und der Kostenfunktion sind die Verhältnisse der Einsatzgütermengen, die Faktorproportionen und die Abstände zwischen den Tangentialpunkten der Isoquanten, die sogenannten Skalenabstände. Im ersten Beispiel von Abbildung 2-24 verändern sich sowohl die Faktorproportionen als auch die Skalenabstände. Deshalb werden auch die partiellen Ertragskurven und die Kostenfunktion (bei konstanten Güterpreisen) einen nicht-linearen Verlauf annehmen. Beim zweiten Beispiel in Abbildung 2-24 mit einer linearen Skalakurve bleiben dagegen die Faktorproportionen konstant, während die Skalenabstände zuerst abnehmen und dann wieder zunehmen. Dies bedeutet, daß die Steigung der Skalakurve auf dem (dreidimensionalen) Ertragsgebirge vom Ursprung aus zuerst zunimmt und dann wieder abnimmt. Damit weist diese Linie auf dem Ertragsgebirge ebenso wie die beiden partiellen Ertragskurven einen S-förmigen Verlauf auf.

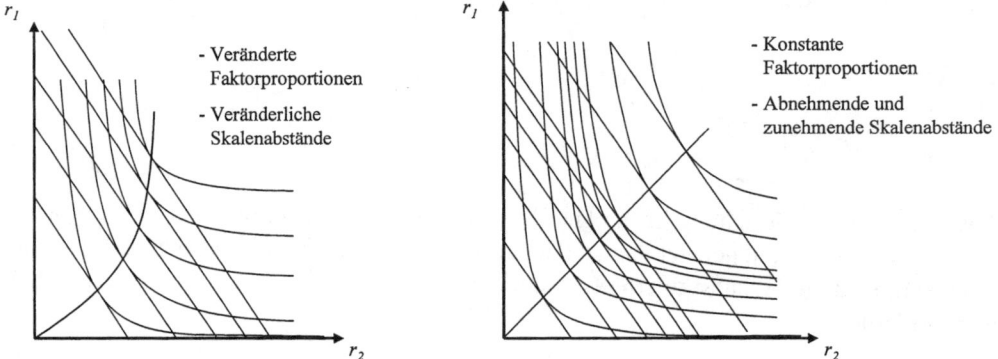

Abb. 2-24: Alternative Verläufe der Faktoranpassungskurve

Um zu der **Kostenfunktion** zu gelangen, sind aus der Skalakurve die partiellen Ertragskurven zu bestimmen, die Einsatzmengen entsprechend den Preis-Beschaffungs-Funktionen zu bewerten und zu den Gesamtkosten zu addieren. Diese Vorgehensweise ist in Abbildung 2-25 für zwei Beispiele von Skalakurven veranschaulicht. Im ersten Beispiel sind die Skalenabstände zwischen den Isoquanten gleich. Es handelt sich also um eine linear-homogene Produktionsfunktion, weil die proportionale Erhöhung der Einsatzgütermengen zu einer proportionalen Steigerung der Ausbringungsmenge führt. Daraus ergeben sich ebenfalls lineare partielle Ertragskurven, die bei konstanten Güterpreisen einen linearen Verlauf der Kostenfunktion zur Folge haben. Demgegenüber werden die Skalenabstände beim zweiten Beispiel zuerst kleiner und dann wieder größer, woraus sich ein S-förmiger Verlauf der partiellen Ertragskurven und bei konstanten Preisen auch der Kostenfunktion ergibt.

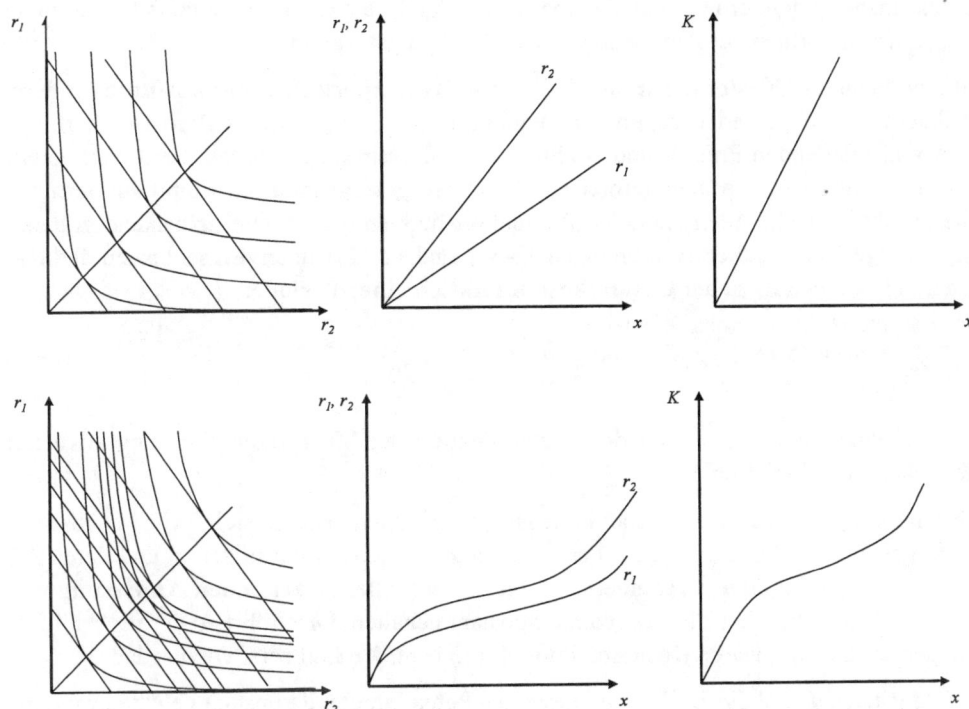

Abb. 2-25: Herleitung der Kostenfunktion bei substituierbaren Einsatzgütern

Die Herleitung der Kostenfunktion aus substitutionalen Produktionsfunktionen erbringt damit mehrere wichtige **qualitative Einsichten**:

(1) Entsprechend dem Verlauf der Skala- oder Faktoranpassungskurve können sich unterschiedliche Verläufe der Kostenfunktion ergeben.

(2) Trotz Substituierbarkeit der Einsatzgüter kann die Kostenfunktion bei Minimalkostenkombination und konstanten Güterpreisen **linear** verlaufen. Dies gilt insbesondere für *linear-homogene Produktionsfunktionen*.

(3) Eine substitutionale Produktionsfunktion führt nur bei einem *ganz spezifischen* Verlauf der Skalakurve zu einer *S-förmigen* Kostenfunktion.

(4) Der Verlauf der Kostenfunktion hängt nur im Fall konstanter Einsatzgüterpreise unmittelbar vom Verlauf der Skalakurve ab. Wie bei anderen Produktionsfunktionen kann er durch eine andere Preis-Beschaffungs-Funktion wesentlich beeinflußt werden.

2.4.4 Kostenfunktionen bei alternativen Anpassungsformen für Gutenberg-Funktionen

Die Gutenberg-Funktion liefert eine weitere Basis für eine theoretische Herleitung von Kostenfunktionen. Insbesondere ermöglicht sie eine nähere Analyse des Kostenverlaufs bei isolierten und kombinierten Formen der Anpassung an Beschäftigungsänderungen.

Formal erhält man die **Kostenfunktion** auf Basis der **Gutenberg-Produktionsfunktion** durch Multiplikation der verschiedenartigen Einsatzgütermengen mit ihren aus Preis-Beschaffungs-Funktionen abzuleitenden Preisen und Addition über alle Einsatzgüterarten. Geht man vereinfachend von konstanten Einsatzgüterpreisen $\bar{q}_i$ aus, so gelangt man bei Einproduktfertigung über die in Abschnitt 2.3.4 hergeleiteten Produktionsfunktionen für unmittelbar und mittelbar outputabhängige Einsatzgüter (Gleichungen (2-41) und (2-42)) unter Einschluß zusätzlicher Fixkosten in Höhe von K_f zu der **Gesamtkostenfunktion einer Periode**:

$$K = K_f + \sum_{i=1}^{h}\sum_{j=1}^{q} \bar{q}_i \cdot g_i(x) + \sum_{i=h+1}^{m}\sum_{j=1}^{q} \bar{q}_i \cdot f_{ij}(d_j) \cdot d_j \cdot t_j \tag{2-63}$$

Auf entsprechende Weise läßt sich die Kostenfunktion bei Mehrproduktfertigung aus deren Produktionsfunktion herleiten[74].

Um eine höhere oder geringere Produktmenge zu erzeugen, lassen sich, wie in Abschnitt 2.3.4.2 dargestellt, die Einsatzzeiten t_j der Potentialgüter, deren Intensitäten d_j und deren Anzahl J isoliert oder kombiniert verändern. Im Fall einer isolierten **zeitlichen Anpassung** werden alle Variablen außer den Einsatzzeiten t_j konstant gehalten. Dies führt zu der in Abbildung 2-26 wiedergegebenen linearen Kostenfunktion. Ihr linearer Verlauf setzt voraus, daß

- die Intensitäten d_j und die Zahl der eingesetzten Potentialgüter J konstant gehalten werden,

- der Verbrauch an unmittelbar outputabhängigen Gütern proportional zur Ausbringungsmenge ist, also

$$r_{ij} = g_i(x) = a_i \cdot x \tag{2-64}$$

- die Einsatzzeit t_j bei konstanter Intensität d_j und damit die Zahl der Arbeitseinheiten der Potentialgüter proportional zur Ausbringungsmenge sind,

- die Einsatzgüterpreise q_i konstant sind.

---

[74] Vgl. Schweitzer/Küpper (1997), S. 307.

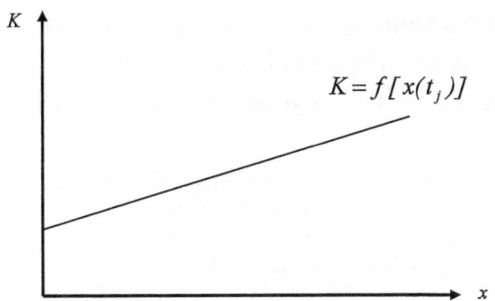

Abb. 2-26: Lineare Kostenfunktion bei zeitlicher Anpassung

Bei einer isoliert **intensitätsmäßigen Anpassung** werden lediglich die Variablen d variiert und alle anderen Variablen konstant gehalten. Wegen des Gliedes $f_{ij}(d_j) \cdot d_j$ verläuft die Kostenfunktion in der Regel nicht-linear. Eine konkretere Aussage über den Kostenverlauf läßt sich nicht allgemein machen. Dieser hängt vielmehr vom Verlauf der Verbrauchsfunktionen

$$\rho_{ij} = f_{ij}(d_j) \tag{2-65}$$

ab und kann beispielsweise überproportional oder S-förmig sein, wie in Abbildung 2-27 veranschaulicht. Meist ist es aber so, daß die Verbrauchsmengen und damit die Kosten ab einer bestimmten Intensität deutlich zunehmen. Es hängt von den technischen Bedingungen ab, ob die Intensität kontinuierlich oder nur in Stufen verändert werden kann.

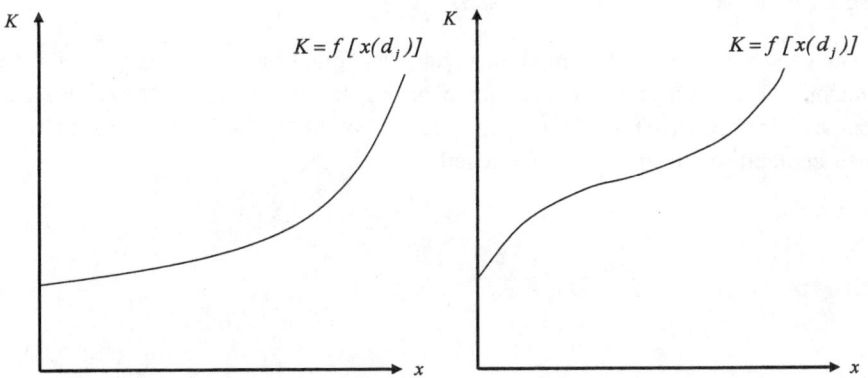

Abb. 2-27: Beispiele für Kurvenverläufe bei intensitätsmäßiger Anpassung

Charakteristische Ausprägungen der quantitativen Anpassung sind die rein quantitative und die selektive Anpassung. Da im ersten Fall gleichartige Potentialgüter zu- bzw. abgeschaltet werden, ergeben sich bei isolierter **rein quantitativer Anpassung** entsprechend Abbildung 2-28 Kostenpunkte, die auf einer Geraden liegen. Ihre Kosten setzen sich jeweils aus mehreren Komponenten zusammen:

- Fixkosten wie z.B. Zeitabschreibungen für die Verfügbarkeit der Potentialgüter,

- Fixe Verbrauchsmengen z.B. an Betriebsstoffen oder für Bedienungspersonal und deren Kosten, die unabhängig von der Leistungsmenge mit dem Zuschalten eines Aggregates anfallen,

- Variable Kosten für die in der (konstant gehaltenen) Einsatzzeit t_j erzeugten Produkte.

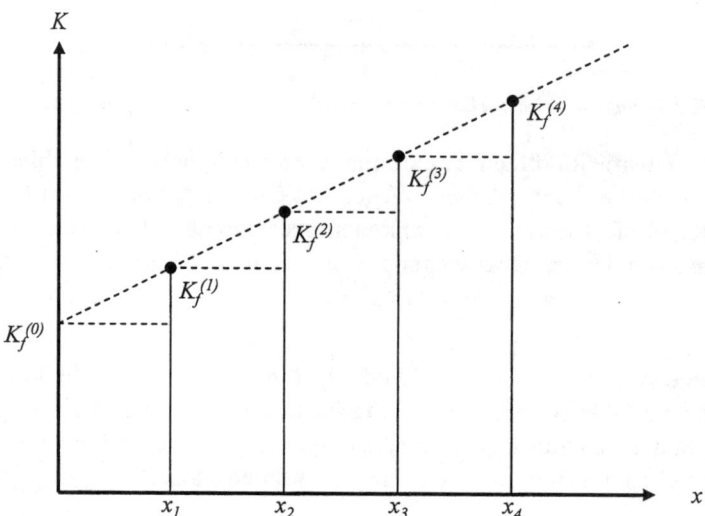

Abb. 2-28:Kostenfunktion bei rein quantitativer Anpassung

Wenn man verschiedenartige Potentialgüter zur Verfügung hat, wird man jeweils diejenigen zuerst nutzen, die zu den geringsten zusätzlichen Kosten führen. Dies hat zur Folge, daß die Kostenpunkte einer **selektiven Anpassung**, wie in Abbildung 2-29 veranschaulicht, auf einer nicht-linearen überproportionalen Kurve liegen.

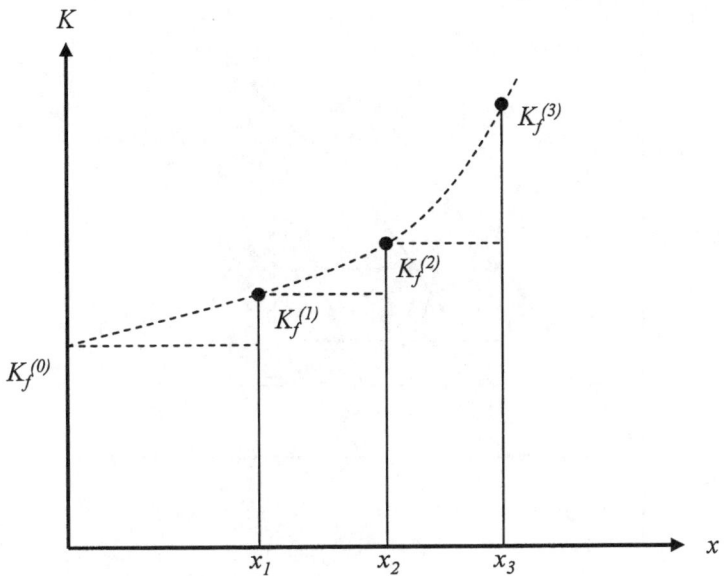

Abb. 2-29:Kostenfunktion bei selektiver Anpassung

Um möglichst kostengünstig zu produzieren, werden Unternehmungen in der Regel diese iso-lierten Formen kombinieren. Da hierbei jeweils mindestens zwei Größen variiert und in ihrer Wirkung auf die Kosten analysiert werden, gelangt man zu mehrdimensionalen Kostenhyper-flächen. Als Beispiele können die **Kombination** von zeitlicher mit intensitätsmäßiger sowie mit quantitativer Anpassung betrachtet werden.

In Abbildung 2-30a ist die Kostenhyperfläche bei Variation der **Einsatzzeiten** t_j und der **Intensitäten** d_j als Kostengebirge in ein dreidimensionales Koordinatensystem eingezeichnet. In ihm ist unterstellt, daß die Kosten bei isoliert zeitlicher Variation und damit Konstanthaltung der Intensität linear ansteigen. Dagegen führt eine isolierte Veränderung der Intensität bei konstan-ter Einsatzzeit zu einem zuerst unter- und dann überproportionalen Kostenanstieg. Bei einem derart verlaufenden Kostengebirge ist es für eine Unternehmung am kostengünstigsten, die stückkostenminimale Intensität zu bestimmen und zuerst mit dieser zu produzieren. Dies be-deutet, daß sie die Ausbringungsmenge zuerst (Abschnitt I in Abbildung 2-30b) durch eine Veränderung der Einsatzzeit bei kostengünstigster Intensität erhöhen wird, bis die maximal zulässige oder mögliche Einsatzzeit erreicht ist. Danach wird sie (in Abschnitt II von Abbil-dung 2-30b) eine weitere Steigerung der Produktmenge über eine Erhöhung der Intensität errei-chen. Aufgrund dieser Hypothese über die stückkostenminimale Anpassung kommt man von dem Kostengebirge zu der zweidimensionalen Kostenfunktion in Abbildung 2-30b.

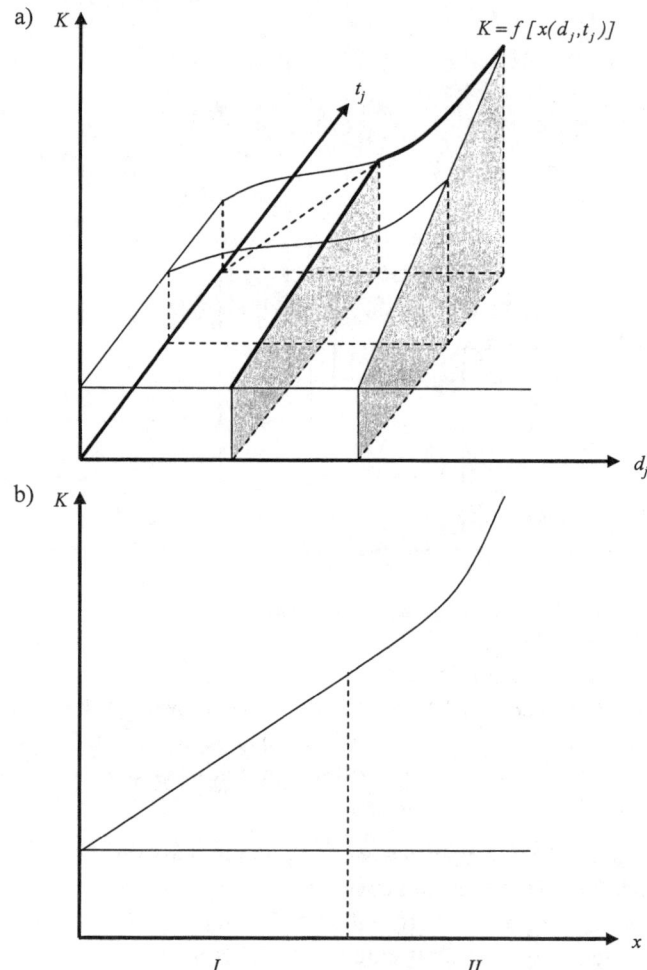

Abb. 2-30: Kostenfunktion bei Kombination von zeitlicher und intensitätsmäßiger Anpassung

Dementsprechend lassen sich die Kostenfunktionen für eine Kombination von **quantitativer** mit **zeitlicher** Anpassung herleiten. Unter der Voraussetzung einer stückkostenminimalen Anpassung erhält man die in Abbildung 2-31 dargestellten Verläufe bei der Kombination mit rein quantitativer bzw. mit selektiver Anpassung. Die Ausgangspunkte der *Treppenfunktionen* setzen sich dabei aus den für die Bereitstellung aller Potentialgüter in der Periode anfallenden Fixkosten sowie den jeweils für die Inbetriebnahme eines Potentialgutes zusätzlich zu erbringenden mengenunabhängigen Einsatzgütern und Kosten zusammen. Der Anstieg bis zur Inbetriebnahme des nächsten Potentialguts ergibt sich aus den linear verlaufenden variablen Kosten der Steigerung seiner Einsatzzeit bis zu deren Maximum. Während diese Steigung bei rein quantitativer Anpassung für alle Potentialgüter gleich ist, nimmt sie bei selektiver Anpassung zu.

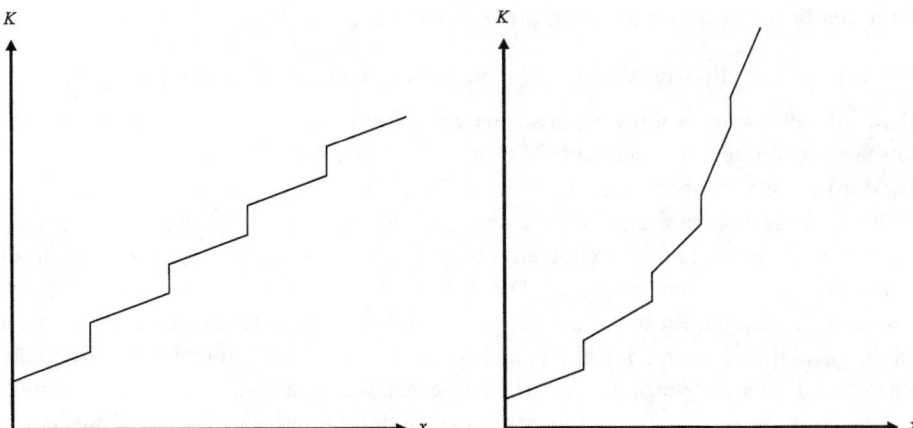

Abb. 2-31: Kostenfunktionen bei Kombination von zeitlicher und (a) rein quantitativer Anpassung bzw. (b) selektiver Anpassung

3 Instrumente zur Datenermittlung und -prognose

3.1 Überblick über die wichtigsten Informationsarten und -instrumente

Sowohl für die **Prognose ablauforganisatorischer Prozesse** als auch für ablauforganisatorische Entscheidungen benötigt man eine Vielzahl von Einzeldaten. Diese betreffen die Größen, die entweder in den verfolgten Zielen der Ablauforganisation oder in den zu beachtenden Nebenbedingungen ablauforganisatorischer Handlungsmöglichkeiten enthalten sind. In ablauforganisatorischen Theorien und Entscheidungsmodellen werden diese singulären Daten zu umfassenden Aussagensystemen verknüpft. Die Zahl und Art der zu bestimmenden Einzeldaten hängt von dem jeweiligen Problem, den Gegebenheiten der betreffenden Unternehmung sowie den von ihr gewählten Zielen ab. Bei ihnen kann es sich um Informationen über *Istgrößen* wie z. B. die Art und Zahl der verfügbaren Arbeitsträger handeln, die als Ausgangsbedingungen in theoretische Aussagensysteme und Entscheidungsmodelle eingehen. Da sich Entscheidungen stets auf zukünftige Tatbestände beziehen, ist daneben eine *Voraussage* von zukünftigen Ausprägungen relevanter Größen notwendig. Hierzu kann man einfache *Schätzverfahren* heranziehen oder versuchen, unter Verwendung theoretischer Aussagen wissenschaftlich begründete *Prognosen* herzuleiten. Erleichternd wirkt sich dabei im Rahmen der Ablauforganisation aus, daß ihre Entscheidungen relativ kurzfristig sind und für sie eine Reihe technischer Größen bestimmend ist. Deshalb ist es vielfach berechtigt, eine Konstanz der technischen Eigenschaften von Anlagen sowie Stoffen zu unterstellen und von deterministischen Daten auszugehen.

Einen **Überblick** über die wichtigsten für die Ablauforganisation benötigten Informationsarten vermittelt Tabelle 3-1. Die Ermittlung dieser Daten erfolgt durch verschiedene betriebliche Informationsinstrumente. So werden die erforderlichen **Kosten und Erlöse** sowie die Informationen über Materialbestände und Anlagen von der *Kosten- und Erlösrechnung* sowie ihren *Nebenbuchhaltungen* (Material- und Anlagenrechnung) bereitgestellt. Über die verfügbaren Arbeitskräfte informiert der *Personaleinsatzplan*. Die Mengen und die Liefertermine der abzusetzenden bzw. herzustellenden Produkte werden von der *Absatzplanung* bzw. der *Fertigungsprogrammplanung* festgelegt, während die Zusammensetzung der einzelnen Produkte und die für ihre Herstellung durchzuführende Folge an Arbeitsgängen aus *Stücklisten* bzw. *Arbeitsplänen* ersichtlich sind.

Daten der Ablauforganisation	Informationsinstrument
Kosten und Erlöse	
Materialkosten Rüstkosten Variable Herstellkosten Beschleunigungskosten Transportkosten Stückerlöse Opportunitätskosten	Kosten- und Erlösrechnung
Mengen- und Zeitgrößen	
Absatzmengen je Periode Zugesagte Liefertermine	Absatzplan
Lagerbestandsmengen	Materialrechnung
Einsatzzeiten der Maschinen	Anlagenrechnung Betriebsdatenerfassung
Einsatzzeiten der Arbeitskräfte	Personaleinsatzplan
Fertigungsmengen je Periode	Fertigungsprogrammplan
Zusammensetzung der Produkte Produktionskoeffizienten	Stücklisten
Bearbeitungszeiten je Stück Rüstzeiten Bedienungszeiten je Arbeitskraft Transportzeiten	Arbeitszeitermittlung Betriebsdatenerfassung

Tab. 3-1: Informationsinstrumente zur Ermittlung der für die Ablauforganisation relevanten Daten

Von besonderer Bedeutung für die Probleme der Ablauforganisation ist daneben die Kenntnis der relevanten **Zeitgrößen**. Zur Ermittlung von Zeitgrößen dienen u. a. die vom REFA Bundesverband e.V. entwickelten "Verfahren der Zeitaufnahme" und die auf Bewegungsstudien basierenden Verfahren, die man als "Systeme vorbestimmter Zeiten" bezeichnet. Da die Verfahren der Zeitaufnahme von einer Messung der Istzeiten für die einzelnen betrieblichen Tätigkeiten ausgehen, sind sie einzelbetrieblich orientiert. Demgegenüber werden in den Systemen vorbestimmter Zeiten Sollzeiten für Grundbewegungen vorgegeben, die überbetriebliche Geltung besitzen sollen[1].

Daten oder **Informationen über die Märkte**, auf denen Güter für die Unternehmung bezogen werden können, werden vor allem für Entscheidungen in der Beschaffung und Logistik benötigt. Sie werden durch die **Beschaffungsmarktforschung** systematisch gesucht, gesammelt, aufbereitet und analysiert. Diese hat damit vergleichbare Aufgaben und Instrumente wie die Absatzmarktforschung. In ihr lassen sich aber viele Informationen leichter gewinnen, weil befragte mögliche Lieferanten ein Interesse daran haben, die Unternehmung zu ihren Kunden zu zählen.

---

[1] Vgl. Brink/Fabry (1974), S. 29 ff.

Die Gewinnung und Analyse von Informationen bezieht sich hier insbesondere auf die angebotenen Produkte und Produktionsverfahren, die Angebots- und Nachfragestruktur, die Preisentwicklung und die wirtschaftliche Entwicklung auf den Beschaffungsmärkten. Die Untersuchung von Produkten soll Informationen über deren Eigenschaften liefern. Bei Gebrauchsgütern wie z. B. Maschinen benötigt man darüber hinaus Informationen über die Art und die Merkmale der von ihnen durchführbaren Verfahren. Die Erforschung von Produkten und Produktionsverfahren erstreckt sich auch auf künftige Änderungen und neue technologische Entwicklungen. Ferner ist zu untersuchen, ob Güter substituierbar sind und durch welche anderen Güter sie ggf. ersetzt werden.

Die Analyse der **Angebots- und Nachfragestruktur** zielt darauf ab, die Stellung der Unternehmung auf ihren Beschaffungsmärkten zu bestimmen. Hierfür benötigt sie Daten über die potentiellen Lieferanten und deren Angebot sowie die anderen Nachfrager. Bedeutsame Merkmale potentieller Lieferanten können insbesondere deren Umsätze und Gewinne, ihr Sortiment, ihre Preise und Preispolitik, ihr Standort, der technische Stand ihrer Fertigung, ihre Größe und Kapazität, ihre Forschungs- und Entwicklungstätigkeiten, ihre Marketingpolitik und ihre Investitionspolitik sein. Von den konkurrierenden Nachfragern würde man gerne außer deren Anzahl, Namen und Größen insbesondere die von ihnen bezogenen Mengen, gezahlten Preise, ihre Liefertermine, die ihnen gewährten Nebenleistungen sowie ihre Beschaffungswege und Beschaffungsorganisation kennen. Durch die Analyse dieser Daten kann man vor allem Informationen über die Leistungsfähigkeit der Anbieter, deren Zuverlässigkeit und voraussehbare Entwicklung sowie die Spielräume und die eigene Position bei Preisverhandlungen erhalten.

Die benötigten Daten lassen sich in einmaligen Marktuntersuchungen oder laufenden Marktbeobachtungen durch **Primär- oder Sekundärerhebungen** gewinnen. In der Beschaffung werden laufend *Anfragen* an Lieferanten gerichtet. Diese Form der schriftlichen Befragung stellt eine typische Primärerhebung der Beschaffung dar. Zu den *mündlichen Befragungen* der Beschaffung gehören vor allem die Gespräche mit Vertretern, Reisenden und anderen Mitarbeitern der Anbieter. Die wichtigsten Formen der *Beobachtung* sind für die Beschaffung der Besuch von Messen und Betriebsbesichtigungen. Bei der Bewertung von primärerhobenen Daten ist zu berücksichtigen, daß die Anbieter ein Interesse an einer positiven Darstellung ihrer Produkte und ihres Unternehmens haben. Aus diesem Grund können Daten verfälscht sein.

Eine Reihe **interner Informationsquellen** als Grundlage von *Sekundärerhebungen* wird üblicherweise in der Beschaffung aufgebaut. Hierzu gehören insbesondere Bestell- und Lieferantendateien. In einer Bestelldatei werden Art, Menge und Preise von bestellten Einsatzgütern, Lieferanten- und Bestellnummern sowie Liefertermine aufgezeichnet. Eine Lieferantendatei enthält Angaben über Anschrift, Liefer- und Zahlungsbedingungen sowie Bankverbindungen aller Lieferanten und zusätzliche Angaben über das allgemeine Erscheinungsbild, den Produktionsbereich sowie die bisherige *Umsatzentwicklung* mit den jeweiligen Lieferanten. Diese zusätzlichen Daten können zur Lieferantenbewertung verwendet werden. Ferner können die Anforderungen der Unternehmung an die zu beschaffenden Einsatzgüter in einer Beschaffungsgüterdatei niedergelegt werden. Weitere interne Quellen bilden häufig Marktberichte der Einkäufer, Länderberichte, Lagerstatistiken, Beschaffungsstatistiken sowie Dateien über Beschaffungskonkurrenten und die Vormärkte der bezogenen Güter. Für Sekundärerhebungen der Beschaffung kann man auch eine große Zahl externer Informationsquellen wie amtliche Statistiken, Fach- und Handbücher, Nachschlagewerke, Zeitschriften, Firmen- und Branchenverzeichnisse, Kataloge, Veröffentlichungen von Instituten, Verbänden, Industrie- und Handelskammern u. a. nutzen.

3.2 Instrumente zur Materialbedarfsvorhersage

Grundlage von Entscheidungen für die Bereitstellung von Gütern ist der betriebliche Güterbedarf. Er hängt von den geplanten Fertigungs- und Absatzaktivitäten sowie den finanziellen Möglichkeiten der Unternehmung ab. An ihm wird die enge Verflechtung der Beschaffung mit den anderen Funktionsbereichen der Unternehmung besonders deutlich. Während sich der Bedarf an Anlagen meist auf einzelne Investitionsprojekte bezieht und daher individuell in Verbindung mit Fertigungs-, Absatz- und Finanzplan ermittelt wird, sind für den Bedarf an Roh-, Hilfs- und Betriebsstoffen sowie Handelswaren spezifische Merkmale charakteristisch, die große Zahl an benötigten Materialarten, die teilweise hohen Bedarfsmengen und die Lagerung. Daher sind für ihn spezielle Verfahren entwickelt worden.

3.2.1 Überblick über die Arten des Materialbedarfs und die Verfahren der Materialbedarfsvorhersage

Zur Kennzeichnung und Ermittlung der bereitzustellenden sowie zu beziehenden Gütermengen unterscheidet man mehrere Bedarfsarten. Nach der Verwendung des Materials trennt man zwischen Primär-, Sekundär- und Tertiärbedarf. Als **Primärbedarf** bezeichnet man den Bedarf an Fertigerzeugnissen und Ersatzteilen, die für den Absatz bestimmt sind. Bei der Fertigung gehen in die herzustellenden Produkte als wesentliche Bestandteile Rohstoffe, Einzelteile und Baugruppen (Zusammensetzungen von Einzelteilen oder Halbfabrikaten) ein. Diese nennt man den **Sekundärbedarf.** Die Bestimmung ihrer Bedarfsmengen bildet die zentrale Aufgabe der Materialbedarfsvorhersage. Schließlich benötigt man zu der Fertigung auch Hilfsstoffe (z. B. Schrauben), Betriebsstoffe (z. B. Kraftstoffe, Schmieröle) und Verschleißwerkzeuge (z. B. Drehstähle, Fräser). Ihren Bedarf faßt man unter dem Begriff des **Tertiärbedarfs** zusammen.

Des weiteren unterscheidet man zwischen Brutto-, Zusatz- und Nettobedarf. Diese Begriffe sind auf die beschaffungswirtschaftlichen Aktivitäten ausgerichtet. Der **Bruttobedarf** bezeichnet den Gesamtbedarf einer Materialart in einer Periode. Er gibt also an, welche Gütermenge bereitzustellen ist. Unter dem Begriff des **Zusatzbedarfs** erfaßt man Materialmengen, die wegen Ausschuss, Schwund, Verkauf von Ersatzteilen oder Ungenauigkeiten bzw. Ungewissheit der Vorhersage "zusätzlich" benötigt werden. Dagegen versteht man in der Materialwirtschaft unter dem **Nettobedarf** die Menge je Materialart, die bezogen werden muß. Man berechnet den Nettobedarf, indem man vom Bruttobedarf den verfügbaren Lagerbestand sowie den Bestellbestand, d.h. die schon bestellten, aber noch nicht gelieferten Mengen der Materialart subtrahiert und den Zusatzbedarf addiert. Die Lagerbestände werden in der Material- oder Lagerbestandsrechnung ermittelt, der Bestellbestand wird vom Einkauf geführt. Die Höhe des Zusatzbedarfs ist für jede Materialart mit geeigneten Verfahren zu schätzen.

Spezielle Prognosemethoden werden vor allem für die Bestimmung des Bruttobedarfs eingesetzt, der die Ausgangsgröße bei der Berechnung des Nettobedarfs bildet. Für eine begründete

Prognose benötigt man eine Hypothese über die Abhängigkeit der Bedarfsmenge von ihren Bestimmungsgrößen. Die Verfahren der Materialbedarfsprognose gehen von drei verschiedenen Ansätzen aus: vom geplanten Produktionsprogramm, von Zeitreihen vergangener Bedarfsmengen oder von subjektiven Schätzungen.

Die **programmgebundenen Verfahren** verwenden als Basis ein art- und mengenmäßig festgelegtes Produktionsprogramm (Fertigungs- oder Absatzprogramm) der Planperiode. Aus ihm wird mit Hilfe von *Leontief*-Produktionsfunktionen der Materialbedarf für die Planungsperiode hergeleitet. Als Hypothesen verwendet man also einen bestimmten Typ von Produktionsfunktionen, indem für jeden Arbeitsgang und jede Material- sowie Produktart konstante Produktionskoeffizienten unterstellt werden. Die Absatz- bzw. Primärbedarfsmengen bilden die unabhängigen Variablen der Produktionsfunktion, die als Prognosefunktion verwendet wird. Produktionsstruktur und Produktionskoeffizienten bestimmen die funktionale Verknüpfung von Material- und Absatzmengen. Da diese Prognoseverfahren ein gegebenes Absatzprogramm und eindeutige Produktionsfunktionen unterstellen, werden sie auch als *deterministisch* bezeichnet. Einen anderen Ausgangspunkt haben die **verbrauchsgebundenen Prognoseverfahren.** Sie gehen vom bisherigen zeitlichen Verlauf des Bedarfs der einzelnen Materialarten aus. Als unabhängige Variablen der Materialbedarfsfunktion treten Zeitgrößen auf. Den Prognosen legt man Hypothesen über die Entwicklung des Materialbedarfs im Zeitablauf zugrunde, die in der Struktur der jeweiligen Funktion zum Ausdruck kommen. Durch die zeitabhängige Prognosefunktion werden die eigentlichen Bestimmungsgrößen indirekt wiedergegeben. Neben den Beziehungen zwischen Material- und Absatzmengen sind dies vor allem die Marktbewegungen der Absatzmengen der Endprodukte[2]. Die Marktentwicklung kann konstant sein, kontinuierliche Veränderungen, diskontinuierliche Strukturbrüche sowie regelmäßige oder unregelmäßige Marktschwankungen aufweisen bzw. von Modeeinflüssen bestimmt werden.

Dabei treten Zufallsschwankungen auf, in denen sich nicht berücksichtigte bzw. nicht berücksichtigungsfähige Bestimmungsgrößen niederschlagen. Deshalb bezeichnet man diese Verfahren auch als *stochastische Prognoseverfahren* des Materialbedarfs. Berücksichtigt man nur die Zeitreihe der vorherzusagenden Materialart, so handelt es sich um eine einvariablige Prognosefunktion. Ferner ist es möglich, den Bedarf einer Materialart in Abhängigkeit von den Zeitreihen verschiedener Größen zu bestimmen. Dann legt man eine mehrvariablige Prognosefunktion des Bedarfsverlaufs zugrunde.

Als dritte Methode der Materialbedarfsvorhersage kann man **subjektive Schätzungen** ansehen. Bei ihnen wird der erwartete Bedarf von einer oder mehreren Personen geschätzt. Die Bestimmungsgrößen des Materialbedarfs und die Art ihres Einflusses sind hier nicht explizit erkennbar. Sie sind aber indirekt maßgebend, weil sich in der Fachkunde und Erfahrung des Schätzers sein Wissen und seine Hypothesen über diese Zusammenhänge niederschlagen.

Die **Verwendung** der einzelnen Verfahren hängt von der Bedeutung der jeweiligen Materialart, der Art und Planung des Produktionsprogramms und der Kenntnis produktionstheoretischer Zusammenhänge ab. Darüber hinaus kann man verschiedene Verfahren miteinander kombinieren.

---

[2] Vgl. Rönnau (1972), S. 39 ff.

3.2.2 Programmgebundene Verfahren zur Materialbedarfsvorhersage

Die Beziehungen zwischen den Materialeinsatz- und den Ausbringungsmengen an Zwischen-oder Endprodukten werden bei mehrteiligen Produkten in der Praxis in **Stücklisten** aufgezeichnet.

Eine Stückliste ist eine systematische Zusammenstellung von Fertigungs-, Bezugs- und Normteilen, welche für die Fabrikation benötigt werden. Sie informieren über die verschiedenen Materialarten und deren Mengen, die zur Fertigung einer Produkteinheit eingesetzt werden müssen. Ihr Gegenstück bilden Teileverwendungsnachweise. In diesen wird für eine Materialart angegeben, in welche Zwischen- oder Endprodukte sie in welcher Menge eingeht.

Für die unterschiedlichen Zwecke beispielsweise der Konstruktion, der Fertigung und der Materialdisposition sind verschiedenartige Stücklisten entwickelt worden. Insbesondere kennt man drei Grundformen: Strukturstücklisten, Baukastenstücklisten und Mengenübersichtsstücklisten. Entsprechende Grundformen gibt es für Teileverwendungsnachweise. Der Aufbau dieser Stücklisten wird am Beispiel von zwei mehrteiligen Produkten X_1 und X_2 in den Abbildungen 3-1 und 3-2 erkennbar.

Eine **Strukturstückliste** (Abbildung 3-2a) zeigt für ein Erzeugnis dessen Zusammensetzung aus Baugruppen und Teilen über alle Fertigungsstufen hinweg an. In der Mengenspalte ist eingetragen, wie viele Einheiten für eine Einheit des direkt übergeordneten Produkts (Baugruppe oder Enderzeugnis) benötigt werden. Nachteile von Strukturstücklisten liegen darin, daß sie unübersichtlich werden können und gleichartige Baugruppen, die mehrfach auftreten, wiederholt gespeichert werden müssen.

Baukastenstücklisten (Abbildung 3-2b) geben nur die Zusammensetzung jeweils einer Baugruppe bzw. eines Enderzeugnisses wieder. Ausgehend von den Enderzeugnissen erkennt man erst durch die Verkettung der aufeinanderfolgenden Baukastenstücklisten die Erzeugnisstruktur. Ihre Vorteile liegen darin, daß sie weniger Speicherplatz benötigen und eine Änderung, z. B. in der Zusammensetzung einer Baugruppe, jeweils nur an einer Stelle vorgenommen werden muß.

Eine **Mengenübersichtsstückliste** (Abbildung 3-2c) weist aus, welche Mengeneinheiten von den verschiedenen Baugruppen und Einzelteilen zur Fertigung einer Erzeugniseinheit insgesamt benötigt werden. Jede Baugruppe und jedes Einzelteil sind nur einmal aufgeführt. Man erkennt daher nicht die Erzeugnisstruktur, sieht aber unmittelbar die Gesamtbedarfsmengen für ein Erzeugnis.

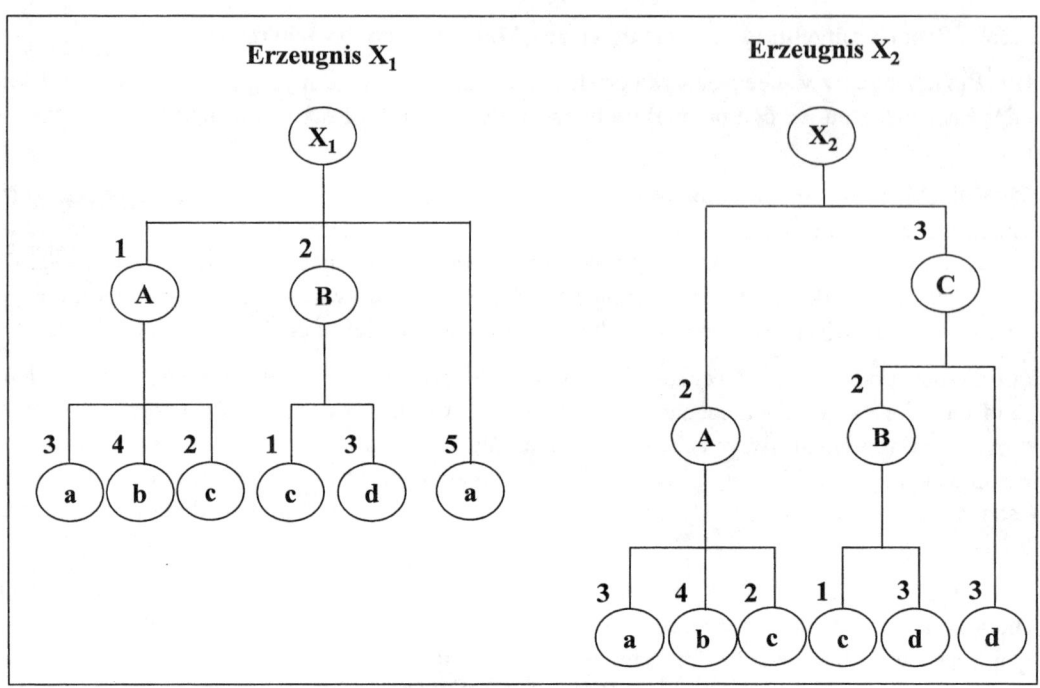

(Großbuchstaben bezeichnen Baugruppen, Kleinbuchstaben Einzelteile)

Abb. 3-1: Beispiel für die Struktur von zwei Erzeugnissen

a) Strukturstücklisten

Erzeugnis X_1	
Sach-Nr.	Menge
a	5
A	1
↑ ←a	3
│ ←b	4
│ ←c	2
B	2
↑ ←c	1
│ ←d	3

Erzeugnis X_2	
Sach-Nr.	Menge
A	2
↑ ←a	3
│ ←b	4
│ ←c	2
C	3
↑ ←d	3
│ ←B	2
↑ ←c	1
│ ←d	3

b) Baukastenstücklisten

Erzeugnis X_1	
Sach-Nr.	Menge
A	1
B	2
a	5

Erzeugnis X_2	
Sach-Nr.	Menge
A	2
C	3

Baugruppe A	
Sach-Nr.	Menge
a	3
b	4
c	2

Baugruppe B	
Sach-Nr.	Menge
c	1
d	3

Baugruppe C	
Sach-Nr.	Menge
B	2
d	3

c) Mengenübersichtsstücklisten

Erzeugnis X_1	
Sach-Nr.	Menge
A	1
B	2
a	8
b	4
c	4
d	6

Erzeugnis X_2	
Sach-Nr.	Menge
A	2
B	6
C	3
a	6
b	8
c	10
d	27

Abb. 3-2: Beispiele für Struktur-, Baukasten- und Mengenübersichtsstücklisten

Sofern von Erzeugnissen eng verwandte Sorten hergestellt werden, bildet man häufig **Variantenstücklisten,** in denen einerseits die für alle Sorten gleichartigen und andererseits die jeweils spezifischen Teile der verschiedenen Varianten aufgeführt sind.

Die Erzeugnisstruktur eines gesamten Produktionsprogramms läßt sich bei begrenzter Zahl an Endprodukten anschaulich mit Hilfe eines **Gozintographen**[3] darstellen. Entsprechend Abbil-

---

[3] Vgl. Vazsonyi (1962), S. 385 ff.

dung 3-3 treten in ihm jedes Enderzeugnis, jede Baugruppe und jedes Einzelteil lediglich einmal auf. Aus den zu einem Produkt (Baugruppe oder Enderzeugnis) führenden Pfeilen ist ersichtlich, aus welchen Einzelteilen und/oder Baugruppen es zusammengesetzt ist. Die von ihm wegführenden Pfeile zeigen an, für welche Produkte es verwendet wird. Die Ziffern an den Pfeilen bezeichnen die Produktions- oder Direktbedarfskoeffizienten.

Auch zur Bestimmung des **Gesamtbedarfs** an Teilen und Baugruppen für ein vorgegebenes Produktionsprogramm stehen mehrere Wege zur Verfügung. Das grundsätzliche Vorgehen läßt sich anhand des Gozintographen anschaulich und über eine Produktionsfunktion algebraisch verdeutlichen.

Die Berechnung über den Gozintographen geht entsprechend Abbildung 3-3 von den Endproduktmengen schrittweise über die jeweils nächsten Baugruppen bis zu den Einzelteilen vor. Für jede Baugruppe bzw. jedes Einzelteil multipliziert man die Produktionskoeffizienten der wegführenden Pfeile mit den Mengen, die von dem übergeordneten Produkt insgesamt erstellt werden. Dann bildet man die Summe über die Einsatzmengen für alle von einer Baugruppe bzw. einem Einzelteil wegführenden Pfeile und addiert hierzu den Primärbedarf dieses Elements. Als Ergebnis erhält man den Gesamtbedarf des jeweiligen Produkts oder Teils in der Planperiode. Enthält der Gozintograph Schleifen, so kann die Gesamtverbrauchsmatrix $[E - A]^{-1}$ nicht mehr sukzessiv, sondern nur noch über ein simultanes Gleichungssystem berechnet werden. Der dargestellte Gozintograph gibt eine mehrstufige Produktionsstruktur für verschiedene mehrteilige Produkte wieder. Aufgrund der konstanten Produktionskoeffizienten lassen sich die Gesamtbedarfsmengen auch über einen Input-Output-Ansatz der *Leontief*-**Produktionsfunktion** bestimmen. Faßt man die Gesamtbedarfsmengen zum Vektor $\vec{r}$, die Primärbedarfsmengen zum Vektor $\vec{x}$ und die Produktionskoeffizienten zur Direktbedarfsmatrix A zusammen, so läßt sich das Gleichungssystem für alle Einzelteile, Baugruppen und Enderzeugnisse wie folgt in Matrixform darstellen und nach dem Vektor der Gesamtbedarfsmengen auflösen:

$$\vec{r} = A \cdot \vec{r} + \vec{x} \qquad\qquad\qquad (3\text{-}1)$$

$$\vec{r} = [E - A]^{-1} \cdot \vec{x} \qquad\qquad\qquad (3\text{-}2)$$

Die Kehrmatrix $[E - A]^{-1}$ gibt den Gesamtbedarf jeder Teile-, Baugruppen- und Enderzeugnisart für eine Einheit des Primärbedarfs jeder Zwischen- oder Endproduktart an (vgl. Abbildung 3-3).

Die bisher dargestellte Rechnung ist statisch. Sie ermittelt die Bedarfsmengen ohne nähere zeitliche Zuordnung zu Perioden. Vielfach will man jedoch bestimmen, in welchen Perioden (z. B. Wochen) Gütermengen zur Erzeugung eines zeitlich differenzierten Produktionsprogramms bereitzustellen sind. Dies läßt sich durch eine **Vorlaufverschiebung** erreichen[4]. Bei ihr unterstellt man in der Regel, daß alle Arbeitsgänge eine gleich lange konstante Zeitdauer (z. B. eine Woche) beanspruchen. Diese vereinfachende Annahme vernachlässigt die Abhängigkeit der Fertigungszeiten von den Fertigungsmengen und den verfügbaren Kapazitäten. Für die Zwecke der

---

[4] Vgl. Trux (1972), S. 433 ff.

Praxis wird eine solche Durchschnittsbetrachtung aber vielfach als ausreichend genau angesehen.

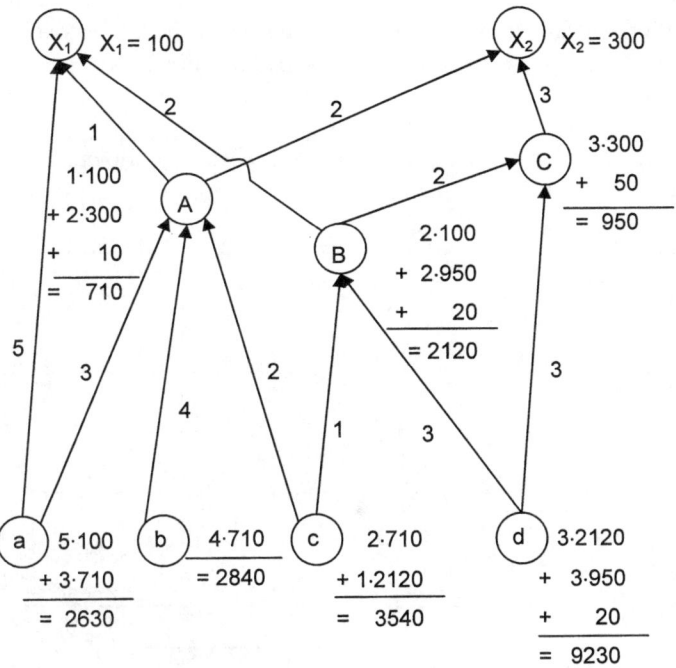

Teil/Produkt:

$$
\begin{array}{c}
a \\ b \\ c \\ d \\ A \\ B \\ C \\ X_1 \\ X_2
\end{array}
\begin{bmatrix}
1 & 0 & 0 & 0 & -3 & 0 & 0 & -5 & 0 \\
0 & 1 & 0 & 0 & -4 & 0 & 0 & 0 & 0 \\
0 & 0 & 1 & 0 & -2 & -1 & 0 & 0 & 0 \\
0 & 0 & 0 & 1 & 0 & -3 & -3 & 0 & 0 \\
0 & 0 & 0 & 0 & 1 & 0 & 0 & -1 & -2 \\
0 & 0 & 0 & 0 & 0 & 1 & -2 & -2 & 0 \\
0 & 0 & 0 & 0 & 0 & 0 & 1 & 0 & -3 \\
0 & 0 & 0 & 0 & 0 & 0 & 0 & 1 & 0 \\
0 & 0 & 0 & 0 & 0 & 0 & 0 & 0 & 1
\end{bmatrix}^{-1}
\cdot
\begin{bmatrix}
0 \\ 0 \\ 0 \\ 20 \\ 10 \\ 20 \\ 50 \\ 100 \\ 300
\end{bmatrix}
=
\begin{bmatrix}
1 & 0 & 0 & 0 & 3 & 0 & 0 & 8 & 6 \\
0 & 1 & 0 & 0 & 4 & 0 & 0 & 4 & 8 \\
0 & 0 & 1 & 0 & 2 & 1 & 2 & 4 & 10 \\
0 & 0 & 0 & 1 & 0 & 3 & 9 & 6 & 27 \\
0 & 0 & 0 & 0 & 1 & 0 & 0 & 1 & 2 \\
0 & 0 & 0 & 0 & 0 & 1 & 2 & 2 & 6 \\
0 & 0 & 0 & 0 & 0 & 0 & 1 & 0 & 3 \\
0 & 0 & 0 & 0 & 0 & 0 & 0 & 1 & 0 \\
0 & 0 & 0 & 0 & 0 & 0 & 0 & 0 & 1
\end{bmatrix}
\cdot
\begin{bmatrix}
0 \\ 0 \\ 0 \\ 20 \\ 10 \\ 20 \\ 50 \\ 100 \\ 300
\end{bmatrix}
=
\begin{bmatrix}
2630 \\ 2840 \\ 3540 \\ 9230 \\ 710 \\ 2120 \\ 950 \\ 100 \\ 300
\end{bmatrix}
$$

$$[E-A]^{-1} \cdot \vec{x} = (G)^{-1} \cdot \vec{x} = \vec{r}$$

Abb. 3-3: Beispiel für die Berechnung der Gesamtbedarfsmengen aus Gozintographen und Leontief-Produktionsfunktion

Zur Berücksichtigung der Fertigungsdauer in Form einer Vorlaufverschiebung ist es zweckmäßig, die Erzeugnisstruktur für alle Enderzeugnisse entsprechend Abbildung 3-4 nach Baustufen
zu gliedern. Eine Baustufe gibt an, wie viele Arbeitsgänge nacheinander durchzuführen sind, um
das betrachtete (Zwischen- oder End-)Produkt herzustellen. Rechnet man für jeden Arbeitsgang
eine (durchschnittliche) Dauer von einer Periode, so entspricht die Baustufe eines Produkts der
gesamten Fertigungsdauer bis zur Produktion dieses Produkts. Deshalb sind Einzelteile, die
nicht gefertigt werden, in die Baustufe 0 einzuordnen und gehören beispielsweise das Enderzeugnis X_1 sowie die Baugruppe C in Abbildung 3-4 zu Baustufe 2.

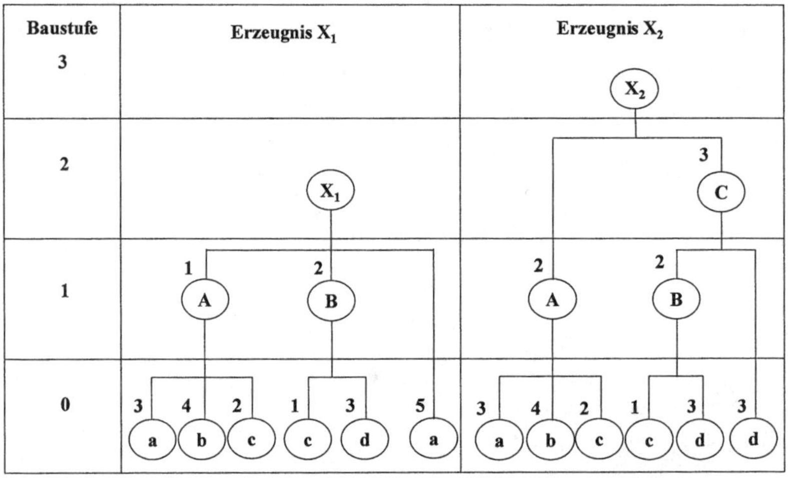

Programm

	Periode			
Produkt	3	4	5	6
a	0	0	0	0
b	0	0	0	0
c	0	0	0	0
d	2	3	5	10
A	1	4	0	3
B	5	5	5	5
C	0	0	20	30
X_1	10	50	20	20
X_2	0	100	100	100

Abb. 3-4: Beispiel für eine Gliederung von Erzeugnisstrukturen nach Baustufen und einen periodisch vorgegebe-
nen Primärbedarf an Endprodukten, Baugruppen sowie Einzelteilen

Für das zugrundegelegte Beispiel ist die Berechnung des **terminierten Gesamtbedarfs** in Abbildung 3-5 für ein nach Perioden aufgestelltes Produktionsprogramm durchgeführt. Die Berechnung wird schrittweise von den Produkten der höchsten Baustufe über alle Baustufen hinweg bis zur Stufe 0 vorgenommen. Auf jeder Stufe bestimmt man nacheinander die Gesamtbedarfsmengen der ihr zugeordneten Enderzeugnisse, Baugruppen oder Einzelteile. Dieser Ge-

samtbedarf setzt sich jeweils aus dem terminlich differenzierten Primärbedarf und dem Sekundärbedarf zusammen. Letzteren erhält man, indem man die Gesamtbedarfsmengen der Produkte, in welche das Produkt oder Teil eingeht, mit dem zugehörigen Produktionskoeffizienten multipliziert und die Einsatzmengen um eine Periode nach vorne verschiebt (Vorlaufverschiebung).

Bau-stufe	Bedarfsart	Teil Einsatz-gut	Produkt Ausbringungs-gut	Produktions-koeffizient	1	2	3	4	5	6
3	Primärbedarf		X_2	-				100	100	100
2	Sekundärbedarf	C		3			300	300	300	
	Primärbedarf		C	-					20	30
	Gesamtbedarf	C					300	300	320	30
	Primärbedarf		X_1	-			10	50	20	20
1	Sekundärbedarf	A	X_1	1		10	50	20	20	
	Sekundärbedarf	A	X_2	2			200	200	200	
	Primärbedarf		A	-			1	4	2	3
	Gesamtbedarf	A				10	251	224	222	3
	Sekundärbedarf	B	X_1	2		20	100	40	40	
	Sekundärbedarf	B	C	2		600	600	640	60	
	Primärbedarf		B	-			5	5	5	5
	Gesamtbedarf	B				620	705	685	105	5
0	Sekundärbedarf	a	X_1	5		50	250	100	100	
	Sekundärbedarf	a	A	3	30	752	672	666	9	
	= Gesamtbedarf	a			30	802	922	766	109	
	Sekundärbedarf	b	A	4	40	1004	896	888	12	
	= Gesamtbedarf	b			40	1004	896	888	12	
	Sekundärbedarf	c	A	2	20	502	448	444	6	
	Sekundärbedarf	c	B	1	620	705	685	105	5	
	= Gesamtbedarf	c			640	1207	1133	549	11	
	Sekundärbedarf	d	B	3	1860	2115	2055	315	15	
	Sekundärbedarf	d	C	3		900	900	960	90	
	Primärbedarf		d	-			2	3	5	10
	= Gesamtbedarf	d			1860	3015	2957	1278	110	10

Abb. 3-5: Berechnung des terminierten Gesamtbedarfs mit einperiodischer Vorlaufverschiebung

Der Bestimmung des terminierten Gesamtbedarfs liegt eine dynamische produktionstheoretische Beziehung zugrunde. Er läßt sich daher auch über eine **dynamische *Leontief*-Produktionsfunktion** berechnen.[5] Gibt man die Periodenzuordnung der Primärbedarfsmengen $x_i^{(t)}$ sowie der Gesamtbedarfsmengen $r_i^{(t)}$ durch die hochgestellten Indices *(t)* an und unterstellt man für alle Arbeitsgänge eine Dauer von einer Periode, so gilt für jede eingesetzte Teile- oder Produktart i unter Berücksichtigung der Produktionskoeffizienten a_i die Beziehung:

$$r_i^{(t)} = \sum_j a_{ij} \cdot r_j^{(t+1)} + x_i^{(t)} \tag{3-3}$$

Der terminierte Gesamtbedarf ergibt sich dann über die dynamische Produktionsfunktion[6]

$$\vec{r}^{(t)} = \sum_{k=0}^{T-t} A^k \cdot \vec{x}^{(t+k)} \tag{3-4}$$

---

[5] Vgl. Abschnitt 2.3.5. sowie Schweitzer / Küpper (1997), S. 1992 ff.
[6] Vgl. Küpper (1980), S. 79 ff.

In ihr bezeichnen $\vec{r}^{(t)}$ bzw. $\vec{x}^{(t+k)}$ die Vektoren der Gesamtbedarfs- bzw. Primärbedarfsmengen, T die Dauer des Planungszeitraums und A^k die k-te Potenz der Direktbedarfsmatrix A.

Man kann das in Abbildung 3-5 durchgeführte Verfahren (und den produktionstheoretischen Ansatz) durch die Berücksichtigung unterschiedlicher Fertigungsdauern für verschiedene Arbeitsgänge erweitern. Durch eine schrittweise Berechnung läßt sich ferner eine Abhängigkeit der Fertigungsdauern von den Produktionsmengen näherungsweise erfassen[7]. Eine exakte Terminplanung der bereitzustellenden Material- und Produktmengen erfordert aber eine Kombination des Ansatzes mit Verfahren der Reihenfolgeplanung, weil die Kapazitäten der Maschinen häufig nicht ausreichen, um alle wartenden Aufträge in einer Planperiode (z. B. an einem Tag) zu bearbeiten.

Die Entwicklung von Stücklisten und die Berechnung des Gesamtbedarfs werden in der Praxis üblicherweise in computergestützten Systemen der Produktionsplanung und –steuerung vorgenommen. Diesen liegt eine getrennte Speicherung von Teilestammdaten und Erzeugnisstrukturdaten zugrunde. In der **Teilestammdatei** werden für jedes Erzeugnis, jede Baugruppe und jedes Einzelteil deren charakteristische Merkmale wie Nummer, Bezeichnung, Materialart, Gewicht usw. gespeichert. Dagegen enthält die **Erzeugnisstrukturdatei** für jedes Produkt die Daten über die (Bau-)Teile, welche in es direkt eingehen und die unmittelbaren Folgeprodukte, in die es selbst auf der nächsten Stufe eingesetzt wird, sowie die zugehörigen Produktionskoeffizienten.

Auf der Basis eines Stücklistenprozessors kann man mit entsprechenden **Modularprogrammen** (z. B. im Produktionsmodul gängiger Enterprise Ressource Planning-(ERP-)Systeme[8]) den Gesamtbedarf berechnen[9]. Sie beinhalten darüber hinaus in der Regel weitere Funktionalitäten, mit deren Hilfe man neben dem Bruttobedarf den Nettobedarf, die Bestellmengen und die terminierten Bedarfsmengen erhält.

---

[7] Vgl. Müller-Merbach (1968), S. 115 ff.
[8] Vgl. z. B. Friedl/Hilz/Pedell (2003), S. 91 ff. und S. 105 ff.
[9] Vgl. Grochla (1992), S. 218 ff.

3.2.3   Verbrauchsgebundene Verfahren zur Materialbedarfsvorhersage

Zur verbrauchsgebundenen Materialbedarfsvorhersage ist eine Vielzahl von Verfahren entwickelt worden (vgl. Tabelle 3-2).

Verfahren der verbrauchsgebundenen Bedarfsvorhersage					
Konstanter Bedarfsverlauf	Trendförmiger Bedarfsverlauf		Saisonal schwankender Bedarfsverlauf		Sporadischer Bedarf
	Linearer Trend	Nichtlinearer Trend	Konstanter Grundverlauf	Trendförmiger Grundverlauf	
• Einfache Mittelwertbildung • Gleitende Mittelwertbildung • Exponentielle Glättung 1. Ordnung	• Trendrechnung mit Methode der kleinsten Quadrate • Gleitende Durchschnitte 2. Ordnung • Exponentielle Glättung mit einem Glättungsfaktor mit Trendkorrektur bzw. Glättung 2. Ordnung • Exponentielle Glättung mit mehreren Glättungsfaktoren	• Exponentielle Glättung 2. Ordnung mit logarithmierter Trendfunktion • Exponentielle Glättung höherer Ordnung	• Verfahren mit Basis-Indices • Verfahren von *Winters* (1960) • Verfahren von *Wiese* (o.J.) • Verfahren von *Harrison* (1965)		• Verfahren von *Trux* (1972, S. 131 ff.) • Verfahren von *Wedekind* (1968) • Verfahren von *Croston* (1972) • *Tempelmeier* (2002), S. 90 ff.
Stochastische Zeitreihenverfahren					

Tab. 3-2: Überblick über verbrauchsgebundene Verfahren der Bedarfsvorhersage

Wenn man einen im Prinzip **konstanten Bedarf** unterstellt, um den zufällige Schwankungen auftreten, kann man den Vorhersagewert insbesondere als einfachen oder als gleitenden Mittelwert sowie über die Exponentielle Glättung erster Ordnung bestimmen[10].

Der einfache und der gleitende Mittelwert werden als arithmetische Mittel aus einer bestimmten Anzahl vergangener Istbedarfswerte bestimmt. Während beim **einfachen Mittelwert** mit jeder Periode die Zahl der Istwerte zunimmt, berücksichtigt man beim **gleitenden Mittelwert** stets eine gleich bleibende Anzahl unmittelbar zurückliegender Periodenwerte. Den Vorhersagewert V_{t+1} für die Periode $t+1$ berechnet man bei der gleitenden Mittelwertbildung aus den Istbedarfswerten r_t der letzten n Perioden:

$$V_{t+1} = \frac{r_t + r_{t-1} \ldots + r_{t-n+1}}{n} = \frac{1}{n} \sum_{k=0}^{n-1} r_{t-k} \tag{3-5}$$

Bedarfsschwankungen werden bei der gleitenden Mittelwertbildung um so schneller erfaßt, je weniger Periodenwerte man berücksichtigt. Jedoch werden Strukturänderungen in der Bedarfsentwicklung nur langsam erkennbar, da alle vergangenen Periodenwerte mit demselben Gewicht eingehen (vgl. Tabelle 3-3).

---

[10] Vgl. Trux (1972), S. 71 ff.; Glaser (1979), Sp. 1203 ff.; Schröder (1994), S. 16 ff.

| Periode | Ist-bedarfs-wert | Einfacher Mittelwert | Gleitender Mittelwert | Exponentielle Glättung | | | | | |
| | | | | 1. Ordnung $\bar{r}_t^{(1)}=V_{t+1}$ | | 2. Ordnung $\alpha=0,1$ | | $\alpha=0,5$ | |
				$\alpha=0,1$	$\alpha=0,5$	$\bar{r}_t^{(2)}$	V_{t+1}	$\bar{r}_t^{(2)}$	V_{t+1}
1	315	-	-	-	-	-	-	-	-
2	325	320,0	-	-	-	-	-	-	-
3	318	319,3	-	-	-	-	-	-	-
4	321	319,8	-	320,0	320,0	320,0	-	320,0	-
5	327	321,2	321,2	320,7	323,5	320,1	321,4	321,8	327,0
6	316	320,3	321,4	320,2	319,8	320,1	320,4	320,8	317,8
7	318	320,0	320,0	320,0	318,9	320,1	319,9	319,8	317,0
8	320	320,0	320,4	320,0	319,4	320,1	319,9	319,6	319,1
9	301	317,9	316,4	318,1	310,2	319,9	316,1	314,9	300,8
10	280	314,1	307,0	314,3	295,1	319,3	308,7	305,0	275,3
11	292	312,1	302,2	312,1	293,6	318,6	304,8	299,3	282,1
12	296	310,8	297,8	310,5	294,8	317,8	302,3	297,0	290,3
13	304	310,2	294,6	309,8	299,4	317,0	301,8	298,2	301,7
14	321	311,0	298,6	310,9	310,2	316,4	304,9	304,2	322,2
15	338	312,8	310,2	313,6	324,1	316,1	310,9	314,1	344,0
16	331	313,9	318,0	315,4	327,5	316,0	314,6	320,8	340,9
17	354	316,3	329,6	319,2	340,8	316,4	322,4	330,8	360,7
18	367	319,1	342,2	324,0	353,9	317,1	331,7	342,3	377,0
19	367	321,6	351,4	328,3	360,4	318,2	339,5	351,4	378,5
20	380	324,6	359,8	333,5	370,2	319,8	348,7	360,8	389,0

Tab. 3-3: Beispiel für verbrauchsgebundene Materialbedarfsvorhersagen

Diesen Nachteil der Mittelwertbildung vermeiden die Verfahren der Exponentiellen Glättung[11]. Bei der **Exponentiellen Glättung erster Ordnung** wird der Vorhersagewert V_{t+1} als gewichteter arithmetischer Mittelwert der vergangenen Istbedarfswerte gebildet. Dabei werden der letzte Istwert mit dem Faktor α, der zweitletzte mit $\alpha \cdot (1-\alpha)$, der drittletzte mit $\alpha \cdot (1-\alpha)^2$ usw. gewichtet:

$$V_{t+1} = \bar{r}_t^{(1)} = \alpha \cdot r_t + \alpha \cdot (1-\alpha) \cdot r_{t-1} + \alpha \cdot (1-\alpha)^2 \cdot r_{t-2} + ...$$

$$= \alpha \cdot \sum_{i=0}^{\infty} (1-\alpha)^i \cdot r_{t-i} \qquad (3\text{-}6)$$

In Gleichung (3-6) wird $\bar{r}_t^{(1)}$ als "Mittelwert erster Ordnung" bezeichnet. Der Mittelwert der angelaufenen Periode t wird als Vorhersagewert für die nächste Periode $t+1$ verwendet. Der Faktor α muß zwischen 0 und 1 liegen. Die Summe der Gewichte in Gleichung (3-6) ist gleich 1. Schreibt man in ihr den Istwert der letzten Periode t als eigenen Summanden, so erkennt man, daß der Mittelwert erster Ordnung $\bar{r}_t^{(1)}$ als gewichtetes arithmetisches Mittel aus dem Istwert von t und dem Mittelwert erster Ordnung der vorhergehenden Periode $t-1$ berechnet werden kann:

$$\bar{r}_t^{(1)} = \alpha \cdot r_t + (1-\alpha) \cdot \alpha \cdot \sum_{i=1}^{\infty} (1-\alpha)^{i-1} \cdot r_{t-i} = \alpha \cdot r_t + (1-\alpha) \cdot \bar{r}_{t-1}^{(1)} \qquad (3\text{-}7)$$

---

[11] Vgl. Brown (1964); Müller-Merbach (1992), S. 444 ff.

Der **Vorhersagewert** für t +1 wird also als gewichtetes Mittel aus dem letzten Istwert und dem letzten Vorhersagewert gebildet:

$$V_{t+1} = \alpha \cdot r_t + (1-\alpha) \cdot V_t \tag{3-8}$$

Hieraus folgt, daß lediglich der jeweils letzte Vorhersagewert gespeichert werden muß und sich der neue Vorhersagewert sehr einfach berechnen läßt. Zum Start des Verfahrens benötigt man einen ersten Vorhersagewert V_t, der über ein anderes Vorhersageverfahren (z. B. als Mittelwert) gewonnen werden kann.

Aus Gleichung (3-6) und dem Beispiel in Tabelle 3-3 erkennt man, daß sich die Exponentielle Glättung erster Ordnung um so schneller an Veränderungen der Istwerte anpaßt, je größer man den "Reaktionsparameter" α wählt. Man wird ihn um so kleiner ansetzen, je größer zufällige Schwankungen sind, die in den Vorhersagewert möglichst wenig eingehen sollten und um so größer, je eher man mit systematischen Bedarfsänderungen rechnet.

Wenn man von der Hypothese ausgehen kann, daß die Bedarfsentwicklung einen **Trend** aufweist, sind die bisher dargestellten Verfahren wenig geeignet. Sie hinken einem trendförmigen Verlauf stets hinterher (vgl. die Perioden 14 bis 20 in Tabelle 3-3). Man muß zu Vorhersageverfahren übergehen, die einen Trend zugrunde legen. Beispielsweise kann man linear steigende oder fallende, exponentiell steigende oder fallende sowie andere nichtlineare Trends unterstellen[12]. Für eine lineare Trendhypothese stehen entsprechend Tabelle 3-2 mehrere Vorhersageverfahren zur Verfügung.

Bei der Hypothese eines **linearen Trends** nimmt man an, daß die Vorhersagewerte $V_{t+\tau}$ für die Periode $t+\tau$ mit Hilfe der linearen Funktion

$$V_{t+\tau} = g_t + m_t \cdot \tau \tag{3-9}$$

bestimmt werden können. In ihr geben g_t einen Grundwert an, welcher dem Vorhersagewert für t zum Zeitpunkt t entspricht, und m_t die Steigung je Periodeneinheit. Diese Parameter lassen sich z. B. mit der **Exponentiellen Glättung zweiter Ordnung** über den Mittelwert erster Ordnung $\bar{r}_t^{(1)}$ und einen Mittelwert zweiter Ordnung $\bar{r}_t^{(2)}$ bestimmen. Letzterer ist ein exponentiell gewichteter Mittelwert, der aus den Mittelwerten erster Ordnung gebildet wird:

$$\bar{r}_t^{(2)} = \alpha \cdot \bar{r}_t^{(1)} + \alpha \cdot (1-\alpha) \cdot \bar{r}_{t-1}^{(1)} + \alpha \cdot (1-\alpha)^2 \cdot \bar{r}_{t-2}^{(1)} + ... = \alpha \cdot \bar{r}_t^{(1)} + (1-\alpha) \cdot \bar{r}_{t-1}^{(2)} \tag{3-10}$$

---

[12] Vgl. Trux (1972), S. 26 ff. und S. 110 ff.; Schröder (1994), S. 30 ff.

Man kann zeigen[13], daß einerseits der Mittelwert erster Ordnung $\bar{r}_t^{(1)}$ dem Grundwert g_t und andererseits der Mittelwert zweiter Ordnung $\bar{r}_t^{(2)}$ dem Mittelwert erster Ordnung um einen konstanten Betrag hinterherhinken:

$$g_t - \bar{r}_t^{(1)} = \bar{r}_t^{(1)} - \bar{r}_t^{(2)} = \frac{1-\alpha}{\alpha} \cdot m_t \qquad (3\text{-}11)$$

Diese Differenz wird bestimmt durch die Steigung des Trends m_t und das mittlere Alter $(1-\alpha)/\alpha$ der berücksichtigten Ist-Werte[14].

Aus den Gleichungen (3-11) läßt sich der Grundwert g_t mit Hilfe der beiden Mittelwerte bestimmen:

$$g_t = 2\bar{r}_t^{(1)} - \bar{r}_t^{(2)} \qquad (3\text{-}12)$$

Ferner erhält man aus (3-11) unter Berücksichtigung von (3-10) für die Steigung des Trends die Beziehung:

$$m_t = \frac{\alpha}{1-\alpha} \cdot \left(\bar{r}_t^{(1)} - \bar{r}_t^{(2)}\right) = \frac{\alpha}{1-\alpha} \cdot \left(\frac{\bar{r}_t^{(2)} - (1-\alpha) \cdot \bar{r}_{t-1}^{(2)}}{\alpha} - \bar{r}_t^{(2)}\right) = \bar{r}_t^{(2)} - \bar{r}_{t-1}^{(2)} \qquad (3\text{-}13)$$

Setzt man (3-12) und (3-13) in die Vorhersagefunktion (3-9) ein, so wird die einfache Bestimmbarkeit der Bedarfsvorhersage für die nächste ($\tau = 1$) und die nachfolgenden Perioden über die beiden Mittelwerte leicht erkennbar:

$$V_{t+\tau} = 2\bar{r}_t^{(1)} - \bar{r}_t^{(2)} + \left(\bar{r}_t^{(2)} - \bar{r}_{t-1}^{(2)}\right) \cdot \tau = 2\bar{r}_t^{(1)} - (1-\tau) \cdot \bar{r}_t^{(2)} - \tau \cdot \bar{r}_{t-1}^{(2)} \qquad (3\text{-}14)$$

Beim Start des Verfahrens müssen ebenfalls Ausgangswerte bestimmt werden. Sie lassen sich beispielsweise über eine Trendrechnung oder durch Schätzung ermitteln. Da sich die Mittelwerte erster und zweiter Ordnung aus den jeweils direkt zurückliegenden Mittelwerten sowie dem letzten Ist-Wert einfach berechnen lassen, sind der Speicher- und der Rechenaufwand für die Exponentielle Glättung zweiter Ordnung gering. Dieses Verfahren wird deshalb in der Praxis häufig angewandt.

Unterstellt man als Hypothese einen **nichtlinearen Trend,** so kann man in vielen Fällen die Exponentielle Glättung zweiter Ordnung anwenden, indem man die nichtlineare Trendfunktion durch eine logarithmierte lineare Trendfunktion substituiert. Ferner werden u.a. Verfahren der Exponentiellen Glättung höherer Ordnung verwendet. Bei diesen muß der Reaktionsparameter α relativ klein gewählt werden, "da sonst Zufallsschwankungen als systematische Schwankungen aufgefaßt werden"[15].

Für die Hypothese eines **saisonal schwankenden Materialbedarfs** wird ein konstanter oder trendförmiger Grundverlauf des Bedarfs mit einem zyklischen Saisonverlauf verbunden (vgl.

---

[13] Vgl. z. B. Müller-Merbach (1992), S. 446 f.
[14] Vgl. Trux (1972), S. 96 ff.
[15] Rönnau (1972), S. 57.

Tabelle 3-2). Dabei sind die Trend- und die Saisonkomponente additiv oder multiplikativ verknüpft[16]. Ferner sind Verfahren zur Vorhersage von **sporadischem Bedarf** vorgeschlagen worden[17].

Ein **Vergleich der Verfahren,** die für verbrauchsgesteuerte Materialbedarfsvorhersagen verwendbar sind, liefert kein einheitliches Bild[18]. Die anspruchsvolleren Verfahren führen nicht
durchweg zu besseren Prognoseergebnissen als die einfachen. Software-Systeme bieten häufig
eine Vielzahl der Verfahren an, die in der Regel in eine umfassende Daten- und Methodenbank
integriert sind.

3.3 Instrumente zur Erfassung von Prozeßabläufen

Mit den Verfahren der Datenermittlung und -prognose werden u.a. die Zeiten der Arbeitsgänge
bestimmt. Anschließend ist festzulegen, wie diese Arbeitsgänge auf die Arbeitsträger verteilt
und zeitlich sowie räumlich verknüpft werden. Hieraus ergeben sich die **Prozeßabläufe**.
Grundsätzlich besteht die Möglichkeit, die Verteilung und Anordnung der Arbeitsgänge *verbal*
zu beschreiben. Eine solche Darstellung ist jedoch sehr umfangreich und kann zu Fehlentschei-
dungen sowie Mißverständnissen führen. Deshalb ist es zweckmäßig, auch die Beschreibung
von Prozeßabläufen zu standardisieren und durch die Verwendung formaler Zeichen zu verein-
fachen. Hierfür sind verschiedene *tabellarische und graphische Instrumente* entwickelt worden. Sie sollen es ermöglichen, die Auswirkungen der ablauforganisatorischen Handlungsmöglichkeiten auf die betrieblichen Ziele zu ermitteln sowie den Ablauf der geplanten Alternativen
darzustellen und zu kontrollieren. Ablauforganisatorische Entscheidungen lassen sich erst treffen, wenn die Zielwirkungen der wichtigsten Alternativen bekannt sind.

Nachdem eine Entscheidung gefällt ist, muß der geplante Prozeßablauf dargestellt werden. Diese Darstellung muß für die ausführenden Personen verständlich sein, damit sie klar erkennen,
welche Handlungen sie durchführen sollen. Zugleich müssen durch die Darstellung der verschiedenen Stückprozesse und deren Abläufe die kapazitätsmäßigen, räumlichen und zeitlichen
Beziehungen zwischen ihnen sichtbar werden. Dann können die Prozeßabläufe *überwacht* und
bei unerwarteten Datenänderungen oder Planabweichungen *Anpassungsmaßnahmen* durchgeführt werden.

3.3.1 Arbeitspläne und Ablaufkarten

Ein einfaches Instrument zur Darstellung des Arbeitsablaufes sind **Arbeitspläne** und **Ablaufkarten** *(Arbeitsablaufkarten, Laufkarten)*. Sie geben die zu einem Stückprozeß gehörenden
Arbeitsgänge wieder. Im allgemeinen wird für jedes Produkt ein Arbeitsplan und für jeden Auftrag eine eigene Ablaufkarte erstellt. Aus der Tabelle 3-4 ist ein Beispiel einer Ablaufkarte ersichtlich. Sie enthält zusätzlich zu dem Arbeitsplan auch Angaben, die sich auf den konkreten
Auftrag beziehen. Üblicherweise ist im Kopf einer Ablaufkarte der Auftrag durch Angabe der
herzustellenden Produktart, der Losgröße sowie der Termine für Fertigungsbeginn und geplante

---

[16] Vgl. Rönnau (1972), S. 59 ff.; Schläger (1994).
[17] Vgl. zum Überblick Trux (1972), S. 131 ff.; Nowack (1994).
[18] Vgl. Mertens/Backert (1981).

Fertigstellung beschrieben. Als wichtigste Daten gibt die Ablaufkarte die *Arbeitsgänge* an, die der Auftrag durchlaufen muß. Sie sind in der ersten Spalte nach der Operationenfolge numeriert und in der zweiten Spalte kurz benannt. Des weiteren kann die Ablaufkarte entsprechend Tabelle 3-4 in den nachfolgenden Spalten die Kostenstellen, die (geplanten) Rüst-, Stück- und Auftragszeiten sowie die Beginntermine enthalten. Weitere Spalten können für die Eintragung der Istzeiten sowie der angefallenen Ausschußmengen vorgesehen sein.

Der Aufbau und die Verwendbarkeit der Ablaufkarte werden vor allem durch die *Art der Stückprozesse* bestimmt. Glatte Stückprozesse lassen sich leichter in Ablaufkarten erfassen als verzweigte Abläufe. Das Beispiel einer Ablaufkarte in Tabelle 3-4 bezieht sich auf einen *glatten Stückprozeß* bei der Herstellung eines Spiralbohrers. Die räumliche und zeitliche Reihenfolge der Arbeitsgänge entspricht daher ihrer Folge (Spalten 1 und 2) auf der Ablaufkarte.

Ablaufkarten sind i.d.R. leicht verständlich und auch für den Mitarbeiter ohne spezielle Vorkenntnisse lesbar. Hierin liegt ihr Vorzug. In Form von Auftragslaufkarten sind sie bei Serien- und Sortenfertigung häufig ein wichtiges Informationsinstrument, das die Aufträge bis zur Fertigstellung begleitet. Sie bilden den geplanten Durchlauf ab. Deshalb stellen sie weniger ein Instrument zur Entscheidungsfindung als zur Durchsetzung und Überwachung der Planung dar.

Auftragslaufkarte			Bezeichnung: Spiralbohrer F 340			
Auftrag: 65412	Menge: 500	Beginn: 370	Ende: 410	Ausstellung: 12.10.2004	Dringlichkeit: 2	
Typ: N	Nenn-$\varnothing$: 3,50	Länge: 112,0	Spirallng.: 73,0	Steigung: 16,0	Zeichn.: D 11/5	
Position: 001	Kostenst.: 81/201	Materialk.: 2458/9234	Sach-Nr.: 247919	Mat.bez.: 31245	Rohmaße: 3,75 x 113	
Arbeits-gang:	Bezeichnung:	Kosten-stelle:	Rüstzeit: (Min.)	Vorgabe-zeit: (Min.)	Auftrags-zeit: (Min.)	Beginn-termin:
010	Abstechen	40/161	0,8	0,027	33	370
020	Härten	31/680	0,6	1,120	701	377
022	Anlassen	31/654		0,000	0,000	380
030	Richten	33/912	0,2	0,490	472	386
031	Vorschleifen	33/440	0,5	0,121	99	389
040	Nuten-Schleifen	32/470	6,0	0,330	275	391
070	Einstech-Schleifen	66/443	1,3	0,300	218	394
090	Spitzen-Schleifen	33/580	0,8	0,200	99	399
100	Kreuz-anschliff	34/583	1,0	0,300	185	401
101	Endkontrolle	16/102	0,2	0,034	23	404
999	Fertig-meldung	16/101				410

Tab 3-4: Vereinfachtes Beispiel einer Ablauf- oder Auftragslaufkarte

3.3.2 Verfahren der Zeitaufnahme

In dem hier beispielhaft dargestellten Verfahren der **Zeitaufnahme nach REFA** werden Planwerte für Arbeitszeiten von Menschen, Betriebsmitteln und Aufträgen über die Messung von Istzeiten und die Schätzung zufällig verteilter Zeiten ermittelt[19]. Grundlage der Zeitermittlung sind eine Analyse der Arbeitsgänge und eine Gliederung der Arbeitszeiten.

Die Arbeitsgänge werden von den Arbeitsträgern **Mensch** und **Betriebsmittel** an den Aufträgen als Objekten vollzogen. Ihre Abläufe können nach verschiedenen Merkmalen gegliedert werden. Nach dem Grad der Beeinflußbarkeit trennt man voll und bedingt beeinflußbare Abläufe. Die tiefergehende *Ablaufgliederung* für Mensch und Betriebsmittel ist in Abbildung 3-6 wiedergegeben.

Sie unterscheidet auf einer ersten Ebene vier Klassen: im Einsatz, außer Einsatz, Betriebsruhe und nicht erkennbar.

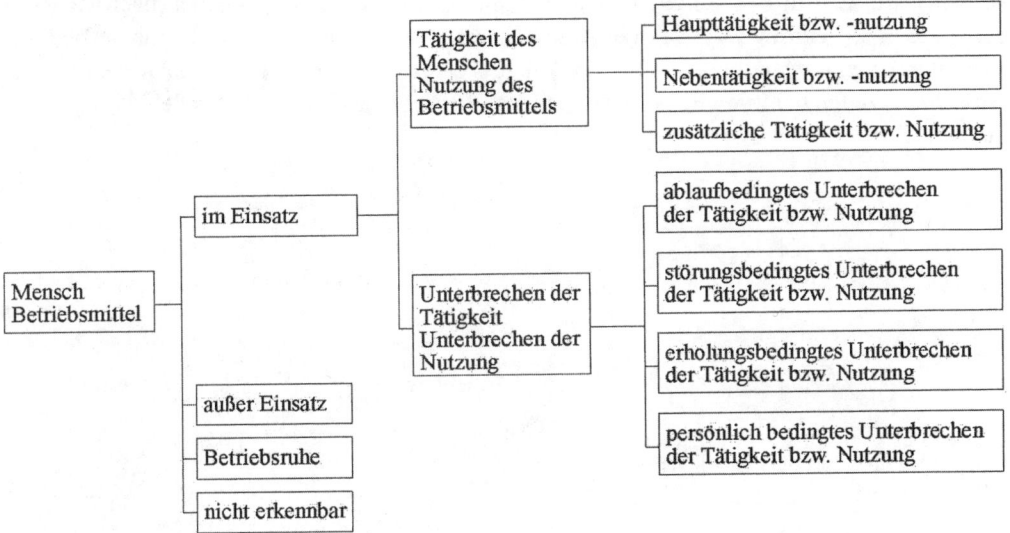

Abb. 3-6: Ablaufgliederung für Mensch und Betriebsmittel nach REFA (vgl. REFA (1992), S. 25 u. 29)

Im **Einsatz** sind ein Mensch oder ein Betriebsmittel, wenn sie im Rahmen der betrieblichen Arbeitszeiten für die Ausführung von Arbeitsaufgaben zur Verfügung stehen. Dagegen befinden sie sich **außer Einsatz**, sofern sie während der Arbeitszeit längerfristig nicht einsetzbar sind (z.B. wegen Krankheit, Urlaub bzw. Weiterbildungsmaßnahmen) oder die Unternehmung sie nicht beschäftigen kann (z.B. bei Auftragsmangel). Als **Betriebsruhe** werden gesetzlich, tarifvertraglich oder betrieblich vereinbarte Arbeitspausen bezeichnet. Die Restklasse eines **nicht**

---

[19] Vgl. zum folgenden REFA (1992), S. 79 ff

erkennbaren Ablaufs dient zur Einordnung von Fällen, bei denen sich die Art des Ablaufs nicht feststellen läßt.

Die Gliederung auf einer zweiten und dritten Ebene betrifft lediglich den *Einsatz* des Arbeitsträgers. Dieser wird in drei Tätigkeitsarten beim Menschen bzw. Nutzungsarten bei Betriebsmitteln und vier Unterbrechungsarten eingeteilt. Auf die Bearbeitung der Objekte ist die **Haupttätigkeit bzw. Hauptnutzung** ausgerichtet, die zur planmäßigen und unmittelbaren Erfüllung der Arbeitsaufgabe dient. Dagegen umfaßt die **Nebentätigkeit bzw. Nebennutzung** Vorgänge, die nur mittelbar zur Erfüllung der Arbeitsaufgaben dienen wie das Heranholen, Einfüllen oder Abzählen von Objekten oder das Umrüsten von Maschinen. Sie sind mit keinem Arbeitsfortschritt an den Objekten verbunden. **Zusätzliche Tätigkeiten oder Nutzungen** sind Vorgänge, deren Eintreten und Ablauf im voraus nicht bestimmbar sind. Sie werden u.a. durch organisatorische oder technische Störungen, Informationsmängel oder Nacharbeit ausgelöst und können z.B. Reparaturtätigkeiten, Besprechungen sowie Reinigungsarbeiten umfassen.

Unterbrechungen in der Tätigkeit bzw. Nutzung des Arbeitsträgers können nach REFA ablauf-, störungs-, erholungs- oder persönlich bedingt sein. Die Planung der ablaufbedingten Leerzeiten ist eine wichtige Aufgabe der Ablauforganisation. Deshalb sind ablaufbedingte Unterbrechungszeiten bei ihren Entscheidungen als Planungsvariablen zu behandeln.

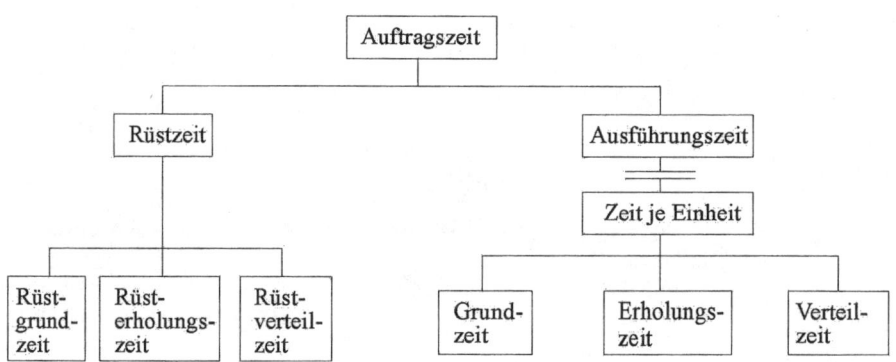

Abb. 3-7: Zeitgliederung für Menschen nach REFA (vgl. REFA (1992), S. 42)

Die Gliederung der Ablaufarten liefert die Grundlage für die Bestimmung von **Vorgabezeiten** als Soll-Zeiten für die durch Arbeitsträger durchzuführenden Arbeitsabläufe. Dabei bezeichnet man die Vorgabezeit für die Tätigkeit eines Menschen an einem Auftrag als "*Auftragszeit*" und die Vorgabezeit für die Nutzung eines Betriebsmittels zur Bearbeitung eines Auftrags als "*Belegungszeit*". Die Zeitdauer zur Durchführung eines Arbeitsganges an einem Auftrag umfaßt in der Regel losgrößenabhängige und losgrößenunabhängige Zeiten. Deshalb werden Auftrags- und Belegungszeiten zuerst in *Rüst- und Ausführungszeiten* gegliedert. Bezugsgröße der Rüstzeiten ist der Auftrag, während sich die Ausführungszeit an einem Auftrag aus Teilzeiten ergibt, die für die Objekteinheiten ermittelt werden.

Die Rüst- und die Ausführungszeiten werden bei der **Auftragszeit** entsprechend Abbildung 3-7 in Grund-, Erholungs- und Verteilzeiten gegliedert. *Grundzeiten* sind Sollzeiten für das planmäßige Ausführen der Aufgaben und setzen sich aus Haupt- und Nebentätigkeitszeiten sowie ablaufbedingten Wartezeiten zusammen. *Erholungszeiten* fallen für erholungsbedingte Pausen des Menschen an. Unter *Verteilzeiten* versteht man durch Wahrscheinlichkeitsverteilungen modellierbare Sollzeiten, die zusätzlich zur planmäßigen Arbeitsausführung auftreten. Sie werden in sachliche und persönliche Verteilzeiten eingeteilt. Sachliche Verteilzeiten beziehen sich auf zusätzliche Tätigkeiten und störungsbedingte Unterbrechungen. Sie sind als Folgen der Arbeitserfüllung notwendig. Demgegenüber entstehen persönliche Verteilzeiten für persönlich bedingte Unterbrechungszeiten des Menschen und stehen kaum in einem Zusammenhang zur Arbeitsaufgabe. Grund-, Verteil- und Erholungszeiten können für den gesamten Auftrag oder die einzelne Einheit als Bezugsgrößen ermittelt werden. Bei jeder Angabe von Teilzeiten ist deshalb die Bezugsmenge zu beachten.

Zur Ermittlung der Vorgabezeiten ist von REFA ein **Standardprogramm** ausgearbeitet worden. Dieses gibt die Einzelschritte der Zeitaufnahme an und enthält eine Reihe verschiedener Formulare. Unter Verwendung dieser Hilfsmittel wird die Zeitaufnahme in der Regel von ausgebildeten REFA-Fachleuten durchgeführt. Grundsätzlich lassen sich fünf Hauptschritte der Zeitaufnahme unterscheiden:

1. Beschreibung der zu messenden Arbeit,

2. Messung der Grundzeiten,

3. Leistungsgradbeurteilung,

4. Ermittlung der Verteilzeiten,

5. Berechnung der Sollzeiten.

Der *erste Schritt* einer Zeitaufnahme besteht in der genauen *Beschreibung* der zu messenden Arbeit. Dabei ist anzugeben, welche Arbeitsaufgabe durchgeführt und welche Arbeitsverfahren sowie Arbeitsmethoden verwendet werden. Ferner muß man untersuchen, welche einzelnen Tätigkeiten zu der Arbeit gehören und in welche Arbeitsteile der Ablauf gegliedert wegen kann. Darüber hinaus kennzeichnet man die Einflußgrößen der Arbeit und die Bezugsgrößen (Auftrag oder Stück), für welche die Zeitgrößen anzugeben sind.

Maßgebliche Grundlage für die Bestimmung von Vorgabezeiten ist die *Messung* der Grundzeiten als *zweiter Schritt* der Zeitaufnahme. Entsprechend den im ersten Schritt festgelegten Ablaufabschnitten der zu messenden Arbeit legt man Meßpunkte fest, welche den Anfang und das Ende der Abschnitte angeben.

Als *dritter Schritt* der Zeitaufnahme muß eine *Leistungsgradbeurteilung* vorgenommen werden. Dabei wird die gemessene Leistung des einzelnen einer "Bezugsleistung" gegenübergestellt. Bei der Zeitaufnahme nach REFA verwendet man als Bezugsleistung die sogenannte (REFA-) *Normalleistung*. Sie stellt keine Durchschnittsleistung dar, sondern bezeichnet eine Bewegungsausführung, "die dem Beobachter hinsichtlich der Einzelbewegung, der Bewegungsfolge und ihrer Koordinierung besonders harmonisch, natürlich und ausgeglichen erscheint"[20]. Man kann diese Leistung von einer Arbeitskraft nur erwarten, wenn sie im erforderlichen Maße geeignet, geübt sowie voll eingearbeitet ist und ihre Fähigkeiten ungehindert entfalten kann.

Da die Normalleistung keine meßbare Durchschnittsleistung darstellt, hängt ihre Festlegung stark von der Vorstellung und Objektivität der Personen ab, welche die Leistungsgradbeurteilung vornehmen. Handelt es sich hierbei um fachlich ausgebildete und in der Zeitaufnahme erfahrene Personen, so werden diese eine verhältnismäßig klare Vorstellung über die Normalleistung besitzen. Ihre Festlegung enthält aber stets subjektive Elemente.

Vergleicht man die tatsächlich gemessene Ist-Leistung mit der "vorgestellten" Normalleistung, so läßt sich der Leistungsgrad bestimmen. Er ergibt sich aus folgender Beziehung:

$$\text{Leistungsgrad} = \frac{\text{gemessene Ist} - \text{Leistung}}{\text{vorgestellte Normalleistung}} \cdot 100$$

Der *vierte Schritt* einer Zeitaufnahme besteht in der Ermittlung der *Verteilzeiten*. Deren Dauer ist von zufälligen Einflüssen wie persönlichen Bedürfnissen oder Maschinenstörungen abhängig. Deshalb sind die Dauern mit Hilfe statistischer Methoden zu schätzen. Hierfür werden von REFA drei verschiedene Methoden vorgeschlagen:

- Die Verteilzeitaufnahmen als *langdauernde Zeitaufnahme*,

- die Verteilzeitaufnahme als *geteilte Zeitaufnahme* nach einem Zufallsplan und

- die *Multimomentaufnahme*, bei der in einer größeren Anzahl von Rundgängen zufällig die Tätigkeit der verschiedenen Arbeitsträger zu bestimmten Zeitpunkten ermittelt wird.

Im *fünften* und letzten Schritt einer Zeitaufnahme werden die Sollzeiten berechnet. Man addiert die zu einem Arbeitsgang gehörenden Grund-, Erholungs- und Verteilzeiten, deren Sollwerte auf der Grundlage gemessener bzw. geschätzter Ist-Werte in den vorangegangenen Schritten bestimmt worden sind. In der Ablauforganisation benötigt man je nach anstehender Fragestellung sowohl die gesamten Vorgabezeiten als auch einzelne Teilzeiten.

3.3.3 Reihenfolgematrizen und Reihenfolgegraphen

Zur Lösung von Reihenfolgeproblemen müssen die vielfach vorgegebenen Maschinenfolgen eines jeden Auftrags und die eine Alternative bestimmenden Auftragsfolgen an jedem Arbeitsträger beschrieben werden. Hierzu eignen sich Reihenfolgematrizen und Reihenfolgegraphen[21].

Reihenfolgematrizen und Reihenfolgegraphen können entweder die Maschinen- oder die Auftragsfolgen wiedergeben. Dann bezeichnet man sie als Maschinenfolgematrix bzw. Maschinenfolgegraph oder Auftragsfolgematrix bzw. Auftragsfolgegraph. Zum anderen können die Maschinen- und Auftragsfolgen gleichzeitig in einem sogenannten Ablaufgraphen dargestellt werden. Bei Maschinen- und Auftragsfolgematrizen beziehen sich die Zeilen auf die Aufträge $j=1,...,J$ eines gegebenen Auftragsbestandes und die Spalten auf die Arbeitsträger oder Maschi-

---

[20] REFA (1992), S. 136.
[21] Vgl. Seelbach und Mitarbeiter (1975), S. 23 ff.

nen *m=1,...M.* Die Elemente *(j,m)* einer **Maschinenfolgematrix** sagen aus, an welcher Stelle der betreffende Arbeitsträger *m* in der Operationenfolge des Stückprozesses von Auftrag *j* steht. Aus einer Zeile wird somit die Maschinenfolge des betrachteten Auftrags ersichtlich. Dagegen bezeichnen die Elemente *(j,m)* einer **Auftragsfolgematrix,** an welcher Stelle der Arbeitsträger den Auftrag *j* unter den ihm zugeteilten Aufträgen bearbeitet. Eine Spalte gibt also wieder, in welcher Reihenfolge die Aufträge über den betreffenden Arbeitsträger laufen.

In dem Beispiel in Tabelle 3-5 hat der Auftrag *j=3* die Maschinenfolge < 2, 4, 3, 1]. An der Maschine *m=2* werden die Aufträge in der Folge < 3, 2, 1] bearbeitet.

Maschinenfolge-matrix Auftragsfolgematrix

	$m=1$	$m=2$	$m=3$	$m=4$
$j=1$	1	2	3	4
$j=2$	1	3	2	4
$j=3$	4	1	3	2

	$m=1$	$m=2$	$m=3$	$m=4$
$j=1$	2	3	3	3
$j=2$	1	2	1	1
$j=3$	3	1	2	2

Tab. 3-5:   Beispiel einer Maschinen- und einer Auftragsfolgematrix

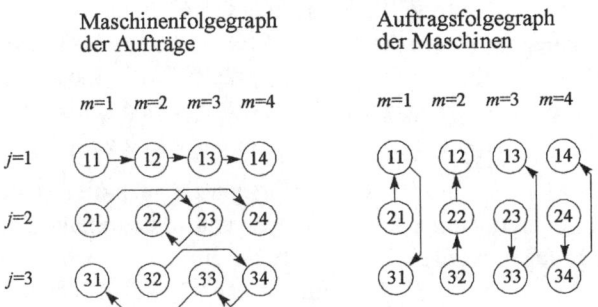

Maschinenfolgegraph der Aufträge

Auftragsfolgegraph der Maschinen

Abb. 3-8:   Beispiel eines Maschinen- und eines Auftragsfolgegraphen

In *Reihenfolgegraphen* werden die Arbeitsgänge oder Operationen durch Knoten und die Reihenfolgen durch Pfeile dargestellt. Ordnet man die Aufträge *j* vertikal und die Arbeitsträger *m* horizontal an, so bezeichnet die Knotennummer *jm* mit der ersten Ziffer den Auftrag *j* und mit der zweiten Ziffer den Arbeitsträger *m.* Zur Darstellung von *Maschinenfolgen* sind entsprechend Abbildung 3-8 horizontale Pfeile zwischen den zum Stückprozeß eines Auftrags gehörenden Knoten bzw. Arbeitsgängen *jm* einzuzeichnen. Aus Anfangs- und Endknoten sowie den Pfeilen zwischen den Knoten sieht man, wie der Auftrag *j* die Arbeitsträger *m* nacheinander durchläuft. *Auftragsfolgen* lassen sich gemäß Abbildung 3-8 durch vertikale Pfeile zwischen den von einem Arbeitsträger zu bearbeitenden Aufträgen beschreiben.

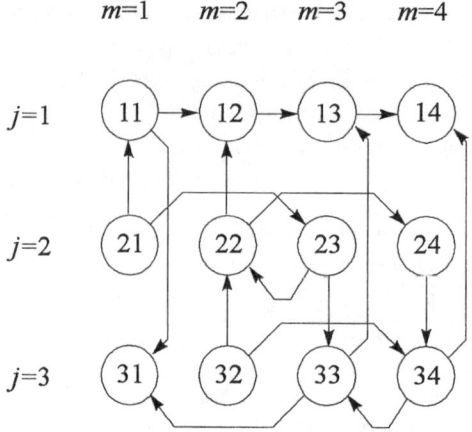

Abb. 3-9: Beispiel eines Ablaufgraphen

Maschinen- und Auftragsfolgegraph kann man zu einem *Ablaufgraphen* kombinieren, indem man wie in Abbildung 3-9 horizontale Pfeile für die Maschinenfolgen und vertikale Pfeile für die Auftragsfolgen in denselben Graphen einzeichnet. Dann werden durch die Betrachtung der horizontalen Pfeile für einen Auftrag die Maschinenfolge seines Stückprozesses und durch die Betrachtung der vertikalen Pfeile für einen Arbeitsträger dessen Auftragsfolge erkennbar[22]. Ein Ablaufgraph ist **zulässig,** wenn er keine Zyklen enthält. Ein Zyklus in einem Graphen würde bedeuten, daß ein bestimmter Arbeitsgang eines Auftrags *sich selbst* als zeitlichen Vorgänger hat. Der Ablaufgraph in Abbildung 3-9 ist zyklenfrei und damit zulässig.

Man findet in der Literatur statt der Maschinenfolgematrix auch die Darstellungsform in Tabelle 3-6, in der in den Zeilen die einzelnen Aufträge j und in den Spalten die Positionen h in der Arbeitsgangfolge abgetragen werden. In der dritten Zeile dieser Arbeitsgang-Matrix kann man unmittelbar ablesen, daß Auftrag 3 die Maschinenfolge <2, 4, 3, 1] besitzt.

	$h=1$	$h=2$	$h=3$	$h=4$
$j=1$	1	2	3	4
$j=2$	1	3	2	4
$j=3$	2	4	3	1

Tab. 3-6: Arbeitsgangmatrix

Abbildung 3-10 enthält den korrespondierenden Ablaufgraph dieser zweiten Darstellungsform. Die Auftrags- und Maschinenfolge entspricht der von Abbildung 3-9.

---

[22] Zum Aufbau einer entsprechenden Ablaufmatrix vgl. Seelbachund Mitarbeiter (1975), S. 27.

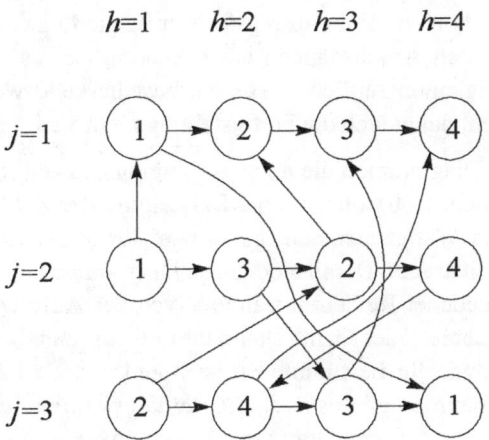

Abb. 3-10: Ablaufgraph in arbeitsgangorientierter Darstellung

3.3.4 Balken- oder Gantt-Diagramme

Ein wichtiges graphisches Instrument für die Planung und Kontrolle des zeitlichen Vollzugs von Prozeßabläufen sind Balken- oder Gantt-Diagramme. Sie können entweder für einen einzelnen Auftrag oder für die Menge der zu bearbeitenden Aufträge gezeichnet werden.

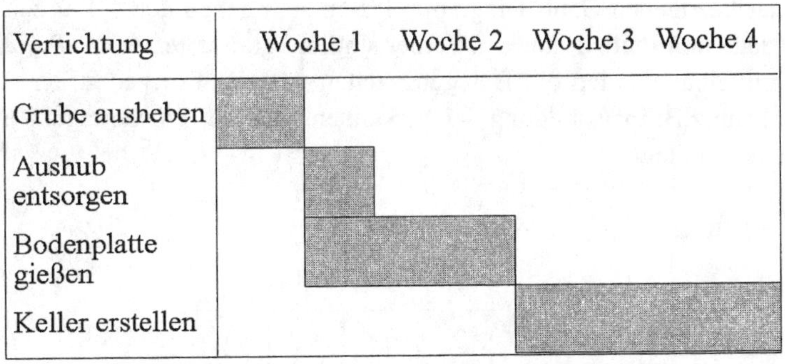

Verrichtung	Woche 1	Woche 2	Woche 3	Woche 4
Grube ausheben	▓			
Aushub entsorgen		▓		
Bodenplatte gießen			▓	
Keller erstellen				▓

Abb. 3-11: Beispiel für einen Auftragsfortschrittsplan

Im *ersten* Fall gibt das Gantt-Diagramm als **Auftragsfortschrittsplan** den zeitlichen Fortschritt der an einem Auftrag durchzuführenden Arbeitsgänge wieder. Bei ihm ist entsprechend Abbildung 3-11 auf der Abszisse die Zeit angegeben. Auf der Ordinate werden die zum Auftrag gehörenden Arbeitsgänge nacheinander abgetragen. Dann läßt sich einzeichnen, wie lange die einzelnen Arbeitsgänge dauern und wie sie zeitlich angeordnet werden. Hieraus ist insbesondere ersichtlich, inwieweit sich die Tätigkeiten in verschiedenen Arbeitsgängen überschneiden, weil zum Beispiel Teile frühzeitig bestellt werden müssen, um im nachfolgenden Arbeitsgang eingebaut werden zu können. Ein Auftragsfortschrittsplan macht vor allem die zeitlichen Verknüpfungen zwischen den Arbeitsgängen eines Stückprozesses sichtbar. Ferner wird erkennbar, bei welchen Tätigkeiten zeitliche Reserven bestehen und welche Termine unbedingt eingehalten werden müssen, damit sich die Fertigstellung nicht verzögert.

Die *zweite* Art von Gantt-Diagrammen dient zur Abbildung des zeitlichen **Durchlaufs mehrerer Aufträge**. Sie ermöglicht insbesondere eine Darstellung der Zykluszeiten des Auftragsbestands, der Durchlauf- und Wartezeiten seiner Aufträge sowie der Belegungs- und Leerzeiten der sie bearbeitenden Arbeitsträger. Damit sind Gantt-Diagramme ein wichtiges Instrument, um die Auswirkungen verschiedener Reihenfolgealternativen der Aufträge auf ablauforganisatorische Ziele sichtbar zu machen. Jedes Gantt-Diagramm gilt für eine bestimmte Maschinenfolge und eine Auftragsfolge sowie für bestimmte Startzeitpunkte der einzelnen Arbeitsgänge. Für diese Art von Gantt-Diagrammen gibt es *zwei Darstellungsformen*. In beiden Fällen trägt man auf der Abszisse die Zeit ab. Auf der Ordinate können entweder die verschiedenen Aufträge bzw. Produkte oder die Arbeitsträger bzw. Maschinen abgetragen werden. Man erhält dann auftragsbezogene oder maschinenbezogene Gantt-Diagramme.

In einem **auftragsbezogenen Gantt-Diagramm** entsprechend Abbildung 3-12 sind auf der Vertikalen die Aufträge aufgetragen. Die Balken geben an, wie lange der jeweilige Auftrag von einer Maschine bearbeitet wird. In sie werden die Bezeichnungen des jeweiligen Arbeitsträgers *m* oder des Arbeitsganges *jm* eingetragen. In dieser Abbildung wird die Auftrags- und Maschinenfolge des Ablaufgraphen aus Abbildung 3-9 dargestellt unter den zusätzlichen Annahmen, daß jeder Arbeitsgang eine Dauer von einer ZE hat und frühestmöglich durchgeführt wird.

Aus dem auftragsbezogenen Gantt-Diagramm lassen sich neben der Zykluszeit die Durchlaufzeiten der Aufträge unmittelbar ablesen. Ferner sind die grau unterlegten *Wartezeiten* leicht erkennbar. Nur mittelbar werden die Belegungszeiten und die Leerzeiten der Arbeitsträger ersichtlich. Man kann z.B. in Abbildung 3-12 erkennen, daß der Arbeitsträger 2 von Zeitpunkt 0 bis zum Zeitpunkt 4 belegt ist.

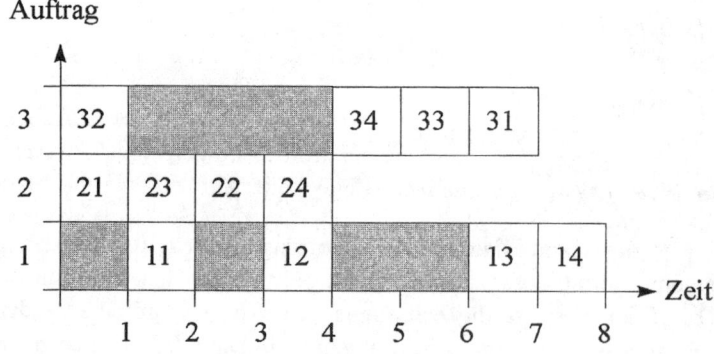

Abb. 3-12:   Beispiel für ein auftragsbezogenes Gantt-Diagramm

In Abbildung 3-13 lassen sich aus dem **maschinenbezogenen Gantt-Diagramm** die Belegungs- und Leerzeiten der Arbeitsträger unmittelbar ablesen. Dieses Gantt-Diagramm gibt denselben Prozeßablauf wie das auftragsbezogene aus Abbildung 3-12 wieder. In ihm sind jedoch auf der Ordinate die vier Arbeitsträger oder Maschinen abgetragen. Die durch die Arbeitsgangnummer *jm* gekennzeichneten Balken zeigen hier die Belegungszeiten der Arbeitsträger durch die jeweiligen Aufträge, während die grau schraffierten Balken deren *Leerzeiten* darstellen. Die Durchlaufzeiten der Aufträge lassen sich an ihren jeweils letzten Arbeitsträgern ablesen.

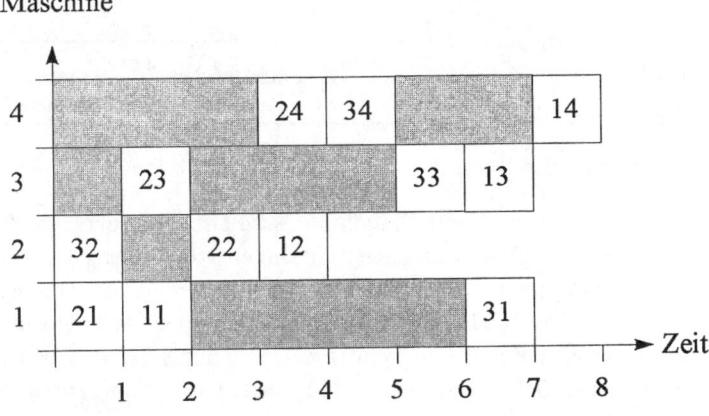

Abb. 3-13:   *Beispiel für ein maschinenbezogenes Gantt-Diagramm*

Da eine Vollenumeration aller Reihenfolgealternativen schon bei kleinen Problemen undurchführbar ist, kann eine **Vorstufe zur Entscheidungsfindung** in der Auswahl bestimmter Teilmengen von Auftragsfolgealternativen mit günstigen Eigenschaften bestehen. Diese Eigenschaften lassen sich auf der Grundlage von Gantt-Diagrammen verdeutlichen. Die Menge der Auftragsfolgealternativen läßt sich in *zulässige* und *unzulässige* aufteilen. Unzulässige Alternativen können nur bei Werkstattfertigung auftreten. Sie zeigen sich durch Zyklen im Ablaufgraph[23]. Zulässige Ablaufpläne können darüber hinaus als *semiaktiv* bezeichnet werden, wenn unter Einhaltung der vorgegebenen Auftragsfolgealternative die Arbeitsgänge so früh wie möglich begonnen werden. Dies bedeutet, daß im Gantt-Diagramm alle Balken für die Bearbeitungszeiten der Arbeitsgänge ohne Änderung der Auftragsfolgen *möglichst weit nach links verschoben* werden. Man kann die Alternativenmenge weiter auf die aktiven Ablaufpläne eingrenzen. Ein Ablaufplan wird aktiv genannt, wenn kein Arbeitsgang durch Änderung der vorgegebenen Auftragsfolgealternative früher beginnen kann, ohne den Start eines anderen Arbeitsgangs zu verzögern. Bei einer Reihe semiaktiver Ablaufpläne kann es möglich sein, durch eine **Änderung** der Auftragsfolge auf einer Maschine einen Arbeitsgang vollständig in eine "Leerzeit" vorzuverlagern. Da aktive Ablaufpläne im Hinblick auf die Ziele *Minimierung der Gesamtdurchlaufzeit, der Zykluszeit, der Terminüberschreitung* und *der Gesamtbelegungszeit* nie

---

[23] Vgl. Abschnitt 3.3.3.

schlechter sind als inaktive Ablaufpläne, ist bei diesen Zielen der optimale Plan unter den aktiven Ablaufplänen zu suchen[24]. Mit den beschriebenen Merkmalen läßt sich gemäß Abbildung 3-14 die Menge aller logisch möglichen Auftragsfolgealternativen bis zu der aus einer oder mehreren Alternativen bestehenden Teilmenge der optimalen Lösungen zerlegen[25].

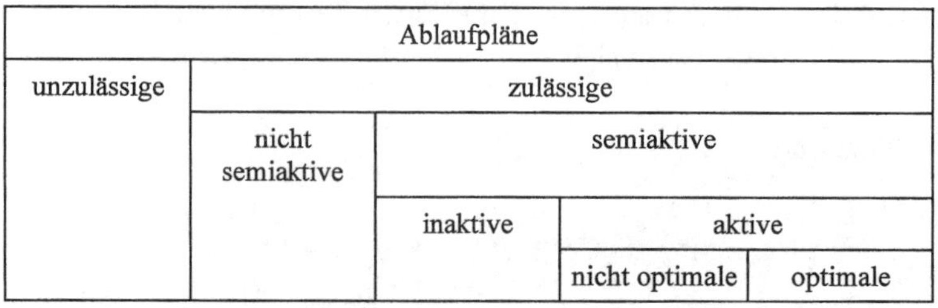

Ablaufpläne			
unzulässige	zulässige		
	nicht semiaktive	semiaktive	
		inaktive	aktive
			nicht optimale / optimale

Abb. 3-14: Zerlegung der Menge aller Ablaufpläne

Auftrags- und maschinenbezogene Gantt-Diagramme sind einmal in der *Entscheidungsfindung* gebräuchlich für die Darstellung der zeitlichen Wirkungen von Auftragsfolgealternativen. Mit ihnen lassen sich die Wartezeiten von Aufträgen und die Leerzeiten von Arbeitsträgern gut veranschaulichen. Dabei darf jedoch die Zahl der berücksichtigten Aufträge und Arbeitsträger nicht zu groß werden, sonst ist eine übersichtliche Darstellung der Bearbeitungs- und Belegungszeiten nur schwer möglich. Daneben werden Gantt-Diagramme zur *Abbildung und Überwachung* der laufenden Fertigung im Rahmen der Fertigungssteuerung eingesetzt. Sie können eine graphische Schnittstelle eines **elektronischen Leitstandes** bilden. In ihm werden die Belegungszeiten der Arbeitsträger durch die Aufträge laufend sichtbar gemacht und gegebenenfalls verändert. Auf elektronischen Leitständen kann man dann für jeden Zeitpunkt ablesen, welcher Arbeitsträger mit welchem Auftrag belegt ist und an welchem Arbeitsträger sich ein bestimmter Auftrag befindet.

3.3.5 Formale Modellierung von Prozeßabläufen

Nach der Definition und inhaltlichen Bedeutung der Modellvariablen kann man zwei grundlegende Typen der Formulierung quantitativer Modelle der Ablauforganisation unterscheiden: Produktionszeiten- und Produktionsmengenmodelle.

Die charakteristischen Variablen von **Produktionszeitenmodellen** sind als Zeitgrößen formuliert. Sie geben insbesondere Warte- und Leerzeiten oder Zeitpunkte des Beginns bzw. Endes der Bearbeitung wieder und beziehen sich auf Aufträge und Arbeitsträger. Diese Modelle beruhen i.d.R. auf einer kontinuierlichen Zeitführung. Beziehungen zwischen ablauforganisatorischen Variablen werden als Beziehungen zwischen Zeitpunkt- oder Zeitdauergrößen abgebildet. Die Art und Zahl der zu bearbeitenden Aufträge sowie der verfügbaren Arbeitsträger ist

---

[24] Vgl. Giffler/Thompson (1960), S. 493.
[25] Vgl. auch Seelbach und Mitarbeiter (1975), S. 114.

vorgegeben. Deshalb können alle Variablen bezogen auf die Arbeitsträger und Aufträge formuliert werden.

Zur Erfassung von *Reihenfolgealternativen* werden in Produktionszeiten- und -mengenmodellen Binärvariablen eingeführt. In Produktionszeitenmodellen[26] geben diese die Reihenfolge von Aufträgen an einzelnen Arbeitsträgern an. Deshalb kann man sie als auftragsfolgebezogene Reihenfolgevariablen bezeichnen. Eine solche Entscheidungsvariable könnte z.B. folgendermaßen definiert sein:

$$y_{jkm} = \begin{cases} 1 & \text{wenn Auftrag } j \text{ auf Maschine } m \\ & \text{vor Auftrag } k \text{ bearbeitet wird} \\ 0 & \text{sonst} \end{cases}$$

Mit derartigen binären Variablen lassen sich die Auftragsfolgealternativen unmittelbar abbilden. Aus ihren Werten ist direkt ersichtlich, in welcher Reihenfolge die Aufträge den jeweiligen Arbeitsträger durchlaufen.

Auch die *Losgrößen* können in Produktionszeitenmodellen unmittelbar wiedergegeben werden. Bezeichnet man die Bearbeitungs- oder Fertigungszeit eines Auftrags j an einem Arbeitsträger m mit d_{jm}, die Produktionsgeschwindigkeit (Zahl der bearbeiteten Produkte je ZE) mit i_{jm} und die (reihenfolgeunabhängige) Rüstzeit mit s_{jm}, dann bildet die Losgröße q_{jm} gemäß

$$t_{jm} = s_{jm} + d_{jm} = s_{jm} + \frac{q_{jm}}{i_{jm}} \tag{3-15}$$

eine unmittelbare Bestimmungsgröße für die Belegungszeit t_{jm} des Arbeitsträgers m durch den Auftrag j. Die Arbeitsverteilung und Maschinenfolgen sind in Produktionszeitenmodellen häufig vorgegeben. Die Verteilung der Aufträge auf die Arbeitsträger wird dann aus den vorgegebenen Werten der Belegungs- bzw. Rüstzeiten ersichtlich.

Als wichtige Klassen von *Nebenbedingungen* enthalten Produktionszeitenmodelle vor allem Maschinen- und Auftragsfolgebedingungen. Da sie Zeitpunkt- und -zeitdauergrößen unmittelbar abbilden, sind sie in erster Linie geeignet, Beziehungen zwischen ablauforganisatorischen Variablen und den Warte-, Leer- oder Zykluszeiten als Zielgrößen wiederzugeben. Durch eine Bewertung der Zeitgrößen ist es in erweiterten Modellen aber auch möglich, die Wirkungen auf Kosten und Erlöse zu erfassen.

Produktionsmengenmodelle[27] enthalten als charakteristische Variablen Einsatz- und Ausbringungsmengen sowie Absatz- und Lagermengen von Produkten. Zur Abbildung von Prozessen wird der Betrachtungszeitraum in Intervalle unterteilt, deren Dauer entweder vorgegeben oder als Variable behandelt werden kann. Alle Variablen werden wie im folgenden Beispiel intervallbezogen definiert, beispielsweise bedeutet dann q_{it} die Produktionsmenge von Produktart i in Periode t.

---

[26] Vgl. hierzu Küpper (1980), S. 121 ff.
[27] Vgl. hierzu Küpper (1980), S. 145 ff.

Für die Erfassung der ablauforganisatorischen Entscheidungstatbestände werden in Produktionsmengenmodellen intervallbezogene ganzzahlige Variablen eingeführt. Diese geben an, ob eine Produktart i in Periode t von einem Arbeitsträger m bearbeitet wird oder nicht und sind z.B. wie folgt definiert:

$$x_{it}^{m} = \begin{cases} 1 & \text{wenn Produkt i in Periode t an} \\ & \text{Arbeitsträger m hergestellt wird,} \\ 0 & \text{sonst} \end{cases}$$

Ferner können ganzzahlige *Umrüstvariablen* erforderlich sein, wenn die Intervalle so *kurz* sind, daß ein Auftrag einen Arbeitsträger über mehrere zusammenhängende Intervalle beansprucht. In diesem Fall ergeben sich die Losgrößen als die Summe der Fertigungsmengen dieser aneinandergrenzenden Intervalle. Häufig werden Produktionsmengenmodelle auch mit zeitlich *längeren* Intervallen formuliert. Dann können in einem Intervall an einem Arbeitsträger mehrere verschiedene Aufträge oder Produkte bearbeitet werden. Die Reihenfolge der Aufträge innerhalb einzelner Intervalle wird in diesem Fall meist nicht abgebildet.

Produktionsmengenmodelle enthalten als *Nebenbedingungen* vor allem Produkt(lager)bedingungen, in denen die Beziehungen zwischen aufeinanderfolgenden Fertigungsstufen und Perioden ausgedrückt werden können. In ihnen wird die häufig vorgegebene Maschinenfolge modelliert. Da Produktionsmengenmodelle Einsatzgütermengen sowie Absatzmengen als Variablen enthalten, lassen sich mit ihnen die Auswirkungen auf Kosten und Erlöse durch Bewertung dieser Mengengrößen unmittelbar erfassen. Deshalb bietet es sich an, Zielfunktionen für Kosten oder Gewinne zu formulieren.

Zum Überblick sind die Strukturmerkmale von Produktionszeiten- und Produktionsmengenmodellen in Tabelle 3-7 einander gegenübergestellt.

Merkmale	Produktionszeiten- modelle	Produktionsmengen- modelle
grundlegende Variablen	Fertigungszeiten, Wartezeiten, Leerzeiten	Produktionsmengen, Absatzmengen, Einsatzmengen, Lagermengen
Bezugsgrößen der Binärvariablen	Auftragsfolge je Produktiveinheit	Zeitintervalle
Abbildung der Losgrößen	unmittelbar	mittelbar
Abbildung der Gangfolgen	unmittelbar	mittelbar

Tab. 3-7: Strukturmerkmale von Produktionszeiten- und –mengenmodellen

3.4 Instrumente zur Entscheidungsunterstützung

Um über ablauforganisatorische Probleme zu entscheiden, benötigt man **Entscheidungsmodelle** und **Lösungsverfahren**. Mit den Lösungsverfahren kann man Alternativen mit einem hohen Zielerreichungsgrad bestimmen. Die Entscheidungsmodelle bilden die realisierbaren Alternativen einer Entscheidungssituation ab und enthalten eine Zielvorstellung. Letztere umfaßt das bzw. die angestrebten Ziele und ein Entscheidungskriterium, welches das gewünschte extremale oder befriedigende Maß der Zielerreichung angibt. Ferner gehen in die Modelle ablauforganisatorische und ggf. sonstige Hypothesen ein. Die Beziehungen zwischen den ablauforganisatorischen Alternativen und dem bzw. den Zielen werden in einer Zielfunktion wiedergegeben. Weitere Beziehungen zwischen Alternativen und Handlungsbeschränkungen (z.B. vorgegebene Kapazitäten, Maschinenfolgen) können durch Nebenbedingungen abgebildet werden. Entscheidungsmodelle schließen daher ein theoretisches Aussagensystem mit ein. Darüber hinaus stellen sie einen Bezug zu einem oder mehreren Zielen her, welche für die Wahl einer Alternative maßgeblich sind. Diese Alternative ist mit Hilfe eines Lösungsverfahrens zu ermitteln.

Entscheidungsmodelle, für die Lösungsverfahren bekannt sind, stellen wichtige Instrumente zur Lösung von Problemen der Ablauforganisation dar, soweit ihre Formulierung, die Datenermittlung und die Durchführung des Lösungsverfahrens nicht zu aufwendig sind. Für die Lösung ablauforganisatorischer Probleme der Fertigung ist eine große Zahl an Entscheidungsmodellen und Lösungsverfahren entwickelt worden. Wichtige Merkmale zur Kennzeichnung der Struktur von Entscheidungsmodellen bestehen in Art und Umfang ihres Betrachtungsgegenstandes, dem Sicherheitsgrad und dem Zeitbezug der Modellgrößen.

Nach der *Art des Betrachtungsgegenstandes* lassen sich Modelle unterscheiden, die sich entsprechend Abschnitt 1.3.6 auf die einzelnen Probleme der Ablauforganisation wie Arbeitsverteilung und Leistungsabstimmung, Arbeitsgruppierung, Reihenfolgen oder Transporte beziehen. Sie können entsprechend dem Umfang des Betrachtungsgegenstandes als isolierte Entscheidungsmodelle einzelne Probleme oder als simultane Entscheidungsmodelle verschiedenartige Probleme sowie deren Interdependenzen erfassen. Die Tabelle 3-8 zeigt, wie die folgenden Kapitel die einzelnen Betrachtungsgegenstände der Ablauforganisation aufgreifen. Die Merkmale *Sicherheitsgrad* und *Zeitbezug* der Modellgrößen führen zu der Unterscheidung deterministischer und stochastischer sowie statischer und dynamischer Entscheidungsmodelle.

Art des Betrachtungsgegenstandes	Kapitel
Probleme der Arbeitsverteilung und Leistungsabstimmung	4
Gruppierungsprobleme	5
Reihenfolgeprobleme	6 u. 7
Transportprobleme	8

Tab. 3-8: Zuordnung der Kapitel 4 bis 8 zu den Entscheidungsfeldern der Ablauforganisation

Die *Lösungsverfahren* lassen sich in exakte Verfahren, mit denen eine eindeutig optimale Alternative ermittelt werden kann, und in nicht-exakte Verfahren einteilen. Mit den nicht-exakten Verfahren sucht man nach einer "befriedigenden" Lösung, deren Entfernung vom Optimum oft nicht bekannt ist. Als *exakte Verfahren* werden u.a. die Differentialrechnung, lineare, nichtlineare sowie gemischt-ganzzahlige Optimierungsverfahren, die dynamische Optimierung und Branch-and-Bound-Verfahren verwendet. Daneben gibt es Spezialverfahren zur Lösung einzelner Probleme. Zu den *nicht-exakten Verfahren* zählen insbesondere die heuristischen Verfahren, die sich in Eröffnungs- und Verbesserungsverfahren einteilen lassen[28].

In den folgenden Kapiteln können lediglich einige *Beispiele* von Entscheidungsmodellen und Lösungsverfahren dargestellt werden. Sie sind so ausgewählt, daß einerseits verschiedene Problembereiche der Ablauforganisation und andererseits typische Arten von Lösungsverfahren berücksichtigt sind. Darüber hinaus enthalten die Kapitel Hinweise auf vertiefende Darstellungen in anderen Lehrbüchern und auf Übersichtsaufsätze zu Entscheidungsmodellen und Lösungsverfahren. Sie können jedoch keinen vollständigen Überblick vermitteln.

---

[28] Zu diesem Begriff vgl. Müller-Merbach (1970); Streim (1975).

4 Entscheidungsmodelle und Lösungsverfahren der Arbeitsverteilung und Leistungsabstimmung

4.1 Ziele und Rahmenbedingungen der Arbeitsverteilung und Leistungsabstimmung

Probleme der Arbeitsverteilung und Leistungsabstimmung entstehen vor allem bei der Konfiguration von **Fließfertigungssystemen**. Diese Systeme können im Gegensatz zur Werkstattfertigung i.d.R. nur für die Herstellung einer Produktart oder eines **beschränkten Produktspektrums** eingesetzt werden, da sie auf eine **gemeinsame Maschinenfolge** ausgerichtet sind. Aufgrund des einfachen und kontinuierlichen Materialflusses erreicht man mit ihnen jedoch häufig kurze Durchlaufzeiten und niedrige Zwischenlagerbestände. Man richtet sie ein, wenn für ein Produkt (-spektrum) eine hinreichend **hohe** und **gleichmäßige Nachfrage** vorliegt, so daß das System auf lange Sicht ausgelastet werden kann. In diesem Fall lassen sie sich wirtschaftlicher betreiben als etwa eine Werkstattfertigung. Es bestehen damit enge Beziehungen zwischen der Produktionsprogrammplanung und dem Organisationstyp der Fertigung. Die Tabelle 4-1 gibt einen Überblick über Merkmale, anhand derer Fließfertigungssysteme gekennzeichnet werden können[1].

Der Materialfluß kann bei Fließfertigung taktiert oder untaktiert erfolgen. Ein taktierter Materialfluß kann z.B. durch Transporteinrichtungen wie Fließbänder erreicht werden, mit denen alle im System befindlichen Produkte oder Werkstücke nach einer gewissen Taktzeit oder mit einer identischen kontinuierlichen Geschwindigkeit zur jeweils nächsten Arbeitsstation transportiert werden.

Im folgenden wird davon ausgegangen, daß für die Produkte die pro Zeiteinheit (z.B. pro Tag) herzustellenden Mengen als Produktionsraten bekannt sind. Für die Herstellung einer Produkteinheit sind verschiedene Arbeitsgänge oder *Arbeitselemente* mit gegebener (ggf. mittlerer) Dauer erforderlich. Das **Entscheidungsproblem** besteht darin, die einzelnen Arbeitselemente derart den Arbeitsstationen zuzuordnen, daß bestimmte Zielgrößen optimiert werden. Strebt man eine taktierte Fertigung an, so handelt es sich um ein Problem der Fließbandaustaktung.

Wenn die benötigte Zeit für die Durchführung eines Arbeitselements **Schwankungen** aufweist, kann es zweckmäßig sein, zwischen den Arbeitsstationen Puffer einzurichten, mit denen man die Stationen voneinander abkoppelt. Diese Puffer können Schwankungen in den Bearbeitungszeiten an benachbarten Arbeitsstationen auffangen. Die Dimensionierung dieser Puffer ist ausschlaggebend für die Produktionsrate eines derartigen nicht taktierten Fließfertigungssystems mit stochastischen Bearbeitungszeiten.

---

[1] Detaillierter Domschke/Scholl/Voß (1997), S. 181 ff.

Merkmal	Ausprägungen
Anzahl der Produkte	ein oder mehrere Produkte
Begrenzung der Stationen	Systeme mit offenen oder geschlossenen Stationsgrenzen
Sicherheit der Bearbeitungszeiten	deterministische oder stochastische Bearbeitungszeiten
Taktzwang	Systeme mit oder ohne Taktzwang
Existenz von Zuordnungsrestriktionen	Systeme und Prozesse mit oder ohne Zuordnungsrestriktionen zu einzelnen Arbeitsstationen
Zuverlässigkeit des Systems	Systeme mit oder ohne Maschinenausfällen

Tab. 4-1: Wichtige Kennzeichen von Fließfertigungssystemen

Im Fall schwankender Bearbeitungszeiten kann man zunächst von den mittleren Bearbeitungszeiten ausgehen und mit einem Verfahren der Fließbandabstimmung über die Zuordnung von Arbeitselementen zu Arbeitsstationen entscheiden. Anschließend hebt man die Annahme **deterministischer** Bearbeitungszeiten wieder auf und untersucht die Beziehung zwischen der Dimensionierung der Puffer und der Produktionsrate.

Einen Überblick über Entscheidungsmodelle und exakte Lösungsverfahren für deterministische Ein-Produkt-Modelle gibt *Baybars*, heuristische Verfahren für Probleme mit kostenorientierter Zielsetzung untersuchen *Rosenberg/Ziegler*[2]. Ausführliche Darstellungen in Lehrbüchern geben *Domschke/Scholl/Voß* und, mit besonderer Berücksichtigung stochastischer Bearbeitungs- und Maschinenausfallzeiten, *Askin/Standridge*[3].

4.2   Modell der isolierten Arbeitsverteilung

Einfache Beispiele von Entscheidungsmodellen zur isolierten Planung der Arbeitsverteilung bilden **Zuordnungsmodelle**. Man geht davon aus, daß eine Reihe verschiedenartiger Aufträge mehreren Personen oder Arbeitsträgern mit unterschiedlichen Qualifikationen zuzuordnen ist. Gesucht wird die Arbeitsverteilung, bei der die Summe der Bearbeitungszeiten oder -kosten aller Aufträge bzw. Arbeitsträger minimal ist. Die Zuordnungsprobleme, die bei der Abstimmung von Fließfertigungssystemen auftreten, sind aufgrund von Vorrangbeziehungen komplizierter als das folgende Modell der Arbeitsverteilung. Da sie jedoch ein Problem der Arbeitsverteilung enthalten, wird dieses zunächst in seiner einfachsten Form dargestellt. Es beruht auf den folgenden Annahmen:

- Die Anzahl der durchzuführenden Aufträge ist gegeben und entspricht der Anzahl der Arbeitsträger.

- Jeder Arbeitsträger kann jeden Auftrag ausführen.

- Jeder Arbeitsträger muß einen Auftrag übernehmen.

---

[2]   Vgl. Baybars (1986); Rosenberg/Ziegler (1992).
[3]   Vgl. Domschke/Scholl/Voß (1997), S. 189-249; Askin/Standridge (1993), S. 31-94.

- Die Bearbeitungszeiten oder -kosten der Aufträge unterscheiden sich über die Arbeitsträger.

- Die Summe der Bearbeitungszeiten oder -kosten soll minimiert werden.

Mit diesen Annahmen läßt sich das folgende Modell der isolierten Arbeitsverteilung formulieren.

Modell Arbeitsverteilung

$$Min\, Z = \sum_{i=1}^{I} \sum_{j=1}^{I} c_{ij} \cdot x_{ij} \tag{4-1}$$

unter Beachtung der Restriktionen (u.B.d.R.)

$$\sum_{j=1}^{I} x_{ij} = 1 \qquad\qquad \forall i \tag{4-2}$$

$$\sum_{i=1}^{I} x_{ij} = 1 \qquad\qquad \forall j \tag{4-3}$$

$$x_{ij} \in \{0,1\} \qquad\qquad \forall i, j \tag{4-4}$$

Indizes und Parameter

$i=1,...,I$ Index der Aufträge

$j=1,...,I$ Index der Arbeitsträger

c_{ij} Bearbeitungszeit oder -kosten von Auftrag i bei Arbeitsträger j

Entscheidungsvariable

x_{ij} 1, wenn Auftrag i Arbeitsträger j zugeordnet wird, 0 sonst

In der Zielfunktion (4-1) wird gefordert, daß die Summe der Bearbeitungszeiten oder -kosten minimal sein soll. Die Gleichung (4-2) besagt, daß jeder Auftrag i einem Arbeitsträger j zugeordnet werden muß. Die Nebenbedingung (4-3) fordert, daß jedem Arbeitsträger ein Auftrag zugeordnet wird. Neben speziellen Lösungsverfahren[4] kann man jedes Verfahren zur Lösung des in Kapitel 7.2 dargestellten sog. "klassischen Transportproblems" einsetzen, da dieses Modell der Arbeitsverteilung einen einfachen Spezialfall des Transportproblems bildet.

4.3   Fließbandabstimmung bei deterministischer Ein-Produktfertigung

4.3.1   Formale Abbildung der Fließbandabstimmung durch Entscheidungsmodelle

Im einfachsten Fall wird auf einem Fließband ein **einzelnes Produkt** hergestellt. Die Vorrangbeziehungen zwischen den einzelnen Arbeitselementen werden durch einen Vorranggraphen entsprechend Abbildung 4-1 abgebildet.

---

[4]   Vgl. z.B. Neumann/Morlock (2002), S. 294 ff.

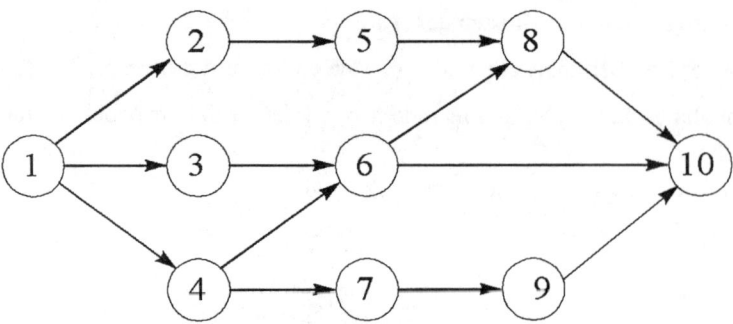

Abb. 4-1: Beispiel für einen Vorranggraphen

In einem derartigen zyklenfreien Vorranggraphen lassen sich die einzelnen Arbeitselemente immer so numerieren, daß jedes nur solche Nachfolger hat, deren Index größer ist als der Index des gerade betrachteten Arbeitselements. Eine solche Numerierung bezeichnet man als "topologische Sortierung". Das Problem der Fließbandabstimmung läßt sich durch ein Entscheidungsmodell abbilden, dem beispielsweise die folgenden Prämissen zugrundegelegt werden können:

- Die Reihenfolgebeziehungen zwischen den Arbeitselementen sind gegeben.
- Für jedes Arbeitselement ist eine deterministische Bearbeitungszeit gegeben.
- Die Arbeitselemente sind unteilbar und müssen genau einer Station zugeordnet werden.
- Es wird ein rein serielles Fließfertigungssystem eingerichtet, das keine parallelen Stationen enthält.
- Die Taktzeit ist für alle Stationen gleich.
- Jede Station kann grundsätzlich jedes Arbeitselement ausführen.
- Das Fließband muß eine gegebene Mindest-Produktionsrate erbringen.
- Die Summe der Bearbeitungszeiten aller Arbeitselemente, die einer Station zugeordnet werden, darf die Taktzeit nicht überschreiten.

Im Hinblick auf die **Zielsetzung** lassen sich verschiedene Varianten unterscheiden. Zum einen kann man direkt von erfolgszielorientierten Größen wie den Kosten ausgehen. In der Praxis orientiert man dagegen sich vielfach an Ersatzgrößen wie der Maximierung des Bandwirkungsgrads bei gegebener Mindest-Produktionsrate[5]. Man kann dieses Ziel auf zwei Wegen erreichen: Entweder versucht man, bei vorgegebener maximaler Taktzeit *und* einer vorgegebenen Anzahl an Stationen die Taktzeit zu minimieren, oder man minimiert bei einer festen Taktzeit die Anzahl der Stationen. Im folgenden wird zunächst ein Entscheidungsmodell für den zweiten Weg formuliert.

---

[5] Wenn keine Mindest-Produktionsrate vorgegeben wird, so läßt sich ein "Band"-Wirkungsgrad von 100 % dadurch erreichen, daß alle Arbeitselemente einer *einzigen* Station zugeordnet werden. In diesem trivialen Sonderfall wird jedoch kein Fließfertigungssystem eingerichtet.

Modell Fließbandabstimmung[6]

$$Min\, Z = \sum_{j=1}^{J} j \cdot x_{Ij} \qquad\qquad (4\text{-}5)$$

u.B.d.R.

$$\sum_{j=1}^{J} x_{ij} = 1 \qquad\qquad \forall i \qquad\qquad (4\text{-}6)$$

$$\sum_{i=1}^{I} x_{ij} \cdot d_i \leq c \qquad\qquad \forall j \qquad\qquad (4\text{-}7)$$

$$\sum_{j=1}^{J} j \cdot x_{hj} \leq \sum_{k=1}^{J} k \cdot x_{ik} \qquad\qquad \forall i; h \in V_i \qquad\qquad (4\text{-}8)$$

$$x_{ij} \in \{0,1\} \qquad\qquad \forall i,j \qquad\qquad (4\text{-}9)$$

Indizes und Parameter

c Taktzeit

d_i Dauer von Arbeitselement i

$i,h=1,...,I$ Indizes der Arbeitselemente

$j,k=1,...,J$ Indizes der Stationen

V_i Menge der direkten Vorgänger von Arbeitselement i

Entscheidungsvariable

x_{ij} gleich 1, falls Arbeitselement i der Station j zugewiesen wird, 0 sonst

In der Zielfunktion (4-5) wird die Nummer der Station minimiert, die das (letzte) Arbeitselement I aufnimmt. Die Gleichung (4-6) stellt sicher, daß jedes Arbeitselement i genau einer Station j zugeordnet wird. Die Summe der Bearbeitungszeiten der Arbeitselemente, die einer Station j zugewiesen werden, darf die Taktzeit c nicht überschreiten. Dies wird durch die Ungleichung (4-7) erreicht. Außerdem müssen die Vorrangbeziehungen zwischen den Arbeitselementen berücksichtigt werden. Ein Arbeitselement i kann nur dann einer Station k zugeordnet werden, wenn keiner seiner Vorgänger einer nachfolgenden Station zugeordnet wird (4-8). Schließlich dürfen die Entscheidungsvariablen gemäß (4-9) nur binäre Werte annehmen. In dieser Modellierung gibt J die maximal denkbare Anzahl an Stationen an. Aufgrund der Unteilbarkeit der Arbeitselemente kann man im Extremfall jedes Arbeitselement $i = 1,...,I$ einer "eigenen" Station zuordnen, so daß in jedem Fall die Anzahl der eingerichteten Stationen stets kleiner oder gleich der Anzahl an Arbeitselementen ist. Wieviele Stationen tatsächlich eingerichtet werden,

---

[6]   Vgl. Drexl (1990a), S. 63 f.; Domschke/Scholl/Voß (1997), S. 195 f.; für eine ähnliche Modellformulierung Askin/Standridge (1993), S. 36 ff.

ergibt sich aus der Lösung des Entscheidungsmodells. Wenn das Problem grundsätzlich lösbar ist, die vorgegebene Taktzeit also nicht kleiner ist als die größte Dauer eines der Arbeitselemente, so ist es sehr einfach, eine zulässige Lösung für das Entscheidungsmodell zu finden. Die Ermittlung der optimalen Lösung kann dagegen sehr aufwendig sein[7].

In der Praxis sucht man auch häufig nach der minimalen Taktzeit bei gegebener Anzahl der Stationen und maximiert damit den Bandwirkungsgrad auf dem ersten angesprochenen Weg. Diese Fragestellung ist z.B. dann relevant, wenn bereits ein Fließband mit einer bestimmten Zahl von Arbeitsstationen existiert und man auf diesem Band ein neues oder verändertes Produkt herstellen möchte. In diesem Fall interessiert man sich für die maximale Produktionsrate. Je höher die Produktionsrate bei gegebener Stationenzahl ist, desto höher ist der Bandwirkungsgrad. Der Bandwirkungsgrad BG

$$BG = \sum_{i=1}^{I} d_i \left/ M \cdot c \right.$$ (4-10)

ist bei gegebener Stationenzahl M um so höher, je geringer die Taktzeit c ist. Für diesen Ansatz muß man gegenüber dem Modell "Fließbandabstimmung" nur die Zielfunktion ändern. Man betrachtet nun die Taktzeit c als Entscheidungsvariable und nicht als Parameter. Die Indexobergrenze J für die Stationen wird auf den vorgegebenen Wert gesetzt *(J=M)*. Dann lautet die neue Zielfunktion:

Min Z = c (4-11)

Vielfach geht man davon aus, daß neben der Anzahl der Stationen auch die Taktzeit c nur ganzzahlige Werte annehmen darf.

Die Abbildung 4-2 zeigt für einen fiktiven Fall den Zusammenhang zwischen der Taktzeit und der benötigten Stationenzahl. Dabei wird unterstellt, daß die Summe der Bearbeitungszeiten 160 ZE beträgt. Die *minimale Taktzeit* entspricht der maximalen Bearbeitungszeit eines Arbeitselements und sei in diesem Beispiel 20 ZE. Die *maximale Taktzeit* ergibt sich aus der geforderten Produktionsrate und betrage hier 40 ZE. Ein Bandwirkungsgrad von 100 % ergibt sich z.B., wenn bei einer Taktzeit von 20 ZE 8 Stationen oder bei einer Taktzeit von 32 ZE 5 Stationen eingerichtet werden. Die durchgezogene Kurve in Abbildung 4-2 gibt die *untere Schranke* der Stationenzahl für jede Taktzeit unter der Annahme wieder, daß die Arbeitselemente *beliebig teilbar* sind und der Bandwirkungsgrad 100 % beträgt. Die Punkte stellen bei ganzzahligen Taktzeiten die benötigte Anzahl von Stationen dar. Je dichter sie an der Kurve der unteren Schranke liegen, desto höher ist der Bandwirkungsgrad der jeweiligen Kombination von Stationenzahl und Taktzeit. In dem dargestellten Fall benötigt man z.B. 6 Stationen, wenn die Taktzeit 31 ZE beträgt. Ein höherer Bandwirkungsgrad kann zum einen erreicht werden, indem bei gleicher Stationenzahl die Taktzeit auf 29 ZE reduziert wird. Zum anderen kann man die Taktzeit um eine ZE erhöhen und dadurch die Anzahl der Stationen auf 5 reduzieren.

7　Es handelt sich um ein NP-schweres Optimierungsproblem, vgl. Domschke/Scholl/Voß (1997), S. 205.

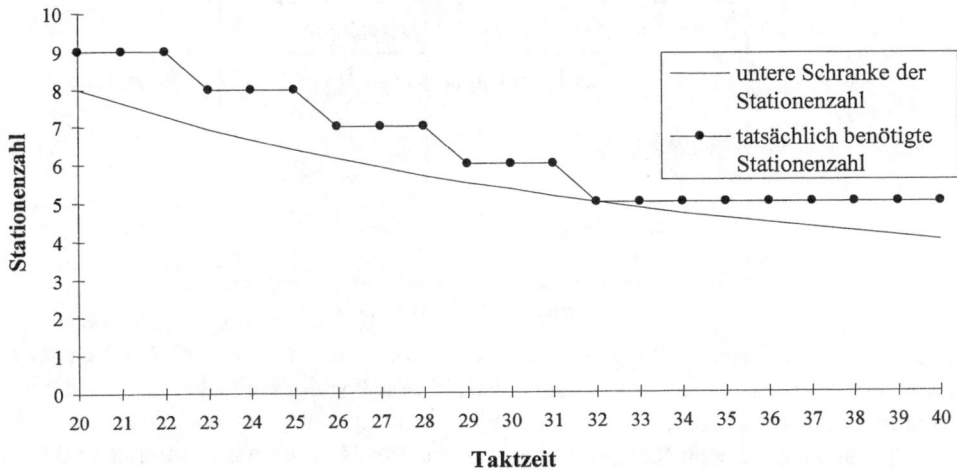

Abb. 4-2:   *Beziehung zwischen der ganzzahligen Taktzeit und der Stationenzahl*

Das Beispiel macht deutlich, daß die Minimierung der Taktzeit bei gegebener maximaler Stationenzahl ebenso wie die Minimierung der Stationenzahl bei gegebener maximaler Taktzeit (und damit minimaler Produktionsrate) zwei Wege zu einem (u.U. lokalen) Maximimum des Bandwirkungsgrades darstellen.

4.3.2 Heuristische Lösungsverfahren der Fließbandabstimmung

Zur Kennzeichnung eines Lösungsansatzes wird zunächst angenommen, daß bei einer gegebenen Taktzeit c die Anzahl M der Stationen minimiert werden soll. Eine relativ einfache Vorgehensweise zur Lösung des Entscheidungsmodells "Fließbandabstimmung" besteht darin, sukzessive einzurichtende Stationen mit Arbeitselementen "aufzufüllen". Man betrachtet zunächst eine Station und ordnet ihr solange Arbeitselemente zu, bis ihre Kapazität erschöpft ist. Sind danach noch Arbeitselemente vorhanden, so eröffnet man eine weitere Station und setzt den Prozeß entsprechend fort. Auf diese Weise wird schrittweise eine Lösung ermittelt.

In jeder Phase des Verfahrens ist jedes Arbeitselement entweder *bereits eingeplant*, gegenwärtig *einplanbar* oder noch *nicht einplanbar*. Der zuletzt genannte Zustand liegt vor, wenn zumindest einer seiner Vorgänger noch nicht eingeplant ist oder die verbleibende Kapazität der gerade betrachteten Station nicht ausreicht, um das Arbeitselement noch aufzunehmen.

Entscheidend ist bei einem derartigen sukzessiven Verfahren die **Reihenfolge**, in der die einzelnen gerade einplanbaren Arbeitselemente der aktuellen Station zugeordnet werden. Eine Reihenfolge läßt sich ermitteln, indem man den einzelnen Arbeitselementen Prioritätswerte zuordnet und aus der Menge der gerade einplanbaren Arbeitselemente immer dasjenige mit dem höchsten Prioritätswert P_i auswählt. Zur Berechnung dieser Prioritätswerte ist eine Reihe von Regeln vorgeschlagen worden. Einige von ihnen sind in Tabelle 4-2 wiedergegeben. Dabei bezeichnet das Symbol N_i die Menge der *direkten* und N_i^a die Menge *aller* Nachfolger von Arbeitselement i.

Bezeichnung der Regel	Berechnung
Anzahl direkter Nachfolger	$P_i = \lvert N_i \rvert$
Rangwert	$P_i = d_i + \sum_{h \in N_i} P_h$
Positionsgewicht/-wert[8]	$P_i = d_i + \sum_{h \in N_i^a} d_h$

Tab. 4-2: Beispiele für Prioritätsregeln zur Auswahl von Arbeitselementen

Vergleicht man die Regeln "Rangwert" und "Positionsgewicht", so wird deutlich, daß der Rangwert eines Arbeitselements u.U. höher ist als sein Positionsgewicht. Das ist darauf zurückzuführen, daß beim Positionsgewicht die Bearbeitungszeit jedes nachfolgenden Arbeitselements genau einmal, beim Rangwert aber u.U. mehrmals erfaßt wird, wenn es in dem Vorranggraphen mehrere verschiedene Wege zu diesem nachfolgenden Arbeitselement gibt[9].

Beispiel zur Minimierung der Stationenzahl

Gegeben ist der Vorranggraph von Abbildung 4-1 auf S. 148. Die Bearbeitungszeiten d_i in ZE für die einzelnen Arbeitselemente i=1,...,10 sind in folgender Tabelle 4-3 enthalten.

i	1	2	3	4	5	6	7	8	9	10
d_i (ZE)	3	3	4	6	8	3	2	5	6	1

Tab. 4-3: Bearbeitungszeiten der Arbeitselemente

Pro Tag stehen 468 Zeiteinheiten (ZE) (z.B. Minuten) Fertigungszeit zur Verfügung. An jedem Tag müssen 36 Mengeneinheiten (ME) des Produktes hergestellt werden. Als Prioritätswerte sollen die *Rangwerte* herangezogen werden, die sich entsprechend dem Schema in Tabelle 4-4 berechnen lassen. Aus der geforderten Produktionsmenge von 36 ME/Tag und einer Produktionszeit von 468 ZE/Tag ergibt sich folgender Takt, in dem die Produkte erstellt werden müssen:

$$\frac{468 ZE/Tag}{36 ME/Tag} = 13 ZE/ME$$

---

[8]   Vgl. Helgeson/Birnie (1961).

[9]   Dies ist in Abbildung 4-1 auf Seite 148 z.B. für das Arbeitselement 6 der Fall, von dem aus zwei Wege zu dem letzten Arbeitselement 10 führen.

i	d_i (ZE)	$\sum_{h \in N_i} P_h$ (ZE)	P_i (ZE)	Rang
10	1	0	1	10
9	6	1	7	8
8	5	1	6	9
7	2	7	9	7
6	3	6+1	10	6
5	8	6	14	4
4	6	10+9	25	2
3	4	10	14	5
2	3	14	17	3
1	3	17+14+25	59	1

Tab. 4-4:   Rechenschema für die Berechnung der Prioritätswerte nach dem Rangwertverfahren

Geht man nun stationsweise vor, so ist zunächst nur das Arbeitselement 1 einplanbar, da es für alle anderen Arbeitselemente den Vorgänger bildet. Nachdem dieses Arbeitselement der Station 1 zugeordnet ist, sind die Arbeitselemente 2, 3 und 4 einplanbar. Der Prioritätswert des Arbeitselementes 4 ist am höchsten, es wird daher zuerst eingeplant. Anschließend kann auch noch das Arbeitselement 2 der Station 1 zugeordnet werden. Trotz der noch verfügbaren Zeit von 1 ZE läßt sich der Station 1 kein weiteres Arbeitselement mehr zuordnen. Daher ist eine neue Station 2 einzurichten. Diese nimmt die Arbeitselemente 5 und 3 auf, es verbleibt ebenfalls eine Leerzeit von 1 ZE. In entsprechender Weise lassen sich die Stationen 3 mit den Elementen 6, 7 und 9 sowie die Station 4 mit den Elementen 8 sowie 10 belegen. Letztlich erhält man einen Bandwirkungsgrad von $41/(4 \cdot 13) = 78{,}85\,\%$.

Station	Arbeits-elemente	Bearbei-tungszeit (ZE)	noch verfüg-bare Zeit (ZE)	Belegungs-zeit (ZE)
1	1	3	10	
	4	6	4	
	2	3	1	12
2	5	8	5	
	3	4	1	12
3	6	3	10	
	7	2	8	
	9	6	2	11
4	8	5	8	
	10	1	7	6

Tab. 4-5: Minimierung der Stationenzahl bei einer Taktzeit c=13 ZE

In dieser Lösung ist keine der Stationen voll, die letzte Station sogar zu weniger als 50 % ausgelastet.

Dieses Verfahren zur Minimierung der Stationenzahl läßt sich auch als Komponente eines Verfahrens zur Minimierung der Taktzeit bei gegebener Stationenzahl M einsetzen. Auf diesem Weg kann man gegenüber einer Situation wie Tabelle 4-5 zu einer Lösung mit einem höheren Bandwirkungsgrad gelangen.

Dazu geht man von einer Ausgangslösung wie in Tabelle 4-5 mit der Stationenzahl M aus und reduziert anschließend schrittweise die Taktzeit. Dadurch können sich andere Zuordnungen der Arbeitselemente zu den Stationen ergeben. Wenn die Anzahl der benötigten Stationen nicht ansteigt, führt die Verkürzung der Taktzeit gemäß Beziehung (4-10) zu einem Anstieg des Bandwirkungsgrads. Dieses Verfahren setzt man solange fort, wie die vorgegebene Anzahl von Stationen nicht überschritten wird.

Beispiel zur Minimierung der Taktzeit

Wir betrachten wieder das auf S. 152 eingeführte Beispiel und gehen davon aus, daß **mindestens** 36 ME pro Tag hergestellt werden sollen. Aus der Lösung des Beispiels in Tabelle 4-5 ergibt sich zunächst, daß diese Produktionsrate mit vier Stationen realisiert werden kann. Nun versucht man, mit diesen vier Stationen eine kürzere Taktzeit und damit einen höheren Bandwirkungsgrad zu erreichen. Da in Tabelle 4-5 an jeder Station ein Schlupf von mindestens 1 ZE vorliegt, kann man die Taktzeit auf 12 ZE reduzieren, ohne daß eine weitere Station eingerichtet werden muß. Dadurch steigt der Bandwirkungsgrad auf $41/(4 \cdot 12) = 85,42\%$. Jetzt stellt sich die Frage, ob die Taktzeit auch auf 11 ZE reduziert werden kann. Das Rangwertverfahren führt zu der in Tabelle 4-6 dargestellten Zuordnung.

Station	Arbeits-elemente	Bearbei-tungszeit (ZE)	noch verfüg-bare Zeit (ZE)	Belegungs-zeit (ZE)
1	1	3	8	
	4	6	2	
	7	2	0	11
2	2	3	8	
	5	8	0	11
3	3	4	7	
	6	3	4	7
4	9	6	5	
	8	5	0	11
5	10	1	10	1

Tab. 4-6: Minimierung der Stationenzahl bei einer Taktzeit c=11 ZE

Die Anzahl der Stationen ist jetzt auf 5 angestiegen, damit geht ein Rückgang des Bandwirkungsgrads auf 74,55 % einher. Bei Anwendung des Rangwertkriteriums und Vorgabe von 4 Stationen ergibt also eine Taktzeit von 12 ZE das beste Ergebnis. Bei dieser Taktzeit werden pro Tag 39 ME hergestellt. In dem Beispiel führt die Orientierung an den Positionsgewichten (vgl. Tabelle 4-2 auf S. 152) zu dem gleichen Ergebnis.

Da es sich bei dem eingesetzten Verfahren um eine Heuristik handelt, gibt es keine Garantie, daß die optimale Lösung des Problems gefunden wird. Setzt man zur Lösung des Entscheidungsmodells "Fließband" mit der zweiten Zielfunktion (4-11) ein Standardprogramm zur gemischt-ganzzahligen Optimierung ein, so erhält man die in Tabelle 4-7 dargestellte *optimale* Lösung.

Station	Arbeits-elemente	Bearbei-tungszeit (ZE)	noch verfüg-bare Zeit (ZE)	Belegungs-zeit (ZE)
1	1	3		
	4	6		
	7	2	0	11
2	3	4		
	9	6	1	10
3	2	3		
	5	8	0	11
4	6	3		
	8	5		
	10	1	2	9

Tab. 4-7: Optimale Lösung des Beispiels zur Fließbandabstimmung bei vorgegebener Zahl von vier Stationen

Bei dieser Lösung beträgt der Bandwirkungsgrad 93,18 %. Er ist deutlich höher als der beste heuristisch erreichte Bandwirkungsgrad von 85,42 %. Man erkennt, daß es keine Lösung mit einer kürzeren ganzzahligen Taktzeit und vier Stationen geben kann, da bei einer Taktzeit von 10 ZE und 4 Stationen nur 40 ZE zur Verfügung stehen würden, man aber 41 ZE benötigt, um eine ME des Produktes herzustellen.

4.4   Fließbandabstimmung bei deterministischer Variantenfertigung

In der Realität wird auf einem Fließband (oder einem ungetakteten Fließfertigungssystem) meist nicht nur ein einzelnes Produkt hergestellt, sondern man fertigt ein Spektrum ähnlicher Produkte. Im folgenden werden solche Produkte als **Varianten** bezeichnet, die bestimmte **gemeinsame Arbeitselemente** enthalten. Die "Variantenfertigung" hat in den letzten Jahren erheblich an Bedeutung gewonnen. Will man ein Fließband für die Produktion von Varianten austakten, so ist zunächst der Gedanke naheliegend, jede Variante als individuelles Produkt zu betrachten und mit einem der Verfahren für die Abstimmung von Ein-Produkt-Fließbändern eine Zuordnung von Arbeitselementen zu Stationen zu bestimmen. In diesem Fall wäre das Problem der Fließbandabstimmung vergleichsweise leicht zu lösen. Eine Konsequenz dieser Vorgehensweise bestünde darin, daß ein bestimmtes Arbeitselement bei verschiedenen Varianten möglicherweise *verschiedenen Stationen* zugewiesen wird.

Dies ist jedoch in der Praxis häufig `außerordentlich unzweckmäßig. Zum einen kann es erforderlich sein, für einen derartigen Arbeitsgang spezielle Maschinen einzusetzen, die dann an mehreren Stationen fest installiert werden müßten und dort nicht ausgelastet werden könnten. Zum anderen müßten u.U. bestimmte Arbeitselemente von verschiedenen Arbeitskräften ausgeführt werden. Dann könnten Lerneffekte von den einzelnen Arbeitskräften nicht in dem größtmöglichen Maß realisiert werden. Außerdem würden beim Wechsel zwischen verschiedenen Varianten u.U. Rüstvorgänge erforderlich, die sich vermeiden lassen, wenn man *jedes Arbeitselement* immer nur an *einer Station* ausführt. Aus diesen Gründen ist man in der Praxis häufig daran interessiert, auch bei einer Variantenfließfertigung jedes Arbeitselement nur einer Station zuzuordnen.

Dies läßt sich dadurch erreichen, daß man zunächst eine sogenannte fiktive "Mischvariante" bildet, in der man die verschiedenen Varianten zusammenfaßt. Die Bearbeitungszeiten der einzelnen Arbeitselemente der Mischvariante ergeben sich in diesem Fall unter Berücksichtigung der variantenspezifischen Produktionsmenge als gewogener Durchschnitt über die betrachteten Varianten. Anschließend löst man für die Mischvariante mit einem der bekannten Verfahren ein Ein-Produkt-Problem.

4.4.1 Bestimmung von Mischvarianten

Der Vorranggraph der Mischvariante enthält alle Arbeitselemente und Vorrangbeziehungen der P betrachteten Varianten. Dabei kann die Dauer eines Arbeitselementes von der Variante abhängen, sie kann auch Null sein. Wenn man den Anteil q_v jeder Variante v an der gesamten Produktionsmenge kennt, so kann man die mittleren Bearbeitungszeiten d_i des Arbeitselements i in dem Vorranggraphen der Mischvariante als gewichtete Summe der Bearbeitungszeiten d_{iv} von Arbeitselement i der Variante v folgendermaßen bestimmen[10]:

$$d_i = \sum_{v=1}^{P} q_v \cdot d_{iv} \qquad\qquad (4\text{-}12)$$

Beispiel zur Bestimmung einer Mischvariante

Wir betrachten eine Situation mit drei verschiedenen Varianten. Die Vorranggraphen sind in Abbildung 4-3 dargestellt. Wieder stehe eine Produktionszeit von 468 ZE pro Tag zu Verfügung. Von den Varianten 1 und 2 müssen pro Tag mindestens je 9 ME, von der Variante 3 dagegen mindestens 18 ME hergestellt werden. Daraus folgt für die beiden ersten Varianten ein Anteil q_v an der gesamten Produktionsmenge (36 ME) von je 25 % und für die dritte von 50 %.

Faßt man diese drei Vorranggraphen zusammen, so erhält man einen Vorranggraphen der Mischvariante, der dem Graphen in Abbildung 4-1 auf S. 148 entspricht. Wenn man die Anteile der einzelnen Varianten am gesamten Produktionsvolumen und die Bearbeitungszeiten der Arbeitselemente bei allen Varianten kennt, so kann man die Bearbeitungszeiten der Arbeitselemente für die Mischvariante gemäß Tabelle 4-8 berechnen.

---

[10] Vgl. Decker (1993), S. 32; Domschke/Scholl/Voß (1997), S. 253.

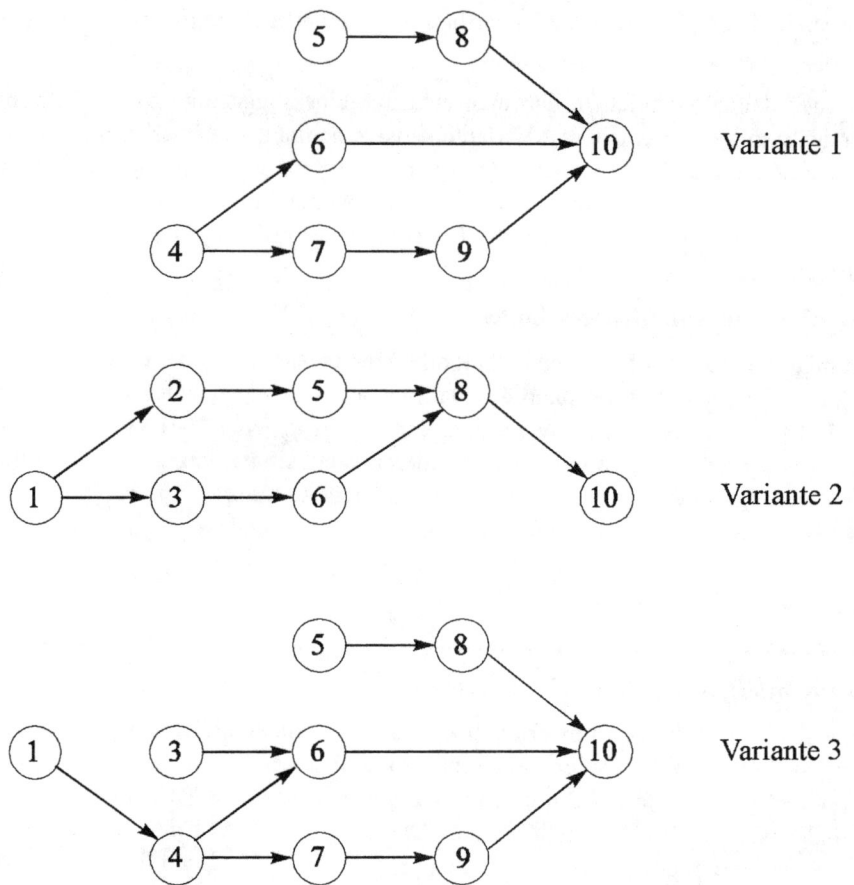

Abb. 4-3: Vorranggraphen dreier Varianten

In dem Beispiel ergeben sich in der letzten Spalte der Tabelle 4-8 für die Mischvariante die gleichen Bearbeitungszeiten wie in dem Beispiel auf S. 152 ff. Da der Vorranggraph der Mischvariante dem Vorranggraphen dieses Beispiels entspricht, die gleiche Produktionszeit zur Verfügung steht und ebenfalls pro Tag 36 ME hergestellt werden sollen, kann im folgenden von dem Beispiel zur Ein-Produkt-Fließfertigung ausgegangen werden.

v	1	2	3	Mischvariante
q_v	0,25	0,25	0,5	
Arbeits-element i	d_{i1} (ZE)	d_{i2} (ZE)	d_{i3} (ZE)	$d_i = q_1 \cdot d_{i1} + q_2 \cdot d_{i2} + q_3 \cdot d_{i3}$ (ZE)
1		2	5	3
2		12		3
3		2	7	4
4	8		8	6
5	5	3	12	8
6	3	3	3	3
7	2		3	2
8	8	8	2	5
9	8		8	6
10	1	1	1	1

Tab. 4-8: Berechnung der Bearbeitungszeiten der Mischvariante

Dort hatte sich gezeigt, daß bei einer Taktzeit von 13 ZE die geforderte Tagesproduktionsmen-ge erreicht wird. Bei der Zuordnung in Tabelle 4-5 auf S. 154 war jedoch die Auslastung der vier gebildeten Stationen sehr ungleichmäßig. In dem später exakt gelösten Problem der Mini-mierung der Taktzeit bei gegebener Stationenzahl hatte sich gezeigt, daß es eine optimale Lö-sung mit vier Stationen und einer Taktzeit von 11 ZE gibt, die zu einer gleichmäßigeren Aus-lastung der Stationen führt (s. Tabelle 4-7 auf S. 156). Diese relativ ausgeglichene Zuordnung der Arbeitselemente zu den Stationen ist offensichtlich auch bei einer Taktzeit von 13 ZE reali-sierbar und führt an jeder Station zu einem gewissen zeitlichen Puffer. Sie scheint daher als Ausgangspunkt für eine Variantenfertigung eher geeignet als die Zuordnung in Tabelle 4-5.

Nun kann man in Tabelle 4-9 mit Hilfe der Tabellen 4-7 und 4-8 berechnen, wie stark jede Sta-tion pro Takt durch jede der Varianten belastet wird. Der Station 1 werden die Arbeitselemente 1, 4 und 7 der Mischvariante zugeordnet. Die Variante 1 enthält lediglich die Arbeitselemente 4 und 7 mit variantenspezifischen Bearbeitungszeiten von 8 und 2 ZE. Daraus ergibt sich die in Tabelle 4-9 angegebene Belastung der Station 1 durch die Variante 1 in Höhe von 10 ZE.

Station\Variante	1	2	3
1	10	2	16
2	8	2	15
3	5	15	12
4	12	12	6
Summe	35	31	49

Tab. 4-9: Belastung der Stationen je Variante in ZE

Offensichtlich ist es zeitlich erheblich aufwendiger, die Variante 3 herzustellen als die Varianten 1 und 2. Die mittlere gesamte Bearbeitungszeit der Mischvariante beträgt 41 ZE und liegt damit unter der von Variante 3. Es ist also damit zu rechnen, daß bei der Produktion von Variante 3 Überlastungen des Produktionssystems auftreten werden.

Die Betrachtung einer Mischvariante zielt auf die *mittlere Belastung* der einzelnen Stationen ab. Sie gestattet keine Aussage über die Belastung in einem bestimmten Zeitabschnitt, wenn z.B. zwei oder mehr arbeitsintensive Varianten direkt aufeinander folgen.

4.4.2 Planung zyklischer Variantenfolgen

Es hängt von der konkreten Gestaltung des Fließfertigungssystems ab, wie sich diese unterschiedlichen Belastungen auswirken. Im folgenden wird davon ausgegangen, daß die Werkstücke kontinuierlich bewegt werden und sich jeweils für die Dauer der Taktzeit c im Bereich einer Station befinden. Die räumliche Ausdehnung ("Länge") aller Stationen muß dazu gleich sein. Wenn die Stationen räumlich **geschlossen**[11] sind, treten je nach Variante abwechselnd an den einzelnen Stationen Überlastungen oder Leerzeiten auf[12], die nicht über die Stationsgrenzen hin ausgeglichen werden können. Man kann versuchen, diesen Überlastungen durch den Einsatz von Springern, Nacharbeit oder einem kurzzeitigen Stillstand des Bandes zu begegnen.

Die Stationen können auch **offen** sein, so daß die Arbeitskräfte bei Überlastungen kurzzeitig mit dem Werkstück in den Bereich der nächsten Station "abschwimmen" können. Aus der Sicht einer Arbeitsstation müssen sich die arbeitsintensiven Varianten mit den weniger arbeitsintensiven regelmäßig abwechseln, da die Arbeitskräfte sonst keine Möglichkeit zum "Aufholen" besitzen.

In Abbildung 4-4 ist ein Fließband mit 3 Stationen schematisch dargestellt. Wenn sich das Fließband kontinuierlich bewegt und alle Stationen die gleiche räumliche Ausdehnung haben, arbeiten die Stationen alle mit einer identischen Taktzeit. Sofern sich die Arbeitskräfte nur innerhalb der Stationsgrenzen bewegen können, sind die Stationen geschlossen. Dies ist in Abbildung 4-4 für die Station 2 im Fall a) angedeutet. Im Fall b) ist die Station rechtsseitig offen.

---

[11] Vgl. Domschke/Scholl/Voß (1997), S. 187.

[12] In der Tabelle 3-9 erkennt man, daß in dem Beispiel die Variante 3 an den Stationen 1 und 2 sowie die Variante 2 an der Station 3 zu einer Überlastung führen. Andererseits treten an den Stationen 1 und 2 bei der Produktion von Variante 2 erhebliche Leerzeiten auf.

Die Arbeitskraft kann sich also mit dem Werkstück in den Bereich der Station 3 hineinbewegen, falls sie bei Ankunft an der rechten Stationsgrenze noch nicht mit der Bearbeitung des Werkstücks fertig geworden ist. Ist die Arbeitskraft auf Station 2 mit einem Werkstück fertig geworden ist, so bewegt sie sich entgegen der Materialflußrichtung, bis sie innerhalb ihrer Station auf ein neues Werkstück trifft oder - im Fall a) und b) - die linke Stationsseite erreicht und dann dort auf das nächste Werkstück wartet. Im Fall c) wird davon ausgegangen, daß die Station 2 auch linksseitig offen ist. In diesem Fall kann sich die Arbeitskraft zusätzlich in den räumlichen Bereich der Station 1 hineinbewegen und dort an einem Werkstück arbeiten, sofern alle Arbeitselemente der Station 1 bereits ausgeführt sind.

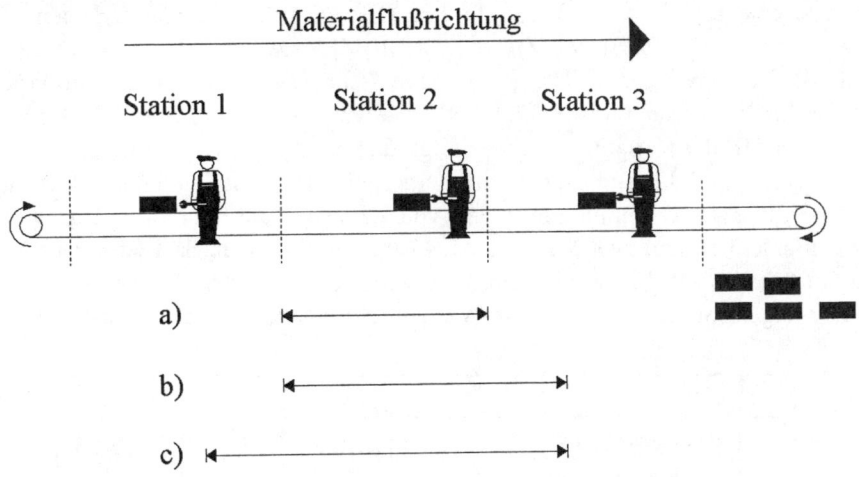

Abb. 4-4: Fließfertigungssystem mit offenen und geschlossenen Stationsgrenzen

Wenn man auf einem Fließband Varianten herstellen will, so entsteht im Gegensatz zur Ein-Produkt-Fließbandaustaktung zusätzlich ein **Problem der Reihenfolgeplanung**. Man muß die Reihenfolge der einzelnen Varianten so festlegen, daß sich aus der Sicht der einzelnen Stationen eine zeitlich möglichst gleichmäßige Arbeitsbelastung einstellt. Für die Reihenfolgeplanung bei Mehr-Produkt-Fließfertigung gibt es eine Reihe von Modellen und Verfahren[13]. Im folgenden werden einige Grundelemente derartiger Verfahren am Beispiel erläutert.

In vielen Verfahren werden zur Reihenfolgeplanung **Zyklen** gebildet, die man regelmäßig wiederholt. Wenn von einer Variante je Tag oder Schicht Q_i ME herzustellen sind und r der größte gemeinsame Teiler aller Q_i ist, so werden in jedem Zyklus jeweils $N_i = Q_i/r$ ME von Variante i hergestellt. Die gesamte Produktionsmenge je Zyklus beträgt

$$N = \sum_i N_i \tag{4-13}$$

---

13 Vgl. z.B. Miltenburg (1989); Decker (1993), S. 49 ff.

ME. Eine sehr einfache Möglichkeit, die **Reihenfolge** der Varianten **innerhalb des Zyklus** festzulegen, besteht darin, nacheinander alle Positionen innerhalb des Zyklus zu betrachten und immer diejenige Variante an die aktuelle Position j setzen, bei der die Differenz zwischen dem kumulierten Bedarf zum Zeitpunkt $j \cdot c$ und der bisherigen kumulierten Produktion zum Zeitpunkt $(j-1) \cdot c$ am größten ist[14].

Beispiel zur Reihenfolgeplanung bei Variantenfertigung

In dem eingeführten Beispiel zur Variantenfertigung sollen von den Varianten 1 und 2 täglich Q_i = 9 ME, i=1, 2, von der Variante 3 dagegen Q_3 = 18 ME hergestellt werden. Insgesamt sind pro Tag 36 ME zu produzieren. Oben hatte sich gezeigt, daß dies für die Mischvariante vier Stationen und eine Taktzeit von 13 ZE erfordert. Dies entspricht für die Varianten 1 und 2 einem Bedarf von (1/13)·(9/36) ME/ZE = 1/52 ME/ZE bzw. (1/13)·(18/36) ME/ZE = 2/52 ME/ZE für die Variante 3. Der größte gemeinsame Teiler r der täglichen Produktionsmengen 9, 9 und 18 für die drei Varianten ist 9. Der Zyklus besteht damit aus je einer ME der Varianten 1 und 2 und zwei ME der Variante 3. Daraus folgt, daß der Zyklus vier Positionen j besitzt. Da von der Variante 1 je Zyklus genau eine ME hergestellt werden soll und der Zyklus aus 4 Positionen besteht, beträgt der kumulierte Bedarf von Variante 1 für Position j=1 genau 0,25 ME. Von der Variante 3 sollen zwei ME je Zyklus hergestellt werden, nach einem halben Zyklus muß also im Mittel 1 ME hergestellt sein, wenn die Produktion dem Bedarf zeitlich möglichst gleichmäßig folgen soll. Der Bedarf dieser Variante für Position j=2 beträgt damit 1 ME.

Var			j=1	j=2	j=3	j=4
	kum. Bedarf bis $j \cdot c$	(ME)	1/4	2·1/4	3·1/4	4·1/4
1	kum. Produktion bis $(j-1) \cdot c$	(ME)	0	0	1	1
	Differenz	(ME)	1/4	<u>1/2</u>	-1/4	0
	kum. Bedarf bis $j \cdot c$	(ME)	1/4	2·1/4	3·1/4	4·1/4
2	kum. Produktion bis $(j-1) \cdot c$	(ME)	0	0	0	1
	Differenz	(ME)	1/4	1/2	<u>3/4</u>	0
	kum. Bedarf bis $j \cdot c$	(ME)	2/4	2·2/4	3·2/4	4·2/4
3	kum. Produktion bis $(j-1) \cdot c$	(ME)	0	1	1	1
	Differenz	(ME)	<u>2/4</u>	0	1/2	<u>1</u>
	gewählte Variante an Position j:		3	1	2	3

Tab. 4-10: Reihenfolgeplanung bei Variantenfertigung

In Tabelle 4-10 erkennt man, daß für Position j=1 die Differenz zwischen kumuliertem Bedarf am Ende von Position 1 und kumulierter Produktion für die Variante 3 mit 0,5 ME am größten ist[15]. Daher wird diese Variante an die erste Stelle des Zyklus gesetzt. Dies führt auch dazu, daß

---

[14]　Vgl. Askin/Standridge (1993), S. 56 ff, speziell S. 59.
[15]　Die jeweils größte Differenz je Position des Zyklus ist in der Tabelle unterstrichen dargestellt.

der Bedarf der Variante 3 an der Position 2 bereits erfüllt ist. An Position 2 ergibt sich für die Varianten 1 und 2 jeweils eine Differenz (d.h. ein Produktionsrückstand) von 0,5 ME. Wählt man (z.B. zufällig) die erste Variante für die zweite Position im Zyklus aus, so ist für diese Variante der gesamte Bedarf des Zyklus gedeckt. Auf der Position 3 ist nun der Rückstand der Variante 2 mit 0,75 ME am größten, daher kommen die Variante 2 an die dritte Stelle des Zyklus und die Variante 3 an die vierte Stelle. Die Reihenfolge der Varianten im Zyklus lautet 3-1-2-3.

In der Tabelle 4-9 auf S. 160 konnte man bereits erkennen, daß bei einer Taktzeit von 13 ZE und **geschlossenen Stationen** die Stationen 1 und 2 durch die Variante 3 und die Station 2 durch die Variante 2 überlastet werden. Man kann sich nun die Frage stellen, ob es bei **beidseitig offenen** Stationen mit dieser Reihenfolge möglich ist, tatsächlich mit einer Taktzeit von 13 ZE zu arbeiten, ohne daß es zu Arbeitsüberlastungen kommt. Dazu muß es möglich sein, an jeder Station innerhalb von 4·13 ZE = 52 ZE unter Beachtung der ablaufbedingten Leerzeiten den gesamten Arbeitsinhalt eines Zyklus zu bewältigen. Dies wird in Tabelle 4-11 überprüft.

| Pos. | Var. | Station 1 | | Station 2 | | Station 3 | | Station 4 | |
		Anf.	Ende	Anf.	Ende	Anf.	Ende	Anf.	Ende
1	3	0	16	16	31	31	43	43	49
2	1	16	26	31	39	43	48	49	61
3	2	26	28	39	41	48	63	63	75
4	3	28	44	44	59	63	75	75	81
"Pause"									
1	3	52	68	68	83	83	95	95	101
...									

Tab. 4-11: Belegungszeiträume der Stationen bei beidseitig offenen Stationsgrenzen

Wenn die Stationsgrenzen beidseitig offen sind, ist es einerseits möglich, trotz einer Taktzeit von nur 13 ZE an der ersten Station 16 ZE für die Variante 1 auf Position 1 einzusetzen. Außerdem kann an der Station 1 die Arbeit an Variante 3 auf Position 4 sofort aufgenommen werden, nachdem Variante 2 auf Position 3 fertig bearbeitet ist. Geht man davon aus, daß für den ganzen Zyklus 52 ZE zur Verfügung stehen, so beginnt man nach der 52. ZE mit dem nächsten Zyklus. Da die Variante 3 auf Position 1 des zweiten Zyklus nie warten muß, ist der erste Zyklus komplett innerhalb der ihm zur Verfügung stehenden Zeit bearbeitet worden.

		Station 1		Station 2		Station 3		Station 4	
Pos.	Var.	Anf.	Ende	Anf.	Ende	Anf.	Ende	Anf.	Ende
1	3	0	16	16	31	31	43	43	49
2	1	16	26	31	39	43	48	_52_	64
3	2	26	28	39	41	_52_	67	67	79
4	3	_39_	55	55	70	70	82	82	88
1	3	55 !	71	71	86	86	98	98	104
2	1	71	81	86	94	98	103	104	116
3	2	81	83	94	96	_104_	119	119	131
4	3	_91_	107	107	122	122	134	134	140

Tab. 4-12: Belegungszeiträume der Stationen bei rechtsseitig offenen Stationsgrenzen

Man kann nun untersuchen, ob dies auch bei lediglich "rechts-offenen" Stationen möglich ist, in denen die Arbeitskraft zwar über ihre stromabwärts gelegene Stationsgrenze hin abschwimmen kann, eine Bewegung entgegen der Materialflußrichtung über ihre stromaufwärts gelegene ("linke") Stationsgrenze aber nicht möglich ist. In diesem Fall steht an einer Station frühestens nach 13 ZE eine neue Variante zur Bearbeitung an. Die Bearbeitung sei jedoch nur dann möglich, wenn die Vorgängerstation ihre Arbeit abgeschlossen hat. Dieser Fall wird in Tabelle 4-12 überprüft. In ihr sind die Anfangszeiten unterstrichen dargestellt, die sich aus der geschlossenen linksseitigen Stationsgrenze ergeben. So ist die Station 1 im ersten Zyklus bereits nach 28 ZE mit der Bearbeitung der Variante 2 auf der Position 3 des Zyklus fertig, sie kann aber erst nach 39 ZE zu Beginn des vierten Takts mit der Bearbeitung des nächsten Werkstücks beginnen.

Man erkennt in diesem Fall, daß der zweite Zyklus mit einer Verzögerung von 3 ZE begonnen werden muß, da die Variante 3 auf Position 4 des ersten Zyklus zum Zeitpunkt 52 noch nicht fertig ist. Dies führt jedoch nicht zu einer Verzögerung der Fertigstellungstermine von Variante 3 auf Position 4 an den einzelnen Stationen im zweiten Zyklus. Daraus folgt, daß man auch den dritten und alle weiteren Zyklen mit einer Verzögerung von 3 ZE starten kann. Bei zeitlichen Abständen von 52 ZE kommt es also nicht zu Kollisionen zwischen den aufeinanderfolgenden Zyklen. Die gewählte Reihenfolge der Varianten ist damit auch bei lediglich rechtsseitig offenen Stationsgrenzen realisierbar.

Die dargestellte Vorgehensweise zur Reihenfolgeplanung bei der Variantenfertigung ist sehr einfach und dient vor allem dazu, einige zentrale Aspekte des Problems deutlich zu machen. Weitere Modelle und Lösungsverfahren der Reihenfolgeplanung bei Variantenfertigung findet man bei *Ziegler, Schneeweiß/Söhner, Decker, Domschke/Scholl/Voß* sowie *Drexl/Jordan und Drexl/Kimms*[16].

4.5 Leistungsanalyse von zuverlässigen seriellen Fließfertigungssystemen mit stochastischen Bearbeitungszeiten

Den bislang dargestellten Modellen und Verfahren zur Fließbandabstimmung lag stets die Vorstellung zugrunde, daß die Bearbeitungszeiten als deterministische Größen betrachtet werden können und die Maschinen nie ausfallen. In realen Produktionssystemen sind diese Annahmen häufig nicht erfüllt. Wenn menschliche Arbeitskräfte bestimmte Tätigkeiten ausüben, schwankt i.d.R. die benötigte Ausführungszeit von Mal zu Mal. Dies kann z.B. auf Veränderungen der menschlichen Leistungsfähigkeit im Tagesablauf zurückzuführen sein. Fallen Maschinen zufällig aus, so führt das aus der Sicht der nachgelagerten Maschinen ebenfalls zu Diskontinuitäten im Materialfluß, die sich wie **stochastische Bearbeitungszeiten** auswirken.

Wenn derartige **Diskontinuitäten im Materialfluß** auftreten, ist man i.d.R. bestrebt, die einzelnen Stationen voneinander abzukoppeln. Dazu kann man zum einen den Zeitzwang aufheben, der in den Modellen zur Fließbandabstimmung bei deterministischen Bearbeitungszeiten zugrunde gelegt worden ist. Man geht also nicht mehr davon aus, daß jeder Station eine genau festgelegte Zeit zur Verfügung steht, um die ihr zugewiesenen Arbeitsinhalte zu erledigen. Zwischen den Stationen eines derartigen Fließfertigungssystems mit stochastischen Bearbeitungszeiten können **Puffer** eingerichtet werden, um den Produktivitätsverlust des Gesamtsystems aufgrund der Diskontinuitäten im Materialfluß einzudämmen. Die einzelnen Stationen des Fließfertigungssystems werden dadurch etwas voneinander entkoppelt. Die Abbildung 4-5 stellt diese Situation schematisch dar.

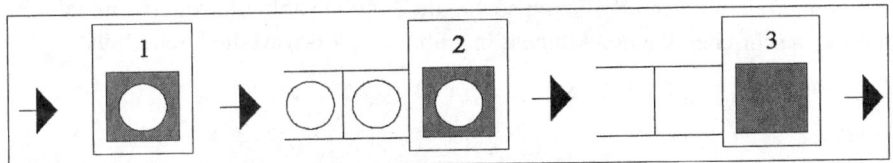

Abb. 4-5:   Dreistufiges Fließfertigungssystem mit Puffern zwischen den Stationen

Dabei repräsentieren die numerierten Rechtecke die Stationen und die Kreise die Werkstücke. In der dargestellten Situation ist die Station 3 unbeschäftigt, da sie warten muß, bis Station 2 mit der Bearbeitung fertig ist. Eine solche Situation bezeichnet man als "Hungern". Die Puffer zwischen den Stationen können in diesem Beispiel jeweils zwei Werkstücke aufnehmen. Ist die Station 1 mit der Bearbeitung des aktuellen Werkstücks fertig, kann sie das Werkstück nur dann an die "stromabwärts" gelegene Station 2 weiterleiten, wenn in dem Puffer zwischen den Stationen ein Platz frei ist. In der Situation des Beispiels ist dies nicht der Fall, die Station 1 ist also nach Fertigstellung des aktuellen Werkstücks "blockiert". Diese Situation bezeichnet man

---

16 Vgl. Ziegler (1990); Schneeweiß/Söhner (1991); Decker (1993), Domschke/Scholl/Voß (1997); Drexl/Jordan (1995); Drexl/Kimms (2001).

auch als *blocking after service*[17]. Es kann auch der Fall auftreten, daß mit der Bearbeitung nur dann begonnen werden kann, wenn klar ist, daß nach der Bearbeitung auf jeden Fall ein freier Pufferplatz belegt werden kann (*blocking before service*). Dies ist dann der Fall, wenn das Werkstück nach der Bearbeitung nicht auf der Station (z.B. in einem Ofen) verbleiben kann. Man geht häufig davon aus, daß vor der ersten Station ein unendlich großer Arbeitsvorrat und hinter der letzten Station ein unendlich großer Bereich zur Aufnahme der fertigen Werkstücke existiert.

Es liegt auf der Hand, daß die Stationen um so häufiger hungern oder blockiert sind, je kleiner die Puffer sind. Größere Puffer führen damit *ceteris paribus* zu einer höheren Produktivität des Gesamtsystems. Andererseits nehmen die Puffer u.U. knappen Platz in Anspruch, so daß man ihre Zahl zu beschränken sucht. Bereits hier deutet sich an, daß die **Dimensionierung** und **Anordnung** von Pufferplätzen ein ökonomisches Problem darstellt. Die Produktivität eines derartigen Systems wird durch die langsamste Station bestimmt. Deshalb ist man daran interessiert, alle Stationen möglichst gleichmäßig zu belasten, da ansonsten die wenig ausgelasteten Stationen häufig blockiert sind (wenn sie vor dem Engpaß liegen) oder hungern (wenn sie nach dem Engpaß liegen). Eine Möglichkeit, die Stationen im Fall stochastischer Bearbeitungszeiten zumindest *im Mittel* gleichmäßig auszulasten, besteht darin, auf der Grundlage mittlerer Bearbeitungszeiten eines der Verfahren zur Fließbandabstimmung bei deterministischen Bearbeitungszeiten einzusetzen.

4.5.1   Exakte Leistungsanalyse bei exponentialverteilten Bearbeitungszeiten und unbeschränkten Puffern

Eine exakte Leistungsanalyse von Fließfertigungssystemen mit stochastischen Bearbeitungszeiten ist bislang nur für relativ wenige Fälle gelungen[18]. Einer dieser Fälle liegt dann vor, wenn die Bearbeitungszeiten an den Stationen sowie die Zwischenankunftszeiten durch die Exponentialverteilung beschrieben werden können. In Abbildung 4-6 wird die Dichtefunktion

$$f(x) = \begin{cases} 0 & \text{für } x < 0 \\ \mu \cdot e^{-\mu \cdot x} & \text{für } x \geq 0 \end{cases} \tag{4-14}$$

der Exponentialverteilung für verschiedene Werte von μ dargestellt.

---

[17] Vgl. ausführlich Dallery/Gershwin (1992).
[18] Vgl. zum Überblick Buzacott/Shanthikumar (1993), S. 153 ff.

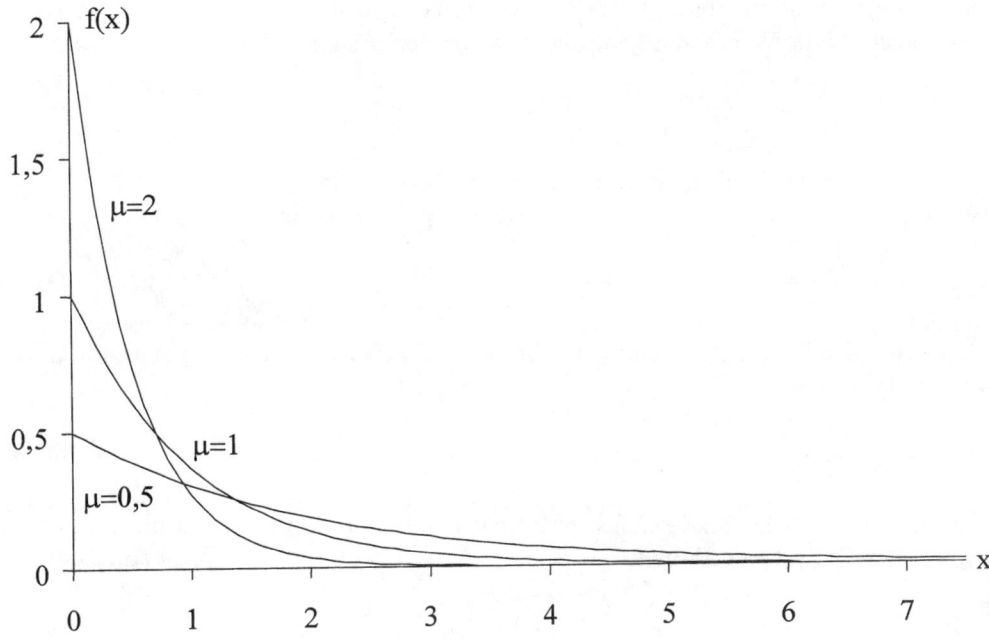

Abb. 4-6:   Dichtefunktion der Exponentialverteilung

Die Exponentialverteilung wird durch lediglich einen Parameter μ charakterisiert, der in Produktionssystemen als Abfertigungsrate interpretiert werden kann. Man erkennt, daß die Zufallsvariable x bei einer Exponentialverteilung nach oben unbeschränkt ist. Standardabweichung und Mittelwert der Zufallsvariablen sind bei dieser Verteilung identisch und bilden damit ein spezifisches Maß an Variabilität ab. Die Annahme exponentialverteilter Bearbeitungszeiten kann damit eine (zu) grobe Näherung realer Systeme darstellen. Bei exponentialverteilten Bearbeitungs- und Zwischenankunftszeiten ist es jedoch zum einen möglich, für eine einzelne Station Kenngrößen wie die mittlere Länge der Warteschlange und die mittlere Wartezeit exakt zu berechnen. Zum anderen ist es bei unbeschränkten Pufferplätzen möglich, ein serielles System von Stationen durch einen **Dekompositionsansatz** in einzelne Systeme zu zerlegen.

Wenn sich die Zwischenankunftszeiten und die Bearbeitungszeiten durch die Exponentialverteilung beschreiben lassen und zwischen den einzelnen Stationen unendlich große Puffer vorliegen, können für die Analyse Ergebnisse der Warteschlangentheorie zum sog. **M/M/1**-Warteschlangenmodell herangezogen werden[19]. Häufig bildet man aus der Ankunftsrate λ und der Abfertigungsrate μ den Quotienten $\rho = \lambda / \mu$, der als **Auslastung** oder **Verkehrsdichte** bezeichnet wird. Ein solches System kann nur dann einen stabilen Zustand erreichen, wenn die Zahl der Ankünfte pro Zeiteinheit λ niedriger ist als die Zahl der Abfertigungen pro Zeiteinheit

---

[19] Die beiden "M" in dieser Lee/Kendell/Taha-Notation bezeichnen sog. Markov-Prozesse, d.h. exponentialverteilte Zwischenankunfts- und Bearbeitungszeiten.

μ, d.h. wenn $\rho < 1$ ist. In Abhängigkeit von der Verkehrsdichte ρ gilt für die mittlere Anzahl der Werkstücke in der Warteschlange L_q die folgende Beziehung:

$$L_q = \frac{\rho^2}{1-\rho} = \frac{\lambda^2}{\mu \cdot (\mu - \lambda)} \tag{4-15}$$

Da die Auslastung der Bedieneinheit ρ beträgt, befinden sich im Mittel auch ρ ME in der Bedieneinheit. Die gesamte Anzahl der Werkstücke im System L_s ergibt sich damit zu

$$L_s = L_q + \rho = \frac{\rho^2}{1-\rho} + \rho = \frac{\rho}{1-\rho} = \frac{\lambda}{\mu - \lambda}. \tag{4-16}$$

Die Verweil- oder Wartezeit W_q eines Werkstücks in der Warteschlange ergibt sich nach dem Gesetz von Little[20] zu

$$W_q = \frac{L_q}{\lambda} = \frac{\rho^2}{(1-\rho) \cdot \lambda} \tag{4-17}$$

und die durchschnittliche Bearbeitungszeit beträgt $1/\mu$. Damit gilt für die gesamte Zeit W_s, die das Werkstück im System verbringt:

$$W_s = W_q + \frac{1}{\mu} = \frac{\rho^2}{(1-\rho) \cdot \lambda} + \frac{1}{\mu} = \frac{1}{\mu - \lambda} \tag{4-18}$$

Man kann zeigen, daß sich serielle Anordnungen von N Warteschlangensystemen vom Typ M/M/1 durch die isolierte Betrachtung der N Systeme analysieren lassen[21]. Das heißt, daß exponentialverteilte Zwischenankunftszeiten und Bearbeitungszeiten auch zu exponentialverteilten Zwischenabgangszeiten führen. Daraus folgt, daß an jeder Station der Ankunftsprozeß exponentialverteilte Zwischenankunftszeiten aufweist und daß die Ankunftsrate an allen Stationen gleich ist.

Beispiel zur Leistungsanalyse bei seriell angeordneten M/M/1-Systemen mit unendlichen Puffern

Ein serielles Produktionssystem besteht aus fünf identischen Stationen. Die Ankunftsrate beträgt 4/ZE, die Abfertigungsrate 5/ZE. Das System läßt sich aufgrund der unendlich großen Puffer in fünf getrennt betrachtbare Systeme zerlegen. Jede der fünf Stationen ist zu 4/5 = 80 % ausgelastet. Die Anzahl der Werkstücke an einer Station (in der Schlange und in Bearbeitung) beträgt gemäß (4-16)

$$L_s = \frac{0,8^2}{1-0,8} + 0,8 = 4,$$

---

[20] Das Gesetz von Little besagt, daß die mittlere Wartezeit proportional ist zur mittleren Länge der Warteschlange, vgl. Little (1961).

[21] Zum Beweis siehe z.B. Gross/Harris (1998), S. 153 ff.

davon stehen im Mittel 4-0,8=3,2 Stück in der Schlange. Die durchschnittliche Zeit an einer Station beträgt gemäß (4-18)

$$W_s = \frac{0,8^2}{(1-0,8)\cdot 4}ZE + \frac{1}{5}ZE = 1ZE\,.$$

Daraus folgt, daß an den fünf Stationen im Mittel insgesamt 5·4=20 Werkstücke warten oder bearbeitet werden und daß ein einzelnes Werkstück im Mittel eine Durchlaufzeit von 5·1 ZE=5 ZE benötigt. Jedes dieser Werkstücke wird an jeder der fünf Stationen 0,2 ZE bearbeitet, die Gesamtbearbeitungszeit eines Werkstückes beträgt daher 5·0,2 ZE=1 ZE. Daraus folgt, daß jedes Werkstück 80 % seiner Durchlaufzeit wartend verbringt.

4.5.2 Approximative Leistungsanalyse bei allgemein verteilten Bearbeitungszeiten und identisch beschränkten Puffern

In dem vorherigen Abschnitt wurde angenommen, daß die Puffer zwischen den identischen Stationen des Fließfertigungssystems unbeschränkt sind. In dem Fall exponentialverteilter Zwischenankunfts- und Bearbeitungszeiten konnte das Produktionssystem mit allen Ankunftsraten λ arbeiten, die kleiner waren als die Abfertigungsrate μ der Stationen. Die Abfertigungsrate des Gesamtsystems konnte also beliebig nahe an der Abfertigungsrate μ der einzelnen Stationen liegen, wobei allerdings die mittleren Warteschlangen zwischen den Stationen für $\rho=\lambda/\mu\rightarrow1$ über alle Grenzen wachsen.

In der Praxis sind die Puffer zwischen den Stationen i.d.R. beschränkt. Aus diesem Grund ist die Produktionsrate einer Station innerhalb des Gesamtsystems durch die Phänomene des Blockierens und Hungerns niedriger als ihre isoliert erreichbare Produktionsrate. Exakte Formeln für die Produktionsrate von Fließfertigungssystemen mit beschränkten Puffern stehen nur für wenige Spezialfälle zur Verfügung. Durch die Auswertung von umfangreichen Simulationsstudien und theoretische Analysen konnten jedoch Approximationsformeln entwickelt werden, die sich in einigen wichtigen Fällen zu relativ genauen Abschätzungen der Produktionsrate heranziehen lassen.

Im folgenden wird stets von der Annahme ausgegangen, daß die **Auslastung** aller Stationen identisch ist. Man wird in der Praxis i.d.R. eine derartige identische Auslastung anstreben, um Leerzeiten an einzelnen Stationen zu vermeiden. Gerade in diesem Fall ist die Dimensionierung der Puffer besonders wichtig. Ist die Auslastung der Stationen sehr unterschiedlich, so bildet stets eine der Stationen den **Engpaß**, der die Produktionsrate des Gesamtsystems wesentlich bestimmt. Dies ist intuitiv einsichtig, da die dem Engpaß nachgelagerten Stationen ja im Mittel schneller arbeiten als der Engpaß und ihn somit nur selten blockieren. Andererseits arbeiten auch die dem Engpaß vorgelagerten Stationen schneller als dieser, so daß er auch nur selten hungern wird. Damit *wirken die schnelleren Stationen wie Puffer*, die dem Engpaß vor- bzw. nachgelagert sind[22]. Besteht ferner vor der **ersten Station** ein **unendlich großer Arbeits-**

---

22 Vgl. Conway et al. (1988), S. 237.

vorrat, so kann die erste Station eines solchen Systems nie hungern. Die letzte Station kann die fertig bearbeiteten Werkstücke immer abgeben, sie wird daher nie blockiert[23].

In Simulationsstudien hat sich auch gezeigt, daß bei identischen Stationen eine relativ gleichmäßige Verteilung der Puffer zwischen den Stationen zur höchsten Produktionsrate führt[24]. Sofern die Anzahl der zur Verfügung stehenden Pufferplätze keine gleichmäßige Verteilung ergibt, sollten die mittleren Stationen mehr Pufferplätze erhalten als die vorderen oder hinteren Stationen. Auch dies ist intuitiv einsichtig, da die Puffer zum Schutz gegen Blockieren und Hungern dienen und die erste Station nie hungert und die letzte Station nie blockiert wird.

Zunächst kann man sich die Frage stellen, wie die **erreichbare Auslastung** des Gesamtsystems von der Variabilität der Bearbeitungszeiten und der Stationenzahl N abhängt. Die Variabilität der Bearbeitungszeiten kann durch das Verhältnis Standardabweichung zu Mittelwert, den **Variationskoeffizienten** VC, ausgedrückt werden. Bei rein deterministischen Bearbeitungszeiten ist deren Standardabweichung und damit der Variationskoeffizient Null. Der Variationskoeffizient exponentialverteilter Bearbeitungszeiten beträgt genau Eins.

In Abbildung 4-7 wird gezeigt, wie die erreichbare Auslastung eines Fließfertigungssystems ohne Puffer von der Anzahl an Stationen und der Variabilität der Bearbeitungszeiten abhängt. Man erkennt, daß in Fließfertigungssystemen ohne Puffer erhebliche Produktivitätsverluste auftreten können. Diese Verluste sind um so stärker, je höher die Variabilität der Bearbeitungszeiten ist. Betrachtet man z.B. den Fall exponentialverteilter Bearbeitungszeiten ($VC=1$), so wird deutlich, daß ein System mit fünf Stationen lediglich ca. 50 % der Produktionsrate von fünf einzelnen Stationen erbringt, die sich nicht gegenseitig blockieren oder hungern lassen. In einem System mit noch stärker schwankenden Bearbeitungszeiten ($VC=2$) und 20 Stationen erbringt jede Station lediglich 25 % ihrer Produktionsrate bei isoliertem Einsatz. Deutlich wird in Abbildung 4-7 auch, daß die **Verluste** immer an den **ersten Stationen** auftreten, zusätzliche Stationen führen zu abnehmenden zusätzlichen Verlusten. Die Abbildung legt den Schluß nahe, daß die Puffer zwischen den Stationen um so größer sein sollten, je höher die Variabilität der Bearbeitungszeiten und die Anzahl an Stationen sind. Der in Abbildung 4-7 dargestellte Zusammenhang wird durch folgende Formel ausgedrückt, die *Muth*[25] durch theoretische Analysen und Auswertung von Simulationsstudien entwickelt hat:

---

[23] Das im vorherigen Abschnitt (s. S. 166 ff.) untersuchte serielle System mit exponentialverteilten Bearbeitungszeiten und identischen Stationen wird bei einem unendlichen Arbeitsvorrat vor der ersten Station "überlaufen". Seine erste Station wäre stets beschäftigt und würde daher mit ihrer Produktionsrate μ Werkstücke an die nachfolgende Station geben. Da die Produktionsrate der zweiten Station ebenfalls nur μ beträgt, ergibt sich dort eine Auslastung oder Verkehrsdichte $\rho=1$. Damit wird sich vor der zweiten Station eine immer längere Warteschlange aufbauen, vgl. die Formel (3-15) auf S. 168.

[24] Vgl. Conway et al. (1988).

[25] Zur Formel von Muth vgl. Blumenfeld (1990).

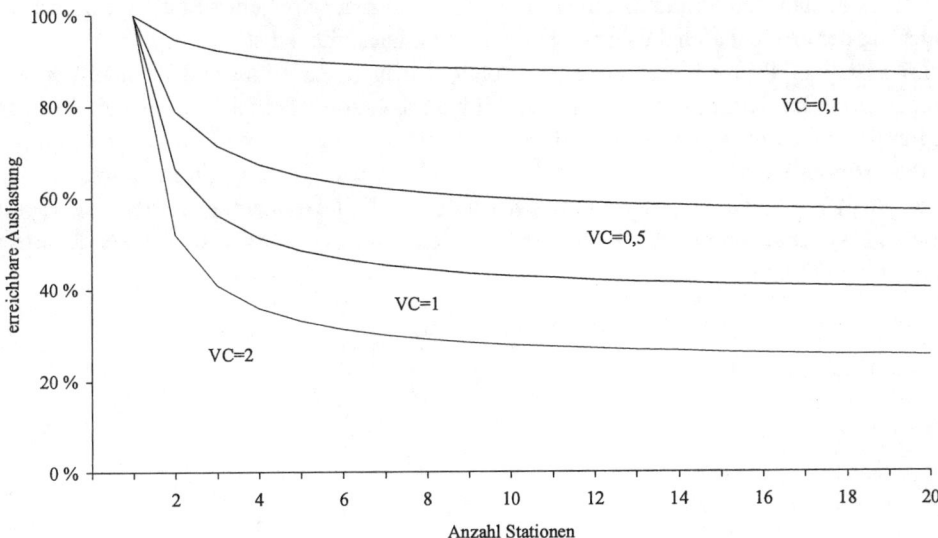

Abb. 4-7: Abhängigkeit der ohne Puffer erreichbaren Auslastung von der Stationenzahl

$$\rho = \cfrac{1}{1 + \cfrac{1{,}67 \cdot (N-1) \cdot VC}{1 + N + 0{,}31 \cdot VC}} \tag{4-19}$$

Die erreichbare Auslastung ρ eines Systems identischer Stationen ohne Puffer kann mit ihr in Abhängigkeit von der Stationenzahl N und des Variationskoeffizienten VC angegeben werden. Durch die explizite Aufnahme des Variationskoeffizienten lassen sich **beliebig verteilte Bearbeitungszeiten** berücksichtigen. *Blumenfeld*[26] hat die Formel von *Muth* so verallgemeinert, daß man die Auswirkung **identischer Puffer** berücksichtigen kann. Seine Formel für die Abhängigkeit der mit Puffern erreichbaren Auslastung ρ_P in Abhängigkeit der Anzahl P an Puffern vor jeder Station lautet:

$$\rho_P = \cfrac{1}{1 + \cfrac{1{,}67 \cdot (N-1) \cdot VC}{1 + N + 0{,}31 \cdot VC + \cfrac{1{,}67 \cdot N \cdot P}{2 \cdot VC}}} \tag{4-20}$$

Ist die Anzahl der Puffer P vor jeder Station gleich Null, so reduziert sich die Formel (4-20) von *Blumenfeld* auf die Formel (4-19) von *Muth*. In Abbildung 4-8 wird gezeigt, wie sich gemäß der Formel von Blumenfeld die Einrichtung von Pufferplätzen auf ein Fließfertigungssystem auswirkt, bei dem der Variationskoeffizient der Bearbeitungszeiten 0,1 beträgt, die Bearbeitungszeiten also relativ wenig schwanken.

---

26 Vgl. Blumenfeld (1990), S. 1169.

Man erkennt, daß bereits durch einen einzigen Pufferplatz vor jeder Station eine erhebliche Steigerung der erreichbaren Auslastung erzielt wird. Dies gilt selbst für das System mit 9 Stationen. Zusätzliche Puffer führen bei einem solch niedrigen Variationskoeffizienten nur noch zu geringen Produktivitätszuwächsen. Aus Abbildung 4-9 ist ersichtlich, daß es bei einem Fließfertigungssystem mit 3 Stationen und einem Variationskoeffizienten der Bearbeitungszeiten von 0,5 erforderlich wird, vor jeder Station 3 Puffer einzurichten, wenn man eine Auslastung von ca. 90 % erreichen will. Abbildung 4-10 stellt den Fall exponentialverteilter Bearbeitungszeiten (VC=1) und Abbildung 4-11 eine Situation mit noch stärker schwankenden Bearbeitungszeiten (VC=2) dar.

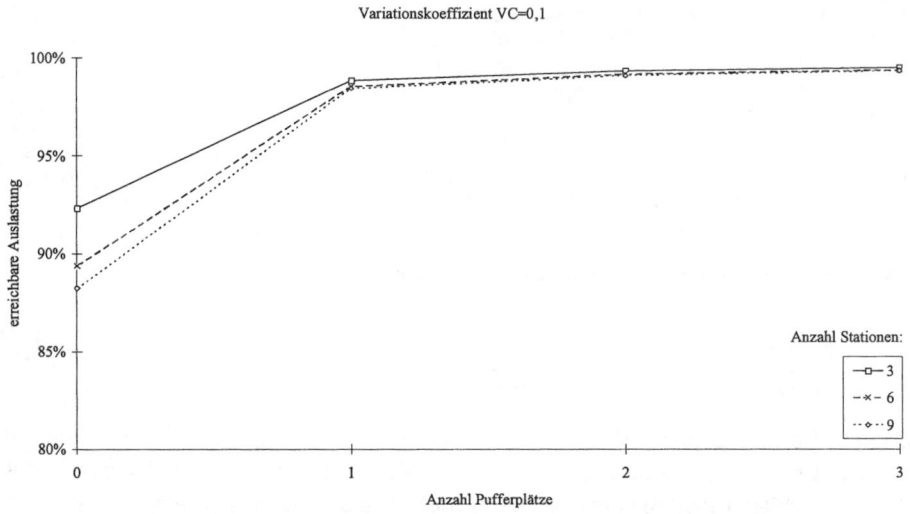

Abb. 4-8: Abhängigkeit der erreichbaren Auslastung von der Anzahl der Pufferplätze bei einem Variationskoeffizienten von 0,1

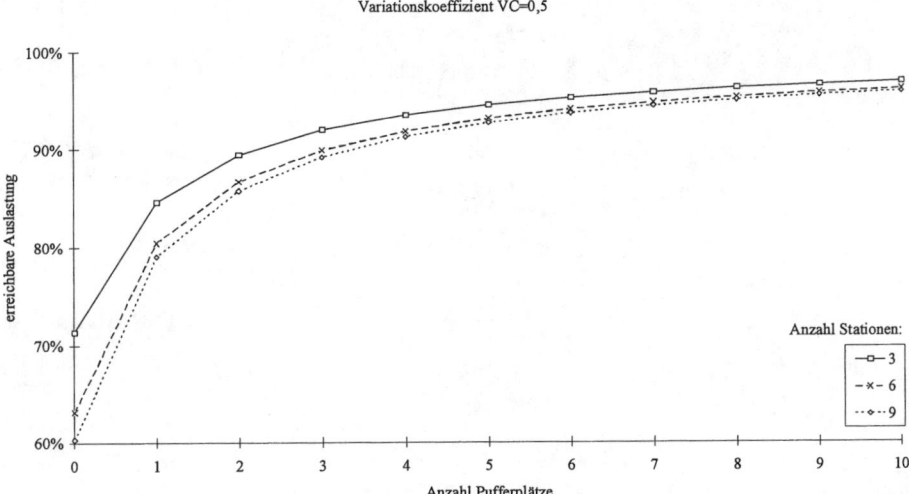

Abb. 4-9: Abhängigkeit der erreichbaren Auslastung von der Anzahl der Pufferplätze bei einem Variationskoeffizienten von 0,5

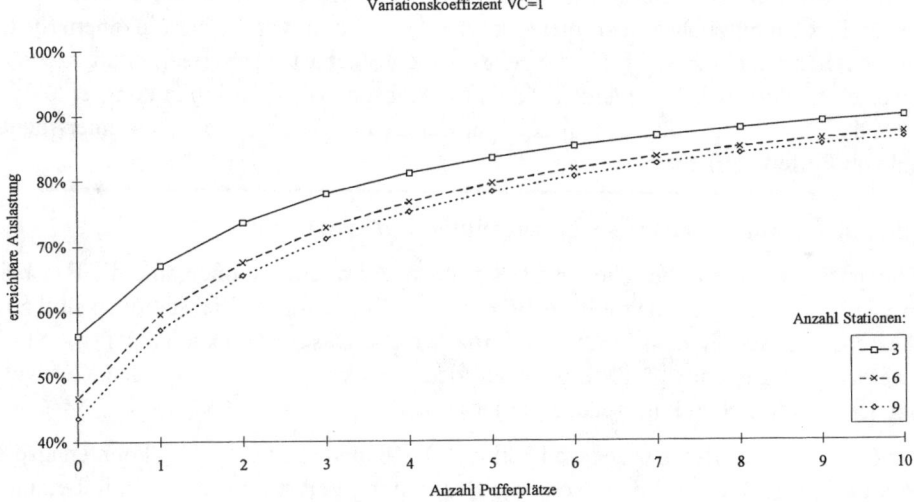

Abb. 4-10: Abhängigkeit der erreichbaren Auslastung von der Anzahl der Pufferplätze bei einem Variationskoeffizienten von 1

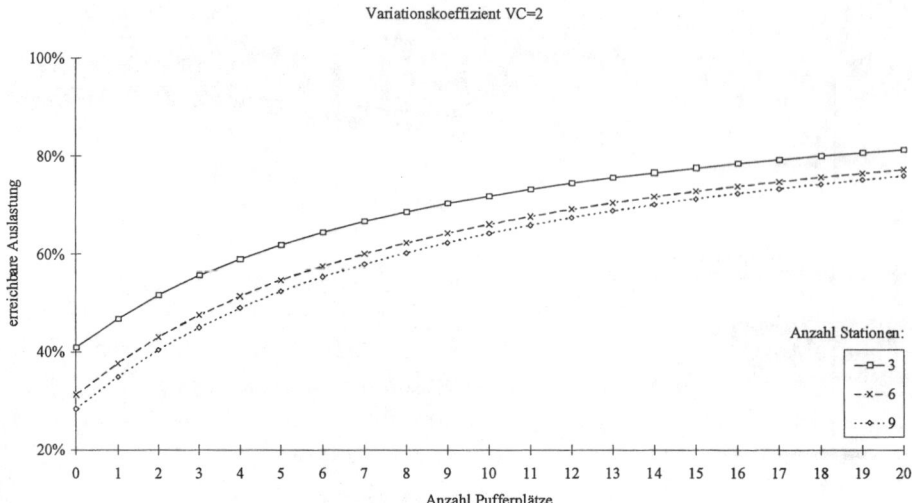

Abb. 4-11: Abhängigkeit der erreichbaren Auslastung von der Anzahl der Pufferplätze bei einem Variationskoeffizienten von 2

Die Formel von *Blumenfeld* entspricht den Ergebnissen einer Vielzahl von Simulationsexperimenten und ist ein nützliches Instrument, um die Auswirkung von Puffern in einem System mit identischen Stationen für ein breites Spektrum von stochastischen Bearbeitungszeiten näherungsweise zu untersuchen. An eine solche grobe Abschätzung wird man i.d.R. eine detailliertere Simulationsuntersuchung anschließen, in der man z.B. die Annahmen einer identischen Anzahl von Puffern aufhebt.

Beispiel zur Leistungsanalyse bei beschränkten Pufferplätzen:

Ein Fließfertigungssystem bestehe aus 10 Stationen. An allen Stationen sind die Bearbeitungszeiten x je Werkstück gleichverteilt im Bereich von 7 bis 13 min. Die Stationen sind zuverlässig, Ausschuß entsteht in dem Produktionsprozeß nicht. Das System kann am Tag 8 Std. eingesetzt werden. Pro Tag sollen im Mittel 46 ME des Produktes hergestellt werden. Gesucht ist die Anzahl der erforderlichen Pufferplätze vor jeder Station.

Der Mittelwert m_x der Bearbeitungszeit beträgt 10 Minuten (min). Pro Tag könnten also 48 ME des Produktes hergestellt werden, wenn die Bearbeitungszeiten konstant 10 min betragen würden. Es ist also möglich, die geforderten 46 ME je Tag herzustellen, sofern die Puffer zwischen den Stationen ausreichend groß gewählt werden. Dazu muß eine Auslastung des Systems von 46/48=95,83 % erreicht werden. Entscheidend ist der Variationskoeffizent

$$VC = \frac{s_x}{m_x}$$

der Bearbeitungszeit. Für die gegebene Gleichverteilung errechnet sich die Standardabweichung s_x folgendermaßen:

$$s_x = \sqrt{\int_7^{13} \frac{1}{13-7} \cdot (x-10)^2 \; min^2 \; dx} = \sqrt{3} \; min \approx 1,732 \, min$$

Daraus ergibt sich der Variationskoeffizient VC=0,1732. Löst man die Approximationsformel von *Blumenfeld* (4-20) nach der Anzahl der Pufferplätze auf, so erhält man den folgenden Ausdruck:

$$P = \frac{2 \cdot VC}{1,67 \cdot N} \left(1,67 \cdot (N-1) \cdot VC \cdot \frac{\rho_P}{1-\rho_P} - (1+N+0,31 \cdot VC) \right) \tag{4-21}$$

Für N=10, VC=0,1732 und ρ_P=46/48=95,83 % ergibt sich ein Wert für P von 1,013. Da nur eine ganzzahlige Anzahl von Pufferplätzen eingerichtet werden kann, benötigt man vor jeder Station zwei Pufferplätze. Mit ihnen wird eine Auslastung von 97,63 % erreicht. Installiert man vor jeder Station lediglich einen Puffer, ist dagegen höchstens eine Auslastung von 95,79 % erreichbar.

5 Entscheidungsmodelle und Lösungsverfahren der Planung von Losgrößen, Bestellmengen und Sicherheitsbeständen

5.1 Gegenstand, Ziele und Rahmenbedingungen der Losgrößen- und Bestellmengenplanung

Gegenstand der **Losgrößenplanung** ist die Festlegung der Anzahl von gleichartigen Objekten, an denen zeitlich nacheinander, d.h. ohne Umrüsten des Arbeitsträgers, die gleiche Verrichtung vorgenommen wird. Diese Anzahl bezeichnet man als Losgröße. Im Rahmen der **Bestellmengenplanung** wird die Anzahl der gleichzeitig bestellten und gelieferten Einheiten eines Produktes ermittelt. Die Losgrößen- und die Bestellmengenplanung gehören zu den Gruppierungsproblemen der Ablauforganisation. Die gleichzeitige Lieferung im Rahmen der Bestellmengenplanung läßt sich als Spezialfall einer unendlich schnellen "Produktion" interpretieren. Aus diesem Grund wird im folgenden zunächst auf die Planung von Losgrößen eingegangen.

Häufig ist vor der Bearbeitung der Produkte an den dafür eingesetzten Ressourcen ein **Rüstvorgang** erforderlich, durch den z.B. eine Maschine mit einem bestimmten Werkzeug versehen wird. Dieser Vorgang hat u.U. eine bestimmte Dauer, während der die Maschine nicht zur Produktion zur Verfügung steht. Diese Zeit bezeichnet man als *Rüstzeit*. Neben den häufig losgrößenunabhängigen Personal- und ggf. Anlagenkosten fallen u.U. weitere Kosten an, die dem Rüstvorgang direkt zurechenbar sind. Dies können z.B. die Kosten für Material und Energie sein, die in der Anlaufphase nach dem Rüstvorgang auftreten, bis das Ergebnis des Prozesses bestimmten Anforderungen genügt. Rüstkosten und Rüstzeiten sind häufig unabhängig von der Anzahl der anschließend unmittelbar nacheinander bearbeiteten Produkte. Wenn Rüstkosten und -zeiten einem nennenswerten Umfang erreichen, wird man versuchen, jeweils mehrere Einheiten eines Produktes zu einem Los zusammenzufassen, um die Rüstzeiten und -kosten je Mengen- oder Zeiteinheit in einem beschränkten Rahmen zu halten.

Die losweise Zusammenfassung führt jedoch zu einem Problem. Ist die Absatzgeschwindigkeit des Produktes niedriger als die Produktionsgeschwindigkeit der eingesetzten Anlage, so baut sich ein **Lagerbestand** auf, der erst nach der Produktionsphase wieder abgebaut wird. Der Lagerbestand verursacht Kosten, vor allem aufgrund der **Zinsen** für das Kapital, das in den gelagerten Produkten gebunden ist. Produziert man nun tendenziell in kleinen Losen, so erreicht man zwar niedrige Lagerbestände, dies jedoch um den Preis häufiger Rüstvorgänge. Eine Produktion in großen Losen führt dagegen einerseits zu geringeren Rüstzeiten und -kosten je Zeiteinheit, andererseits zu hohen mittleren Lagerkosten je Zeiteinheit.

Die Aufgabe der Losgrößenplanung besteht darin, einen **ökonomisch optimalen Ausgleich** zwischen den konkurrierenden Wirkungen niedriger Lagerkosten auf der einen und geringer Rüstzeiten sowie -kosten auf der anderen Seite zu finden. Damit ist lediglich die Grundstruktur des Losgrößenproblems beschrieben. In der Literatur existiert eine unübersehbar große Anzahl von Arbeiten, die für unterschiedliche Annahmen bzw. Anwendungsbedingungen die Ermittlung optimaler Losgrößen bzw. Bestellmengen zum Gegenstand haben[1]. Diese Annahmen betreffen u.a. die in Tabelle 5-1 zusammengefaßten **Merkmale** des Problems. In den Modellen zur Losgrößenplanung geht man häufig von einer deterministischen Datenkonstellation aus, während in den Modellen zur Bestellmengenplanung i.d.R. eine stochastische Nachfrage in der Wiederbeschaffungszeit unterstellt wird. Der stochastischen Nachfrage kann man durch Sicherheitsbestände begegnen, deren Bestimmung sich ebenfalls als Gruppierungsproblem interpretieren läßt. Die Abschnitte 5.2 und 5.3 behandeln die Losgrößenplanung, im Abschnitt 5.4 wird die Ermittlung von Bestellmengen und Sicherheitsbeständen dargestellt.

Merkmal	Ausprägungen
Anzahl der Produkte	ein oder mehrere Produkte
Planungszeitraum	endlicher oder unendlicher Planungszeitraum
Zeitführung	kontinuierliche oder diskrete Zeitführung
Nachfragerate	konstante oder veränderliche Nachfragerate
Informationsstand	deterministische oder stochastische Planungssituation
Kapazitäts-restriktionen	unbeschränkte oder beschränkte Produktions-, Lager- oder Transportkapazitäten
Finanzmittel-restrikionen	unbeschränkte oder beschränkte Finanzmittel
Anzahl der Stufen	einstufige oder mehrstufige Prozesse
Struktur des Prozesses	lineare, konvergierende, divergierende und generelle Prozeßstrukturen
Auswirkung von Reihenfolgen	reihenfolgeunabhängige oder reihenfolgeabhängige Rüstkosten und -zeiten

Tab. 5-1: Wichtige Kennzeichen von Losgrößen- und Bestellmengenproblemen

Ein erhebliches praktisches Problem stellt häufig die Ermittlung der **Rüst-** und **Lagerkosten** dar. Sie kann entscheidungstheoretisch korrekt nur dann vorgenommen werden, wenn das Entscheidungsfeld der Losgrößenplanung klar abgegrenzt ist und die Auswirkungen der Losgrößenentscheidung auf die davon abhängigen **zukünftigen Zahlungsströme** und somit auf das letztlich entscheidende **Erfolgsziel der Unternehmung** erfaßt werden. Zu der Abgrenzung gehört vor allem die Beschreibung der Schnittstellen zu den benachbarten Entscheidungsfeldern wie z.B. der Produktionsprogramm- und der Reihenfolge- und Maschinenbelegungsplanung. Erst aus dem Zusammenspiel der verschiedenen Teilpläne ergibt sich, welche Auswirkungen bestimmte Entscheidungen auf die künftigen Zahlungsströme haben. Dabei kann sich zeigen, daß diese Zahlungsströme zu einem erheblichen Teil durch **andere Planungen** bestimmt werden, die der Losgrößenplanung sachlich und zeitlich über- bzw. vorgeordnet sind. Dies wird in der Praxis häufig nicht beachtet.

---

[1] Zum Überblick vgl. Goyal/Gunasekaran (1990); Gupta/Keung (1990); Küpper (1993b), S. 243; Kuik/Salomon/Van Wassenhove (1994); Tempelmeier (2002).

So werden z.B. **Lagerkostensätze** in der Praxis häufig auf der Grundlage von Herstellkosten ermittelt. Damit enthalten sie mit den hierin enthaltenen Fertigungslöhnen eine Komponente, deren Umfang und zeitliche Verteilung u.U. nicht von der Losgrößenplanung abhängt, weil z.B. die Entscheidung über den Personaleinsatz der Losgrößenplanung sachlich und zeitlich vorgelagert ist. Ein ähnliches Problem tritt bei der Ermittlung von **Rüstkosten** auf. In der Praxis werden diese häufig aus der Dauer des Rüstvorgangs, dem Stundensatz des Einrichters und dem Maschinenstundensatz der betroffenen Maschine ermittelt. Ist die Losgrößenplanung den Entscheidungen über den Personaleinsatz und die Anlageninvestition organisatorisch nachgelagert, so hängen auch die mit Personaleinsatz und Anlageinvestition verbundenen zukünftigen Zahlungen nicht von der Losgrößenplanung ab. Die Rüstkosten werden also überschätzt und führen *ceteris paribus* zu überhöhten Losgrößen[2].

In der Praxis ignoriert man innerhalb der Losgrößenplanung häufig die Kapazitätsrestriktionen des Produktionssystems. Daraus folgt, daß die real auftretenden **Rüstzeiten** nicht berücksichtigt werden können. Wenn Losgrößenentscheidungen jedoch auf der Grundlage falsch ermittelter Kostensätze getroffen werden und gleichzeitig wesentliche Problemaspekte wie Rüstzeiten vernachlässigen, so ist nicht zu erwarten, daß sich eine derartig unzweckmäßig vorgenommene Losgrößenplanung als umsetzbar erweist. Vor dem Hintergrund dieser Überlegung kann es nicht überraschen, wenn in der Praxis vielfach eine gewisse Skepsis gegenüber der Ermittlung "optimaler Losgrößen" vorherrscht.

Im folgenden werden zunächst einige einfache Modelle der Losgrößenplanung dargestellt, um die Grundstrukturen der Probleme deutlich zu machen. In der Praxis auftretende Losgrößenprobleme sind oft komplizierter als die meisten dieser Modelle. Real existierende Losgrößenprobleme lassen sich mit ihnen nicht immer befriedigend lösen. In derartigen Fällen sollten daher situationsspezifische Modelle und Lösungsverfahren eingesetzt werden[3]. Bemerkenswerterweise verwendet man in der Praxis häufig gerade die sehr einfachen Modelle in Systemen zur Produktionsplanung und -steuerung. Wenn in ihnen wesentliche Problemaspekte wie z.B. Kapazitätsrestriktionen des Produktionssystems vernachlässigt werden, so kann es u.U. unmöglich sein, die Pläne umzusetzen. Es ist daher notwendig, die maßgeblichen Bedingungen und Zusammenhänge der realen Situation im Entscheidungsmodell zu erfassen und Verfahren zur Lösung der Modelle bereitzustellen. Darin liegt eine wesentliche Aufgabe für die Gestaltung von PPS-Systemen.

5.2   Statische Losgrößenplanung

5.2.1   Statische Losgrößenplanung ohne Berücksichtigung von Kapazitätsrestriktionen

Im einfachsten Fall kann man von den folgenden Annahmen ausgehen:

- Es wird ein einzelnes Produkt mit unendlich hoher Fertigungsgeschwindigkeit hergestellt.

- Die zeitlich konstante Nachfrage ist gegeben und muß ohne Verzug befriedigt werden.

---

[2]   Vgl. Helber (1994), S. 23 ff.
[3]   Einen tief gegliederten Überblick über verfügbare Ansätze vermittelt Tempelmeier (2002).

- Die Lagerkosten sind proportional zum mittleren zeitlichen Bestand.

- Für jeden Rüstvorgang fallen Rüstkosten an.

- Die Summe aus Rüst- und Lagerkosten je ZE soll minimiert werden.

Ist der zu befriedigende Bedarf je ZE gegeben, so führt die Minimierung der Kosten je ZE auch zu minimalen Kosten je ME.

Geht man davon aus, daß die Produktion im Vergleich zum Absatz "unendlich schnell" erfolgt und die Nachfrage sicher bekannt sowie zeitlich konstant ist, so wird man immer dann ein Los der Größe q auflegen, wenn der Lagerbestand auf Null abgesunken ist. Dadurch kann der Bedarf ohne Fehl- oder Verzugsmengen befriedigt werden. Durch die "unendlich schnelle" Produktionsgeschwindigkeit erhöht sich der Lagerbestand sofort auf seinen maximalen Wert, welcher der Losgröße q entspricht. Der Verlauf des Lagerbestands über die Zeit wird in Abbildung 5-1 wiedergegeben.

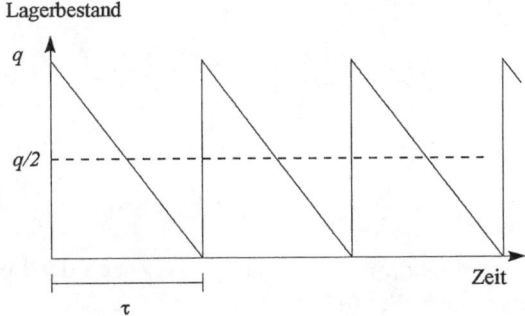

Abb. 5-1: Entwicklung des Lagerbestands bei unendlicher Fertigungsgeschwindigkeit

Aus ihr erkennt man, daß bei zeitlich gleichmäßigem Lagerabgang der durchschnittliche Lagerbestand der halben Losgröße $q/2$ entspricht. Nach τ ZE wird jeweils ein Los aufgelegt, das bei einer Bedarfsrate von d ME je ZE immer die Größe $q = \tau \cdot d$ haben muß.

Die Kosten K in GE je ZE setzen sich gemäß

$$K = K_r + K_l \tag{5-1}$$

aus Rüstkosten K_r und Lagerkosten K_l zusammen. Die Rüstkosten ergeben sich aus dem Rüstkostensatz s in GE und der Anzahl d/q von Rüstvorgängen je ZE.

$$K_r = s \cdot \frac{d}{q} \tag{5-2}$$

Die Lagerkosten erhält man, indem man den mittleren Bestand $q/2$ in ME mit einem Lagerkostensatz h in GE je ME und ZE multipliziert.

$$K_l = \frac{1}{2} \cdot q \cdot h \tag{5-3}$$

Der Lagerkostensatz h gibt an, welche Kosten für die Tätigkeiten der Lagerung sowie für das gebundene Kapital für eine Einheit des betrachteten (Zwischen- oder End-) Produktes pro Zeiteinheit anfallen. Sie hängen damit von dem Wert, d.h. im allgemeinen den variablen Kosten einer Produkteinheit, und dem pro Werteinheit anfallenden Lager- und Zinskostensatz ab. Bei der Berechnung der Lagerkostensätze ist darauf zu achten, daß alle Größen auf die gleiche Zeiteinheit bezogen werden[4]. Damit ergeben sich die Gesamtkosten in GE je ZE:

$$K = s \cdot \frac{d}{q} + \frac{1}{2} \cdot q \cdot h \tag{5-4}$$

Abbildung 5-2 zeigt den Verlauf der Gesamtkosten K, der Lagerkosten K_l und der Rüstkosten K_r in Abhängigkeit von der Losgröße q. Die Gesamtkostenfunktion erreicht in diesem Modell ihr Minimum, wenn Rüstkosten und Lagerkosten gleich groß sind. Im Bereich des Minimums ist die Kostenfunktion vor allem für $q>q^*$ relativ flach, so daß geringe Abweichungen von der optimalen Losgröße q^* nur geringe relative Kostenerhöhungen nach sich ziehen.

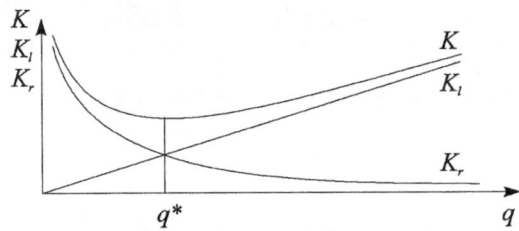

Abb. 5-2: Verlauf der Kosten in Abhängigkeit der Losgröße

Differenziert man die Kostenfunktion in Gleichung (5-4) nach der Losgröße und löst nach q auf, so ergibt sich die "klassische" Formel der optimalen Losgröße:

$$q^* = \sqrt{\frac{2 \cdot s \cdot d}{h}} \tag{5-5}$$

Sie zeigt, daß die optimale Losgröße q^* um so größer wird, je größer der Rüstkostensatz s sowie die Nachfragerate d und je kleiner der Lagerkostensatz h sind. Setzt man die optimale Losgröße in die Kostenfunktion ein, so erhält man die minimalen Kosten in GE je ZE:

$$K^* = \sqrt{2 \cdot s \cdot d \cdot h} \tag{5-6}$$

Beispiel zur "klassischen" optimalen Losgröße

Von einem Produkt werden im Jahr gleichmäßig 500 ME abgesetzt. Die Kosten für einen Rüstvorgang betragen 10 GE. Die Kosten für die Lagerung einer Produkteinheit betragen 1 GE pro Jahr. Dann ergibt sich die folgende optimale Fertigungslosgröße:

---

4   Betragen beispielsweise die variablen Kosten 10,- GE je ME und der Lager- und Zinskostensatz 12 % pro Jahr, so kostet die Lagerung einer ME über ein Jahr 1,20 Euro. Wird nun als ZE, in der die Bedarfsrate angegeben ist, ein Monat verwendet, so ergibt sich unter Vernachlässigung von Zinseszinsen der Lagerkostensatz h=0,1 GE je ME und ZE.

$$q^* = \sqrt{\frac{2 \cdot 10 \text{ GE} \cdot 500 \text{ ME / Jahr}}{1 \text{ GE / (ME} \cdot \text{Jahr)}}} = \sqrt{10000 \text{ ME}^2} = 100 \text{ ME}$$

In einem Jahr sind also insgesamt 5 Lose von je 100 ME aufzulegen. Die Lager- sowie die Rüstkosten betragen jeweils 50 GE/Jahr, die Gesamtkosten ergeben sich damit zu 100 GE/Jahr.

Zentrale Annahmen dieses Modells sind die zeitlich konstante Nachfrage und die unendliche Produktionsgeschwindigkeit. Diese Bedingungen sind in der industriellen Produktion nur selten näherungsweise erfüllt. Dennoch wird dieses Modell vielfach in Systemen zur Produktionsplanung und -steuerung angeboten. Derselbe Modelltyp wird auch zur Bestimmung **optimaler Bestellmengen** im Bereich der Beschaffung herangezogen[5]. In diesem Fall setzt man statt der produktionsmengenfixen Rüstkosten bestellmengenfixe Bestellkosten an. Wenn die bestellte Menge vollständig und zu einem Zeitpunkt geliefert wird, entspricht dies der "unendlich schnellen Produktion". Im Bereich der Beschaffung müssen jedoch u.U. Aspekte wie Mengenrabatte oder Sammelbestellungen mehrerer verschiedener Produkte berücksichtigt werden[6].

Die *Bedeutung* dieses Modells liegt vor allem darin, daß es die grundlegenden Kostenwirkungen aufzeigt. Deshalb bildet es den gedanklichen Ausgangspunkt für eine Reihe weiterer Modelle und Lösungsverfahren. Zum einen kann man es verallgemeinern, indem man auch endliche Produktionsgeschwindigkeiten zuläßt. Dies führt unmittelbar auf die in der Praxis äußerst wichtige Frage der **Berücksichtigung von Kapazitätsrestriktionen** innerhalb der Produktionsplanung. Zum anderen kann man bestimmte Eigenschaften der optimalen Lösung dieses einfachen Modells heranziehen, um heuristische Lösungsverfahren z.B. für den Fall einer dynamischen Nachfrage zu entwickeln.

5.2.2   Statische Losgrößenplanung mit Berücksichtigung von Kapazitätsrestriktionen

5.2.2.1   Statische Losgrößenplanung für ein Produkt bei endlicher Fertigungsgeschwindigkeit

Das Modell wird etwas realitätsnäher, wenn man die Annahme einer "unendlich schnellen" Produktionsgeschwindigkeit aufhebt. Die Beachtung einer endlichen Fertigungsgeschwindigkeit bedeutet, daß die Beanspruchung von Kapazitäten durch die Produkte berücksichtigt wird. Solange nur eine Produktart gefertigt wird, reicht dies aus, um die Kapazitätsrestriktionen einzuhalten. In Abbildung 5-3 wird die Entwicklung des Lagerbestands während eines Zyklus der Länge τ unter der Annahme einer **endlichen Produktionsgeschwindigkeit** i bei offener Produktweitergabe dargestellt.

Am Anfang eines jeden Zyklus der Dauer τ muß immer produziert werden. Während dieser Produktionsphase der Dauer t_p wird mit einer Produktionsgeschwindigkeit i ein Los der Größe q hergestellt, das den Bedarf $d \cdot \tau$ während des gesamten Zyklus abdeckt. Damit gilt:

---

[5]   Vgl. Küpper (1993b), S. 240 ff.

[6]   Vgl. Tempelmeier (1983), S. 118-130; Silver/Peterson (1998), S. 159 ff. und S. 438 ff.; Küpper (1993b), S. 242 ff.

$$q = i \cdot t_p = d \cdot \tau \qquad\qquad (5\text{-}7)$$

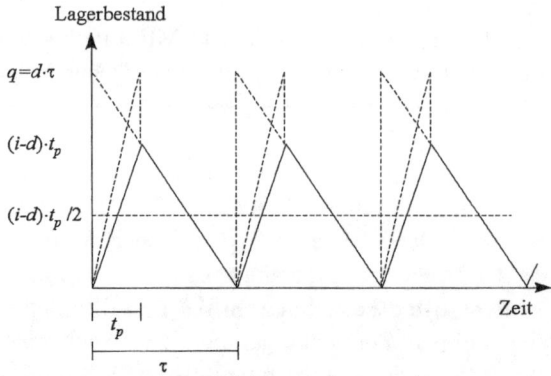

Abb. 5-3: Entwicklung des Lagerbestands bei endlicher Produktionsgeschwindigkeit

Bei der hier unterstellten *offenen Produktion* wird bereits während der Produktionsphase der Bedarf befriedigt. Daher erreicht der Lagerbestand mit dem Abschluß der Produktionsphase seinen maximalen Wert $(i\text{-}d)\cdot t_p$. Im Durchschnitt beträgt der Lagerbestand damit $(i\text{-}d)\cdot t_p/2$. Daraus ergeben sich die Kosten in GE je ZE.

$$K = s \cdot \frac{d}{q} + \frac{1}{2} \cdot (i-d) \cdot t_p \cdot h \qquad\qquad (5\text{-}8)$$

In dieser Kostenfunktion ist noch die unbekannte Dauer t_p der Produktionsphase enthalten. Sie kann durch die Beziehung (5-7) eliminiert werden, so daß man die folgende Funktion der Kosten in GE je ZE erhält.

$$K = s \cdot \frac{d}{q} + \frac{1}{2} \cdot (i-d) \cdot \frac{q}{i} \cdot h = s \cdot \frac{d}{q} + \frac{1}{2} \cdot (1 - \frac{d}{i}) \cdot q \cdot h \qquad\qquad (5\text{-}9)$$

Durch Differenzieren und Nullsetzen ergibt sich die optimale Losgröße für den Fall endlicher Produktionsgeschwindigkeit:

$$q^* = \sqrt{\frac{2 \cdot s \cdot d}{h \cdot (1 - d/i)}} \qquad\qquad (5\text{-}10)$$

Man erkennt, daß Gleichung (5-10) bei unendlich großer Produktionsgeschwindigkeit $(i \rightarrow \infty)$ in die Gleichung (5-5) übergeht.

Beispiel zur optimalen Losgröße bei endlicher Produktionsgeschwindigkeit

Es wird von dem Beispiel auf S. 180 ausgegangen. Abweichend wird eine endliche Produktionsgeschwindigkeit i von 900 ME/Jahr angenommen. Dann ergibt sich die folgende optimale Fertigungslosgröße:

$$q^* = \sqrt{\frac{2 \cdot 10 \text{ GE} \cdot 500 \text{ ME / Jahr}}{1 \left(\text{GE} / (\text{ME} \cdot \text{Jahr})\right) \cdot (1 - \dfrac{500 \text{ ME / Jahr}}{900 \text{ ME / Jahr}})}}$$

$$q^* = \sqrt{22500 \text{ ME}^2} = 150 \text{ ME}$$

Die Lager- und die Rüstkosten betragen jeweils 33,33 GE/Jahr, die Gesamtkosten 66,67 GE/Jahr.

5.2.2.2 Statische Losgrößenplanung für mehrere Produkte bei endlicher Fertigungsgeschwindigkeit

In der Regel stellt man auf einer Anlage nicht nur ein einzelnes Produkt her. Mehrere Produktarten lassen sich nur dann auf einer Anlage erzeugen, wenn die Kapazität auf lange Sicht für sämtliche Produktionsvorgänge und für ggf. erforderliche Rüstvorgänge ausreicht. Davon wird im folgenden ausgegangen. Dennoch müssen die Losgrößen bzw. die Produktionszyklen der verschiedenen Produkte mit spezifischen Bedarfs-, Fertigungs- und Kostendaten aufeinander abgestimmt werden.

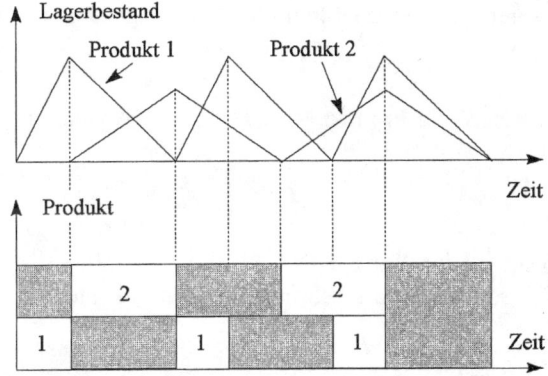

Abb. 5-4: Unzulässiger Belegungsplan aufgrund isolierter Losgrößenplanung

Wenn bei endlicher Produktionsgeschwindigkeit die kostenminimalen Lose isoliert für jede Produktart bestimmt werden, so kommt man u.U. entsprechend Abbildung 5-4 zu einem **nicht realisierbaren Belegungsplan**. Mit den jeweiligen Losgrößen sind ja eine bestimmte Fertigungsdauer sowie ein zeitlicher Auflegungsabstand verbunden. Dies führt dazu, daß die Maschine zu einzelnen Zeitpunkten gleichzeitig mehrere unterschiedliche Produkte fertigen sollte. In der Abbildung 5-4 ist dies während des zweiten Zyklus von Produkt 2 der Fall, der sich zeitlich mit dem dritten Zyklus von Produkt 1 überschneidet. Die Leerzeiten der Anlage sind schattiert dargestellt. Auch wenn die Kapazität der Anlage zur Herstellung aller Produktarten ausreichen würde, können die aus den optimalen Einzellosgrößen folgenden Auftragsabstände nicht verschoben werden, ohne Fehlmengen auszulösen. Um diese "Kollisionen" zu vermeiden, muß die Reihenfolge der Lose und damit die Maschinenbelegung simultan mit den Losgrößen bestimmt werden. Daran zeigt sich eine **Interdependenz** zwischen Losgrößen- und Reihenfolge- bzw. Maschinenbelegungsplanungplanung. Sie stellt eine Ressourcen- oder Mittelinterdependenz dar, weil verschiedene Produktarten dieselbe Maschinenkapazität beanspruchen.

Eine exakte Abbildung dieses Problems führt zu einem Optimierungsmodell, dessen Lösung äußerst schwierig ist[7]. Eine wesentliche Vereinfachung ergibt sich, wenn man in einer zusätzlichen Nebenbedingung **identische Produktionszyklen** der Länge T unterstellt. Jedes Produkt wird innerhalb eines Zyklus einmal aufgelegt, die Reihenfolge der verschiedenen Produkte innerhalb des Zyklus und die produktspezifischen Losgrößen bleiben über die Zyklen hin konstant. Durch diese zusätzliche Bedingung wird eine Koordination zwischen der Planung der verschiedenen Losgrößen und der Maschinenbelegung auf der Maschine erreicht. Die Reihenfolge der Lose innerhalb eines Zyklus hat dann keinen Einfluß mehr auf die Ausprägung der Zielgröße.

Die Kosten K_j des Produktes j in GE je ZE ergeben sich unmittelbar aus der Gleichung (5-8):

$$K_j = s_j \cdot \frac{d_j}{q_j} + \frac{1}{2} \cdot (i_j - d_j) \cdot t_{pj} \cdot h_j \qquad (5\text{-}11)$$

Ferner muß die Losgröße q_j jeder Produktart gemäß (5-12) ihrer Absatzmenge während eines Zyklus der Länge T entsprechen, da weder Fehl- noch Verzugsmengen zugelassen sind:

$$q_j = d_j \cdot T = i_j \cdot t_{pj} \qquad (5\text{-}12)$$

Damit kann man die Kosten K_j für Produkt j in GE je ZE in Abhängigkeit von der Zyklusdauer T angeben:

$$K_j = s_j \cdot \frac{1}{T} + \frac{1}{2} \cdot (i_j - d_j) \cdot \frac{d_j}{i_j} \cdot T \cdot h_j \qquad (5\text{-}13)$$

Summiert man über alle Produkte j, so erhält man die Gesamtkosten:

$$K = \sum_j K_j = \sum_j \left(s_j \cdot \frac{1}{T} + \frac{1}{2} \cdot (i_j - d_j) \cdot \frac{d_j}{i_j} \cdot T \cdot h_j \right) \qquad (5\text{-}14)$$

Die einzige Variable dieser Zielfunktion ist die gemeinsame Zykluszeit T für alle Produkte. Die Minimierung der Kosten führt gemäß (5-15) zur optimalen Zykluszeit T^*:

$$T^* = \sqrt{\frac{2 \cdot \sum_j s_j}{\sum_j h_j \cdot d_j \cdot (1 - d_j / i_j)}} \qquad (5\text{-}15)$$

Die einzelnen optimalen Losgrößen q_j^* jeder Produktart j lassen sich durch Multiplikation von Nachfragerate d_j und optimaler Zyklusdauer T^* ermitteln:

---

[7] Vgl. Dinkelbach (1964), S. 58 ff.; Dellmann (1975), S. 151 ff.; Domschke/Scholl/Voß (1997), S. 84 ff.

$$q_j{}^* = d_j \cdot T^* = \sqrt{\frac{d_j^2 \cdot 2 \cdot \sum\limits_k s_k}{\sum\limits_k h_k \cdot d_k \cdot (1 - d_k / i_k)}} \tag{5-16}$$

Beispiel zur Losgrößenplanung mit identischen Zyklen

Auf einer Anlage seien zwei Produkte mit den Bedarfsraten von 500 ME/Jahr und 200 ME/Jahr zu fertigen. Die Produktionsgeschwindigkeit der Anlage beträgt bei dem ersten Produkt 900 ME/Jahr, bei dem zweiten Produkt 600 ME/Jahr. Die Rüstzeit sei vernachlässigbar, jedoch treten Rüstkosten in Höhe von 10 bzw. 20 GE auf. Der Lagerkostensatz beträgt 1 bzw. 3 GE je ME und Jahr.

Zunächst ist zu prüfen, ob es überhaupt möglich ist, den Bedarf beider Produkte zu erfüllen. Das Produkt 1 beansprucht die Maschine zu 500/900 = 55,5 %, das Produkt 2 zu 200/600 = 33,3 %. Damit ergibt sich eine Gesamtbeanspruchung der Maschine von 88,8 %, die Kapazität reicht also aus.

Durch Einsetzen der Werte erhält man aus Gleichung (5-15) die folgende Zyklusdauer:

$$T^* = \sqrt{\frac{2 \cdot (10 + 20)}{1 \cdot 500 \cdot \left(1 - \dfrac{500}{900}\right) + 3 \cdot 200 \cdot \left(1 - \dfrac{200}{600}\right)} \cdot \text{Jahr}^2}$$

$T^* = 0,3105$ Jahr

Damit ergeben sich durch Aufrunden die optimalen Losgrößen:

$$q_1{}^* = 500 \, \frac{\text{ME}}{\text{Jahr}} \cdot 0,3105 \, \text{Jahr} \approx 156 \, \text{ME}$$

$$q_2{}^* = 200 \, \frac{\text{ME}}{\text{Jahr}} \cdot 0,3105 \, \text{Jahr} \approx 63 \, \text{ME}$$

Zur Übung kann man ermitteln, um wieviel Prozent die Kosten dieser Lösung über den Kosten einer (hier unzulässigen) isolierten Planung für die einzelnen Produkte liegen.

Aufgrund des gemeinsamen Zyklus können die verschiedenen Produkte auf der gleichen Anlage gefertigt werden, ohne daß es zu "Kollisionen" von zwei (oder mehr) Produkten kommt, die diese Anlage gleichzeitig nutzen sollten. Eine derartige Vorgehensweise bietet sich z.B. bei der Produktionsplanung für Fließfertigungssysteme an, auf denen abwechselnd eine Gruppe von Produkten mit jeweils zeitlich annähernd konstantem Bedarf gefertigt wird[8].

Treten **reihenfolgeabhängige Rüstzeiten** auf, so wird man die Reihenfolge der Produkte innerhalb eines Zyklus häufig so festlegen, daß möglichst wenig Zeit für Rüstvorgänge erforderlich ist. Werden z.B. in einem Prozeß Materialien verschiedener Farbe verarbeitet, so ist es

---

[8] Günther/Tempelmeier (2002), S. 228 ff.

häufig sinnvoll, mit der hellsten Farbe zu beginnen und schrittweise zu den dunkleren überzugehen. Dadurch entstehen u.U. weniger Probleme aufgrund von Verunreinigungen, als wenn man häufig von dunklen zu hellen Farben wechselt. Dies kann sich in kürzeren Rüstzeiten niederschlagen. Liegen derartige reihenfolgeabhängige Rüstzeiten vor, kann man die Produktreihenfolge mit minimaler Rüstzeit durch die in Abschnitt 7.3 behandelten Verfahren zur Ermittlung kürzester Rundreisen ermitteln.

5.3   Dynamische Losgrößenplanung

In der Realität verändern sich die wirtschaftlichen Rahmenbedingungen häufig. Insbesondere sind die Entwicklungen auf den Märkten oft durch eine hohe Dynamik gekennzeichnet. Deshalb kann es notwendig sein, die Annahme konstanter Bedarfsraten bzw. Absatzgeschwindigkeiten aufzuheben. Dies erfolgt in der dynamischen Losgrößenplanung. Deren Entscheidungsmodellen und Verfahren liegt i.d.R. die Vorstellung zugrunde, daß ein **endlicher Planungszeitraum** aus einer diskreten Zahl von **Perioden** wie z.B. Wochen besteht und für ein oder mehrere Produkte die Produktionsmengen in den einzelnen Perioden festzulegen sind. Eine solche Planung führt man häufig **rollierend** durch, so daß lediglich die ermittelte Produktionsmenge für die erste, unmittelbar anstehende Periode umgesetzt wird und vor der Entscheidung über die Produktionsmenge der danach folgenden Periode zunächst eine neue Planung erfolgt.

5.3.1   Dynamische Ein-Produkt-Losgrößenplanung ohne Kapazitätsrestriktionen

5.3.1.1   Entscheidungsmodell der dynamischen Ein-Produkt-Losgrößenplanung

Im einfachsten Fall kann man eine dynamische Losgrößenplanung für ein **einzelnes Produkt** durchführen. Damit wird unterstellt, daß keine Interdependenzen zwischen den Entscheidungen für verschiedenartige Produkte bestehen. Solche Interdependenzen können sich z.B. daraus ergeben, daß die Produkte physisch ineinander eingehen oder gemeinsam knappe Ressourcen wie Maschinen beanspruchen. Vernachlässigt man derartige Interdependenzen, so erhält man das durch die folgenden Prämissen gekennzeichnete sog. **Wagner-Whitin-Problem**[9]:

- Der Planungszeitraum ist endlich und in Perioden eingeteilt.

- Der zeitvariante Bedarf des betrachten Produktes für jede Periode ist gegeben und muß ohne Verzug befriedigt werden.

- Die Produktionskosten sind in jeder Periode identisch und daher entscheidungsirrelevant.

- Für jeden Rüstvorgang fallen Rüstkosten an, die Lagerkosten sind proportional zum Lagerbestand am Ende der Perioden.

- Die Lagerbestandsentwicklung innerhalb der Perioden hat keinen Einfluß auf das Optimum und bleibt daher außer Betracht.

- Kapazitätsrestriktionen existieren nicht.

---

[9] Der Name geht auf einen grundlegenden Aufsatz von *Wagner* und *Whitin* zurück, in dem diese Problemstellung modelliert und die dynamische Optimierung zur Lösung eingesetzt wurde, vgl. Wagner/Whitin (1958).

- Als Zielvorstellung soll die Summe der Rüst- und Lagerkosten im Planungszeitraum minimiert werden.

Mit diesen Annahmen läßt sich das folgende Entscheidungsmodell formulieren:

Modell Wagner-Whitin

$$Min \quad Z = \sum_{t=1}^{T} (s \cdot x_t + h \cdot y_t) \tag{5-17}$$

u.B.d.R.

$$y_{t-1} + q_t - d_t = y_t \qquad \forall t \tag{5-18}$$

$$q_t - M \cdot x_t \leq 0, \qquad \forall t \tag{5-19}$$

$$q_t, y_t \geq 0, \qquad \forall t \tag{5-20}$$

$$x_t \in \{0,1\}, \qquad \forall t \tag{5-21}$$

Indizes und Parameter

d_t	Bedarf in der Periode t
h	Lagerkostensatz für eine Periode in GE je ME
M	große Zahl
s	Rüstkostensatz in GE
$t=1,...,T$	Periodenindex
y_0	Lageranfangsbestand zum Beginn der ersten Periode

Entscheidungsvariablen

q_t	Produktionsmenge in Periode t
x_t	binäre Rüstvariable, gleich 1, falls in Periode t gerüstet wird, 0 sonst
y_t	Lagerbestand am Ende von Periode t

In der Zielfunktion (5-17) des Modells wird gefordert, die Summe aus Rüst- und Lagerkosten über alle T Perioden zu minimieren. Die Rüstkosten fallen in einer Periode nur an, wenn die korrespondierende Binärvariable x_t den Wert 1 hat. Durch die Bedingung (5-19) wird die Binärvariable x_t dann auf den Wert 1 gesetzt, wenn in der Periode t eine positive Produktionsmenge eingeplant wird. Die "große Zahl" M muß in dieser Formulierung mindestens so groß sein wie die restliche Nachfrage im Planungszeitraum. Die Gleichung (5-18) schreibt die Lagerbestände über die Periodengrenzen fort. Es handelt sich um ein *Produktionsmengenmodell*[10].

Die nähere Analyse läßt eine **Eigenschaft** erkennen, die eine **optimale Lösung** stets aufweisen muß: Es wird nur in solchen Perioden $t>1$ ein Los der Größe q_t aufgelegt, bei denen der Lagerendbestand der Vorperiode y_{t-1} auf Null abgesunken ist. Damit gilt stets die Bedingung $q_t \cdot y_{t-1} = 0$. Würde ein Los aufgelegt, obwohl der Lagerbestand der Vorperiode noch nicht auf Null abgesunken ist, so könnte man stets einen besseren Plan angeben. Dazu müßten lediglich die letzte positive Produktionsmenge $q_{t'}$ mit t'<t um den Lagerendbestand y_{t-1} der Periode t-1 verringert und die Produktionsmenge in Periode t entsprechend vergrößert werden. Dies würde immer zu einer Reduzierung der Lagerkosten führen, ohne daß zusätzliche Rüstkosten anfallen. Ein solcher Plan, bei dem gleichzeitig für eine Periode t die Größen q_t und y_{t-1} positiv sind, kann also nicht optimal sein. Aus dieser wichtigen Eigenschaft läßt sich der Schluß ziehen, daß man nur solche Pläne betrachten muß, bei denen sich die Produktionslose aus vollständigen Periodenbedarfen einer oder mehrerer "benachbarter" Perioden zusammensetzen.

Dies bedeutet, daß es bei einem Problem mit drei Perioden für die Produktion der ersten Periode lediglich drei Möglichkeiten gibt: Zusammenfassen des Bedarfs der Periode 1, des Bedarfs der Perioden 1 und 2, oder des Bedarfs aller drei Perioden in einem Los. Entsprechendes gilt für die anderen Perioden. Man kann die Produktionsmöglichkeiten in einem Graphen entsprechend Abbildung 5-5 verdeutlichen, in dem die Knoten t die einzelnen Perioden und die Kanten (t',t) die Produktion in der Periode t' für den Bedarf der Perioden t' bis einschließlich t-1 repräsentieren.

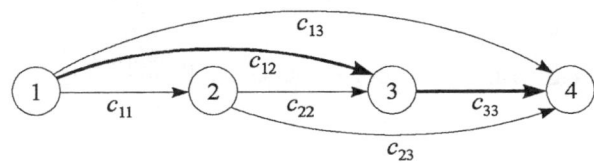

Abb. 5-5: Darstellung der möglichen Produktionspläne

In dieser Abbildung kennzeichnet der etwas stärkere Pfeil von Knoten 1 zu Knoten 3 die Alternative, daß in Periode 1 ein Los aufgelegt wird, das den Bedarf der Perioden 1 und 2 deckt. Da es in dem Beispiel nur drei Perioden gibt, muß bei dieser Alternative in der Periode 3 der Bedarf für diese letzte Periode aufgelegt werden. Dies wird durch den etwas stärkeren Pfeil vom Knoten 3 zum Knoten der fiktiven Folgeperiode 4 angedeutet. Man erkennt, daß jeder Weg von Knoten 1 zum Knoten 4 einen Produktionsplan darstellt. Wenn man die Kanten des Graphen mit den korrespondierenden Kosten der Losgrößenentscheidung bewertet, so stellt sich der optimale Produktionsplan dar als der **kürzeste Weg durch diesen Graphen**. Auf dieser Eigenschaft des Problems läßt sich ein Lösungsverfahren aufbauen. Dazu transformiert man das Losgrößenproblem zunächst in einen korrespondierenden Graphen wie in der Abbildung 5-5

---

[10] Vgl. Abschnitt 3.3.5.

und bestimmt anschließend in diesem Graphen den kürzesten Weg vom Knoten der Periode 1 bis zum Knoten der fiktiven Periode $T+1$. Für die Bestimmung dieses kürzesten Weges stehen geeignete Verfahren zur Verfügung[11]. Mit diesen und anderen Verfahren läßt sich das Problem auf einem PC in Sekundenbruchteilen lösen.

5.3.1.2 Exakte Lösung des Entscheidungsmodells durch die dynamische Optimierung

Wagner und *Whitin* haben vorgeschlagen, die sogenannte "dynamische Optimierung" zur dynamischen Losgrößenplanung einzusetzen. Das zugrundeliegende Lösungsprinzip ist auf solche Probleme anwendbar, bei denen sich eine Lösung als eine Folge von Entscheidungen für bestimmte "Stufen" des Problems beschreiben läßt. Die Beiträge dieser Entscheidungen zur Zielfunktion, in diesem Fall die Kosten, setzen sich hier additiv zusammen. Da die Stufen häufig Perioden entsprechen, spricht man etwas irreführend von "dynamischer" Optimierung. Auch in dem betrachteten Losgrößenproblem entsprechen die Stufen einzelnen Perioden. Entscheidend für die Anwendbarkeit der dynamischen Optimierung ist die folgende Eigenschaft der Problems: Wenn für eine bestimmte Periode $t>1$ ein Los aufgelegt wird, hängen die durch dieses Los zusätzlich verursachten Kosten nicht von der Frage ab, welche der verschiedenen denkbaren Entscheidungen für den Zeitraum 1 bis $t-1$ getroffen wurden.

Dies kann in der Abbildung 5-6 an dem Fall von vier Perioden veranschaulicht werden, in dem die Losgrößenentscheidungen stufenweise erfolgen.

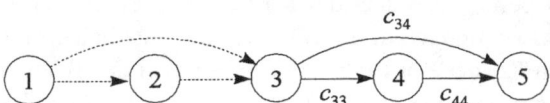

Abb. 5-6: Entscheidungsmöglichkeiten in der Stufe t=3

In der Stufe bzw. Periode $t=3$ gibt es zwei denkbare Möglichkeiten, den Rest des Planungsproblems zu lösen. Die eine besteht darin, sowohl in Periode 3 als auch in Periode 4 ein Los mit dem jeweiligen Periodenbedarf aufzulegen. Die andere Alternative ist, mit einem Los den Bedarf der Perioden 3 und 4 abzudecken. Jede der beiden Alternativen ist mit bestimmten Kosten verbunden. Entscheidend für die Anwendbarkeit der dynamischen Optimierung ist nun, daß diese Kosten *unabhängig* davon sind, durch welche Entscheidungen für die *früheren Perioden* 1 und 2 man dazu gezwungen wird, überhaupt in Periode 3 ein Los aufzulegen. Für die zusätzlichen Kosten, die durch das Los in der Periode 3 entstehen, muß es also gleichgültig sein, ob man in der Periode 1 und in der Periode 2 je ein Los mit dem jeweiligen Bedarf der Perioden 1 und 2 aufgelegt hat, oder ob man in der Periode 1 den Bedarf der Perioden 1 und 2 gemeinsam produziert.

Aufgrund dieser Überlegung läßt sich eine **rekursive Gleichung** angeben, die es gestattet, den Produktionsplan mit den minimalen Kosten zu ermitteln. In dieser Gleichung gibt K_t^* die Kosten an, die durch einen optimalen Produktionsplan für die Perioden 1 bis t entstehen. Da die betrachtete Periode t innerhalb des Planungszeitraums liegen kann $(1 \le t \le T)$, muß es sich

---

[11] Vgl. Evans (1985); Zu Implementationsvergleichen s. Höter (1994).

nicht um einen *vollständigen* Produktionsplan handeln. Mit $K_t(i)$ werden die Kosten eines Produktionsplans für die Perioden 1 bis t bezeichnet, der den zwei folgenden Eigenschaften genügt: Zum einen wird der Bedarf der Perioden τ von i bis t ($i \leq \tau \leq t$) durch eine Losauflage in der Periode i erfüllt, und zum anderen wird für den davorliegenden Zeitraum der Perioden 1 bis i-1 der hierfür *optimale Produktionsplan* mit den *minimalen* Kosten K_{i-1}^* durchgeführt. Mit dieser Notation läßt sich für die Kosten K_t^* des optimalen Produktionsplans für die Perioden 1 bis t die folgende rekursive Gleichung angeben:

$$K_t^* = \min_{1 \leq i \leq t}\left\{K_t(i)\right\} = \min_{1 \leq i \leq t}\left\{K_{i-1}^* + s + \sum_{\tau=i}^{t}(\tau - i)\cdot d_\tau \cdot h\right\} \tag{5-22}$$

Dabei gilt K_0^*=0. Die Gleichung (5-22) besagt, daß man zur Ermittlung des optimalen Produktionsplans bis Periode t die verschiedenen Perioden i betrachten muß, in denen der Bedarf der Periode t produziert werden könnte. Die Kosten setzen sich zusammen aus den Kosten des optimalen Plans für die Perioden 1 bis i-1, den Rüstkosten s und den Lagerkosten für die in Periode i hergestellten und in den Perioden τ von i bis t ($i \leq \tau \leq t$) abgesetzten Produkten. Man kann sich die Auswertung des rechten Terms der Gleichung (5-22) erleichtern, wenn man die folgende Beziehung beachtet:

$$K_t(i) = K_{t-1}(i) + (t - i)\cdot d_t \cdot h, \qquad 1 \leq i < t \leq T \tag{5-23}$$

Die Gleichung (5-23) besagt, daß sich die Kosten eines Plans, bei dem der Bedarf bis einschließlich der Periode t durch ein in der Periode i aufgelegtes Los gedeckt wird, zusammensetzen aus den Kosten eines Plans mit Produktion des Bedarfs der Periode t-1 in der Periode i und den Kosten der Lagerung des Bedarfs der Periode t von Periode i bis Periode t.

Beispiel zur Anwendung der dynamischen Optimierung

Der Bedarf der nächsten Perioden 1 bis 4 betrage 20, 50, 90 und 30 ME. Die Rüstkosten betragen 100 GE, die Kosten der Lagerung einer ME über eine Periode betragen 1 GE.

Zunächst werden in Abbildung 5-7 in einer Vorwärtsrechnung die Kosten gemäß Gleichung (5-22) unter Berücksichtigung von Gleichung (5-23) für die Perioden 1 bis 4 berechnet. Nachdem man die Kosten des optimalen Plans für alle vier Perioden von 280 GE ermittelt hat, sind in einer Rückwärtsrechnung die Produktionsmengen in den einzelnen Perioden zu bestimmen. Dazu geht man in Abbildung 5-7 entlang der durchgezogen gezeichneten Linie vor. In der Rechnung für Periode 4 erkennt man, daß in dem optimalen Plan der Bedarf für Periode 4 und 3 durch Produktion in Periode 3 gedeckt wird. Die optimale Politik bis einschließlich Periode 2 besteht in der Herstellung der Bedarfsmengen der Perioden 1 und 2 in der ersten Periode. Damit ergeben sich die Produktionsmengen in den Perioden zu 70, 0, 120 und 0 ME.

$$K*_1 = \min\{K_1(1) = \quad K*_0 + 100 \qquad = 100$$

$$K*_2 = \min\begin{cases} K_2(1) = & K_1(1) + 1 \cdot 50 \cdot 1 & = 150 \\ K_2(2) = & K*_1 + 100 & = 200 \end{cases}$$

$$K*_3 = \min\begin{cases} K_3(1) = & K_2(1) + 2 \cdot 90 \cdot 1 & = 330 \\ K_3(2) = & K_2(2) + 1 \cdot 90 \cdot 1 & = 290 \\ K_3(3) = & K*_2 + 100 & = 250 \end{cases}$$

$$K*_4 = \min\begin{cases} K_4(1) = & K_3(1) + 3 \cdot 30 \cdot 1 & = 420 \\ K_4(2) = & K_3(2) + 2 \cdot 30 \cdot 1 & = 350 \\ K_4(3) = & K_3(3) + 1 \cdot 30 \cdot 1 & = 280 \\ K_4(4) = & K*_3 + 100 & = 350 \end{cases}$$

Abb.. 5-7: Rechengang der dynamischen Optimierung

In dem Beispiel wurden gemäß Gleichung (5-22) für jede "empfangende" Periode t alle möglichen "liefernden" Perioden i betrachtet. Dies ist nicht in jedem Fall erforderlich. Untersucht man die Berechnung für K_3*, so erkennt man, daß der Bedarf der Periode 3 bei einem Planungszeitraum von 3 Perioden am besten durch Produktion in der Periode 3 gedeckt wird. In diesem Fall kann es aber bei positiven Lagerkostensätzen nicht optimal sein, den Bedarf der *anschließend* betrachteten Periode 4 durch Produktion in den Perioden 1 und 2 zu decken, wenn dies schon für den Bedarf der Periode 3 nicht sinnvoll ist. Aufgrund dieser Überlegung kann man in diesem Fall auf die Berechnung von $K_1(4)$ und $K_2(4)$ verzichten, da die damit verbundenen Produktionspläne suboptimal sein müssen. Derartige Überlegungen führen auf sogenannte Planungshorizonttheoreme, die es erlauben, den Rechenaufwand zur Lösung des Modells zu reduzieren.

Das beschriebene Verfahren liefert eine exakte Lösung des Entscheidungsmodells. In der Praxis erfolgt die Losgrößenplanung vielfach rollierend[12], so daß sich die Bedarfsprognosen für die zeitlich "späteren" Perioden u.U. noch ändern können. Soll in dem Los der ersten Periode der Bedarf einer dieser späteren Perioden produziert werden, so kann sich mit der neuen Bedarfsprognose eine andere optimale Losgröße für die erste Periode ergeben. Aus diesem Grund führt das Aneinanderreihen von "optimalen" Entscheidungen für jeweils erste Perioden von rollierend aufeinanderfolgenden Planungsinstanzen nicht notwendigerweise zum bestmöglichen Plan.

---

[12] Vgl. S. 186.

5.3.1.3 Heuristische Lösung des Entscheidungsmodells durch das Verfahren von Silver und Meal

Mit dem heuristischen Verfahren von *Silver* und *Meal* wird für eine rollierende Planung ein "robuster erster Schritt" ermittelt, der eher als die exakte Lösung von derartigen Schwankungen der zeitlich fernen Perioden abgekoppelt ist[13]. Dieses und ähnliche Verfahren erfordern nur geringen Rechenaufwand, ihre Vorgehensweise orientiert sich vielfach an bestimmten Eigenschaften optimaler Lösungen des klassischen Losgrößenproblems[14]. Z.B. führt im statischen Fall die optimale Losgröße zu den minimalen Kosten je Zeiteinheit. In dem Verfahren von *Silver* und *Meal* berechnet man daher die Kosten $c_{j\tau}$ je Periode für den endlichen Zeitraum bis einschließlich Periode j, der durch das betreffende Los der Periode τ versorgt wird:

$$c_{\tau j} = \frac{s + h \cdot \sum_{t=\tau+1}^{j}(t-\tau) \cdot d_t}{j - \tau + 1} \tag{5-24}$$

Die Idee besteht darin, zunächst die erste Periode zu betrachten und als Produktionsmenge den Bedarf dieser ersten Periode anzusetzen. Anschließend wird diese Produktionsmenge so lange um vollständige künftige Periodenbedarfe erhöht, wie dadurch die Rüst- und Lagerkosten je versorgter Periode sinken oder gleich bleiben. Steigen die Kosten jedoch an, wenn man zu dem Los der Periode τ auch noch der Bedarf der Periode j+1 hinzunimmt, so schließt man die Losgrößenbildung für Periode τ ab und setzt anschließend die Losgrößenbildung ab Periode j+1 fort.

Beispiel zur Anwendung des Silver-Meal-Verfahrens

Es gelten die gleichen Annahmen und Daten wie in dem Beispiel auf S. 190. Zunächst wird die **erste Periode** betrachtet. Man berechnet die Kosten je Periode mit Hilfe von Gleichung (5-24) für diese und folgende Perioden j, solange diese nicht ansteigen.

$$c_{11} = \frac{100\,\text{GE}}{1-1+1} = 100\,\text{GE}$$

$$c_{12} = \frac{100+1\cdot50\cdot1}{2-1+1}\,\text{GE} = 75\,\text{GE}$$

$$c_{13} = \frac{100+1\cdot50\cdot1+1\cdot90\cdot2}{3-1+1}\,\text{GE} = \frac{330}{3}\,\text{GE} = 110\,\text{GE}$$

Da die Kosten je Periode wieder ansteigen, wenn das Los in Periode 1 auch den Bedarf der Periode 3 umfaßt, bricht man die Planung für Periode 1 ab. In der ersten Periode wird somit ein Los aufgelegt, das den Bedarf der ersten beiden Perioden deckt. Die Planung wird in der **dritten Periode** fortgesetzt.

---

[13] Vgl. Silver/Meal (1973); Silver/Peterson (1998), S. 210 ff.; Tempelmeier (2002), S. 159 ff.
[14] Vgl. Abschnitt 5.2.1.

$$c_{33} = \frac{100}{3-3+1} \, GE = 100 \, GE$$

$$c_{34} = \frac{100+1\cdot30\cdot1}{4-3+1} \, GE = \frac{130}{2} \, GE = 65 \, GE$$

In der dritten Periode wird ein Los für den Bedarf der Perioden 3 und 4 aufgelegt. Damit ist die Planung für dieses Beispiel beendet. Die Produktionsmengen der vier Perioden betragen 70, 0, 120 und 0 ME. In diesem Beispiel führt die Silver-Meal-Heuristik auf den gleichen Produktionsplan wie die exakte dynamische Optimierung. Da es sich um ein heuristisches Lösungsverfahren handelt, muß dies nicht immer so sein.

5.3.2 Dynamische Mehr-Produkt-Losgrößenplanung mit Kapazitätsrestriktionen

In der Praxis können die Losgrößenentscheidungen für einzelne Produkte i.d.R. nicht unabhängig voneinander getroffen werden. Interdependenzen zwischen den Produkten ergeben sich zum einen häufig aus den Kapazitätsrestriktionen der Ressourcen und zum anderen aus der Mehrstufigkeit des Produktionsprozesses. Beanspruchen mehrere Produkte die gleiche Maschine und wird für jedes der Produkte eine isolierte Losgrößenplanung mit einem der in Abschnitt 5.3.1.2 oder 5.3.1.3 skizzierten Verfahren vorgenommen, so können diese einzelnen Pläne insgesamt u.U. nicht realisierbar sein, weil in einzelnen Perioden die Kapazität der Ressourcen überschritten wird. Geht ein Produkt in ein anderes physisch ein, so muß das eingehende Produkt rechtzeitig hergestellt werden. Aus diesem Grund ist es erforderlich, in einem mehrstufigen Produktionssystem die Planung von Losgrößen über die Produktionsstufen hin abzustimmen.

In den z.Z. in der Praxis eingesetzten Systemen zur Produktionsplanung und -steuerung (**PPS-Systemen**) werden zunächst die Bedarfsmengen der Endprodukte prognostiziert und dann für jedes Produkt einzeln die Losgrößen bestimmt. Aus dieser Planung leitet man den Bedarf für die auf einer vorgelagerten Produktionsstufe hergestellten Komponenten ab. Anschließend wird für jede dieser Komponenten wieder ein Ein-Produkt-Losgrößenproblem gelöst. Setzt man diesen Prozeß bis zur ersten Produktionsstufe fort, so erhält man einen Produktionsplan für alle Produktionsstufen. Da man bei den einzeln getroffenen Losgrößenentscheidungen die real vorliegenden **Kapazitätsrestriktionen** des Produktionssystems **vernachlässigt**, ist der Produktionsplan häufig nicht realisierbar. Um dem zu begegnen, legt man zwischen die einzelnen Produktionsstufen großzügig bemessene **Vorlaufverschiebungen**, die wie ein Puffer die Prognose- und Planungsfehler abfangen sollen. Sie haben jedoch lange **planungsinduzierte Durchlaufzeiten** und hohe (Werkstatt-) Bestände an Halbfertigfabrikaten zur Folge. Die hohen Durchlaufzeiten wiederum führen dazu, daß das Produktionssystem nur sehr schwerfällig auf Veränderungen im Absatzbereich reagieren kann. Gelingt es dagegen, die Durchlaufzeiten und ihre Abbildung in der Planung über die Vorlaufverschiebungen kurz und prognostizierbar zu halten, so reduziert man nicht nur die Kosten der Kapitalbindung. Darüber hinaus kann man das Produktionssystem besser als mit den bislang eingesetzten Systemen auf die Erfordernisse der Absatzmärkte ausrichten.

Entscheidend dafür ist, daß die **simultan** zu betrachtende Materialbedarfs- und Losgrößenplanung im Hinblick auf die Kapazitätsrestriktionen zulässig ist. Ein derartiger Plan kann z.B. durch ein Entscheidungsmodell ermittelt werden, das von den folgenden Annahmen ausgeht:

- Der endliche Planungszeitraum ist in Perioden unterteilt.

- Ein (Zwischen-)Produkt kann in ein oder mehrere Produkte auf nachfolgenden Produktionsstufen eingehen.

- Die Erzeugung eines Produktes kann den Einsatz einer kapazitätsbeschränkten Ressource erfordern. An dieser kann ein Rüstvorgang mit einer bestimmten Dauer erforderlich sein.

- Der Bedarf für jede Periode ist gegeben und muß ohne Verzug befriedigt werden.

- Für jeden Rüstvorgang fallen Rüstkosten an, die Lagerkosten sind proportional zum Lagerbestand am Ende der Perioden.

- Rüstzeiten und -kosten entstehen dann in einer Periode, wenn in ihr ein Los des Produktes eingeplant wird.

- Die Reihenfolge der verschiedenen in einer Periode auf einer Ressource hergestellten Produkte wird nicht berücksichtigt.

- Ein fertiggestelltes Produkt kann erst in der nächsten Periode auf der nachfolgenden Produktionsstufe weiterverarbeitet werden.

Für diese Annahmen läßt sich das folgende Entscheidungsmodell aus der Klasse der *Produktionsmengenmodelle* formulieren, das eine Variante[15] des in der Literatur als MLCLSP (Multi-Level Capacitated Lot Sizing Problem[16]) bezeichneten Modells darstellt:

Modell MLCLSP

$$Min \quad Z = \sum_{i=1}^{I} \sum_{t=1}^{T} (s_i \cdot x_{it} + h_i \cdot y_{it}) \tag{5-25}$$

u.B.d.R.

$$y_{i0} - \sum_{j \in N_i} a_{ij} \cdot q_{j1} \geq 0 \qquad \forall i \tag{5-26}$$

$$y_{i0} + q_{i1} - \sum_{j \in N_i} a_{ij} \cdot \sum_{\tau=1}^{2} q_{j\tau} - d_{i1} = y_{i1} \qquad \forall i \tag{5-27}$$

---

[15] Vgl. Helber (1994), S. 31 ff.; Helber (1995).

[16] Vgl. Billington/McClain/Thomas (1983); Tempelmeier (1995), S. 202. Zu dynamischen Modellen der Produktion unter Einbezug der Losgrößenplanung vgl. auch Dinkelbach (1964), Adam (1969), Pressmar (1974) und Küpper (1980).

$$y_{i,t-1} + q_{it} - \sum_{\substack{j \in N_i \\ t \le T-1}} a_{ij} \cdot q_{j,t+1} - d_{it} = y_{it} \qquad \forall i; \forall t = 2,...,T \qquad (5\text{-}28)$$

$$\sum_{i \in K_m} (tb_i \cdot q_{it} + tr_i \cdot x_{it}) \le b_{mt} \qquad \forall m, \forall t \qquad (5\text{-}29)$$

$$q_{it} - M \cdot x_{it} \le 0 \qquad \forall i, \forall t \qquad (5\text{-}30)$$

$$q_{it}, y_{it} \ge 0 \qquad \forall i, \forall t \qquad (5\text{-}31)$$

$$x_{it} \in \{0,1\} \qquad \forall i, \forall t \qquad (5\text{-}32)$$

Indizes und Parameter

a_{ij} Direktbedarfskoeffizient für die Anzahl der Einheiten von Produkt i, die in eine Einheit von Produkt j eingehen

b_{mt} Kapazität der Ressource m in Periode t

d_{it} Bedarf bzw. Absatz von Produkt i in der Periode t

h_i Lagerkostensatz von Produkt i für eine Periode in GE je ME

$i=1,...,I$ Produktindex

K_m Menge der Produkte, die Ressource m beanspruchen

M große Zahl

N_i Menge der unmittelbaren Nachfolger von Produkt i

s_i Rüstkostensatz von Produkt i in GE

tb_i Stückzeit von Produkt i

tr_i Rüstzeit von Produkt i

$t=1,...,T$ Periodenindex

y_{i0} Lageranfangsbestand von Produkt i, entspricht dem Lagerendbestand einer virtuellen Periode 0

Entscheidungsvariablen

q_{it} Produktionsmenge von Produkt i in Periode t

x_{it} binäre Rüstvariable, gleich 1, falls für Produkt i in Periode t gerüstet wird, 0 sonst

y_{it} Lagerbestand von Produkt i am Ende von Periode t

In der Zielfunktion (5-25) wird gefordert, daß die Summe der Rüst- und Lagerkosten über alle Produkte i und Perioden t minimiert wird. Die Gleichungen (5-26) und (5-27) beschränken die Produktion in den ersten beiden Perioden. Ein Produkt kann in einer Periode nur dann herge- stellt werden, wenn die in dieses Produkt eingehenden Vorgängerprodukte am Ende der Vorpe- riode bereitstehen. Damit begrenzt der physische Lageranfangsbestand y_{i0} des Produktes i die Produktionsmengen q_{j1} seiner Nachfolger j in der ersten Periode. Dies wird in der Gleichung (5-26) zum Ausdruck gebracht. Durch die Gleichung (5-28) werden die Beziehungen zwischen den Lageranfangs- und -endbeständen, den Produktionsmengen der betrachteten sowie der nachfolgenden Stufen und den Bedarfs- bzw. Absatzmengen wiedergegeben. In einer Periode $t>1$ wird der Lagerendbestand $y_{i,t-1}$ der Vorperiode zunächst um die in dieser Periode produ- zierte Menge q_{it} vergrößert. Davon gehen die Mengen $a_{ij} \cdot q_{j,t+1}$ ab, die in der nächsten Perio- de $t+1$ in die verschiedenen Nachfolgerprodukte j physisch eingehen. Zieht man nun noch die Absatzmenge bzw. den Bedarf d_{it} des betrachteten Produkts i in Periode t ab, so erhält man sei- nen Lager(end)bestand y_{it} am Periodenende. In der ersten Periode ist jedoch zu beachten, daß der Lageranfangsbestand y_{i0} zum Teil bereits für die Produktion der nachfolgenden Produkte in der *ersten* Periode verwendet wird. Dies wird durch die Gleichung (5-27) zum Ausdruck ge- bracht. Mit Ungleichung (5-29) werden die Kapazitätsrestriktionen abgebildet. An jeder Res- source m müssen in jeder Periode t die auf dieser Ressource hergestellten Produktmengen und die damit verbundenen Rüstvorgänge die Kapazitätsrestriktion der Ressource einhalten.

Beispiel zur Anwendung des Modells MLCLSP

Gegeben sei die Erzeugnisstruktur von Abbildung 5-8. Die beiden Endprodukte 1 und 2 werden auf der Maschine A gefertigt, die in sie eingehenden Produkte 3 und 4 auf der Maschine B. Die Kapazität jeder Anlage betrage 100 ZE je Periode. Der Planungszeitraum umfasse vier Peri- oden. Die Direktbedarfskoeffizienten a_{ij} und die Stückzeiten tb_i seien alle gleich 1.

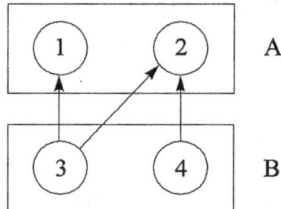

Abb. 5-8: Erzeugnisstruktur mit Ressourcenzuordnung

In den Tabellen 5-2 und 5-3 sind für die vier Produkte die Periodenbedarfe d_{it}, die Lageran- fangsbestände y_{i0}, die Rüstzeiten tr_i sowie die Rüst- und Lagerkostensätze s_i bzw. h_i angege- ben. Setzt man diese Daten in die angegebene Variante des Modells MLCLSP ein, so erhält man mit einem Optimierungsprogramm den in Tabelle 5-4 dargestellten optimalen Pro- duktionsplan.

$i \setminus t$	1	2	3	4
1	10	20	50	20
2	80	70	30	20
3	-	-	-	-
4	-	-	-	-

Tab. 5-2: Bedarf je Produkt und Periode

i	y_{i0}	tr_i	s_i	h_i
1	0	20	200	40
2	100	30	500	35
3	50	10	300	15
4	50	20	1000	4

Tab. 5-3: Anfangsbestand, Rüstzeiten und -kosten sowie Lagerkostensätze

	Losgrößen q_{it}				Lagerbestände y_{it}			
$i \setminus t$	1	2	3	4	1	2	3	4
1	50	-	30	20	40	20	-	-
2	-	60	20	20	20	10	-	-
3	60	50	40	-	-	-	-	-
4	10	20	20	-	-	-	-	-

Tab. 5-4: Optimale Produktionsmengen und Lagerbestände

Es fällt zunächst auf, daß am Ende des Planungshorizontes der Lagerbestand aller vier Produkte auf Null abgesunken ist. Die am Beginn des Planungszeitraums verfügbaren Lagerbestände werden voll zur Deckung des Bedarfs eingesetzt. Die Produkte 3 und 4 werden in der letzten Periode nicht mehr hergestellt, da für sie weder ein externer Bedarf vorliegt, noch die Möglichkeit besteht, sie innerhalb des Planungszeitraums in die (End-) Produkte 1 und 2 "einzubauen". Die Rüstzeiten- und -kosten führen teilweise zu einer Losbildung. So werden bei Produkt 1 der Bedarf der Perioden 1 und 2 sowie ein Teil des Bedarfs der Periode 3 bereits in der ersten Periode hergestellt. Dazu muß der Lageranfangsbestand des Produktes 3 herangezogen werden, da es in das Produkt 1 eingeht.

Die eingeplanten Produktionsmengen berücksichtigen die Kapazitätsrestriktionen der Maschinen A und B. So werden z.B. in der Periode 3 auf der Maschine A 30 Einheiten von Produkt 1 und 20 Einheiten von Produkt 2 hergestellt. Zusammen mit den erforderlichen Rüstzeiten von 30 bzw. 20 ZE halten diese Mengen gerade die Kapazitätsrestriktion von 100 ZE ein. Von dem

Produkt 3 werden in der dritten Periode 40 Einheiten hergestellt. Diese gehen in der Folgeperiode je zur Hälfte in die Endprodukte 1 und 2 ein. Sie sind zwar am Ende von Periode 3 physisch vorhanden, bilden aber für die Planung *keinen* Lagerbestand, weil sie am Beginn der Periode 4 nicht mehr für andere Verwendungen zur Verfügung stehen.

An diesem kleinen Beispiel wird eine wichtige Eigenschaft des Modells MLCLSP deutlich: Für jedes Produkt werden in jeder Periode, in der es hergestellt wird, Rüstzeiten und -kosten angesetzt. Müssen wie in diesem Beispiel nur wenige Produkte betrachtet werden, so kann man dadurch die Rüstzeiten- und -kosten überschätzen. Wenn es möglich ist, z.B. Produkt 1 als letztes innerhalb der Periode 3 und als erstes innerhalb der Periode 4 zu fertigen, fallen zu Beginn der Periode 4 keine Rüstkosten mehr an, sofern der Rüstzustand vom Ende der Periode 3 bis zum Anfang der Periode 4 erhalten bleibt. Dieser Abbildungsfehler läßt sich verhindern, indem man die Planung von Losgrößen und Reihenfolgen miteinander verknüpft. Dies ist sinnvoll, wenn für kürzere Planungszeiträume eine sehr zuverlässige Datenbasis vorliegt[17].

In dem Beispiel wurde die optimale Lösung durch ein Standardoptimierungsprogramm für PCs in wenigen Sekunden ermittelt. Bei praxisrelevanten Problemgrößen ist dies in der Regel nicht möglich, da die Anzahl der Binärvariablen x_{it} für die Rüstvorgänge zu groß wird. Bereits bei weniger als 100 Binärvariablen können sich Rechenzeiten von mehreren Stunden ergeben. Aus diesem Grund werden problemspezifische Lösungsverfahren entwickelt, welche die spezielle Struktur des Problems berücksichtigen und dadurch schneller zu optimalen oder suboptimalen Lösungen führen[18]. Setzt man derartige Verfahren in PPS-Systemen ein, so kann man Produktionspläne ermitteln, die sich tendenziell leichter umsetzen lassen, da sie die Kapazitätsrestriktionen der verfügbaren Ressourcen explizit beachten.

5.4 Planung von Bestellmengen und Sicherheitsbeständen bei stochastischer Nachfrage

Im Bereich der physischen Distribution treten *Lagerhaltungsprobleme* auf, die eine ähnliche formale Struktur wie die Losgrößenprobleme im Produktionsbereich besitzen. Hier ist zu entscheiden, welche Menge eines Produktes zu welchem Zeitpunkt bei einer vorgelagerten Stufe in der logistischen Kette bestellt werden soll. Die vorgelagerte Stufe kann eine Produktionsstufe oder ein Lager sein. Ein zentraler Unterschied zu den Losgrößenproblemen im Produktionsbereich besteht in der häufig erforderlichen Annahme einer stochastischen Nachfragerate in Verbindung mit einer nicht vernachlässigbaren Wiederbeschaffungszeit (WBZ). Bei den folgenden Lagerhaltungsproblemen wird stets unterstellt, daß die *mittlere* Nachfrage zeitlich konstant ist. Wenn die Nachfrage je Zeitabschnitt unvorhersehbaren Schwankungen unterliegt, so wird man i.d.R. **Sicherheitsbestände** vorsehen, um trotz unsicherer Nachfrage innerhalb der Wiederbeschaffungszeit einen bestimmten Lieferservice zu erreichen. Dazu ist die Festlegung einer bestimmten Lagerhaltungspolitik mit den Komponenten

- Kontrollrhythmus,

---

[17] Vgl. Pressmar (1974); Küpper (1980); Haase (1994); Drexl/Haase/Kimms (1995).
[18] Vgl. Tempelmeier (1995), S. 305-337; Helber (1994); Helber (1995); Tempelmeier/Helber (1994); Tempelmeier/Derstroff (1996); Derstroff (1995).

- Bestellrhythmus und

- Bestellmenge

erforderlich.

In Tabelle 5-5 werden für die sogenannte **(s,q)-Politik** mit Bestellpunkt *s* und Bestellmenge *q* sowie die **(t,S)-Politik** mit Bestellzyklus *t* und Bestellniveau *S* die Ausprägungen der o.g. Komponenten zusammengefaßt[19].

Parameter	Bezeichnung	Kontroll-rhythmus	Bestellrhythmus	Bestellmenge
s, q	Bestellpunkt-verfahren	variabel, nach jedem Abgang	variabel, wenn Meldebestand erreicht	fix
t, S	Bestell-rhythmus-verfahren	fix	fix	variabel

Tab. 5-5: Ausgewählte Lagerhaltungspolitiken

5.4.1 Die (s,q)-Politik mit β–Servicegradrestriktion

In einer (s,q)-Politik wird eine Bestellung von q ME ausgelöst, wenn der *disponible Bestand* den Bestellpunkt s erreicht oder unterschritten hat. Dazu wird der Bestand kontinuierlich überwacht. Der disponible Bestand setzt sich zusammen aus *dem physisch verfügbaren Bestand* zuzüglich der *ausstehenden Lieferungen* abzüglich der *nachzuliefernden Mengen*. Im folgenden wird der Einfachheit halber stets unterstellt, daß die WBZ stets kleiner sei als die Zeit zwischen zwei aufeinanderfolgenden Bestellungen. Ferner sei eine eventuell auftretende Fehlmenge stets so gering, daß sie aus der gerade ausstehenden Bestellung nachgeliefert werden kann. Dann entspricht zum Zeitpunkt einer Bestellung der disponible Bestand immer dem physischen Bestand.

Über den Bestellpunkt s wird der Sicherheitsbestand festgelegt. Die Entwicklung des Lagerbestands im Zeitablauf wird in Abbildung 5-9 dargestellt. Wenn die Nachfrage innerhalb der WBZ stochastischen Schwankungen unterliegt, so besteht die Möglichkeit, daß Fehlmengen auftreten. Der Lieferservice wird durch verschiedene Servicegradmaße quantifiziert. Z.B. bezeichnet der β-**Servicegrad** den Anteil der Nachfrage, der sofort aus dem physischen Lagerbestand ("aus dem Regal") befriedigt werden kann.

---

[19] Vgl. Küpper (1993b), S. 249.

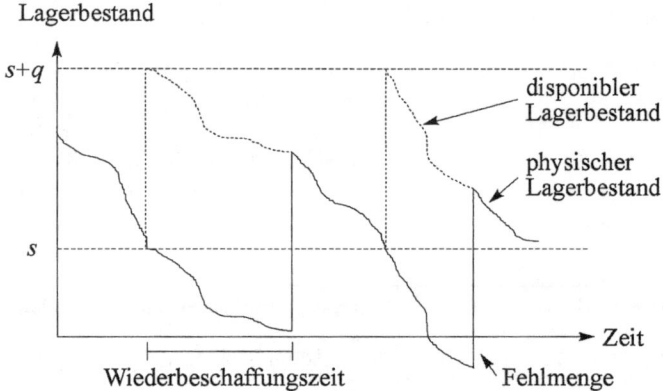

Abb. 5-9: Beispielhafter Verlauf des Lagerbestandes bei einer (s,q)-Politik

Den folgenden Ausführungen liegt die Vorstellung zugrunde, daß in jeder *Periode* (z.B. einem Tag) eine *zufällige Nachfrage* auftritt. Sie wird in ME angegeben. Die Nachfrage der verschiedenen Perioden ist *identisch verteilt* und voneinander *statistisch unabhängig*. Sie wird für die Periode τ durch eine in ME ausgedrückte **Zufallsvariable** $\underline{\boldsymbol{D}}_\tau$ abgebildet und zur Unterscheidung von *Nachfrageraten* (in ME/ZE) unterstrichen dargestellt. Ferner wird sie zur Unterscheidung von *deterministischen* Größen wie alle folgenden Zufallsvariablen fett gedruckt.

Wenn ein Zeitraum der Länge Θ aus T Perioden besteht, so ist auch die *Nachfragerate* $\boldsymbol{D}$ in diesem Zeitraum eine Zufallsvariable. Sie hängt gemäß

$$\boldsymbol{D} = \frac{1}{\Theta} \cdot \sum_{\tau=1}^{T} \underline{\boldsymbol{D}}_\tau \qquad \text{[ME/ZE]} \qquad (5\text{-}33)$$

von der Nachfrage $\underline{\boldsymbol{D}}_\tau$ in jeder der T einzelnen Perioden ab.

Zwischen dem **Erwartungswert** $E\{\boldsymbol{D}\}$ der Nachfragerate $\boldsymbol{D}$, der Bestellmenge q und der Dauer eines Bestellzyklus t besteht die folgende Beziehung:

$$\frac{E\{\boldsymbol{D}\}}{q} = \frac{1}{t} \qquad (5\text{-}34)$$

Bezeichnet man mit $E\{\boldsymbol{F}_Y\}$ den Erwartungswert der zufälligen **Fehlmenge** $\boldsymbol{F}_Y$ je Bestellzyklus, so läßt sich die β-Servicegradrestriktion folgendermaßen formal abbilden:

$$E\{\boldsymbol{F}_Y\} \cdot \frac{E\{\boldsymbol{D}\}}{q} = E\{\boldsymbol{F}_Y\} \cdot \frac{1}{t} \le (1-\beta) \cdot E\{\boldsymbol{D}\} \qquad (5\text{-}35)$$

Die erwartete Fehlmenge je Bestellzyklus $E\{\boldsymbol{F}_Y\}$ multipliziert mit der erwarteten Anzahl $E\{\boldsymbol{D}\}/q$ der Zyklen je Zeiteinheit darf den vorgegebenen Anteil der Nachfragerate nicht überschreiten.

5.4.1.1 Entscheidungsmodell der (s, q)-Politik

Geht man davon aus, daß die mittlere Bedarfsrate konstant ist, so läßt sich das Modell zur statischen Losgrößenplanung ohne Berücksichtigung von Kapazitätsrestriktionen[20] um die stochastischen Schwankungen des Bedarfs erweitern. Als zu minimierende Zielgröße verwendet man in diesem Fall i.d.R. den *Erwartungswert* $E\{K\}$ der Kosten in GE je ZE, der bei einer (s, q)-Politik von den Entscheidungsvariablen Bestellmenge q und Bestellpunkt s abhängt. Dem Entscheidungsmodell liegen die folgenden Prämissen zugrunde:

- Es wird eine Produktart betrachtet.

- Die Nachfrage in den einzelnen Perioden ist identisch verteilt und voneinander statistisch unabhängig, die Verteilungsfunktionen der Bedarfsrate und des Bedarfs in der WBZ sind gegeben.

- Es wird eine Bestellung ausgelöst, wenn der Bestand den Meldebestand erreicht oder unterschritten hat.

- Für jeden Bestellvorgang fallen mengenunabhängige Bestellkosten an.

- Die Kosten der Lagerhaltung je Zeiteinheit sind proportional zum mittleren Lagerbestand.

- Der Anteil der sofort befriedigten Nachfrage an der Gesamtnachfrage darf einen bestimmten Prozentsatz nicht unterschreiten, Fehlmengen werden nachgeliefert.

Mit diesen Annahmen läßt sich das folgende Entscheidungsmodell formulieren:

Modell (s, q)-Politik

$$Min\ E\{K_B + K_L\} = E\left\{ k_B \cdot \frac{D}{q} \right\} + E\left\{ k_L \cdot \left(\frac{q}{2} + s - Y \right) \right\} \tag{5-36}$$

u.B.d.R.

$$E\{F_Y(s)\} \cdot E\left\{ \frac{D}{q} \right\} \le (1 - \beta) \cdot E\{D\} \tag{5-37}$$

deterministische Parameter

k_B Bestellkostensatz in GE

k_L Lagerkostensatz in GE je ME und ZE

β Servicegrad, Anteil der direkt befriedigten Nachfrage

Zufallsvariablen

D Nachfragerate in ME/ZE

---

[20] Vgl. S. 178.

K_B Bestellkosten in GE/ZE

K_L Lagerkosten in GE/(ME·ZE)

Y Nachfrage in der WBZ in ME

$F_Y(s)$ Fehlmenge je Bestellzyklus in Abhängigkeit vom Bestellpunkt in ME

Entscheidungsvariablen

q Bestellmenge in ME

s Bestellpunkt in ME

In der Zielfunktion (5-36) hängt der Erwartungswert der Bestellkosten von dem Bestellkosten-satz, der stochastischen Nachfragerate und der zu ermittelnden Bestellmenge ab. Der Erwar-tungswert der Lagerkosten ist proportional zum erwarteten Bestand. Dieser setzt sich zusam-men aus der halben Bestellmenge zuzüglich des Bestellpunktes s abzüglich des Erwartungswer-tes der Nachfrage Y in der WBZ. Die Ungleichung (5-37) enthält die β-Servicegrad-restriktion[21].

Zur Lösung setzt man das Verfahren der Lagrange'schen Optimierung ein. Nimmt man die mit einem Lagrange-Multiplikator g multiplizierte Nebenbedingung (5-37) in die Zielfunktion auf, so erhält man die folgende Lagrange-Funktion:

$$Min\ L(s,q,g) = E\left\{ k_B \cdot \frac{D}{q} \right\} + E\left\{ k_L \cdot \left(\frac{q}{2} + s - Y \right) \right\}$$
$$+ g \cdot \left[E\{F_Y(s)\} \cdot E\left\{ \frac{D}{q} \right\} - (1-\beta) \cdot E\{D\} \right] \tag{5-38}$$

Der Lagrange-Multiplikator g kann als impliziter Kostensatz interpretiert werden. Wenn für ei-nen Bestellpunkt s die erwartete Fehlmengenrate $E\{F_Y(s)\} \cdot E\{D/q\}$ größer ist als der vorgege-bene Anteil der erwarteten Bedarfsrate $(1-\beta) \cdot E\{D\}$, so gibt er die Kosten der Überschreitung der erwarteten zulässigen Fehlmengenrate um eine ME/ZE an. Wird diese dagegen nicht über-schritten, so ist g gleich Null.

Zur Lösung des Modells differenziert man die Lagrange-Funktion zunächst partiell nach der Bestellmenge q und setzt die Ableitung gleich Null:

$$\frac{\partial}{\partial q} L(s,q,g) = -\frac{k_B \cdot E\{D\}}{q^2} + \frac{k_L}{2} - g \cdot E\{F_Y(s)\} \cdot \frac{E\{D\}}{q^2} \overset{!}{=} 0 \tag{5-39}$$

Dies führt zu einer Bestimmungsgleichung für die optimale Bestellmenge:

---

[21] Vgl. Tempelmeier (1983), S. 142 f.

$$q^* = \sqrt{\frac{2 \cdot E\{D\} \cdot \left(k_B + g \cdot E\{F_Y(s)\}\right)}{k_L}} \tag{5-40}$$

Die optimale Bestellmenge q^* hängt von dem Lagrange-Multiplikator g und dem Erwartungswert $E\{F_Y(s)\}$ der Fehlmenge in der WBZ ab. Letzterer wird durch die Höhe des Bestellpunktes s mit bestimmt. Anschließend differenziert man die Lagrangefunktion partiell nach dem Bestellpunkt s.

$$\frac{\partial}{\partial s} L(s,q,g) = k_L + g \cdot E\left\{\frac{D}{q}\right\} \cdot \frac{\partial}{\partial s} E\{F_Y(s)\}$$

$$= k_L + g \cdot E\left\{\frac{D}{q}\right\} \cdot \frac{\partial}{\partial s} \int\limits_{Y=s}^{\infty} (Y-s) \cdot f_Y(Y)\, dY$$

$$= k_L + g \cdot E\left\{\frac{D}{q}\right\} \cdot \int\limits_{Y=s}^{\infty} \frac{\partial}{\partial s} (Y-s) \cdot f_Y(Y)\, dY \tag{5-41}$$

$$= k_L + g \cdot E\left\{\frac{D}{q}\right\} \cdot \left(- \int\limits_{Y=s}^{\infty} f_Y(Y)\, dY\right)$$

$$= k_L - g \cdot E\left\{\frac{D}{q}\right\} \cdot P\{Y > s\} \overset{!}{=} 0$$

Man erhält so eine Bestimmungsgleichung für den optimalen Lagrange-Multiplikator g^*:

$$g^* = \frac{k_L \cdot q}{E\{D\} \cdot P\{Y > s\}} \tag{5-42}$$

Durch partielle Differentiation nach dem Lagrange-Multiplikator g und Nullsetzen erhält man ferner die Bedingung, daß die β-Servicegradrestriktion gerade noch eingehalten werden muß:

$$E\{F_Y(s)\} \cdot E\left\{\frac{D}{q}\right\} = (1-\beta) \cdot E\{D\} \tag{5-43}$$

$$E\{F_Y(s)\} = (1-\beta) \cdot q \tag{5-44}$$

Die Bedingungen (5-40), (5-42) und (5-44) bilden ein nichtlineares Gleichungssystem, das sich durch ein iteratives Verfahren lösen läßt. In diesem Verfahren bestimmt man aus (5-40) zunächst die Bestellmenge unter der Annahme, daß *keine* Fehlmengen auftreten. Anschließend legt man mit (5-44) den Bestellpunkt so fest, daß beim Eintreten von Fehlmengen die β-Servicegradrestriktion gerade noch eingehalten wird. Daraus ergibt sich in (5-42) u.U. ein von Null verschiedener Wert für den Lagrange-Multiplikator g, der in der nächsten Iteration in die Bestimmung einer neuen Bestellmenge und eines neuen Bestellpunktes einfließt[22]. Häufig führt bereits die erste Iteration auf vergleichsweise gute Lösungen, so daß man auf weitere Iterations-

---

22 Zu den Details vgl. Tempelmeier (1983), S. 144 ff.

schritte verzichten kann. Aus diesem Grund wird in den beiden folgenden Abschnitten nur die jeweils erste Iteration des Verfahrens durchgeführt.

5.4.1.2 Approximative Optimierung von Bestellmenge und Bestellpunkt bei fester Wiederbeschaffungszeit und normalverteilter Periodennachfrage

Die Bestellmenge q erhält man aus Beziehung (5-40), die sich in der ersten Iteration für den Lagrange-Multiplikator $g=0$ auf die Formel für die "klassische optimale Losgröße" reduziert. Mit der jetzt bestimmten Bestellmenge q und dem geforderten Servicegrad β steht gemäß (5-44) auch der geforderte Fehlmengenerwartungswert je Zyklus $E\{F_Y(s)\}$ fest. Gesucht ist nun die Beziehung zwischen dem Fehlmengenerwartungswert $E\{F_Y(s)\}$ und dem Bestellpunkt s. Die Verteilung der Fehlmenge $F_Y(s)$ folgt aus der Verteilung des Bedarfs Y in der WBZ. Die Nachfrage in einer Periode $\underline{D}_\tau$ sei im folgenden normalverteilt mit Mittelwert $\mu_{\underline{D}}$ und Standardabweichung $\sigma_{\underline{D}}$ (jeweils in ME). Wenn die Anzahl L der Perioden in der WBZ konstant ist, so ist die Nachfrage Y in der WBZ als Summe der einzelnen Periodennachfragen gemäß

$$Y = \sum_{\tau=1}^{L} \underline{D}_\tau \qquad \text{[ME]} \qquad (5\text{-}45)$$

ebenfalls normalverteilt mit dem folgenden Mittelwert:

$$\mu_Y = E\{Y\} = E\left\{\sum_{\tau=1}^{L} \underline{D}_\tau\right\} = L \cdot \mu_{\underline{D}} \qquad \text{[ME]} \qquad (5\text{-}46)$$

Da die Varianz der Summe von unabhängigen Zufallsvariablen gleich der Summe ihrer Varianzen ist, gilt für die Standardabweichung σ_Y des Bedarfs in der WBZ:

$$\sigma_Y = \sqrt{VAR\{Y\}} = \sqrt{VAR\left\{\sum_{\tau=1}^{L} \underline{D}_\tau\right\}} = \sqrt{\sigma_{\underline{D}}^2 \cdot L} \qquad \text{[ME]} \qquad (5\text{-}47)$$

Bei (μ_Y, σ_Y)- normalverteiltem Bedarf Y in der WBZ ergibt sich für den Erwartungswert der **Fehlmenge** in Abhängigkeit des Bestellpunktes s :

$$E\{F_Y(s)\} = \int_{Y=s}^{\infty} (Y-s) \cdot \frac{1}{\sigma_Y \sqrt{2\pi}} \cdot e^{-\frac{1}{2}\left(\frac{Y-\mu_Y}{\sigma_Y}\right)^2} \, dY \qquad \text{[ME]} \qquad (5\text{-}48)$$

Man kann sich die Auswertung des Integrals in (5-48) erleichtern, indem man gemäß

$$V = \frac{Y - \mu_Y}{\sigma_Y} \qquad (5\text{-}49)$$

den (μ_Y, σ_Y)-normalverteiltem Bedarf Y in der WBZ in den standardnormalverteilten Bedarf V transformiert.

Mit dieser Transformation erhält man aus dem Bestellpunkt den folgenden standardisierten **Sicherheitsfaktor** v.

$$v = \frac{s - \mu_Y}{\sigma_Y} \tag{5-50}$$

Die Transformation zeigt, daß der Fehlmengenerwartungswert $E\{F_Y(s)\}$ über die Standardabweichung σ_Y des Bedarfs in der WBZ proportional zum standardisierten (dimensionslosen) Fehlmengenerwartungswert $E\{F_V(v)\}$ ist:

$$E\{F_Y(s)\} = \sigma_Y \cdot \int\limits_{V=v}^{\infty} (V-v) \cdot \frac{1}{\sqrt{2\pi}} \cdot e^{-\frac{1}{2}V^2} \, dV \quad \text{[ME]} \tag{5-51}$$

$$E\{F_Y(s)\} = \sigma_Y \cdot E\{F_V(v)\} \quad \text{[ME]} \tag{5-52}$$

Der standardisierte Erwartungswert der Fehlmenge $E\{F_V(v)\}$ kann numerisch approximiert werden und liegt im Anhang dieses Buches in tabellierter Form vor. Für gegebene Werte von $E\{F_Y(s)\}$ und σ_Y kann mit (5-52) der geforderte standardisierte Fehlmengenerwartungswert $E\{F_V(v)\}$ berechnet werden. Man sucht nun in der Tabelle den Wert des Sicherheitsfaktors v, für den sich der geforderte standardisierte Fehlmengenerwartungswert ergibt. Den letztlich gesuchten Bestellpunkt s erhält man dann mit (5-50):

$$s = \mu_Y + v \cdot \sigma_Y \quad \text{[ME]} \tag{5-53}$$

Man berechnet also den gesuchten Bestellpunkt s, indem man für eine geforderte maximale Fehlmenge je Bestellzyklus den (dimensionslosen) standardisierten Sicherheitsfaktor v ermittelt, ihn mit der Standardabweichung der Nachfrage in der WBZ multipliziert und die erwartete Nachfrage in der WBZ addiert. Der Term $v \cdot \sigma_Y$ stellt den **Sicherheitsbestand** dar.

Beispiel zur (s,q)-Politik mit normalverteiltem Periodenbedarf und konstanter Wiederbeschaffungszeit

Ein Lager wird an 365 Tagen im Jahr betrieben. Die Nachfrage für ein Produkt an den einzelnen Tagen ist voneinander unabhängig und näherungsweise normalverteilt mit dem Mittelwert μ_D=100 ME und der Standardabweichung σ_D =10 ME. Für jede Bestellung fallen Kosten in Höhe von 200 GE an. Die Dauer L der WBZ beträgt 9 Tage. Die Kosten der Lagerhaltung belaufen sich auf 3,65 GE je ME und Jahr. Es soll zu minimalen Kosten ein β-Servicegrad von 99,9 % erreicht werden.

Die Dauer des Bezugszeitraums Θ beträgt ein Jahr. Zunächst benötigt man den Erwartungswert $E\{D\}$ der Nachfragerate in ME/Jahr. Er berechnet sich mit (5-33) zu 36500 ME/Jahr:

$$E\{D\} = \frac{1}{\text{Jahr}} \cdot \sum_{\tau=1}^{365} E\{\underline{D}_\tau\} = 365 \cdot 100 \, \frac{\text{ME}}{\text{Jahr}} = 36500 \, \frac{\text{ME}}{\text{Jahr}}$$

Die Bestellmenge q folgt in der ersten Iteration mit g=0 aus (5-40) zu

$$q^* = \sqrt{\frac{2 \cdot E\{D\} \cdot k_B}{k_L}} = \sqrt{\frac{2 \cdot 36500 \, (\text{ME} / \text{Jahr}) \cdot 200 \, \text{GE}}{3,65 \, \text{GE} / (\text{ME} / \text{Jahr})}} = 2000 \, \text{ME}$$

Der Bedarf Y in der WBZ ist normalverteilt mit Mittelwert μ_Y und Standardabweichung σ_Y:

$$\mu_Y = L \cdot \mu_{\underline{D}} = 9 \cdot 100 \text{ ME} = 900 \text{ ME}$$

$$\sigma_Y = \sqrt{L} \cdot \sigma_{\underline{D}} = \sqrt{9} \cdot 10 \text{ ME} = 30 \text{ ME}$$

Wenn ein β-Servicegrad von 99,9 % erreicht werden soll, so darf mit (5-44) der Fehlmengenerwartungswert höchstens

$$E\{F_Y(s)\} = (1-\beta) \cdot q = (1-0,999) \cdot 2000 \text{ ME} = 2 \text{ ME}$$

betragen. Aus (5-52) folgt, daß dann der standardisierte Fehlmengenerwartungswert maximal den Wert

$$E\{F_V(v)\} = \frac{E\{F_Y(s)\}}{\sigma_Y} = \frac{2 \text{ ME}}{30 \text{ ME}} = 0,0\overline{6}$$

erreichen darf. In einer Tabelle liest man nun den Sicherheitsfaktor v ab, der mit einem standardisierten Fehlmengenerwartungswert von ca. 0,067 korrespondiert. Es ergibt sich ein geforderter Sicherheitsfaktor von ca. 1,11. Nun kann man gemäß (5-53) den Bestellpunkt s bestimmen.

$$s = \mu_Y + v \cdot \sigma_Y = 900 \text{ ME} + 1,11 \cdot 30 \text{ ME} = 933,3 \text{ ME} \approx 934 \text{ ME}$$

Nach der ersten Iteration erhält man also für die (s,q)-Politik eine Bestellmenge von 2000 ME und (nach Aufrunden) einen Bestellpunkt von 934 ME. Bei einem erwarteten Bedarf in der WBZ von 900 ME beträgt also der **Sicherheitsbestand** 34 ME. Der Erwartungswert der jährlichen Kosten ergibt sich zu:

$$E\{K\} = E\left\{k_B \cdot \frac{D}{q}\right\} + E\left\{k_L \cdot \left(\frac{q}{2} + s - Y\right)\right\}$$
$$= 7424{,}1 \text{ GE / Jahr}$$

Würde man den Bestellpunkt s so wählen, daß lediglich der erwartete Bedarf in der WBZ von 900 ME gedeckt wird, so würden die Kosten 7300 GE/Jahr betragen. Man kann nun fragen, welcher β-Servicegrad sich in diesem Fall ergeben würde. Wenn der Bestellpunkt dem erwarteten Bedarf in der WBZ entsprechen soll, so muß der Sicherheitsfaktor v gerade gleich Null sein. Zu einem Sicherheitsfaktor $v=0$ korrespondiert ein standardisierter Fehlmengenerwartungswert $E\{F_V(v=0)\}$ von 0,3989. Aus Gleichung (5-52) folgt der Fehlmengenerwartungswert:

$$E\{F_Y(s)\} = \sigma_Y \cdot E\{F_V(v)\} = 30 \text{ ME} \cdot 0,3989 = 11,967 \text{ ME} \approx 12 \text{ ME}$$

Mit (5-44) ergibt sich folgender β-Servicegrad:

$$\beta = 1 - \frac{E\{F_Y(s)\}}{q} = 1 - \frac{12 \text{ ME}}{2000 \text{ ME}} = 99,4 \%$$

Für einen geringeren Servicegrad müßte man den Bestellpunkt *unter* den erwarteten Bedarf in der WBZ von 900 ME reduzieren.

In dem Modell wurde unterstellt, daß aufgrund einer *kontinuierlichen* Überwachung des Lagerbestandes *genau* dann eine neue Bestellung erfolgt, wenn der Bestellpunkt *erreicht* wird. In der Praxis kann der Fall auftreten, daß die Überwachung des Lagerbestandes bzw. das Auslösen und Weiterleiten von Bestellungen periodisch, z.B. täglich, erfolgt und zu diesem Zeitpunkt der Lagerbestand bereits *unter* den Bestellpunkt *s absgesunken* ist. Dieses **Defizit** führt u.U. zu einem geringeren als dem angestrebten Servicegrad[23].

5.4.1.3 Bestimmung des Bestellpunktes bei näherungsweise normalverteilter Wiederbeschaffungszeit und Periodennachfrage

In der Praxis tritt häufig der Fall auf, daß neben der Nachfrage in den einzelnen Perioden auch die Länge der WBZ eine stochastische Größe darstellt. Im folgenden wird angenommen, daß die *Anzahl* der Perioden *L* in der Wiederbeschaffungszeit ganzzahlig ist. In diesem Fall gilt für den Bedarf in der WBZ:

$$Y = \sum_{\tau=1}^{L} \underline{D}_\tau \qquad \text{[ME]} \qquad (5\text{-}54)$$

Es wird also eine zufällige Anzahl *L* von ebenfalls zufälligen Periodennachfragen $\underline{D}_\tau$ addiert. Man kann zeigen[24], daß bei stochastischer Anzahl *L* der zu addierenden Zufallsvariablen $\underline{D}_\tau$ der Mittelwert

$$\mu_Y = E\{Y\} = E\{L\} \cdot E\{\underline{D}_t\} \qquad \text{[ME]} \qquad (5\text{-}55)$$

und die Standardabweichung

$$\sigma_Y = \sqrt{E\{L\} \cdot VAR\{\underline{D}_t\} + \left(E\{\underline{D}_t\}\right)^2 \cdot VAR\{L\}} \qquad \text{[ME]} \qquad (5\text{-}56)$$

betragen. Die Standardabweichung des Bedarfs in der WBZ im Fall der konstanten Lieferdauer in (5-47) ist daher ein Spezialfall der in (5-56) dargestellten Beziehung. Man nimmt nun an, daß auch bei näherungsweise normalverteilter Dauer der WBZ der Bedarf in der WBZ näherungsweise einer Normalverteilung mit den o.g. Parametern folgt und berechnet den Bestellpunkt entsprechend der Vorgehensweise auf S. 204 ff.

Beispiel zur (s,q)-Politik mit normal verteilter Dauer der Wiederbeschaffungszeit und Periodennachfrage

Es gelten die Annahmen des Beispiels auf den Seiten 205 ff. mit der Ausnahme, daß nun die mittlere Anzahl μ_L der Perioden in der WBZ 9 betrage, die Standardabweichung σ_L sei 2. Auch

---

[23] Zu einer Korrekturmöglichkeit vgl. Tempelmeier (1983), S.160 f.
[24] Z.B. Kleinrock (1975), S. 387 f.

in diesem Fall erhält man in der ersten Iteration des Verfahrens die Bestellmenge q=2000 ME. Mittelwert μ_Y und Standardabweichung σ_Y des Bedarfs Y in der WBZ ergeben sich zu:

$$\mu_Y = E\{L\} \cdot E\{ \underline{D}_\tau\} = \mu_L \cdot \mu_{\underline{D}} = 9 \cdot 100 \text{ ME} = 900 \text{ ME}$$

$$\sigma_Y = \sqrt{E\{L\} \cdot VAR\{\underline{D}_t\} + \left(E\{\underline{D}_t\}\right)^2 \cdot VAR\{L\}}$$
$$= \sqrt{9 \cdot 100 \text{ ME}^2 + \left(100 \text{ ME}\right)^2 \cdot 4} \approx 203 \text{ ME}$$

Verglichen mit dem Fall einer deterministischen Dauer der WBZ hat die Standardabweichung des Bedarfs in der WBZ deutlich zugenommen[25]. Wenn ein β-Servicegrad von 99,9 % erreicht werden soll, so darf hier der standardisierte Fehlmengenerwartungswert maximal den Wert

$$E\{ F_V(v)\} = \frac{E\{ F_Y(s)\}}{\sigma_Y} = \frac{2 \text{ ME}}{203 \text{ ME}} \approx 0,0099$$

erreichen. In einer geeigneten Tabelle liest man den Sicherheitsfaktor v ab, der mit einem standardisierten Fehlmengenerwartungswert von ca. 0,0099 korrespondiert. Es ergibt sich ein geforderter Sicherheitsfaktor von ca. 1,94. Nun kann man gemäß (5-53) den Bestellpunkt s bestimmen.

$$s = \mu_Y + v \cdot \sigma_Y = 900 \text{ ME} + 1,94 \cdot 203 \text{ ME} \approx 1294 \text{ ME}$$

Nach der ersten Iteration erhält man also für die (s,q)-Politik eine Bestellmenge von 2000 ME und (nach Aufrunden) einen Bestellpunkt von 1294 ME. Der Erwartungswert der Kosten pro Jahr beträgt:

$$E\{K\} = E\left\{k_B \cdot \frac{D}{q}\right\} + E\left\{k_L \cdot \left(\frac{q}{2} + s - Y\right)\right\}$$
$$\approx 8738,1 \text{ GE / Jahr}$$

Die Schwankungen der WBZ bewirken im Vergleich zu dem Fall einer festen WBZ einen Anstieg der Kosten um fast 18 %.[26] Der Anstieg der Lagerhaltungskosten beträgt ca. 35 %. Wenn es gelingt, bei gleicher mittlerer Dauer der WBZ deren Varianz zu verringern, so kann man also u.U. die Kosten der Lagerhaltung bei gleichem Lieferservice deutlich senken.

5.4.2   Die (t,S)-Politik mit β–Servicegradrestriktion

5.4.2.1   Kennzeichnung der (t,S)- und Beziehung zur (s,q)-Politik

Bei einer (t,S)-Politik werden in einem konstanten zeitlichen Abstand von t ZE der Bestand ermittelt und die *Differenz* zwischen dem Bestellniveau S und dem aktuellen Bestand bestellt.

---

[25] S. S. 206.

[26] Vgl. S. 206.

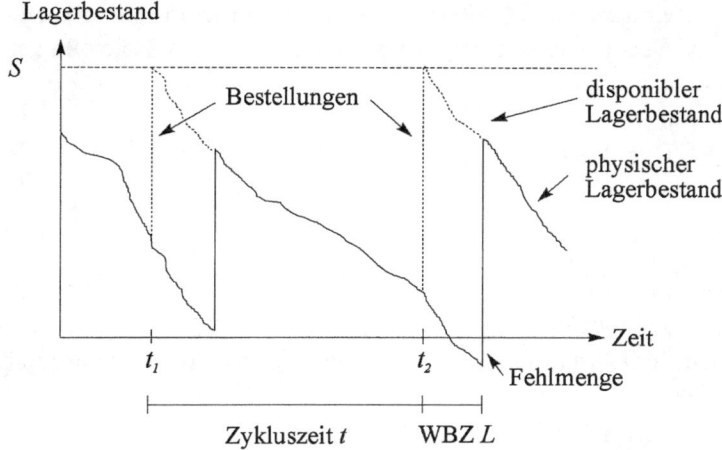

Abb. 5-10: Beispielhafter Verlauf des Lagerbestandes bei einer (t,S)-Politik

Der Verlauf des Lagerbestandes wird in Abbildung 5-10 für den Fall einer festen WBZ L dargestellt. Man erkennt, daß die erste Bestellung zusammen mit dem gegenwärtigen Bestand den gesamten Zeitraum bis zum Eintreffen der zweiten Bestellung überbrücken muß. In dem dargestellten Fall gelingt das nicht, es tritt eine Fehlmenge auf, kurz bevor die zweite Bestellung im Lager eintrifft. Die **Anzahl** von **Perioden** zwischen der ersten Bestellung und dem Eintreffen der zweiten Lieferung wird mit P bezeichnet. Sie hängt gemäß

$$P = rnd\left(\frac{t}{\Theta} \cdot T\right) + L \tag{5-57}$$

von der Dauer eines Bestellzyklus t, der Dauer des Bezugszeitraums Θ, der Anzahl von Perioden T im Bezugszeitraum und der Anzahl von Perioden L in der Wiederbeschaffungszeit ab. Betragen die Dauer des Bezugszeitraums z.B. einen Monat, der in 30 Tage unterteilt ist, der Bestellzyklus einen halben Monat und die Wiederbeschaffungszeit 3 Tage, so müssen (0,5/1)·30 Tage+3 Tage= 18 Tage überbrückt werden. Wenn die Dauer des Bestellzyklus kein ganzzahliges Vielfaches einer Periodenlänge ist, dann muß man den Term $t \cdot T/\Theta$ mit der Funktion $rnd(.)$ auf einen ganzzahligen Wert runden.

Für die Bestimmung der Parameter t und S kann auf eine Analogie zu den Parametern der (s,q)-Politik zurückgegriffen werden. Im Fall der (s,q)-Politik wird eine fixe Bestellmenge q festgelegt, die mit der fixen Länge des Bestellzyklus t in der (t,S)-Politik über die Beziehung

$$t = \frac{q}{E\{\boldsymbol{D}\}} \qquad [\text{ZE}] \tag{5-58}$$

verknüpft ist. Während in der (s,q)-Politik Fehlmengen nur während der L Perioden in der WBZ auftreten können, muß in der (t,S)-Politik die Unsicherheit der Nachfrage Z gemäß

$$\boldsymbol{Z} = \sum_{\tau=1}^{P} \underline{\boldsymbol{D}}_\tau \qquad [\text{ME}] \tag{5-59}$$

in dem gesamten Zeitraum der P Perioden zwischen zwei Lieferungen berücksichtigt werden. Für Mittelwert und Standardabweichung der Nachfrage in diesem Zeitraum gelten die folgenden Beziehungen:

$$\mu_Z = E\{\boldsymbol{Z}\} = E\left\{\sum_{\tau=1}^{P} \boldsymbol{D}_\tau\right\} = P \cdot \mu_{\underline{D}} \qquad \text{[ME]} \qquad (5\text{-}60)$$

$$\sigma_Z = \sqrt{VAR\left\{\sum_{\tau=1}^{P} \boldsymbol{D}_\tau\right\}} = \sqrt{\sigma_{\underline{D}}^2 \cdot P} \qquad \text{[ME]} \qquad (5\text{-}61)$$

Die β-Servicegradrestriktion (5-35) läßt sich analog zur Transformation in (5-52) auch folgendermaßen darstellen:

$$E\{\boldsymbol{F}_V(v)\} = (1 - \beta) \cdot \frac{E\{\boldsymbol{D}\} \cdot t}{\sigma_Z} \qquad (5\text{-}62)$$

Der Sicherheitsfaktor v ist so zu wählen, daß diese Restriktion gerade eingehalten wird. Daraus ergibt sich das Bestellniveau S.

$$S = \mu_Z + v \cdot \sigma_Z \qquad \text{[ME]} \qquad (5\text{-}63)$$

Im Fall der (t,S)-Politik kann der Term $v \cdot \sigma_Z$ als **Sicherheitsbestand** interpretiert werden.

Beispiel zur (t,S)-Politik mit normalverteiltem Periodenbedarf und fester Wiederbeschaffungszeit

Es gelten wieder die Annahmen des Beispiels auf S. 205 ff. Dort hatte sich ergeben, daß die optimale Bestellmenge in der ersten Iteration 2000 ME beträgt. Der Erwartungswert der Nachfragerate $E\{\boldsymbol{D}\}$ ergab sich zu 36500 ME/Jahr. Für die (t,S)-Politik folgt daraus der Bestellrhythmus t.

$$t = \frac{q}{E\{\boldsymbol{D}\}} = \frac{2000\ \text{ME}}{36500\ \text{ME / Jahr}} = \frac{20}{365}\ \text{Jahr}$$

Es wird damit alle 20 Tage eine Bestellung durchgeführt, die aufgrund der WBZ von 9 Tagen zusammen mit dem Bestand beim Auslösen der Bestellung den Zeitraum von 29 Tagen "versorgen" muß. Damit ist $P=29$. Für den Mittelwert und die Standardabweichung des Bedarfs in diesem Zeitraum gilt:

$$\mu_Z = P \cdot \mu_{\underline{D}} = 29 \cdot 100\ \text{ME} = 2900\ \text{ME}$$

$$\sigma_Z = \sqrt{\sigma_{\underline{D}}^2 \cdot P} = \sqrt{100\ \text{ME}^2 \cdot 29} = 53{,}85\ \text{ME}$$

Dies führt auf den standardisierten Fehlmengenerwartungswert:

$$E\{F_V(v)\} = \frac{(1-\beta)}{\sigma_Z} \cdot E\{D\} \cdot t$$

$$= \frac{0{,}001}{53{,}85\ \text{ME}} \cdot 36500\ \frac{\text{ME}}{\text{Jahr}} \cdot \frac{20}{365}\ \text{Jahr} \approx 0{,}0371$$

Dazu korrespondiert lt. Tabelle ein Sicherheitsfaktor $v=1{,}395$. Mit diesem Sicherheitsfaktor erhält man nach Aufrunden das Bestellniveau S.

$$S = \mu_Z + v \cdot \sigma_Z = 2900\ \text{ME} + 1{,}395 \cdot 53{,}85\ \text{ME} \approx 2976\ \text{ME}$$

Es wird also alle 20 Tage eine Bestellung ausgelöst, die beim (fiktiven) sofortigen Eintreffen den Bestand auf 2976 ME anheben würde. Der **Sicherheitsbestand** beträgt 76 ME.

Die Vorteile der (t,S)- gegenüber der (s,q)-Politik bestehen in dem verringerten Kontrollaufwand und der Möglichkeit, die Kontroll- und Bestellzyklen verschiedener Produkte aufeinander abzustimmen.

5.4.2.2 Ermittlung eines gemeinsamen Bestellzyklus für verschiedene Produktarten

Es kann der Fall auftreten, daß für verschiedenartige, gemeinsam bestellte Produkte die bestellfixen Kosten nur **einmal** auftreten. In diesem Fall ist es häufig ökonomisch sinnvoll, die Bestellungen verschiedener Produktarten zeitlich zu koordinieren. Dazu bietet sich die (t,S)-Politik mit festen Bestellzyklen t unmittelbar an. In formaler Hinsicht ähnelt dieses Problem der statischen Losgrößenplanung mit festen Produktionszyklen. Man kann wieder zunächst den Bestellzyklus t ermitteln, der hier für alle betrachteten Produkte j identisch ist, und anschließend für jedes Produkt j ein individuelles Bestellniveau S_j berechnen. Bei der Festlegung des Bestellzyklus vernachlässigt man wie im Fall der (s,q)-Politik zunächst die Fehlmengen. Dann läßt sich die Bestimmungsgleichung für die optimale gemeinsame Zykluszeit[27] leicht auf die hier vorliegende Problemstellung übertragen.

$$t = \sqrt{\frac{2 \cdot k_B}{\sum_j k_{L_j} \cdot E\{D_j\}}} \qquad (5\text{-}64)$$

Dabei ist zu berücksichtigen, daß statt der Summe der Rüstkosten s_j nun nur ein Term für die Bestellkosten k_B der gemeinsamen Lieferung zugrundegelegt wird. Der Lagerkostensatz k_{L_j} ist dagegen produktabhängig. Wenn die bestellte Menge das Lager in einer Lieferung erreicht, so ist die "Produktionsgeschwindigkeit" i_j unendlich groß. Für einen gegebenen Bestellzyklus t berechnet sich das produktindividuelle Bestellniveau anschließend wie im Abschnitt 5.4.2.1.

Beispiel für die Koordination von (t,S)-Politiken

Zwei Produkte werden von dem gleichen Lieferanten bezogen. Für beide Produkte soll ein β-Servicegrad von 99,9 % erreicht werden. Im Fall des ersten Produkts gelten die Daten auf S.

---

[27] Vgl. Abschnitt 5.2.2.2.

205ff. mit der Ausnahme, daß die Kosten einer Bestellung von 200 GE unabhängig sind von der Anzahl der verschiedenen, gemeinsam bestellten Produkte. Es lohnt sich daher, die Zyklen der einzelnen Produkte aufeinander abzustimmen. Wenn man das erste Produkt **isoliert** betrachtet, so wird man es in einem Zyklus von 20 Tagen bestellen[28]. Die erwarteten Kosten des ersten Produkts belaufen sich auf

$$E\{K_B + K_L\} = k_B \cdot \frac{1}{t} + k_L \cdot \left(\frac{E\{D\} \cdot t}{2} + S - E\{Z\}\right) \approx 7577 \text{ GE / Jahr}$$

Im Fall des zweiten Produktes beträgt die mittlere Nachfrage an einem einzelnen Tag 200 ME, die Standardabweichung 40 ME. Der Erwartungswert $E\{D\}$ der Nachfragerate ist damit 73000 ME/Jahr. Der Lagerkostensatz des zweiten Produktes beträgt 7,3 GE je ME und Jahr. Würde man für dieses Produkt isoliert den Bestellzyklus ermitteln, so ergäben sich ein Zyklus von 10 Tagen und ein Bestellniveau von 4129 ME. Dies würde zu erwarteten Kosten der Lagerhaltung von 17001,7 GE/Jahr führen. Die erwarteten Gesamtkosten bei **unkoordinierter** Bestellung betragen damit ca. 24579 GE/Jahr.

Im Fall einer **koordinierten** Bestellung bestimmt sich der gemeinsame Bestellzyklus t folgendermaßen:

$$t = \sqrt{\frac{2 \cdot 200 \text{ GE}}{3,65 \frac{\text{GE}}{\text{ME} \cdot \text{Jahr}} \cdot 36500 \frac{\text{ME}}{\text{Jahr}} + 7,3 \frac{\text{GE}}{\text{ME} \cdot \text{Jahr}} \cdot 73000 \frac{\text{ME}}{\text{Jahr}}}}$$

$$\approx 0,0245 \text{ Jahr} \approx 8,94 \text{ Tage}$$

Nach Aufrunden erhält man eine Zyklusdauer von 9 Tagen. Der gemeinsame Bestellzyklus muß kleiner sein als der kleinste isoliert ermittelte Bestellzyklus, da sich nun ja mehrere Produkte die Bestellkosten "teilen". Die Bestellniveaus der Produkte berechnen sich zu 1870 ME bzw. 3926 ME. Da die gemeinsame Zykluszeit kürzer ist als die isoliert ermittelten Zykluszeiten, ergeben sich auch niedrigere Bestellniveaus. Die Kosten der Lagerhaltung bei koordinierter Bestellung betragen 18959 GE/Jahr. Man erkennt in diesem Beispiel, daß durch die koordinierte Bestellung zwar jedes Produkt häufiger bestellt wird, gleichzeitig aber die *Anzahl* der Bestellvorgänge über alle Produkte und die Gesamtkosten zurückgegangen sind.

---

[28] S. S. 210.

6 Entscheidungsmodelle und Lösungsverfahren der Reihenfolge- und Maschinenbelegungsplanung

Der Begriff der Maschinenbelegungsplanung (engl. *scheduling*) wird vielfach synonym oder in engem Zusammenhang mit dem der Reihenfolgeplanung (engl. *sequencing*) verwendet. In diesem Bereich der Ablauforganisation werden J Aufträge M Maschinen so zugeordnet, daß die Kapazitätsrestriktionen der Maschinen sowie die Maschinenfolgebedingungen der Aufträge eingehalten und bestimmte Zielsetzungen verfolgt werden. Als Ergebnis erhält man nicht nur die **Reihenfolgen**, innerhalb derer an einer bestimmten Maschine die einzelnen Aufträge abgearbeitet werden, sondern i.d.R. auch die genauen Anfangs- und Endzeitpunkte aller Aufträge an den Maschinen, also die **Maschinenbelegung**.

6.1 Ziele und Rahmenbedingungen der Reihenfolge- und Maschinenbelegungsplanung

Die ökonomische Relevanz, die Ziele und die Rahmenbedingungen der Reihenfolge- und Maschinenbelegungsplanung hängen entscheidend davon ab, ob und wie dieser Planungsbereich in ein umfassendes Planungssystem für den Produktionsbereich eingebunden ist. Hier sind als Extrempunkte zwei Situationen denkbar. In dem *ersten Fall* ist die Reihenfolge- und Maschinenbelegungsplanung die **letzte Planungsebene** in einem **hierarchischen Planungssystem**, das auf den übergeordneten Planungsebenen wie der Produktionsprogramm- und der ggfs. mehrstufigen Losgrößenplanung explizit die **Kapazitätsrestriktionen** des Produktionssystems berücksichtigt. In einem solchen Planungssystem wird der Produktionsprozeß in zeitlicher Hinsicht strukturiert und entzerrt. Im Ergebnis verbleiben für die Reihenfolge- und Maschinenbelegungsplanung einerseits nur geringe Entscheidungsspielräume, andererseits können realisierbare Lösungen vergleichsweise leicht gefunden werden. In diesem ersten Fall wird eine relativ begrenzte Zahl von Aufträgen einzelnen Ressourcen und bestimmten Zeitabschnitten zugeordnet. Die zentrale Nebenbedingung einer so eingebetteten Reihenfolge- und Maschinenbelegungsplanung besteht darin, die Aufträge innerhalb der spezifizierten Zeitabschnitte durchzuführen. Eine denkbare Zielsetzung kann darin bestehen, ggf. die zeitlichen Abweichungen von diesen spezifizierten Zeitabschnitten zu minimieren. Da in einem so eingebetteten System nur noch sehr wenig Freiheitsgrade in der Reihenfolge- und Maschinenbelegungsplanung existieren, kommt der verfolgten Zielsetzung eine eher untergeordnete Bedeutung zu. Es liegt auf der Hand, daß in diesem Fall die *ökonomische Relevanz* der Reihenfolge- und Maschinenbelegungsplanung relativ gering ist.

Von praktischer Bedeutung kann jedoch auch die Situation sein, daß ein derartiges hierarchisch strukturiertes Planungssystem entweder völlig fehlt oder mit derartigen **konzeptionellen Mängeln** behaftet ist, daß der Planungsebene der Maschinenbelegung keine Grobstruktur des künftigen Produktionsprozesses vorgegeben wird, die bei den gegebenen Kapazitätsrestriktionen des Produktionssystems realisierbar ist[1]. In diesem *zweiten Fall* wird man - möglicherweise unter Einsatz eines *elektronischen Leitstandes*[2] - versuchen, realisierbare Pläne des künftigen

---

[1] Dies entspricht der gegenwärtigen Praxis der computergestützten Produktionsplanung und -steuerung, vgl. Drexl et al. (1994).

[2] Vgl. Adelsberger/Kanet (1991); Stadtler/Wilhelm (1993).

Produktionsprozesses erstmals auf der Ebene der Reihenfolge- und Maschinenbelegungsplanung zu ermitteln. Dann wird das Planungsproblem vergleichsweise komplex, da eine **Vielzahl von Aufträgen** und Maschinen über einen **langen Planungszeitraum** betrachtet werden muß.

Die Auswirkungen einzelner Entscheidungen im Bereich der Reihenfolge- und Maschinenbelegungsplanung auf übergeordnete, erfolgsorientierte Unternehmensziele sind in beiden Fällen nur schwer zu erfassen. Aus diesem Grund orientiert man sich i.d.R. an operationalen Zielen der Ablauforganisation[3].

In Tabelle 6-1 werden wichtige Merkmale zur Kennzeichnung von Problemen der Reihenfolge- und Maschinenbelegungsplanung zusammengefaßt[4].

Merkmal	Ausprägungen
Zielsetzung	auftragsorientierte vs. arbeitsträgerorientierte Ziele[5]
Anzahl der Maschinen	eine oder mehrere Maschinen
Maschinenfolgen der Aufträge	beliebige, gleiche oder unterschiedliche Maschinenfolgen
Anzahl der Aufträge	einer oder mehrere Aufträge
Unterbrechbarkeit	begonnene Aufträge können (nicht) an einer Maschine unterbrochen werden
Vor- und Nachlaufzeiten	Arbeitsgänge mit oder ohne Vor- und Nachlaufzeiten
Rüstzeiten	reihenfolgeabhängige oder reihenfolgeunabhängige Rüstzeiten

Tab. 6-1: Wichtige Kennzeichen von Reihenfolge- und Maschinenbelegungsproblemen

Dieses Kapitel gibt einen ersten Einblick in Entscheidungsmodelle und Lösungsverfahren der Reihenfolge- und Maschinenbelegungungsplanung[6]. Für eine große Zahl von Problemen gilt, daß keine exakten Lösungsverfahren verfügbar sind, bei denen der **Rechenaufwand** nicht exponentiell mit der Problemgröße ansteigt. Ergebnisse der Komplexitätstheorie führen zu dem Schluß, daß damit in vielen Fällen auch nicht zu rechnen ist[7]. Aus diesem Grund lassen sich exakte Verfahren häufig nicht wirtschaftlich einsetzen. Dies hat zur Folge, daß man vielfach einfache heuristische Verfahren zur Reihenfolge- und Maschinenbelegungsplanung verwenden muß.

---

[3]   Vgl. Abschnitt 1.3.3.

[4]   Detaillierte formale Schemata zur Klassifikation von Problemen der Reihenfolge- und Maschinenbelegungsplanung findet man bei Conway/Maxwell/Miller (1967); Graham et al. (1979) und Domschke/Scholl/Voß (1997).

[5]   Vgl. die Abschnitte 1.3.3.3 und 1.3.3.4.

[6]   Zum Überblick vgl. Graham et al. (1979); Blazewicz et al. (1993); Domschke/Scholl/Voß (1997); MacCarthy/Liu (1993); Seelbach (1993).

[7]   Vgl. Garey/Johnson (1979).

6.2 Entscheidungsmodell der zeitlichen Reihenfolge- und Maschinenbelegungsplanung

Ein einfaches Reihenfolge- und Maschinenbelegungsmodell in der Form eines *Produktionszeitenmodells* mit auftragsfolgebezogenen Variablen ist als ganzzahliges lineares Modell von *Manne* entwickelt worden[8]. Dem Modell liegen folgende Annahmen zugrunde:

- J Aufträge, die zum Beginn des Planungszeitraums vorliegen, sollen auf M Maschinen durchgeführt werden.

- Durch jeden Auftrag wird ein Produkt in einem mehrstufigen Produktionsprozeß hergestellt.

- Die Stückprozesse sind glatt.

- Die Produktmengen jedes Auftrags sind gegeben.

- Die Produktweitergabe erfolgt geschlossen, an einer Maschine begonnene Aufträge können nicht unterbrochen werden.

- Die Bearbeitungszeiten der Aufträge an den Maschinen sind gegeben.

- Jeder Auftrag benötigt jede Maschine genau einmal.

- Die Maschinenfolgen der Aufträge sind gegeben, sie können für verschiedene Aufträge unterschiedlich sein (Job-Shop).

- An jeder Maschine kann zu einem Zeitpunkt nur ein Auftrag bearbeitet werden.

- Die Zykluszeit (Zeitdauer bis zur Beendigung des letzten Auftrags) soll minimiert werden.

Diese Annahmen lassen sich durch das folgende Entscheidungsmodell abbilden:

Modell Job-Shop

$$MinZ \tag{6-1}$$

u.B.d.R.

$$B_{j[M]} + t_{j[M]} \leq Z \qquad \forall j \tag{6-2}$$

$$B_{j[h]} + t_{j[h]} \leq B_{j,[h+1]} \qquad \forall j; h = 1,...,M-1 \tag{6-3}$$

$$C \cdot \left(1 - y_{jkm}\right) + B_{km} \geq B_{jm} + t_{jm} \qquad \forall j, k\left(j \neq k\right), m \tag{6-4}$$

$$C \cdot y_{jkm} + B_{jm} \geq B_{km} + t_{km} \qquad \forall j, k\left(j \neq k\right), m \tag{6-5}$$

$$B_{j1} \geq 0 \qquad \forall j \tag{6-6}$$

$$y_{jkm} \in \left\{0,1\right\} \qquad \forall j, k\left(j \neq k\right), m \tag{6-7}$$

---

[8] Vgl. Manne (1960).

Indizes und Parameter

C   große Zahl

$j,k=1,...,J$ Index der Aufträge

$h=1,...,M$ Index der Stellen in der Maschinenfolge (Arbeitsgänge)

$[h]$ Index der Maschine an der h-ten Stelle in der Maschinenfolge eines Auftrags

$m=1,...,M$ Index der Maschinen

t_{jm} Bearbeitungszeit von Auftrag j auf Maschine m

Entscheidungsvariablen

B_{jm} Startzeitpunkt von Auftrag j auf Maschine m

$B_{j[h]}$ Startzeitpunkt von Auftrag j auf der Maschine, die an h-ter Stelle seiner Maschinenfolge steht

y_{jkm} Reihenfolgevariable, gleich 1, wenn auf Maschine m der Beginnzeitpunkt von Auftrag j zeitlich vor dem von Auftrag k liegt, 0 sonst

Z Zykluszeit

In der Zielfunktion (6-1) wird gefordert, daß die Zykluszeit Z minimiert wird. Sie entspricht dem Fertigungsende am letzten zu bearbeitenden Auftrag an dessen letztem Arbeitsträger und wird über die Nebenbedingung (6-2) für alle Aufträge ermittelt. Für jeden Auftrag liegt aufgrund der vorgegebenen Maschinenfolge eindeutig fest, welcher Arbeitsträger bzw. welche Maschine die einzelne Stelle seiner Maschinenfolge einnimmt. Deshalb läßt sich die Stelle in der Maschinenfolge eines Auftrags durch einen in eckige Klammern gesetzten Index angeben. Muß z.B. der Auftrag $j=2$ die Maschinen 1, 2 und 3 in der Maschinenfolge <3,2,1] durchlaufen, so läßt sich sein Fertigungsbeginn auf Maschine $m=1$, die an dritter Stelle seiner Maschinenfolge steht, durch die Variable $B_{2[3]} = B_{21}$ beschreiben. Da geschlossene Fertigung vorausgesetzt wird, kann mit der Bearbeitung des $(h+1)$-ten Arbeitsgangs gemäß (6-3) erst begonnen werden, wenn der vorhergehende h-te Arbeitsgang abgeschlossen ist. Die Nebenbedingungen (6-3) verhindern damit, daß ein Auftrag gleichzeitig von mehreren Arbeitsträgern bearbeitet wird.

Zur Kennzeichnung der Auftragsfolgealternativen werden Reihenfolgevariablen y_{jkm} definiert. Sie bringen zum Ausdruck, ob der Arbeitsträger m Auftrag j vor Auftrag k ($y_{jkm}=1$ und $y_{kjm}=0$) oder Auftrag k vor Auftrag j ($y_{jkm}=0$ und $y_{kjm}=1$) bearbeitet. Dabei wird nicht verlangt, daß die jeweils bezeichneten Aufträge unmittelbar aufeinanderfolgen. Bearbeitet man Auftrag j vor Auftrag k ($y_{jkm}=1$), nimmt die Ungleichung (6-4) die Form

$$B_{km} \geq B_{jm} + t_{jm} \qquad \forall j,k(j \neq k),m$$

an, so daß der Auftrag k erst dann auf Maschine m begonnen werden kann, wenn Auftrag j beendet ist. In diesem Fall erhält man für die Ungleichung (6-5) die folgende Bedingung:

$$C + B_{jm} \geq B_{km} + t_{km} \qquad\qquad \forall j, k (j \neq k), m$$

Sie kann nur eingehalten werden, wenn die Konstante C hinreichend groß ist. Ihr Wert kann z.B. gleich der Summe aller Bearbeitungszeiten gewählt werden. Durch die Ungleichungen (6-4) und (6-5) wird auch erzwungen, daß immer dann, wenn y_{jkm}=1 ist, y_{kjm} den Wert Null annimmt und umgekehrt. Schließlich kann die Bearbeitung der Aufträge nicht vor dem Zeitpunkt Null beginnen (6-6).

Die Bedeutung des Modells liegt in der präzisen Kennzeichnung des zugrundegelegten Sachverhalts. Es ist nicht möglich, dieses Modell für Probleme mit einer praxisrelevanten Anzahl von Aufträgen und Maschinen durch Standardsoftware zur gemischt-ganzzahligen linearen Optimierung exakt zu lösen. Selbst spezifische Verfahren stoßen bei Problemen mit praxisrelevanter Größe rasch an ihre Grenzen, wenn man die *optimale* Lösung sucht. Aus diesem Grund setzt man zur Lösung des Entscheidungsmodells vielfach suboptimierende Heuristiken ein, die mit einem erträglichen numerischen Aufwand "gute" Lösungen liefern.

6.3 Verfahren zur Reihenfolge- und Maschinenbelegungsplanung an einem Arbeitsträger

Das einfachste Problem der zeitlichen Reihenfolgeplanung liegt vor, wenn an einem Arbeitsträger, z.B. einer Maschine, ein Bestand an Aufträgen zu bearbeiten ist und deren Bearbeitungszeiten einschließlich möglicher Rüstzeiten fest gegeben sind. Verfolgt man nun das Ziel minimaler **Zykluszeiten**, so kann eine beliebige Auftragsfolge gewählt werden. Die Zykluszeit ist schließlich bei allen Auftragsfolgen gleich der Summe aller Bearbeitungszeiten der verschiedenen Aufträge, wenn nur eine Maschine betrachtet werden muß.

6.3.1 Prioritätsregel zur Minimierung der mittleren Durchlaufzeit bei festen Bearbeitungszeiten

Strebt man die Minimierung der Gesamt- (und zugleich mittleren) Durchlaufzeit der Aufträge an, so hängt diese bereits im Ein-Maschinen-Fall von der Auftragsfolge ab, sofern die Bearbeitungszeiten der Aufträge nicht identisch sind. Die hinsichtlich der Durchlaufzeit optimale Lösung läßt sich ermitteln, indem man die Aufträge in der Reihenfolge aufsteigender Bearbeitungszeiten durchführt. Dies ist darauf zurückzuführen, daß bei einer solchen Auftragsfolge die Wartezeiten für die späteren Aufträge kürzer sind, weil sie eine geringere Zeit auf die Fertigstellung der "schnelleren" Aufträge warten müssen. In diesem Fall wendet man zur Reihenfolgeplanung eine bestimmte Prioritätsregel an, nach der immer der Auftrag zuerst eingeplant wird, der die *kürzeste Operationszeit* besitzt. Diese Regel wird als KOZ-Regel bezeichnet. Durch sie wird die Anzahl der wartenden Aufträge so schnell wie möglich reduziert. Treffen jedoch vor Beendigung des Auftragsbestandes **neue Aufträge** ein, so müssen die Aufträge mit großer Bearbeitungszeit u.U. sehr lange warten. In dieser dynamischen Situation kann die KOZ-Regel zu *erheblichen Terminabweichungen* führen.

Beispiel zur Durchlaufzeitminimierung mit der KOZ-Regel

Für fünf Aufträge mit den Bearbeitungszeiten von 15, 30, 10, 35 und 20 ZE soll die Reihenfolge auf einer Maschine so ermittelt werden, daß die Gesamtdurchlaufzeit minimal ist.

Ordnet man die Aufträge nach steigenden Bearbeitungszeiten, so erhält man die Folge <3,1,5,2,4]. In Abbildung 6-1 werden die Anzahl der noch zu bearbeitenden Aufträge auf der Ordinate und deren Bearbeitungsdauern und -zeiträume auf der Abszisse abgetragen.

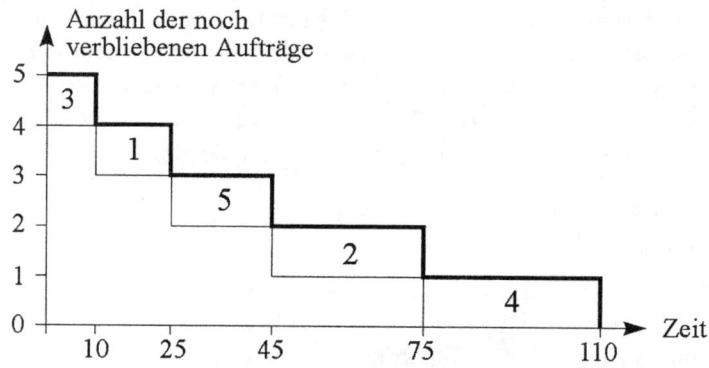

Abb. 6-1: Maschinenbelegung nach der KOZ-Regel

Man sieht, daß die Auftragsfolge gemäß der KOZ-Regel zu der kleinstmöglichen Fläche unter der durchgezogenen Linie führt. Diese Fläche entspricht der Summe der Warte- und Bearbeitungszeiten aller Aufträge.

6.3.2 Heuristische Minimierung der Zyklusdauer bei reihenfolgeabhängigen Rüstzeiten durch das Verfahren "des besten Nachfolgers"

Die Problemstellung wird komplexer, wenn die Dauer der Rüstzeiten von der Auftragsfolge abhängt. Dann können sie nicht als Teil der fest vorgegebenen Bearbeitungszeiten aufgefaßt werden. Da die reihenfolgeunabhängigen Bearbeitungszeiten nicht entscheidungsrelevant sind, sucht man vereinfachend die Auftragsfolge mit der minimalen Summe der Rüstzeiten. Diese Auftragsfolge besitzt auch die minimale Summe aus Rüst- und Bearbeitungszeiten und damit die minimale Zykluszeit. Diese Fragestellung entspricht formal der Suche nach einer kürzesten Rundreise, bei der *I* Orte jeweils genau einmal aufgesucht werden und man anschließend wieder zum Ausgangspunkt zurückkehrt. Ein Entscheidungsmodell und verschiedene Lösungsverfahren für dieses *Travelling-Salesman-Problem* werden im Abschnitt 7.3 dargestellt. Besonders einfach ist das Verfahren des "besten Nachfolgers". Ausgehend von einem beliebig gewählten Auftrag fügt man jeweils denjenigen Auftrag als besten Nachfolger ein, zu dem die geringste (Um-) Rüstzeit erforderlich ist. Diese Regel wird so lange angewendet, bis alle Aufträge eingeplant sind.

Beispiel zur Reihenfolgeplanung bei reihenfolgeabhängigen Rüstzeiten mit dem Verfahren des "besten Nachfolgers"

Auf einer Maschine sollen sechs Aufträge $j=1,...,6$ in regelmäßig wiederkehrenden Zyklen durchgeführt werden.

von \ nach	1	2	3	4	5	6
1	0	15	10	11	14	17
2	15	0	14	19	10	7
3	10	14	0	5	4	7
4	11	19	5	0	9	12
5	14	10	4	9	0	3
6	17	7	7	12	3	0

Tab. 6-2: Dauer der Rüstvorgänge zwischen zwei Aufträgen in ZE

Man möchte eine Reihenfolge der Aufträge innerhalb des Zyklus ermitteln, die insgesamt zu minimalen Rüstzeiten je Zyklus führt. Die Dauer der Rüstvorgänge zwischen zwei aufeinanderfolgenden Aufträgen ist in der Tabelle 6-2 angegeben.

Wendet man das Verfahren des "besten Nachfolgers" zur Lösung des korrespondierenden TSPs an, so erhält man die Auftragsfolge <1,3,5,6,2,4]. Bei diesem Zyklus beträgt die Gesamtdauer der reihenfolgeabhängigen Rüstzeiten für den vollständigen Zyklus (10+4+3+7+19+11) ZE = 54 ZE. An der Lösung fällt auf, daß die ersten Schritte jeweils zu vergleichsweise niedrigen zusätzlichen Rüstzeiten geführt haben. Die beiden letzten Rüstvorgänge von Auftrag 2 zu 4 und von 4 zurück zu 1 haben dagegen 55 % der Rüstzeitensumme verursacht. Dies ist auf die kurzsichtige Vorgehensweise zurückzuführen, die auf den jeweils unmittelbar nächsten Schritt hin ausgerichtet ist. Derartige Ergebnisse treten bei der sukzessiven Orientierung an kurzsichtigen Kriterien regelmäßig auf.

6.3.3 Heuristische Minimierung der Zyklusdauer bei Vor- und Nachlaufzeiten mit dem Verfahren von Schrage

Einen wichtigen Spezialfall stellen Reihenfolgeprobleme dar, bei denen zunächst eine bestimmte **Vorlaufzeit** a_j eingehalten werden muß, bis ein Auftrag j von einer Maschine m bearbeitet werden kann. Dies ist z.B. der Fall, wenn für die Aufträge erforderliches Material erst nach dieser Vorlaufzeit zur Verfügung steht. Möglich ist auch, daß **Nachlaufzeiten** n_j zu berücksichtigen sind, die sich z.B. aus erforderlichen Trocknungs- oder Abkühlungsprozessen ergeben. Das Ende der Zyklusdauer ist erreicht, wenn die Nachlaufzeit aller Aufträge abgelaufen ist. Auch in diesem Fall ergibt sich bei einem Ein-Maschinen-Problem die Zyklusdauer nicht direkt als die Summe der Bearbeitungszeiten, es entsteht also ein Optimierungsproblem.

Zur Lösung kann eine einfache Heuristik von *Schrage*[9] eingesetzt werden. Bei ihr beginnt man mit der Maschinenbelegung am Anfang des Planungszeitraums und wählt sukzessive Aufträge aus. Ein noch nicht eingeplanter Auftrag kann entweder bereits einplanbar oder aufgrund seiner Vorlaufzeit noch nicht einplanbar sein. In dem Verfahren von Schrage wählt man zu jedem Zeitpunkt, zu dem die Maschine frei ist, aus der Menge der *gegenwärtig einplanbaren Aufträge* stets den Auftrag aus, dessen *Nachlaufzeit am größten* ist. Dadurch wird tendenziell erreicht, daß solche Aufträge möglichst früh eingeplant werden, bei denen anschließend noch eine lange Nachlaufzeit erforderlich ist.

Beispiel zur Reihenfolge- und Maschinenbelegungsplanung bei Vor- und Nachlaufzeiten mit dem Verfahren von Schrage

Gegeben sind drei Aufträge j mit Vorlaufzeiten a_j, Bearbeitungszeiten t_j und Nachlaufzeiten n_j gemäß Tabelle 6-3.

j	1	2	3
a_j	6	0	0
t_j	3	1	2
n_j	0	9	7

Tab. 6-3: Vorlauf-, Bearbeitungs- und Nachlaufzeiten je Vorgang in ZE

Zum Zeitpunkt 0 sind die Aufträge 2 und 3 einplanbar. Da Auftrag 2 die längere Nachlaufzeit aufweist, wird er gemäß Abbildung 6-2 zuerst eingeplant. Anschließend wird sofort Auftrag 3 bearbeitet. Danach steht die Maschine leer, bis zum Zeitpunkt 6 mit Auftrag 1 begonnen werden kann. Die Zykluszeit beträgt 10 ZE, da der Auftrag 2 nach seiner Fertigstellung zum Zeitpunkt 1 noch einen Nachlauf von 9 ZE benötigt.

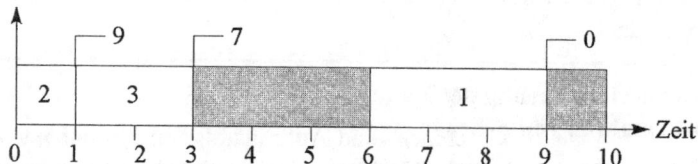

Abb. 6-2: Lösung nach dem Verfahren von Schrage

---

[9]   Zum Algorithmus von Schrage vgl. Carlier (1982).

6.4 Verfahren zur Reihenfolge- und Maschinenbelegungsplanung an mehreren Arbeitsträgern

6.4.1 Verfahren für Probleme mit identischer Maschinenfolge je Auftrag

6.4.1.1 Das Verfahren von Johnson für Probleme mit zwei Maschinen

Wenn alle Aufträge j die gleiche Maschinenfolge besitzen und nur zwei Maschinen berücksichtigt werden müssen, kann man das Problem der Minimierung der Zykluszeit sehr einfach exakt mit einem Verfahren von *Johnson* lösen[10]. In diesem speziellen Fall ist unter den ggf. mehreren Plänen mit minimaler Zykluszeit stets ein sogenannter **Permutationsplan** enthalten, bei dem die verschiedenen Aufträge auf allen Maschinen in der *gleichen Reihenfolge* bearbeitet werden. In einem Permutationsplan kann ein Auftrag einen anderen nie "überholen". Durch das Verfahren von Johnson wird ein derartiger Permutationsplan erzeugt. Dem Verfahren liegt die Überlegung zugrunde, daß zum einen auf der zweiten Maschine möglichst rasch mit der Bearbeitung begonnen werden sollte und zum anderen auf ihr nach Abschluß der Bearbeitung auf der ersten Maschine nur noch eine möglichst kurze Bearbeitungsdauer erforderlich sein sollte. Dies erreicht das Verfahren von *Johnson*, indem es die Reihenfolge der Aufträge von "außen nach innen" bildet. Es umfaßt die folgenden Schritte:

1. Ermittle die Menge J der noch nicht eingelasteten Aufträge j mit Bearbeitungszeiten t_{jm} auf den beiden Maschinen $m=1,2$.

2. Ermittle über alle Aufträge aus J und beide Maschinen die (bzw. eine der) kürzeste(n) Bearbeitungsdauer(n) t_{jm}. Stelle fest, für welchen Auftrag j und an welcher Maschine m diese kürzeste Bearbeitungsdauer auftritt.

3. Falls die kürzeste Bearbeitungsdauer auf der ersten (zweiten) Maschine auftritt, wird der Auftrag vor (nach) allen anderen Aufträgen der Menge J durchgeführt.

4. Entferne den Auftrag j aus der Menge J.

5. Solange die Menge J nicht leer ist, gehe zu Schritt 2.

6. Ende des Verfahrens von Johnson

Beispiel zum Verfahren von Johnson

Vier Aufträge sollen in gleicher Maschinen- und Auftragsfolge mit minimaler Zykluszeit auf zwei Maschinen eingeplant werden. Die Bearbeitungszeiten auf den beiden Maschinen sind in Tabelle 6-4 angegeben.

---

[10] Vgl. Johnson (1954).

j	t_{j1}	t_{j2}
1	2	1
2	1	2
3	3	2
4	2	4

Tab. 6-4:   Bearbeitungszeiten der vier Aufträge auf den zwei Maschinen in ZE

Da vier Aufträge einzuplanen sind, läuft das Verfahren in vier Iterationen *i* ab, die in Tabelle 6-5 wiedergegeben sind. In der ersten Iteration ist die minimale Bearbeitungszeit der noch nicht eingeplanten Aufträge 1 ZE. Sie tritt bei dem ersten Auftrag an der zweiten Maschine und bei dem zweiten Auftrag an der ersten Maschine auf. Man kann nun (beliebig!) einen der beiden Aufträge auswählen und einplanen. Ist dies der erste Auftrag mit der minimalen Bearbeitungszeit an der zweiten Maschine, so wird dieser an die letzte Stelle der zu bildenden Reihenfolge gesetzt. In der nächsten Iteration setzt man den Auftrag 2 an die erste Stelle. Nach Abschluß des Verfahrens erhält man die Reihenfolge <2,4,3,1]. Daraus ergibt sich die in Abbildung 6-3 dargestellte Maschinenbelegung mit einer Zykluszeit von 10 ZE.

i	J	t_{jm}	j	m	gebildete Reihenfolge
1	{1,2,3,4}	t_{12}= 1 ZE	1	2	< ... ,1]
2	{2,3,4}	t_{21}= 1 ZE	2	1	<2, ... ,1]
3	{3,4}	t_{41}= 2 ZE	4	1	<2,4, ... ,1]
4	{3}	t_{32}= 2 ZE	3	2	<2,4,3,1]

Tab. 6-5:   Rechengang des Verfahrens von Johnson

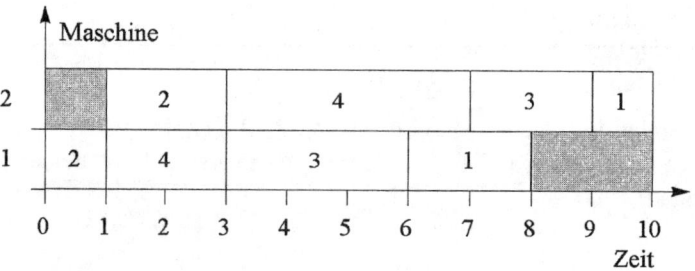

Abb. 6-3: Lösung nach dem Verfahren von Johnson

Analysiert man diese Lösung, so erkennt man, daß die zweite Maschine bei dieser Reihenfolge zum frühestmöglichen Zeitpunkt mit der Bearbeitung beginnt und es keinen Plan mit einer kürzeren Zykluszeit geben kann, da die zweite Maschine ab diesem Zeitpunkt ohne Unterbrechung beschäftigt ist.

6.4.1.2 Erweiterung des Verfahrens von Johnson für Probleme mit mehreren Maschinen

Bei Flow-Shop-Problemen und dem Ziel "Minimierung der Zykluszeit" erhält man mit dem Verfahren von Johnson stets eine optimale Lösung, wenn nur zwei Maschinen zu belegen sind. In bestimmten Fällen liefert es auch optimale Lösungen für derartige Probleme mit drei Maschinen[11]. Handelt es sich um mehr als drei Maschinen, so kann man es als Heuristik einsetzen. Dabei werden mehrere Maschinen so zu zwei *virtuellen Maschinen* aggregiert, daß lediglich ein Zwei-Maschinen-Problem gelöst werden muß. Aus der Lösung des virtuellen Zwei-Maschinen-Problems erhält man eine Auftragsfolge, die dann für das zugrundeliegende *M*-Maschinen-Problem eingesetzt wird.

Beispiel für die Lösung eines 4-Maschinen-Flow-Shop-Problems mit dem modifizierten "Verfahren von Johnson"

Vier Aufträge sollen in gleicher Maschinen- und Auftragsfolge mit minimaler Zykluszeit auf vier Maschinen eingeplant werden. Die Bearbeitungszeiten auf den Maschinen sind in Tabelle 6-6 angegeben.

Man kann die beiden ersten Maschinen 1 und 2 zu einer virtuellen Maschine und die Maschinen 3 und 4 zu einer zweiten virtuellen Maschine zusammenfassen. Die Bearbeitungszeiten der Aufträge an den virtuellen Maschinen ergeben sich als die Summe der Bearbeitungszeiten an den zusammengefaßten Maschinen. Sie betragen für den ersten Auftrag 1,5 ZE + 0,5 ZE = 2 ZE an der ersten virtuellen Maschine und 0,5 ZE + 0,5 ZE = 1 ZE an der zweiten virtuellen Maschine. Die Tabelle 6-7 enthält die aggregierten Bearbeitungszeiten an den virtuellen Maschinen.

j	t_{j1}	t_{j2}	t_{j3}	t_{j4}
1	1,5	0,5	0,5	0,5
2	0,5	0,5	0,5	1,5
3	2	1	1	1
4	1	1	3	1

Tab. 6-6: Bearbeitungszeiten der vier Aufträge auf den vier Maschinen in ZE

---

[11] Vgl. Hax/Candea (1984), S. 294; Domschke/Scholl/Voß (1997), S. 364.

j	t_{j1}	t_{j2}
1	2	1
2	1	2
3	3	2
4	2	4

Tab. 6-7:   Aggregierte Bearbeitungszeiten der vier Aufträge auf den beiden virtuellen Maschinen in ZE

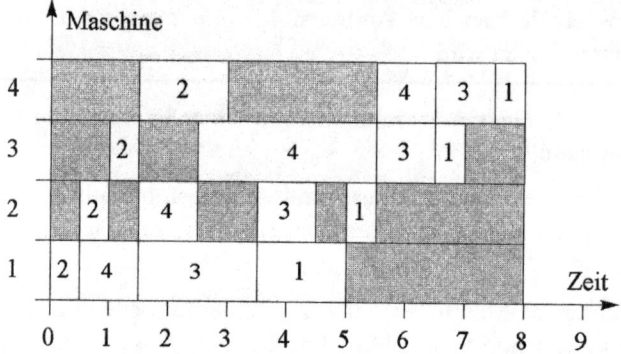

Abb. 6-4:   Heuristische Lösung des Vier-Maschinen-Problems

Das aggregierte Problem entspricht dem auf S. 221 f. behandelten Beispiel. Dort hatte sich ergeben, daß die optimale Reihenfolge <2,4,3,1] ist. Überträgt man nun diese Reihenfolge auf das zugrundeliegende disaggregierte Problem, so erhält man die in Abbildung 6-4 dargestellte Maschinenbelegung.

Man erkennt an diesem Beispiel, daß die Lösung des aggregierten Problems (s. Abbildung 6-3 auf S. 222) zu einer anderen Zykluszeit führt als die des disaggregierten Problems, da Aufträge in der Realität zwischen den zusammengefaßten Maschinen warten müssen.

Will man M Maschinen zu zwei virtuellen Maschinen aggregieren, so kann man M-1 verschiedene Zwei-Maschinen-Probleme erzeugen und ggf. für jedes dieser Probleme mit dem Verfahren von Johnson eine Auftragsfolge ermitteln. Aus den ggf. M-1 verschiedenen Auftragsfolgen des M-Maschinen-Problems wählt man dann die mit der geringsten Zyklusdauer aus.

6.4.2 Verfahren für Probleme mit unterschiedlicher Maschinenfolge je Auftrag

6.4.2.1 Das Verfahren von Akers für Probleme mit zwei Aufträgen

Für Job-Shop-Probleme mit nur zwei Aufträgen läßt sich ein von *Akers* vorgeschlagenes graphisches Lösungsverfahren einsetzen[12]. Es führt zu optimalen Lösungen. Diesem Verfahren liegt die Idee zugrunde, daß nach Möglichkeit zu jedem Zeitpunkt *beide Maschinen arbeiten* sollten, solange noch nicht alle Aufträge fertiggestellt sind. Ein *Konflikt* entsteht dann, wenn zu einem Zeitpunkt beide Aufträge um die gleiche Maschine konkurrieren und daher einer der Aufträge *warten* muß. Das Verfahren läßt sich am einfachsten an einem Beispiel erläutern.

Beispiel zum graphischen Verfahren von Akers

Zwei Aufträge müssen auf fünf Maschinen bearbeitet werden. Die Maschinenfolge des ersten Auftrags lautet <1,3,4,2,5], die des zweiten Auftrags <3,2,1,4,5]. Die Bearbeitungszeiten der beiden Aufträge auf den fünf Maschinen sind in Tabelle 6-8 zusammengefaßt.

j	t_{j1}	t_{j2}	t_{j3}	t_{j4}	t_{j5}
1	2	1	3	3	3
2	2	1	3	2	2

Tab. 6-8: Bearbeitungszeiten der zwei Aufträge auf den fünf Maschinen in ZE

Bei dieser Problemstellung gibt es an jeder Maschine nur zwei mögliche Auftragsfolgealternativen: 1 vor 2 oder 2 vor 1. In der graphischen Lösung trägt man auf jeder Achse einen Auftrag ab. In Abbildung 6-5 geben die Abszisse für den Auftrag 1 und die Ordinate für den Auftrag 2 die Maschinenfolge und die Bearbeitungszeiten wieder. Die Summe der Bearbeitungszeiten beträgt 12 ZE bei Auftrag 1 und 10 ZE bei Auftrag 2.

Wenn man die Zyklusdauer minimieren will, so können **nur drei verschiedene Zustände** vorliegen:

1. Beide Aufträge werden bearbeitet. Dies wird in der Graphik durch einen diagonalen Weg dargestellt. Ein Beispiel ist der Weg vom Punkt (0,0) zum Punkt (2,2). Hier werden zwei ZE lang beide Aufträge bearbeitet (Auftrag 1 an Maschine 1 und Auftrag 2 an Maschine 3).

2. Es wird nur der erste Auftrag bearbeitet. Dieser Fall wird durch einen waagrechten Weg abgebildet. Der zweite Auftrag wartet, sofern er noch nicht fertiggestellt ist. Ein Beispiel ist der Weg vom Punkt (5,6) zum Punkt (8,6). Drei ZE lang wird der erste Auftrag an Maschine 4 bearbeitet, während Auftrag 2 darauf wartet, daß die Maschine 4 frei wird.

3. Es wird nur der zweite Auftrag bearbeitet. Die dritte Möglichkeit beschreibt man durch einen senkrechten Weg. Ein Beispiel ist der Weg vom Punkt (2,2) zum Punkt (2,3). Eine ZE lang wird der zweite Auftrag an Maschine 3 bearbeitet, während Auftrag 1 darauf wartet, daß die Maschine 3 frei wird.

---

[12] Vgl. Akers (1956).

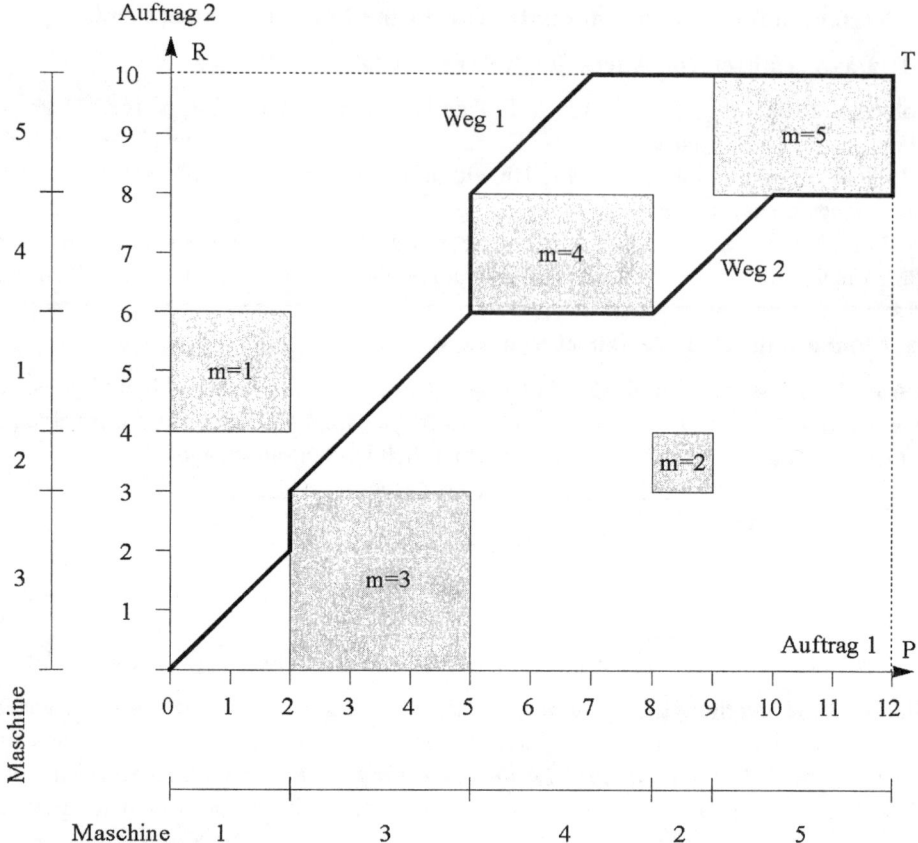

Abb. 6-5: Lösungsweg nach dem Verfahren von Akers

In der Abbildung 6-5 ist schattiert für jede Maschine ein **Konfliktfeld** eingezeichnet, dessen horizontale (vertikale) Ausdehnung zeigt, wann die Maschine für den ersten (zweiten) Auftrag benötigt wird. So wird die Maschine 3 während der dritten, vierten und fünften Einheit der *Bearbeitungszeit* von Auftrag 1 beansprucht. Der Auftrag 2 belegt die Maschine während der drei ersten ZE seiner Bearbeitungszeit.

Will man die Zykluszeit minimieren, so muß man einen **möglichst kurzen, geschlossenen Weg** vom Punkt 0 (beide Aufträge unbearbeitet) bis zum Punkt *T* (beide Aufträge fertig bearbeitet) ermitteln. In dem Beispiel hat der Punkt *T* die Koordinaten (12,10). Dieser Weg kann nur aus diagonalen, waagrechten und senkrechten Teilwegen bestehen. Würde ein diagonaler Weg eines der Konfliktfelder durchqueren, so müßten beide Aufträge an der korrespondierenden Maschine gleichzeitig bearbeitet werden. Da dies nicht möglich ist, darf der Weg - in diesem Fall zum Punkt (12,10) - *die Konfliktfelder nicht durchqueren*.

Die Lösung des Problems besteht also darin, innerhalb des Rechtecks 0PTR der Abbildung 6-5 eine Verbindungslinie von 0 nach *T* zu finden, die folgende Bedingungen erfüllt:

1. Sie darf nur innerhalb des Rechtecks 0PTR verlaufen sowie gebrochen, aber nicht unterbrochen sein.

2. Sie darf nur horizontal, vertikal oder diagonal mit einer Steigung von 45° verlaufen.

3. Sie darf durch keines der Konfliktfelder hindurchführen.

4. Sie muß möglichst kurz sein.

Aufgrund der Bedingung 4 ist eine Verbindungslinie zu suchen, die möglichst viele diagonale Strecken enthält. Die kürzeste Linie entspricht der Reihenfolgealternative mit der geringsten Zykluszeit und ist ökonomisch zu interpretieren.

Man erkennt in Abbildung 6-5, daß die Konfliktfelder u.U. auf **verschiedenen Wegen** umgangen werden können. Diese Reihenfolgealternativen werden in dem Verfahren von *Akers* systematisch untersucht. Für jeden Weg bestimmt man die Gesamtlänge der verschiedenen Wege bis zum Punkt T und ermittelt den Weg mit der kürzesten korrespondierenden Zykluszeit. Aus der Länge der diagonalen (Teil-)Wege L_D, der horizontalen (Teil-)Wege L_H und der vertikalen (Teil-)Wege L_V kann die Zykluszeit Z folgendermaßen berechnet werden:

$$Z = \frac{L_D}{\sqrt{2}} + L_H + L_V \qquad (6-8)$$

Auf dem Weg 1 vom Punkt 0 zum Punkt T beträgt die Länge der diagonalen, waagrechten und senkrechten Wege

$$L_D = (2+3+2) \cdot \sqrt{2}\,ZE$$

$$L_H = 5\,ZE$$

$$L_V = (1+2)\,ZE$$

$$Z = \frac{(2+3+2) \cdot \sqrt{2}\,ZE}{\sqrt{2}} + 5\,ZE + 3\,ZE = 15\,ZE$$

und damit die Zykluszeit 15 ZE. Die Zykluszeit des zweiten Weges liegt ebenfalls bei 15 ZE. Die Maschinenbelegung für den Weg 1 ist in dem maschinenbezogenen Gantt-Diagramm von Abbildung 6-6 dargestellt.

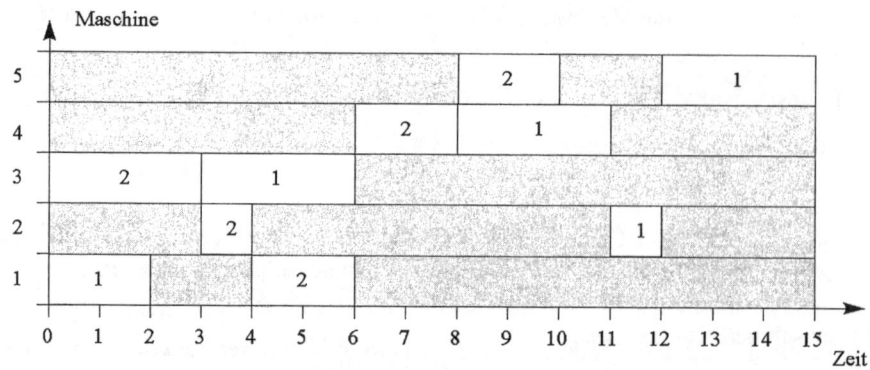

Abb. 6-6: Maschinenbezogenes Gantt-Diagramm der Lösung nach dem Verfahren von Akers

6.4.2.2   Das Shifting-Bottleneck-Verfahren für Probleme mit mehreren Aufträgen

Ein vergleichsweise effizientes **heuristisches** Verfahren zur Lösung des Job-Shop-Scheduling Problems mit dem Ziel "Minimierung der Zykluszeit" wurde unter der Bezeichnung "Shifting Bottleneck Procedure" von *Adams, Balas* und *Zawack* vorgeschlagen[13]. Es handelt sich um ein sukzessive vorgehendes Verfahren, bei dem in jeder Iteration eine der bislang noch nicht eingeplanten Maschine als *Engpaß* erkannt und anschließend für diese Maschine eine Reihenfolge ermittelt wird. Dazu wird eine Folge von Ein-Maschinen-Problemen mit Vor- und Nachlaufzeiten gelöst[14]. In jeder Iteration berücksichtigt man die in den vorherigen Iterationen getroffenen Entscheidungen für die bereits eingeplanten Maschinen. Dabei wird zwischen solchen *eingeplanten* Maschinen unterschieden, für die bereits Reihenfolgen gebildet wurden, und solchen, bei denen dies noch aussteht.

Die grundsätzliche Vorgehensweise läßt sich durch folgende Schritte beschreiben:

1. Ermittle eine Engpaß-Maschine *m* aus der Menge der noch nicht eingeplanten Maschinen.

2. Bestimme für diese Maschine *m* eine Auftragsfolge mit minimaler Zykluszeit.

3. Füge diese Maschine *m* der Menge der eingeplanten Maschinen hinzu und entferne sie aus der Menge der noch nicht eingeplanten Maschinen.

4. Solange die Menge der noch nicht eingeplanten Maschinen nicht leer ist, gehe zu Schritt 1.

5. Ende des Shifting-Bottleneck-Verfahrens.

Von zentraler Bedeutung ist offenbar das Verfahren, mit dem in jeder Iteration die (aktuelle) Engpaß-Maschine ermittelt wird. Dazu wird das *M*-Maschinen-Problem vorübergehend in *M* **Ein-Maschinen-Probleme** zerlegt, indem man die Maschinenfolgebedingungen der Aufträge vernachlässigt. Bei jedem dieser Ein-Maschinen-Probleme wird für jeden Auftrag eine *Vorlaufzeit* a_j ermittelt, die die Summe der *zuvor* an anderen Maschinen erforderlichen Arbeitszeiten

---

[13] Vgl. Adams/Balas/Zawack (1988); Dauzère-Péres/Lassere (1994), S. 30 ff. Zum Vergleich mit anderen Verfahren s. Blazewicz et al. (1993), S. 187 ff.

[14] Vgl. Abschnitt 6.3.3.

angibt. Der Auftrag j kann an der betrachteten Maschine nicht vor Ende der Vorlaufzeit a_j starten. Außerdem berechnet man für jeden Auftrag an der Maschine die *Nachlaufzeit* n_j als Summe der *anschließend* an anderen Maschinen erforderlichen Arbeitszeiten. Danach ermittelt man für jedes der Ein-Maschinen-Probleme eine Maschinenbelegung mit möglichst geringer Zykluszeit[15]. Die Maschine, bei der man die *größte Zykluszeit* erhält, wird in dieser Iteration als *aktueller Engpaß* betrachtet. Für sie hält man die Auftragsfolge aus der Lösung des Ein-Maschinen-Problems fest.

An den noch nicht eingeplanten Maschinen können danach für die einzelnen Aufträge größere Vorlaufzeiten bestehen, die sich aus deren schon feststehenden Wartezeiten an den bereits eingeplanten Maschinen ergeben[16]. Die Vorlaufzeiten der noch nicht eingeplanten Maschinen werden daher aktualisiert. Anschließend beginnt eine neue Iteration.

Beispiel zur Anwendung des Shifting-Bottleneck-Verfahrens

Drei Aufträge sollen mit minimaler Zykluszeit auf drei Maschinen bearbeitet werden. Die Bearbeitungszeit t_{jh} und die zur Ausführung des Arbeitsgangs h von Auftrag j benötigte Maschine μ_{jh} sind in Tabelle 6-9 angegeben[17].

Bearbeitungszeiten t_{jh}

$j \backslash h$	1	2	3
1	4	2	3
2	1	3	6
3	2	3	4

Maschinenfolgen μ_{jh}

$j \backslash h$	1	2	3
1	3	2	1
2	1	2	3
3	1	3	2

Tab. 6-9: Bearbeitungszeiten in ZE und benötigte Maschinen je Auftrag und Arbeitsgang

	$m=1$			$m=2$			$m=3$		
	A_{13}	A_{21}	A_{31}	A_{12}	A_{22}	A_{33}	A_{11}	A_{23}	A_{32}
a_j	6	0	0	4	1	5	0	4	2
t_j	3	1	2	2	3	4	4	6	3
n_j	0	9	7	3	6	0	5	0	4

Tab. 6-10: Vorlauf-, Bearbeitungs- und Nachlaufzeiten in der Iteration 1

---

[15] Wenn man diese Ein-Maschinen-Probleme optimal löst, so erhält man auf diesem Weg M untere Schranken der minimalen Zyklusdauer des M-Maschinen-Problems. Adams et al. wenden dazu ein exaktes Verfahren von Carlier (1982) an.

[16] Dauzère-Péres/Lassere geben eine Modifikation des Verfahrens von Schrage an, in der berücksichtigt wird, daß sich bereits *während* der Lösung der Ein-Maschinen-Probleme veränderte Vorlaufzeiten ergeben können, vgl. Dauzère-Péres/Lassere (1994), S. 33 ff.

[17] Zu dieser Art der Darstellung vgl. Domschke/Scholl/Voß (1997), S. 409 ff.

Der erste Auftrag hat die Maschinenfolge <3,2,1] und muß dort 4 ZE, 2 ZE und 3 ZE bearbeitet werden. Zunächst ist noch keine Maschine eingeplant. Daher müssen in der ersten Iteration drei Ein-Maschinen-Probleme gelöst werden. In der Tabelle 6-10 sind für den h-ten Arbeitsgang A_{jh} von Auftrag j die Vorlauf-, Bearbeitungs- sowie Nachlaufzeiten a_j, t_j und n_j angegeben.

Der zweite Arbeitsgang des ersten Auftrags A_{12} hat z.B. eine Vorlaufzeit von 4 ZE (für die Bearbeitung auf Maschine 3) und eine Nachlaufzeit von 3 ZE (für die Bearbeitung auf Maschine 1). Für die Lösung des Ein-Maschinen-Problems von Maschine 1 kann man z.B. mit dem Verfahren von *Schrage* die in Abbildung 6-2 auf S. 220 dargestellte Lösung ermitteln. Dieses Verfahren wird hier auch zur Lösung der Ein-Maschinen-Probleme für die Maschinen 2 und 3 eingesetzt.

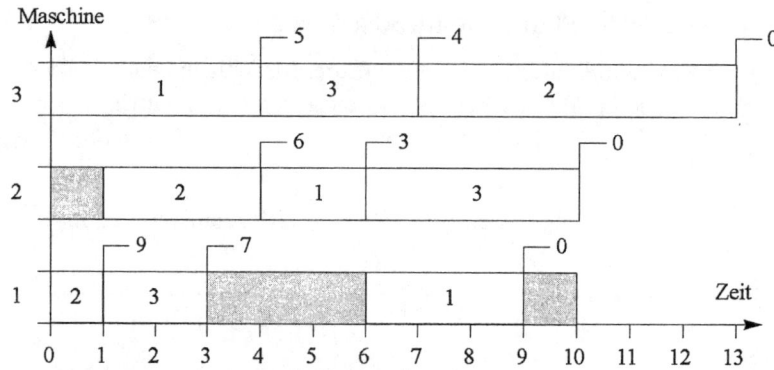

Abb. 6-7: Lösung der drei Ein-Maschinen-Probleme nach dem Verfahren von Schrage

Abbildung 6-7 zeigt, daß in der ersten Iteration die heuristisch ermittelten Zykluszeiten der drei Maschinen 10 ZE, 10 ZE und 13 ZE betragen[18]. Die Maschine 3 ist damit der aktuelle Engpaß, an ihr wird die *Auftragsfolge* <1,3,2] realisiert. In Abbildung 6-8 wird diese Auftragsfolge in den Graphen des Problems eingezeichnet. An den Arbeitsgängen der drei Aufträge, die an der dritten Maschine durchgeführt werden, sind in dieser Abbildung in eckigen Klammern die (vorläufigen!) Anfangs- und Endzeitpunkte angegeben.

---

[18] Die Zykluszeit von 10 ZE an Maschine 1 folgt aus den Nachlaufzeiten des zweiten und dritten Auftrags, vgl. S. 220.

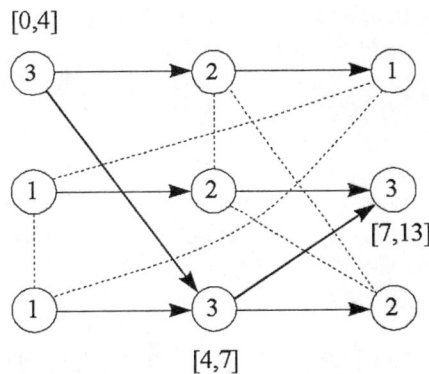

Abb. 6-8: Graph nach der ersten Iteration

In der zweiten Iteration sind Ein-Maschinen-Probleme für die Maschinen 1 und 2 zu lösen. Mit dem Graph der Abbildung 6-8 kann man prüfen, ob sich die Vorlaufzeiten a_j verändert haben. Durch die vorläufige Einplanung der Maschine 3 hat sich die Vorlaufzeit des dritten Auftrags auf der zweiten Maschine von 5 ZE auf 7 ZE erhöht. Dies wird in Tabelle 6-11 berücksichtigt.

	$m=1$			$m=2$		
	A_{13}	A_{21}	A_{31}	A_{12}	A_{22}	A_{33}
a_j	6	0	0	4	1	7
t_j	3	1	2	2	3	4
n_j	0	9	7	3	6	0

Tab. 6-11: Vorlauf-, Bearbeitungs- und Nachlaufzeiten in der Iteration 2

Abbildung 6-9 enthält die isoliert ermittelten Lösungen der Ein-Maschinen-Probleme der zweiten Iteration. Jetzt bildet die Maschine 2 mit einer Zykluszeit von 11 ZE den Engpaß. An ihr wird die Auftragsfolge <2,1,3] realisiert. Man erhält den aktualisierten Graphen in Abbildung 6-10.

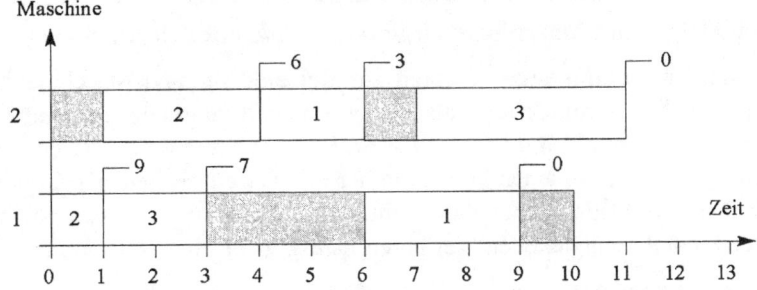

Abb. 6-9: Lösung der zwei Ein-Maschinen-Probleme nach dem Verfahren von Schrage

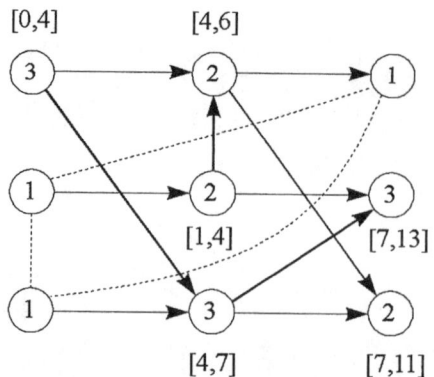

Abb. 6-10: Graph nach der zweiten Iteration

Zuletzt ist die Auftragsfolge an Maschine 1 zu bestimmen. Man erkennt aus Abbildung 6-10, daß sich keine Vorlaufzeit der Aufträge an Maschine 1 verändert haben kann. Deshalb ergibt sich in der dritten Iteration für Maschine 1 die bereits in Iteration 2 ermittelte Auftragsfolge <2,3,1]. Diese Reihenfolge und die isoliert ermittelten Start- und Endzeitpunkte der Aufträge an der ersten Maschine sind mit den vorläufigen Start- sowie Endzeitpunkten der Aufträge an den bereits eingeplanten Maschinen 2 und 3 kompatibel[19]. Man erhält die in Abbildung 6-11 dargestellte Lösung des ursprünglichen Problems.

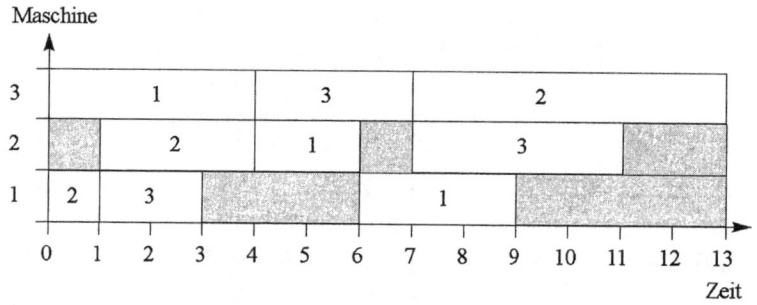

Abb. 6-11:   Maschinenbelegung in der endgültigen Lösung

6.4.2.3   Reihenfolge- und Maschinenbelegungsplanung mit Prioritätsregeln

In der Praxis werden Optimierungsverfahren zur Reihenfolge- und Maschinenbelegungsplanung, denen ein explizit formuliertes Entscheidungsmodell zugrunde liegt, nur relativ selten eingesetzt. Neben der *früher häufig fehlenden EDV-Unterstützung* sind dafür vor allem zwei Gründe ausschlaggebend. Zum einen können in der Praxis *weitere Nebenbedingungen* relevant werden, die in den Entscheidungsmodellen nicht vorgesehen sind. In diesem Fall kann man die zur Lösung der Modelle entwickelten Verfahren häufig nicht ohne Anpassung an die spezifi-

---

[19] Dies kann man überprüfen, indem man in den Graphen die Auftragsfolge an Maschine 1 einträgt und erneut die frühesten Anfangszeitpunkte aller Aufträge an allen Maschinen berechnet.

schen Anwendungsbedingungen verwenden. Die dazu erforderliche Methodenkenntnis fehlt den Anwendern häufig. Zum anderen kann der *numerische Aufwand* vor allem von exakten Lösungsverfahren zu hoch werden. Es ist jedoch zu erwarten, daß durch den zunehmenden Einsatz von *elektronischen Leitständen* zur Fertigungssteuerung die methodische Unterstützung der Reihenfolge- und Maschinenbelegungsplanung an Bedeutung gewinnen wird, da diese Systeme gleichzeitig die Schnittstellen zum Produktionssystem und zum Entscheidungsträger bereitstellen. Damit erfüllen sie eine wesentliche (technische) Voraussetzung für eine ökonomisch orientierte Entscheidungsunterstützung.

Eine vergleichsweise hohe praktische Bedeutung für die Auftragsfolgeplanung kommt bislang den **Prioritätsregelverfahren** zu. Die Prioritätsregeln stellen Kennziffern für die Aufträge dar, nach deren Ausprägung an jedem Arbeitsträger der als **nächster zu bearbeitende Auftrag** ausgewählt wird. Sie können entweder unmittelbar als Instrument zur Steuerung von Unternehmensprozessen oder mittelbar zur Bestimmung eines Ablaufplanes eingesetzt werden.

Im ersten Fall wird jedem Arbeitsträger eine Prioritätsregel als Entscheidungsregel vorgegeben, nach der er die Auftragsfolgen festzulegen hat. Die Reihenfolgeentscheidungen fallen *dezentral* an jedem Arbeitsträger. Grundlage dieser Entscheidung sind vermutete oder wissenschaftlich begründete Hypothesen über Beziehungen zwischen einzelnen Prioritätsregeln und Zielen der Ablauforganisation. Bei der zweiten Verwendungsweise von Prioritätsregeln wird in zentraler Planung ein Ablaufplan mit Hilfe von Prioritätsregeln für die betrachteten Aufträge ermittelt und den Arbeitsträgern zur Durchführung vorgegeben. So kann man beispielsweise mit verschiedenen Prioritätsregeln versuchen, einen möglichst günstigen Plan zu finden. Dabei läßt sich berücksichtigen, zu welchen unterschiedlichen Zeitpunkten Aufträge in die Fertigung gegeben werden. Ferner kann man durch Simulationen untersuchen, wie sich künftig eintreffende Aufträge auswirken werden. Prioritätsregeln lassen sich aus einer Vielzahl von Größen bilden. Diese Merkmale unterscheiden sich entsprechend Tabelle 6-12 im Hinblick auf die Art und Anzahl der berücksichtigten Größen und die zeitliche Konstanz des Kennziffernwertes. In Tabelle 6-13 ist eine Reihe von **Basisprioritätsregeln** angegeben. Man erkennt, daß für sie eine Vielzahl unterschiedlicher Merkmale herangezogen werden kann. Darüber hinaus lassen sich diese Merkmale in vielfältiger Weise kombinieren.

Art der berück- sichtigten Größen	Betrachtungs- umfang	Zahl der berück- sichtigten Größen	Konstanz des Kennziffernwerts
Termine - Ankunftstermin - Liefertermin	Ein Auftrag	Eine Größe (Basisprioritäts- regel)	Konstante Aus- prägung (Statische Priori- tätsregel)
Fertigungszeiten - Bearbeitungszeit - Rüstzeit - Belegungszeit	Mehrere Aufträge		
Arbeitsgangzahl - bisher durchge- führte - noch durchzu- führende	Ein Arbeitsgang je Auftrag	Mehrere Größen (Kombinierte Pri- oritätsregel)	Veränderliche Ausprägung (Dynamische Pri- oritätsregel)
Auftragszahl - Warteschlange	Mehrere Arbeits- gänge je Auftrag		
Auftragswert			

Tab. 6-12: Merkmale zur Bildung von Prioritätsregeln

	Auswahl des Auftrags, der folgendes Merkmal aufweist:
Merkmale eines Auftrages	• frühester Ankunftstermin im Betrieb • frühester Liefer- bzw. Fertigstellungstermin
Merkmale eines Arbeitsganges	• kürzeste (längste) Bearbeitungszeit beim betrachteten oder darauffolgenden Arbeitsträger • kürzeste Rüstzeit • kürzeste Warteschlange beim darauffolgenden Arbeitsträger • frühester Ankunftstermin vor dem betrachteten Arbeitsträger
Merkmale aus Größen mehrerer Arbeitsgänge	• kürzeste (längste) Gesamtbearbeitungszeit • kürzeste (längste) Restbearbeitungszeit • größte (kleinste) Zahl an noch durchzuführenden Arbeitsgängen • kürzeste (längste) bisherige Bearbeitungszeit

Tab. 6-13: Beispiele für die Bildung von Basisprioritätsregeln

Die Wirkungen verschiedenartiger Prioritätsregeln sind in einer Vielzahl von Simulationsmo-
dellen analysiert worden[20]. Die Resultate der verschiedenen Simulationsuntersuchungen sind
wegen abweichender Untersuchungsbedingungen nur begrenzt vergleichbar und weisen viele

---

[20] Vgl. zum Überblick Haupt/Schilling (1993).

Unterschiede auf. In ihnen hat sich vor allem für zwei Aussagen eine weitgehende Übereinstimmung ergeben:

1. Die Kürzeste-Operationszeit-Regel (KOZ-Regel) führt zu Ablaufplänen, welche die Ziele Minimierung der Durchlaufzeitensumme und Maximierung der Kapazitätsauslastung in hohem Maße erfüllen. Bei Anwendung der KOZ-Regel müssen Aufträge mit einer langen Bearbeitungszeit jedoch u.U. sehr lange warten. Da Liefertermine nicht berücksichtigt werden, kann es zusätzlich zu hohen Terminabweichungen kommen.

2. Die Schlupfzeitregel und ihr entsprechende Prioritätsregeln führen zu einer hohen Termineinhaltung.

Die realen Gegebenheiten sind in bezug auf den Organisationstyp, die Auftragszahl und -zusammensetzung, die Maschinenzahl, ihre Kapazitäten und Fertigungsgeschwindigkeiten sowie die Ankunfts- und Bearbeitungszeiten der Aufträge vielfach unterschiedlich. Zudem haben die meisten Prioritätsregeln wenig direkten Bezug zu den übergeordneten wirtschaftlichen Zielen der Ablauforganisation und den Möglichkeiten zur Lösung der zwischen ihnen bestehenden Konflikte. Die Anwendung von Prioritätsregeln kann daher zu relativ willkürlichen Lösungen von Auftragsfolge- und Maschinenbelegungsproblemen führen. Sie sind deshalb ein wenig geeignetes Instrument, wenn man eine ökonomisch effiziente Maschinenbelegung anstrebt.

Beispiel zur Lösung eines Job-Shop-Maschinenbelegungsproblems mit Prioritätsregeln

Vier Aufträge müssen in unterschiedlicher Maschinenfolge drei Maschinen durchlaufen. Die Bearbeitungszeiten t_{jh} und die Maschinenfolgen μ_{jh} sind in Tabelle 6-14 enthalten. Die vier Aufträge sollen nach 110, 100, 140 bzw. 70 ZE ausgeliefert werden.

Eine Maschinenbelegung kann z.B. mit der **KOZ-Regel** ermittelt werden. Dazu bestimmt man zu jedem Zeitpunkt, an dem eine Maschine frei ist, die Menge der zu diesem Zeitpunkt einplanbaren Aufträge und aus dieser Menge den Auftrag, dessen Bearbeitungszeit an der betrachteten Maschine am kürzesten ist. Auf diese Weise erhält man die in Abbildung 6-12 dargestellte Maschinenbelegung.

Bearbeitungszeiten t_{jh}

$j\backslash h$	1	2	3
1	10	20	20
2	15	25	25
3	10	10	25
4	20	10	30

Maschinenfolgen μ_{jh}

$j\backslash h$	1	2	3
1	1	2	3
2	1	3	2
3	2	1	3
4	1	2	3

Tab. 6-14: Bearbeitungszeiten in ZE und benötigte Maschinen je Auftrag und Arbeitsgang

Aus dieser Lösung kann man in Tabelle 6-15 die Verspätung je Auftrag ermitteln. Die mittlere Durchlaufzeit der Aufträge beträgt 86,25 ZE. Plant man dagegen nach der Lieferterminregel (LT-Regel) immer den Auftrag mit dem nächsten Liefertermin ein, so erhält man die in Abbildung 6-13 wiedergegebene Maschinenbelegung. Aus ihr ergibt sich die in Tabelle 6-16 berechnete Verspätung der Aufträge.

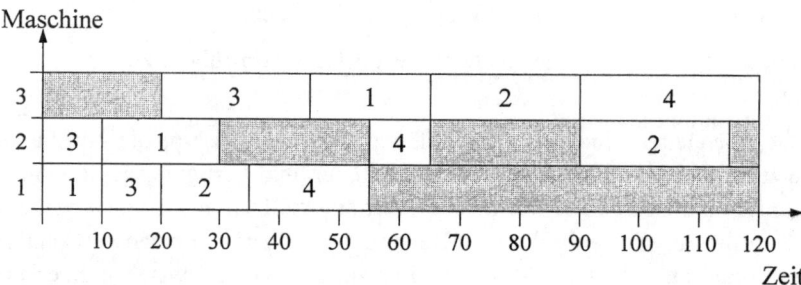

Abb. 6-12: Maschinenbelegung nach Anwendung der KOZ-Regel

Auftrag	Liefertermin (ZE)	Fertigstellung (ZE)	Verspätung (ZE)
1	110	65	0
2	100	115	15
3	140	45	0
4	70	120	50

Tab. 6-15: Verspätung der Aufträge bei Einplanung nach der KOZ-Regel

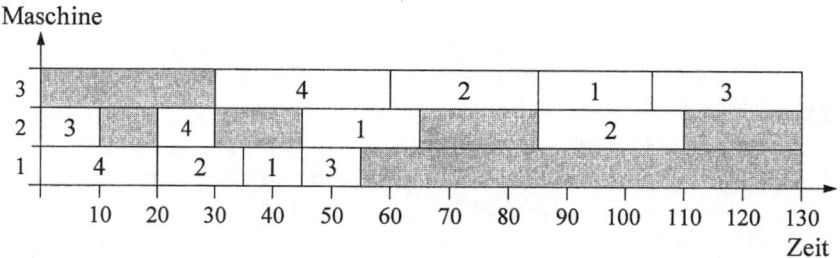

Abb. 6-13: Maschinenbelegung nach Anwendung der LT-Regel

Auftrag	Liefertermin (ZE)	Fertigstellung (ZE)	Verspätung (ZE)
1	110	105	0
2	100	110	10
3	140	130	0
4	70	60	0

Tab. 6-16: Verspätung der Aufträge bei Einplanung nach der LT-Regel

Die mittlere Verspätung je Auftrag ist von 16,25 ZE auf 2,5 ZE zurückgegangen. Dafür erhöht sich jedoch die mittlere Durchlaufzeit je Auftrag von 86,25 ZE auf 101,25 ZE.

7 Entscheidungsmodelle und Lösungsverfahren der Projektplanung

7.1 Ziele und Rahmenbedingungen der Projektplanung

Als **Projekt** bezeichnet man ein komplexes Vorhaben mit einem Anfang und Ende, das in der *Gesamtheit seiner Bedingungen einmalig* ist. Beispiele für derartige Vorhaben sind die Entwicklung eines neuen Flugzeugtyps oder den Bau eines Tunnels unter dem Ärmelkanal. In der Praxis wird ein Vorhaben häufig bereits dann als Projekt bezeichnet, wenn die Gesamtheit seiner Bedingungen *aus der Sicht der damit befaßten Unternehmung* einmalig ist.

Die **Bedeutung** der Projektplanung für die Ablauforganisation in Produktion und Logistik ergibt sich zum einen daraus, daß Produktionsprozesse vielfach Projektcharakter besitzen. Dies gilt z.B. im Spezialmaschinenbau. Zum anderen trifft der Anspruch der Projektplanung, ein komplexes Vorhaben in seiner Gesamtheit zu betrachten, die Zielsetzung einer *Querschnittsbetrachtung* in der Logistik, da auch in der Logistik raum-zeitliche Transferprozesse über die Grenzen betrieblicher Teilfunktionen hin analysiert werden.

Die **Aufgabe** der Projektplanung besteht zunächst darin, das komplexe Vorhaben zu strukturieren und die Abhängigkeiten zwischen den einzelnen Vorgängen zu ermitteln. So kann häufig ein Vorgang erst dann begonnen werden, wenn ein anderer erfolgreich abgeschlossen wurde. Die einzelnen Vorgänge werden i.d.R. durch ihre Dauer, die eingesetzten Ressourcen und ihre Beziehungen zu vor- oder nachgelagerten Vorgängen gekennzeichnet. Diese Beziehungen, die verfügbaren Ressourcen und das angestrebte Projektende bilden vielfach die **Rahmenbedingungen** der Projektplanung. Als Ergebnis der Projektplanung erhält man i.a. zumindest die Anfangs- und Endzeitpunkte der einzelnen Vorgänge.

Innerhalb der Projektplanung können unterschiedliche Ziele verfolgt werden. Vergleichsweise operational sind zeitbezogene Ziele wie z.B. die frühestmögliche Beendigung des Projektes oder die Minimierung der Terminüberschreitung. Aus betriebswirtschaftlicher Sicht sind vor allem erfolgszielorientierte Größen von Bedeutung. So kann man beispielsweise Projektpläne ermitteln, die bei minimalen Kosten einen bestimmten Endzeitpunkt einhalten. Bei mittel- bis langfristigen Projekten kommt eine Orientierung an diskontierten Zahlungsströmen in Betracht.

Analysiert man die formale Struktur von Projektplanungsproblemen, so erkennt man starke Analogien zur Reihenfolge- und Maschinenbelegungsplanung sowie zur Arbeitsverteilung und Fließbandabstimmung. All diese Probleme lassen sich als Spezialfälle einer Kapazitätsplanung in Netzwerken interpretieren[1]. Aufgrund der formalen Analogie kann man vielfach Lösungsverfahren aus dem einen in den anderen Bereich übertragen.

Zur methodischen Unterstützung der Projektplanung steht mit der Netzplantechnik ein Instrument zur Verfügung, das in der Praxis seit vielen Jahren mit großem Erfolg eingesetzt wird. In Netzplänen wird ein Projekt durch einen Graphen dargestellt. Dieser besteht aus einer Menge von Knoten und gerichteten Kanten (Pfeilen) zwischen den Knoten. Ein Beispiel für einen derartigen Graphen gibt Abbildung 7-1 wieder.

---

[1] Vgl. Drexl (1990a).

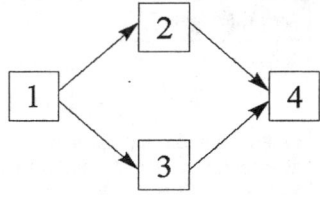

Abb. 7-1: Beispiel für einen gerichteten Graphen

Die Vorgänge eines Projektes lassen sich in einem Graphen entweder über die Knoten oder über die Pfeile abbilden. Da Vorgänge Zeit beanspruchen und Pfeile eine Ausdehnung andeuten, ist es zunächst naheliegend, die Vorgänge durch Pfeile abzubilden. In diesem Fall erhält man einen sogenannten **Vorgangspfeilnetzplan**. Die Knoten repräsentieren dann Ereignisse. Mit Vorgangspfeilnetzplänen arbeitet die *Critical Path Method (CPM)*, die 1957 entstanden ist[2]. An ihr ist aufwending, daß sie neben den Pfeilen für die Vorgänge in bestimmten Situationen zusätzlich sog. "Dummypfeile" für "Scheinvorgänge" benötigt. Mit diesen werden bestimmte logische Präzedenzrelationen zwischen den Vorgängen abgebildet. Daher wird im folgenden die *Metra Potential Methode (MPM)* betrachtet, in der man **Vorgangsknotennetzpläne** verwendet[3]

Die betriebswirtschaftliche Entscheidung zwischen alternativen Prozeßstrukturierungen eines Projektes setzt zunächst die Kenntnis der einzuhaltenden Rahmenbedingungen und der Gestaltungsmöglichkeiten voraus. Diese werden in der Struktur- und Zeitplanung ermittelt. Als Ergebnis dieses Planungsschritts erhält man für jeden Vorgang früheste und späteste Startzeitpunkte sowie Aussagen darüber, in welchem Rahmen sich der Vorgang zeitlich verschieben läßt, ohne daß dies die Gesamtprojektdauer beeinflußt. Auf der Grundlage dieser Ergebnisse kann man dann ökonomisch begründete Entscheidungen über den Einsatz knapper Ressourcen treffen.

Der Zusammenhang zwischen Struktur-, Zeit- sowie Kosten- und Kapazitätsplanung wird in der Abbildung 7-2 veranschaulicht. Die Strukturplanung ist Voraussetzung der Zeitplanung. Struktur- und Zeitplanung liefern gemeinsam die Grundlagen der Kosten- und/oder Kapazitätsplanung.

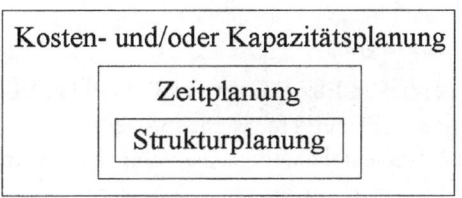

Abb. 7-2: Zusammenhang zwischen den Bereichen der Projektplanung

---

[2]   Vgl. Altrogge (1993), Sp. 2908.
[3]   Vgl. dazu auch die Argumentation in Drexl(1990b), S. 86 f.

Merkmal	Ausprägungen
Vorgangsdauer	deterministisch oder stochastisch
Vorgangsfolge	deterministisch oder stochastisch
zeitliche Abstände zwischen Vorgängen	minimale und/oder maximale zeitliche Abstände zwischen dem Anfang und/oder Ende von Vorgängen
Kapazitäts-restriktionen	Probleme mit oder ohne Kapazitätsrestriktionen
Zielsetzung	Analyse struktureller und zeitlicher Abhängigkeiten der ökonomische Optimierung des Prozesses

Tab. 7-1: Wichtige Kennzeichen von Projektplanungsproblemen

Einen Überblick über wichtige Kennzeichen von Problemen der Projektplanung gibt Tabelle 7-1. Im folgenden wird davon ausgegangen, daß die Vorgangsdauer und -folge deterministisch sind. Kapazitätsrestriktionen und ökonomische Zielsetzungen werden in diesem Abschnitt nach der Darstellung struktureller und zeitlicher Abhängigkeiten modelliert[4].

7.2   Strukturplanung in Vorgangsknotennetzplänen

Der erste Schritt der Strukturplanung besteht darin, das Projekt gedanklich in seine einzelnen Vorgänge zu zerlegen. Der Detaillierungsgrad ist dabei vom Planungszweck abhängig. Für jeden Vorgang h wird seine Dauer d_h ermittelt. Im einfachsten Fall wird lediglich gefordert, daß ein Vorgang nur dann beginnen kann, wenn einer oder mehrere andere Vorgänge abgeschlossen sind. Dies wird durch Abbildung 7-3 verdeutlicht. In ihr kann der Vorgang j erst dann begonnen werden, wenn sowohl der Vorgang h als auch der Vorgang i abgeschlossen sind. Die Vorgänge k und l wiederum können erst nach Abschluß von Vorgang j gestartet werden.

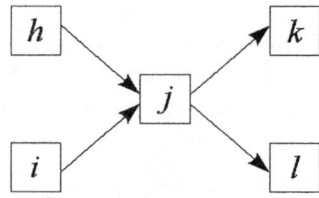

Abb. 7-3: Beispiel für Vorrangbeziehungen

In der Realität können die zeitlichen Beziehungen zwischen den Vorgängen komplizierter sein. Einerseits ist es möglich, daß (z.B. bei Trocknungsprozessen) bestimmte **minimale** oder **maximale zeitliche Abstände** zwischen den Vorgängen eingehalten werden müssen. Zum anderen können sich die zeitlichen Abstände auf beliebige Kombinationen von Anfangs- und Endzeitpunkten der Vorgänge beziehen. Betrachtet man zwei Vorgänge h und i, so sind die in Tabelle

---

[4]   Zum Überblick über Verfahren der Netzplantechnik vgl. Küpper, W./Lüder/ Streidtferdt (1975); Altrogge (1994).

7-2 dargestellten acht Kombinationen denkbar, mit denen der Planer zeitliche Beziehungen modellieren kann[5].

Im einfachsten Fall arbeitet man lediglich mit Mindestabständen nf_{hi} bei Normalfolge. Wenn gefordert wird, daß der Vorgang h beendet sein muß, bevor der Vorgang i beginnen kann, so gilt $nf_{hi} = 0$.

Symbol	Bezeichnung	Kennzeichnung
af_{hi}	Anfangsfolge	Mindestabstand von Anfang h bis Anfang i
$\overline{af}_{hi}$	Anfangsfolge	Maximalabstand von Anfang h bis Anfang i
nf_{hi}	Normalfolge	Mindestabstand von Ende h bis Anfang i
$\overline{nf}_{hi}$	Normalfolge	Maximalabstand von Ende h bis Anfang i
ef_{hi}	Endfolge	Mindestabstand von Ende h bis Ende i
$\overline{ef}_{hi}$	Endfolge	Maximalabstand von Ende h bis Ende i
sf_{hi}	Sprungfolge	Mindestabstand von Anfang h bis Ende i
$\overline{sf}_{hi}$	Sprungfolge	Maximalabstand von Anfang h bis Ende i

Tab. 7-2: Typen von Folgebeziehungen zwischen Vorgängen

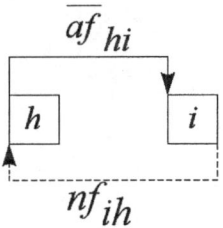

Abb. 7-4: Transformation einer maximalen Anfangsfolge

Für die Berechnung des Netzplans ist es jedoch etwas mühsam, mit diesen acht verschiedenen Folgebeziehungen gleichzeitig zu arbeiten. Aus diesem Grund transformiert man sämtliche Beziehungen in minimale Normalfolgen, wie dies in Abbildung 7-4 für eine maximale Anfangsfolge $\overline{af}_{hi}$ dargestellt wird. In dem Beispiel ist der ursprüngliche maximale Abstand zwischen dem Anfang von Vorgang h und dem Anfang von Vorgang i in einen (unterbrochen gezeichneten) minimalen Abstand zwischen dem Ende von Vorgang i und dem Anfang von Vorgang h transformiert worden.

---

[5] Vgl. hierzu und zum folgenden Domschke/Drexl (2002), S.90 f f.

Bezeichnet man mit a_h den Anfangszeitpunkt von Vorgang h, mit e_i den Endzeitpunkt von Vorgang i und mit d_i die Dauer von Vorgang i, so gelten für die maximale Anfangsfolge $\overline{af}_{hi}$ folgende Ungleichungen:

$$a_h + \overline{af}_{hi} \geq a_i \tag{7-1}$$

$$\Leftrightarrow a_h + \overline{af}_{hi} \geq e_i - d_i \tag{7-2}$$

$$\Leftrightarrow e_i - \overline{af}_{hi} - d_i \leq a_h \tag{7-3}$$

$$\Rightarrow nf_{ih} = -\overline{af}_{hi} - d_i \tag{7-4}$$

Man erkennt in (7-3), daß der minimale zeitliche Abstand zwischen dem Ende von Vorgang i und dem Anfang von Vorgang h *negativ* ist. Die minimale Normalfolge nf_{ih} wird in (7-4) angegeben. In der Tabelle 7-3 werden alle derartigen Umrechnungsformeln zusammengefaßt[6]. Mit diesen Transformationen ist es möglich, alle zeitlichen Folgebeziehungen zwischen den Vorgängen in eine einheitliche Darstellung umzurechnen. Deshalb kann man in der Zeitplanung mit einem *einzigen* Algorithmus arbeiten, der lediglich von minimalen Normalfolgen ausgeht.

Die Transformation minimaler *und* maximaler zeitlicher Abstände führt zu **Zyklen** im Netzplan. Die Länge des Zyklus erhält man durch Addition der zeitlichen Bewertung aller Pfeile, aus denen der Zyklus besteht, sowie der Bearbeitungszeiten der Knoten in dem Zyklus. Ein Zyklus mit *positiver* Länge würde bedeuten, daß ein Vorgang sich selbst direkt oder indirekt zum Vorgänger hat. Enthält ein Netzplan einen derartigen Zyklus positiver Länge, so ist er logisch inkonsistent.

---

[6] Vgl. auch Drexl (1990b), S. 109; Bartusch (1983).

gegeben	transformierte minimale Normalfolge
af_{hi}	$nf_{hi} = af_{hi} - d_h$
$\overline{af}_{hi}$	$nf_{ih} = -\overline{af}_{hi} - d_i$
nf_{hi}	nf_{hi}
$\overline{nf}_{hi}$	$nf_{ih} = -\overline{nf}_{hi} - d_h - d_i$
ef_{hi}	$nf_{hi} = ef_{hi} - d_i$
$\overline{ef}_{hi}$	$nf_{ih} = -\overline{ef}_{hi} - d_h$
sf_{hi}	$nf_{hi} = sf_{hi} - d_h - d_i$
$\overline{sf}_{hi}$	$nf_{ih} = -\overline{sf}_{hi}$

Tab. 7-3: Umrechnungsformeln auf minimale Normalfolge

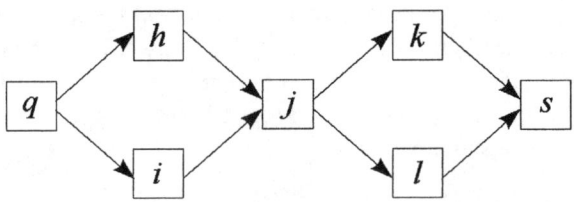

Abb. 7-5: Strukturplan mit fiktivem Anfangs- und Endvorgang

Falls in einem Strukturplan mehrere Anfangsvorgänge, d.h. Vorgänge ohne weitere Vorgänger, oder mehrere Endvorgänge, d.h. Vorgänge ohne weitere Nachfolger, enthalten sind, kann man gemäß Abbildung 7-5 Scheinvorgänge q und s der Dauer Null einfügen, die zeitlich vor die Anfangsvorgänge bzw. hinter die Endvorgänge gesetzt werden. Auf diese Weise erhält man stets einen Netzplan, der jeweils lediglich einen (ggf. virtuellen) Anfangs- bzw. Endvorgang hat und kann leicht die Anfangs- und Endzeitpunkte des ganzen Projektes berechnen.

7.3 Zeitplanung in Vorgangsknotennetzplänen

In der Zeitplanung werden für die einzelnen Vorgänge die frühesten und spätesten Start- und Endzeitpunkte, die minimale Projektdauer sowie diverse Pufferzeiten ermittelt. Dabei nimmt man zunächst an, daß alle einzusetzenden Ressourcen wie z.B. Maschinen oder menschliche Arbeitskräfte unbegrenzt zur Verfügung stehen.

Die Vorgehensweise hängt maßgeblich davon ab, ob der Netzplan Zyklen enthält. Im folgenden wird stets davon ausgegangen, daß der Netzplan keine Zyklen enthält. In einem zyklenfreien Netzplan lassen sich die Knoten so nummerieren, daß die Nummer eines Vorgangs immer kleiner ist als die Nummern seiner Nachfolger. Liegt eine derartige topologische Sortierung vor, in der für einen Pfeil von Vorgang h zu Vorgang i stets $h<i$ gilt, so lassen sich die frühesten und spätesten Anfangs- bzw. Endzeitpunkte FA_i und SA_i bzw. FE_i und SE_i der Vorgänge i durch eine Vorwärts- und eine Rückwärtsrechnung ermitteln. In der **Vorwärtsrechnung** wertet man für alle Vorgänge in aufsteigender Reihenfolge ihrer Nummern die beiden folgenden Formeln aus:

$$SAZ_i = SEZ_i - t_i$$
$$SEZ_i = min\left\{SAZ_j - d_{ij} \middle| j \in N_i\right\}$$

(7-5)

Der früheste Endzeitpunkt FE_i eines Vorgangs entspricht der Summe aus seinem frühesten Anfangszeitpunkt FA_i und der Vorgangsdauer d_i. Der früheste Anfangszeitpunkt von Vorgang i hängt von den frühesten Endzeitpunkten FE_h seiner direkten Vorgänger $h \in V_i$ ab. Zu dem frühesten Endzeitpunkt FE_h ist der minimale zeitliche Abstand nf_{hi} vom Ende des Vorgangs h zum Anfang des Vorgangs i zu addieren. Das Maximum dieser Summen über alle direkten Vorgänger h ergibt den frühesten Anfangszeitpunkt von Vorgang i.

Auf diese Weise erhält man zunächst die frühesten Anfangs- und Endzeitpunkte. Der Endzeitpunkt des letzten Vorgangs entspricht der **Projektdauer**, wenn der erste Vorgang zum Zeitpunkt Null beginnt. Will man nun wissen, wie weit einzelne Vorgänge zeitlich verschoben werden dürfen, ohne das Projekt insgesamt zu verzögern, so muß man zunächst die spätestmöglichen Anfangs- und Endzeitpunkte ermitteln. Dazu setzt man den spätesten Endzeitpunkt SE_I des letzten Vorgangs I gleich einem Endtermin, z.B. seinem frühesten Endzeitpunkt FE_I und wertet anschließend in der **Rückwärtsrechnung** die folgenden Formeln in absteigender Reihenfolge der Vorgangsnummern aus.

$$SAZ_i = SEZ_i - t_i$$
$$SEZ_i = min\left\{SAZ_j - d_{ij} \middle| j \in N_i\right\}$$

(7-6)

Der späteste Anfangszeitpunkt SA_i eines Vorgangs i ergibt sich aus seinem spätesten Endzeitpunkt SE_i abzüglich der Vorgangsdauer d_i. Der späteste Endzeitpunkt von Vorgang i hängt von den spätesten Anfangszeitpunkten SA_j seiner direkten Nachfolger $j \in N_i$ ab. Von dem spätesten Anfangszeitpunkt SA_j ist der minimale zeitliche Abstand nf_{ij} vom Ende des Vorgangs i zum Anfang des Vorgangs j abzuziehen. Das Minimum dieser Differenzen über alle direkten Nachfolger j ergibt den spätesten Endzeitpunkt von Vorgang i.

Auf diese Weise erhält man für alle Vorgänge die frühesten und spätesten Anfangs- bzw. Endzeitpunkte. Sind die frühesten und spätesten Anfangspunkte identisch ($FA_i = SA_i$), so liegt der betreffende Vorgang i auf dem **kritischen Pfad**. Wenn der Start eines solchen Vorgangs verzögert oder seine Dauer verlängert werden, so erhöht sich auch die gesamte Projektdauer um den gleichen Betrag. Bei diesen Vorgängen existiert kein zeitlicher Puffer.

Beispiel zur Zeitplanung in einem Vorgangsknotennetzplan:

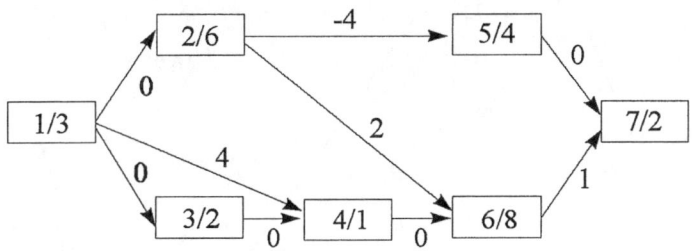

Abb. 7-6: Vorgangsdauern und -beziehungen eines Projekts

Ein Projekt besteht gemäß Abbildung 7-6 aus sieben einzelnen Vorgängen. Ihre Dauer d_i ist in dem jeweiligen Knoten nach der Vorgangsnummer i angegeben. Zwischen den Vorgängen bestehen verschiedene zeitliche Abhängigkeiten, die unter Anwendung der Transformationsregeln in Tabelle 7-3 in minimale Normalfolgen überführt wurden. Die minimale Normalfolge zwischen den Vorgängen 1 und 2 beträgt $nf_{12} = 0$ ZE, Vorgang 2 kann also unmittelbar nach dem Ende von Vorgang 1 gestartet werden. Der Vorgang 4 kann frühestens $nf_{14} = 4$ ZE nach dem Ende von Vorgang 1 gestartet werden, sofern dann auch der Vorgang 3 beendet ist. Für den Vorgang 5 wird angenommen, daß er bereits dann beginnen kann, wenn der Vorgang 2 zu einem Drittel abgeschlossen ist. Dies kann man über eine minimale Anfangsfolge af_{25} modellieren. Da die Dauer des zweiten Vorganges 6 ZE beträgt, ergibt sich $af_{25} = 1/3 \cdot 6$ ZE = 2 ZE. Mit der Transformationsregel in Tabelle 7-3 auf S. 243 ergibt sich die folgende minimale Normalfolge:

$$nf_{25} = af_{25} - d_2 = 2ZE - 6ZE = -4ZE$$

Da der Netzplan zyklenfrei ist, kann man die Rekursionsformeln 7-5 und 7-6 heranziehen, um die in Tabelle 7-4 angegebenen frühesten und spätesten Anfangs- und Endzeiten zu ermitteln. Sie werden den einzelnen Knoten gemäß dem Schema in Abbildung 7-8 zugeordnet.

i	1	2	3	4	5	6	7
FA_i	0	3	3	7	5	11	20
FE_i	3	9	5	8	9	19	22
SA_i	0	3	8	10	16	11	20
SE_i	3	9	10	11	20	19	22

Tab. 7-4: Früheste und späteste Anfangs- und Endzeitpunkte

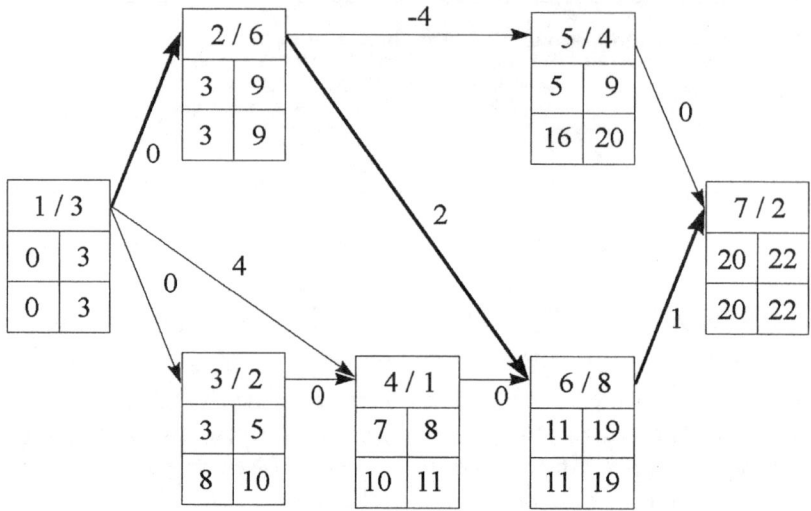

Abb. 7-7: Netzplan mit Terminen

$i \, / \, d_i$	
FA_i	FE_i
SA_i	SE_i

Abb. 7-8: Zuordnung der Zeiten in den Knoten eines Vorgangsknotennetzplans

Trägt man diese Termine an den jeweiligen Knoten des Netzplans ein, so wird der in Abbildung 7-7 fett gezeichnete **kritische Pfad** erkennbar. Die Vorgänge auf diesem Pfad dürfen nicht verzögert oder verlängert werden, ohne daß sich die Projektdauer entsprechend erhöht.

Manche Vorgänge können in bestimmten Grenzen verschoben werden, ohne Teile des Projektes oder das ganze Projekt zeitlich zu verzögern. Diese Verschiebungsmöglichkeiten werden durch unterschiedliche **Pufferzeiten** abgebildet.

Zunächst kann man nach der Länge der Zeitspanne fragen, innerhalb der ein Vorgang maximal zeitlich verschoben oder verlängert werden kann, ohne daß sich die gesamte Projektdauer verlängert. Dabei geht man davon aus, daß u.U. auch nicht auf dem kritischen Pfad liegende Vorgänge mit verschoben werden und somit deren Pufferzeiten in Anspruch genommen werden. Diese **gesamte Pufferzeit** GP_i eines Vorgangs i berechnet sich folgendermaßen:

$$GP_i = SA_i - FA_i \qquad (7-7)$$

Häufig möchte man auch wissen, wieweit einzelne Vorgänge verschoben werden können, *ohne daß alle oder eine Auswahl anderer Vorgänge davon betroffen* sind. Beispielsweise kann man annehmen, daß grundsätzlich alle Vorgänge zu den in der Vorwärtsrechnung ermittelten frühesten Anfangszeiten beginnen sollen. In diesem Fall kann nun die Frage gestellt werden, wie weit ein einzelner Vorgang verschoben oder verlängert werden kann, ohne daß sich dadurch der Anfangstermin einer seiner Nachfolger verschiebt. Dieser zeitliche Spielraum eines Vorgangs i "nach hinten" wird durch die sogenannte **freie Pufferzeit** FP_i ausgedrückt:

$$FP_i = min\left\{ FA_j - nf_{ij} \middle| j \in N_i \right\} - FE_i \qquad (7\text{-}8)$$

Entsprechend kann man davon ausgehen, daß alle Vorgänge zum spätesten Startzeitpunkt eingeplant sind und sich fragen, wie weit ein einzelner Vorgang verlängert oder zeitlich vorgezogen werden kann, ohne daß mindestens einer seiner Vorgänger zu einem früheren Starttermin begonnen werden muß. Die **freie Rückwärtspufferzeit** FRP_i gibt damit den zeitlichen Spielraum an, innerhalb dessen ein Vorgang i "nach vorne" verschoben werden kann:

$$FRP_i = SA_i - max\left\{ SE_h + nf_{hi} \middle| h \in V_i \right\} \qquad (7\text{-}9)$$

Schließlich kann man untersuchen, wie groß der Spielraum zum Verschieben eines Vorgangs i ist, innerhalb dessen weder seine Vorgänger noch seine Nachfolger berührt werden. Diesen Spielraum bezeichnet man als unabhängige Pufferzeit. Dazu geht man davon aus, daß alle *Vorgänger* des Vorgangs *spätestmöglich* und alle *Nachfolger frühestmöglich* gefertigt werden sollen. Es kann der Fall auftreten, daß diese Forderungen nicht gleichzeitig erfüllt werden können, weil dann nicht mehr genug Zeit für den Vorgang i verbleibt. In einem solchen Fall existiert offensichtlich auch kein Puffer. Die **unabhängige Pufferzeit** UP_i berechnet sich wie folgt:

$$UP_i := max\left\{ 0, min\left\{ FA_j - nf_{ij} \middle| j \in N_i \right\} \right.$$
$$\left. - max\left\{ SE_h + nf_{hi} \middle| h \in V_i \right\} - d_i \right\} \qquad (7\text{-}10)$$

Innerhalb dieses unabhängigen Puffers läßt sich ein Vorgang also verschieben oder verlängern, ohne daß davon ein anderer Vorgang berührt werden kann

Beispiel zur Berechnung von Pufferzeiten

In Abbildung 7-7 auf S. 246 liegen die Vorgänge 1, 2, 6 und 7 auf dem kritischen Pfad. Bei ihnen sind jeweils die frühesten Start- und Endzeitpunkte identisch, die Puffer damit Null. Die verschieden Pufferzeiten aller Vorgänge sind in Tabelle 7-5 zusammengestellt.

i	1	2	3	4	5	6	7
GP_i	0	0	5	3	11	0	0
FP_i	0	0	2	3	11	0	0
FRP_i	0	0	5	0	11	0	0
UP_i	0	0	2	0	11	0	0

Abb. 7-5: Pufferzeiten der einzelnen Vorgänge

Alle direkten Vorgänger und Nachfolger von Vorgang 5 liegen auf dem kritischen Pfad und können daher nicht verschoben werden. Aus diesem Grund sind für Vorgang 5 sämtliche Pufferzeiten identisch. Der Pfeil von Vorgang 1 zu Vorgang 4 führt dazu, daß sich die Pufferzeiten der Vorgänge 3 und 4 voneinander unterscheiden. So verfügt der Vorgang 3 über eine unabhängige Pufferzeit von 2 ZE, da der Vorgang 4 frühestens zum Zeitpunkt 4 starten kann, während der Vorgang 4 keine unabhängige Pufferzeit besitzt.

7.4   Entscheidungsmodell zur Kosten- und Kapazitätsplanung in Vorgangsknotennetzplänen

Durch die Struktur- und Zeitplanung können zwar die Projektdauer und die Pufferzeiten prognostiziert werden, eine Entscheidungsunterstützung bieten sie jedoch nicht. In einer Projektplanung im eigentlichen Sinn des Begriffs "Planung" muß zum einen berücksichtigt werden, daß für einzelne Vorgänge i.d.R. knappe Ressourcen wie menschliche Arbeitskräfte oder Maschinen benötigt werden. Ansonsten wird der Plan u.U. nicht durchführbar sein. Es kann auch möglich sein, für einen Vorgang verschiedene Ressourcen einzusetzen, die bei unterschiedlichen Kosten zu unterschiedlichen Projektdauern führen. Die Projektplanung sollte daher auf **ökonomische Ziele** ausgerichtet sein, wenn man Verschwendung vermeiden will.

Häufig steht für ein Projekt ein **spätester Endzeitpunkt** fest. Dieser kann vertraglich fixiert sein und muß nicht mit dem frühestmöglichen Endzeitpunkt übereinstimmen. In diesem Fall gibt es bei allen Vorgängen Pufferzeiten, es existiert also kein kritischer Pfad. Für jeden Vorgang kann ggfs. eine von mehreren "erneuerbaren" **Ressourcen** eingesetzt werden, die in jeder Periode in einer bestimmten Menge verfügbar sind. Ihr Einsatz für einen bestimmten Vorgang verursacht ressourcenspezifische Kosten. Die Dauer eines Vorgangs hängt von der dafür eingesetzten Ressource ab. So kann es möglich sein, einen Vorgang entweder "langsam und billig" oder "schnell und teuer" durchzuführen. Gesucht wird nach einer Zuordnung von Ressourcen sowie Anfangs- bzw. Endzeitpunkten, die bei minimalen Kosten den einzuhaltenden Endzeitpunkt des Projekts gewährleistet.

Für jeden Vorgang liegen bereits aus der Zeitplanung die frühesten und spätesten Endzeitpunkte vor. Die spätesten Endzeitpunkte der einzelnen Vorgänge hängen über die Rückwärtsrechnung von dem vorgegebenen Projektende ab. In dieser, dem Modell vorgelagerten Zeitplanung war man zunächst davon ausgegangen, daß für jeden Vorgang die Ressource eingesetzt wird, die zu der kleinstmöglichen Vorgangsdauer führt. Auf diese Weise hat man unter Berücksichtigung der maximalen Projektdauer aus der Zeitplanung für jeden Vorgang den maximalen zeitlichen Spielraum erhalten.

Diese Entscheidungssituation läßt sich durch ein formales Modell abbilden, dem die folgenden Prämissen zugrunde liegen[7]:

- Der endliche Planungszeitraum ist in Perioden unterteilt.

---

[7] Vgl. Pritsker/Watters/Wolfe (1969) sowie Drexl (1991), der auch eine Reihe von Lösungsverfahren entwickelt.

- Mehrere Vorgänge müssen jeweils einer von mehreren verschiedenen Ressourcen mit einer beschränkten Periodenkapazität zugewiesen werden.

- Eine Ressource kann zu jedem Zeitpunkt nur einen Vorgang bearbeiten.

- Die Dauer eines Vorgangs und seine Kosten hängen von der eingesetzten Ressource ab.

- Vorgänge können nicht unterbrochen werden.

- Es existiert ein Endzeitpunkt, zu dem das Projekt abgeschlossen sein muß.

- Aus einer vorgelagerten Struktur- und Zeitplanung liegen die frühesten und spätesten Anfangs- sowie Endzeitpunkte aller Vorgänge unter der Annahme vor, daß jeder Vorgang schnellstmöglich durchgeführt wird.

- Die zeitlichen Beziehungen zwischen verschiedenen Vorgängen sind vom Typ der minimalen Normalfolge.

- Ein Vorgang kann nur dann durchgeführt werden, wenn alle seine Vorgänger abgeschlossen sind.

- Die Start- und Endzeitpunkte der Vorgänge an den gewählten Ressourcen sind so zu ermitteln, daß die Projektkosten minimiert werden.

Mit diesen Annahmen läßt sich das folgende Entscheidungsmodell formulieren:

Modell Projekt

$$Min Z = \sum_{i=1}^{I} \sum_{k \in K_i} c_{ik} \cdot \sum_{t=FA_i+d_{ik}}^{SE_i} x_{ikt} \tag{7-11}$$

u.B.d.R.

$$\sum_{k \in K_i} \sum_{t=FA_i+d_{ik}}^{SE_i} x_{ikt} = 1 \qquad \forall i \tag{7-12}$$

$$\sum_{k \in K_h} \sum_{t=FA_h+d_{hk}}^{SE_h} t \cdot x_{hkt} \leq$$

$$\sum_{k \in K_i} \sum_{t=FA_i+d_{ik}}^{SE_i} (t - d_{ik} - nf_{hi}) \cdot x_{ikt} \qquad \forall i; h \in V_i \tag{7-13}$$

$$\sum_{i=1}^{I} \sum_{q=t}^{t+d_{ik}-1} x_{ikq} \leq 1 \qquad \forall k,t \tag{7-14}$$

$$x_{ikt} \in \{0,1\} \qquad \forall i,k,t \tag{7-15}$$

Indizes und Parameter

c_{ik} Kosten bei Einsatz von Ressource k für Vorgang i

d_{ik} Dauer von Vorgang i bei Einsatz von Ressource k

FA_i frühester Anfangszeitpunkt von Vorgang i aus der Zeitplanung

$i=1,...,I$ Vorgangsindex

$k=1,...,K$ Ressourcenindex

K_i Menge der Ressourcen, die für den Vorgang i eingesetzt werden können

nf_{hi} minimaler zeitlicher Abstand zwischen dem Ende von Vorgang h und dem Anfang von Vorgang i

SE_i spätester Endzeitpunkt von Vorgang i aus der Zeitplanung

$t=1,....,T$ Periodenindex

V_i Menge der unmittelbaren Vorgänger von Vorgang i

Entscheidungsvariablen

x_{ikt} gleich 1, falls Vorgang i durch Einsatz von Ressource k durchgeführt und in Periode t beendet wird, 0 sonst

In der Zielfunktion (7-11) wird gefordert, daß den Vorgängen die Ressourcen so zugewiesen und sie zeitlich so eingeplant werden, daß sich die insgesamt minimalen Kosten ergeben. Dabei wird in dem letzten Summationszeichen berücksichtigt, daß für jeden Vorgang eine ressourcenspezifische Vorgangsdauer d_{ik} vorliegen kann. Die Nebenbedingung (7-12) fordert, daß jeder Vorgang in genau einer Periode beendet und ihm genau eine Ressource zugewiesen wird. Wiederum wird beachtet, daß die Dauer der Bearbeitung von der gewählten Ressource abhängen kann. Ein Vorgang i kann entsprechend Nebenbedingung (7-13) nur dann begonnen werden, wenn alle seine unmittelbaren Vorgänger h beendet sind. Das System von Nebenbedingungen (7-14) stellt sicher, daß die Periodenkapazität jeder Ressource eingehalten wird.

In dieser Formulierung ist von jeder Ressource in jeder Periode genau eine Einheit verfügbar, so daß an der Ressource zu jedem Zeitpunkt nur ein Vorgang bearbeitet werden kann. Durch diese Nebenbedingungen wird erreicht, daß in den d_{ik}-1 Perioden vor der Fertigstellung von Auftrag i die Ressource k nicht von anderen Vorgängen beansprucht werden kann. Schließlich wird in (7-15) der Lösungsraum auf binäre Variablen beschränkt.

Für das System von Nebenbedingungen (7-12) bis (7-15) sind auch andere Zielfunktionen formulierbar. Vielfach wird angenommen, daß der Entscheidungsträger an der **Minimierung der Projektdauer** interessiert ist[8]. Diese Zielvorstellung läßt sich durch die folgende Zielfunktion abbilden:

$$MinZ = \sum_{t=FA_I+d_{Ik}}^{SE_I} x_{Ikt} \tag{7-16}$$

In ihr wird gefordert, daß der letzte Vorgang I so früh wie möglich abgeschlossen wird. Aus ihr kann sich - im Vergleich zu einer kostenorientierten Zielfunktion - eine kürzere Projektdauer

---

[8]   Vgl. z.B. Domschke/Drexl (1991).

ergeben. Für die Verwendung dieser zeitorientierten Zielfunktion wird eine Reihe von Gründen angeführt[9]:

- Eine kurze Projektlaufzeit führt tendenziell dazu, daß zu jedem Zeitpunkt vergleichsweise wenig Projekte bearbeitet werden. Dadurch reduziert sich die Planungskomplexität.

- Eine Projektplanung wird in der Regel rollierend vorgenommen. Minimiert man die Projektdauer, so werden die Ressourcen in den zeitlich frühen Perioden ausgelastet und damit in den zeitlich späteren Perioden "freigehalten". Damit eröffnen sich in den späteren Planungszyklen Möglichkeiten zur Annahme von Aufträgen, denen die dann noch freien Ressourcen zugewiesen werden können.

- Mit einer erfolgszielorientierten Zielfunktion kann nur dann gearbeitet werden, wenn eine ausgebaute Unternehmensrechnung vorliegt, die das Planungsmodell mit den erforderlichen Kosten- bzw. Zahlungskoeffizienten versorgen kann.

Andererseits spricht auch eine Reihe von Gründen für eine erfolgszielorientierte Zielfunktion wie in (7-11):

- Sie führt zu einer im Hinblick auf die **Knappheit** der Güter **optimalen Allokation**, da sie einen unmittelbaren Bezug zu übergeordneten Unternehmenszielen herstellt.

- Sie erleichtert die **Anbindung** der Projektplanung an **andere Entscheidungsbereiche** wie die Investitionsplanung, in denen ebenfalls mit wertmäßigen Zielgrößen gearbeitet wird.

Diesen Argumenten ist aus **ökonomischer** Sicht grundsätzlich Vorrang einzuräumen. Sie sprechen dafür, Instrumente der Projektplanung als eine Komponente von integrierten Systemen der Unternehmensplanung einzusetzen, die durchgängig auf übergeordnete Zielsetzungen ausgerichtet sind. In der Praxis wird man jedoch aus den oben genannten Gründen auch das Arbeiten mit rein zeitorientierten **Zielgrößen** als wichtige methodische Unterstützung empfinden. Entscheidend ist dafür, daß die **Nebenbedingungen** zu Plänen führen, die im Hinblick auf die knappen Ressourcen *zulässig* sind. Dies kann auch mit zeitbezogenen Zielgrößen erreicht werden.

Beispiel zur Kosten- und Kapazitätsplanung

Ausgangspunkt ist das Beispiel auf S. 245. Die Zeitplanung hatte ergeben, daß das Projekt mindestens 22 ZE in Anspruch nehmen wird. Jetzt wird zusätzlich unterstellt, daß für jeden Vorgang eine von zwei verfügbaren Ressourcen (in diesem Fall Maschinen) einzusetzen ist. Deshalb können zu jedem Zeitpunkt nur maximal zwei Vorgänge bearbeitet werden. Die Bearbeitungszeiten in Abschnitt 7.3 gelten für die "schnellere" Maschine. Es steht auch eine erheblich "billigere" Maschine zur Verfügung, die jedoch für jeden Vorgang doppelt so lange benötigt. Die Kosten für die Maschinen fallen nur dann an, wenn diese auch eingesetzt werden. Bei Einsatz von Maschine 1 seien die Vorgangskosten proportional zu der von ihr benötigten Zeit. Setzt man die langsamere Maschine 2 ein, so entsteht pro Vorgang nur ein Drittel der Kosten

---

[9] Vgl. z.B. Drexl/Kolisch (1993), S. 62.

von Maschine 1. Damit stellt sich die Frage, welche Maschine in welchem Zeitraum welchen Vorgang durchführen soll. Die Bearbeitungszeiten je Maschine k und Vorgang i sind in Tabelle 7-6 zusammengefaßt.

$k\backslash i$	1	2	3	4	5	6	7
1	3	6	2	1	4	8	2
2	6	12	4	2	8	16	4

Tab. 7-6: Bearbeitungszeiten je Maschine k und Vorgang i in ZE

In Abbildung 7-9 wird das Gantt-Diagramm der optimalen Lösung dargestellt, die sich durch Anwendung des Modells "Projekt" ergibt, wenn das Projekt in der kürzestmöglichen Zeit $T = 22$ ZE durchgeführt werden soll. Für dieses sehr kleine Problem erhält man die optimale Lösung durch ein Programm zur gemischt-ganzzahligen linearen Optimierung auf einem PC bereits nach wenigen Sekunden. In der Lösung sind die Binärvariablen x_{113}, x_{219}, x_{329}, $x_{42,11}$, $x_{52,20}$, $x_{61,19}$ und $x_{71,22}$ gleich 1. Nach ihr wird z.B. der Vorgang 7 von Maschine 1 in der Periode 22 beendet.

Der Einsatz der schnellen und teuren Maschine wird in Abbildung 7-9 durch die durchgezogene Linie, der langsameren und billigeren Maschine durch die unterbrochene Linie dargestellt. Man erkennt, daß erwartungsgemäß für die Vorgänge auf dem kritischen Pfad die erste Maschine eingesetzt wird. Für die nichtkritischen Vorgänge 3, 4 und 5 kann bzw. muß dagegen die langsamere und billigere Maschine eingesetzt werden. Zu jedem Zeitpunkt wird jeder Maschine lediglich ein Vorgang zugewiesen, die Lösung ist also im Hinblick auf die beschränkten Ressourcen - die Maschinen - zulässig. Es wäre auch denkbar, den Vorgang 4 durch die Maschine 1 durchführen zu lassen. Dies würde jedoch zu höheren Kosten führen, ohne daß sich eine kürzere Projektdauer ergäbe. Daher kann es nicht Bestandteil der optimalen Lösung sein.

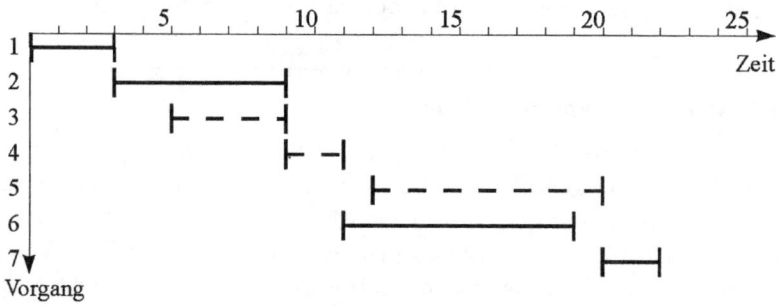

Abb. 7-9: Gantt-Diagramm der optimalen Lösung für T = 22 ZE

Steht für das Projekt mehr Zeit zur Verfügung, so läßt es sich zu niedrigeren Kosten durchführen, da häufiger die langsamere und billigere Ressource eingesetzt werden kann. Löst man das Modell für eine maximale Projektdauer von 24 ZE, so erhält man den in Abbildung 7-10 dargestellten Plan.

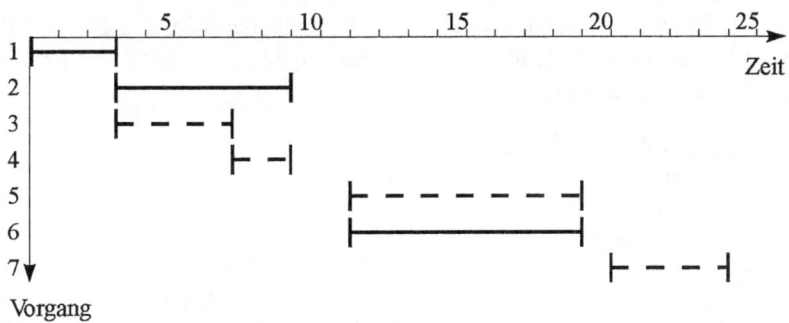

Abb. 7-10: Gantt-Diagramm der optimalen Lösung für T = 24 ZE

Der Vergleich beider Lösungen zeigt zum einen, daß nun auch der Vorgang 7 von der billige-ren und langsameren Maschine 2 übernommen wird. Er dauert jetzt 4 ZE. Zum anderen fällt auf, daß die Vorgänge 3, 4 und 5 zu anderen Zeiten beginnen als in der ersten Lösung von Ab-bildung 7-9. Bei diesen Vorgängen treten trotz des Einsatzes der langsameren Maschine 2 wei-ter Pufferzeiten auf. Dies führt bei dieser Lösung zu anderen Start- und Endterminen. Es exis-tieren also mehrere optimale Lösungen.

In Abbildung 7-11 wird dargestellt, wie sich eine schrittweise Verlängerung der zulässigen Pro-jektdauer auf die Kosten auswirkt. Dabei werden die jeweiligen Kosten in Prozent der Kosten bei minimaler Projektdauer angegeben. Man erkennt in dieser Grafik, daß nicht jede Verlänge-rung der Projektdauer zu einer Kostenverringerung führt. Im Hinblick auf das Erfolgsziel ist es in diesem Fall gleichgültig, ob das Projekt 25 ZE oder 26 ZE dauert. Erst bei einer Verlänge-rung der Projektdauer auf 27 ZE sinken die Kosten erneut.

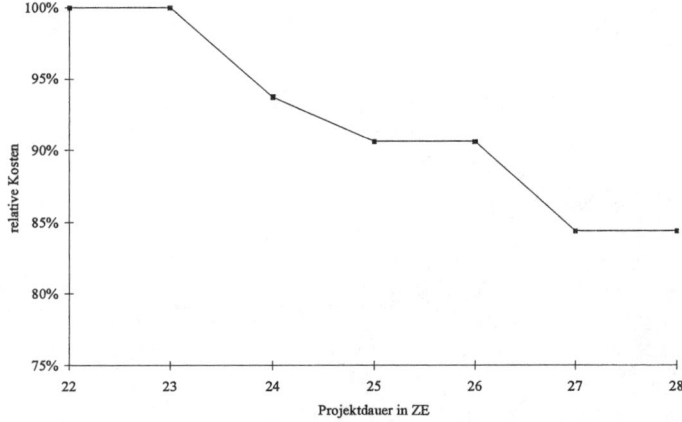

Abb. 7-11: Relative Kosten der optimalen Lösung in Abhängigkeit von der Projektdauer

Die Anzahl der Entscheidungsvariablen sowie Nebenbedingungen und damit auch der Rechen-aufwand werden bei Anwendung des Modells "Projekt" sehr schnell zu groß für den Einsatz allgemeiner Optimierungssoftware. Berücksichtigt man den hohen Detaillierungsgrad und die große Zahl an Vorgängen bei realen Projekten, so wird verständlich, daß für die Lösung dieses und ähnlicher Modelle eine Vielzahl von problemspezifischen exakten und heuristischen Lösungsverfahren entwickelt worden ist[10].

---

[10] Zu einem Überblick über derartige Verfahren vgl. Drexl (1990b), S. 98 ff.

8 Entscheidungsmodelle und Lösungsverfahren der Transport- und Tourenplanung

8.1 Ziele und Rahmenbedingungen der Transport- und Tourenplanung

Gegenstand der Transport- und Tourenplanung ist die Gestaltung von *räumlichen Transformationsprozessen*. Diese Prozesse können sich auf Personen und Sachgüter beziehen. Im Vordergrund der Betrachtung steht im folgenden der Transport von Sachgütern. Auf der **strategischen** Ebene bestehen enge Beziehungen zwischen der Transport- und der Standortplanung. Ferner sind hier Fragen der vertikalen Integration von Transportaufgaben zu klären. Aus Sicht der Ablauforganisation stellen diese Entscheidungen Daten dar, die Rahmenbedingungen für die **taktisch-operative** Transportplanung bilden. Innerhalb der operativen Transport- und Tourenplanung ist darüber zu entscheiden, welche Güter zu welchem **Zeitpunkt** auf welchen **Wegen** mit welchen Transport**mitteln** von einem Ort zu einem anderen gebracht werden.

In den Entscheidungsmodellen der Transport- und Tourenplanung werden sowohl erfolgszielorientierte **Zielgrößen** wie die Minimierung von Transportkosten als auch auftrags- oder arbeitsträgerorientierte Ersatzziele wie die Minimierung der Dauer einer Rundreise zugrundegelegt, die sich als Belegungszeit des Arbeitsträgers "Transportmittel" interpretieren läßt.

Die **Rahmenbedingungen** der Transportplanung bestehen zum einen aus den Mengen an Gütern, die sich zu einem bestimmten Zeitpunkt an einem Ort befinden und an einem anderen benötigt werden. Zum Transport sind Transportmittel einzusetzen, deren Verfügbarkeit beschränkt sein kann. Mit dem Einsatz der Transportmittel sind u.U. spezifische Kosten verbunden. Diese Transportmittel können auf Wegen verkehren, die möglicherweise selbst durch Kapazitätsbeschränkungen und spezifische Kosten gekennzeichnet sind. Ferner müssen in mehrstufigen Transportprozessen vielfach Umschlageinrichtungen genutzt werden.

8.2 Grundmodell der Transportplanung

8.2.1 Formale Abbildung der Transportplanung durch ein Entscheidungsmodell

Im "klassischen" Grundmodell der Transportplanung geht man von den folgenden Annahmen aus:

- An einer Reihe von Angebotsorten ist ein Gut in unterschiedlichen Mengen vorhanden.
- An einer anderen Reihe von Nachfrageorten wird dieses Gut in unterschiedlichen Mengen benötigt.
- Die Summe der angebotenen und nachgefragten Mengen ist identisch.
- Von jedem Angebotsort kann jeder Nachfrageort zu spezifischen Kosten beliefert werden.
- Gesucht ist eine Kombination von Transportmengen, die zu minimalen Transportkosten führt.

Diese Entscheidungssituation läßt sich formal durch folgendes Modell kennzeichnen:

Modell Transport

$$Min \ Z = \sum_{i=1}^{I} \sum_{j=1}^{J} c_{ij} \cdot x_{ij} \tag{8-1}$$

u.B.d.R.

$$\sum_{j=1}^{J} x_{ij} = A_i \qquad\qquad \forall i \tag{8-2}$$

$$\sum_{i=1}^{I} x_{ij} = N_j \qquad\qquad \forall j \tag{8-3}$$

$$x_{ij} \geq 0 \qquad\qquad \forall i,j \tag{8-4}$$

Indizes und Parameter

A_i angebotene Menge an Ort i

$i=1,...,I$

$j=1,...,J$ Indizes der Orte

N_j nachgefragte Menge an Ort j

c_{ij} Kosten des Transports einer Einheit des Gutes vom Ort i zum Ort j

Entscheidungsvariablen

x_{ij} transportierte Menge des Gutes vom Ort i zum Ort j

In der Zielfunktion (8-1) wird gefordert, daß die Summe der Transportkosten minimal wird. Die Gleichung (8-2) besagt, daß für jeden Angebotsort i die Summe der zu allen Orten j transportierten Mengen gleich der am Ort i vorhandenen Menge sein muß. Entsprechend fordert Nebenbedingung (8-3) für jeden Nachfrageort j, daß die Summe aller zu ihm transportierten Mengen genau die dort benötigte Menge ergibt. Ferner können die Transportmengen gemäß (8-4) nicht negativ sein.

Das Modell "Transport" gibt eine sehr einfache Entscheidungssituation wieder. Häufig werden bei Transportprozessen mehrere unterschiedliche Güter gemeinsam transportiert. Die Transportkapazitäten können beschränkt sein. Ferner können neben den transportmengenproportionalen auch transportmengenfixe Kosten auftreten. Dennoch ist das Modell wichtig, da es den konzeptionellen Ausgangspunkt für komplexere Modelle liefert und seine Lösungsverfahren die Bausteine für Verfahren darstellen, mit denen man kompliziertere Modelle löst.

In vielen Fällen läßt sich kommerziell verfügbare Standardsoftware unmittelbar zur Lösung einsetzen. Der Rechenaufwand ist vergleichsweise gering. Das Problem gehört zur Klasse der Netzwerkflußprobleme und besitzt eine Struktur der Koeffizientenmatrix, die den Einsatz problemspezifischer Verfahren gestattet. Die Struktur läßt sich an einem **Beispiel** mit drei Angebotsorten $i=1,...,3$ und vier Nachfrageorten $j=1,...,4$ verdeutlichen. An den Angebotsorten liegen 20, 25 und 21 ME des Gutes vor. An den Nachfrageorten werden 15, 17, 22, und 12 ME benötigt. Die Transportkostensätze c_{ij} für den Transport einer Einheit vom Ort i zum Ort j sind in Tabelle 8-1 angegeben.

$i\backslash j$	1	2	3	4
1	6	2	6	7
2	4	9	5	3
3	8	8	1	6

Tab. 8-1: Transportkostensätze c_{ij} in GE je ME

x_{11}	x_{12}	x_{13}	x_{14}	x_{21}	x_{22}	x_{23}	x_{24}	x_{31}	x_{32}	x_{33}	x_{34}	RS
1	1	1	1									20
				1	1	1	1					25
								1	1	1	1	21
1				1				1				15
	1				1				1			17
		1				1				1		22
			1				1				1	12

Tab. 8-2: Tableau der Nebenbedingungen (8-2) und (8-3)

In dem Tableau der Nebenbedingungen (8-2) und (8-3) gemäß Tabelle 8-2 erkennt man die sehr einfache Koeffizientenstruktur. Auf der rechten Seite des Tableaus sind jeweils die Angebots- bzw. Nachfragemengen angegeben. Im folgenden werden anhand dieses Beispiels mehrere heuristische sowie ein exaktes Verfahren zur Lösung des Transportproblems dargestellt[1].

8.2.2 Heuristische Lösung durch die Nord-West-Ecken-Regel

Die sogenannte "Nord-West-Ecken-Regel" führt zu einer zulässigen **Ausgangslösung**. In diesem Verfahren werden lediglich die Nebenbedingungen betrachtet, die Zielfunktion bleibt völlig außer acht. Das Verfahren ist schnell und einfach, es kann jedoch zu beliebig schlechten Lösungen führen. Die grundsätzliche Idee besteht darin, nacheinander in aufsteigender Folge alle Angebots- und Nachfrageorte zu betrachten und die noch nicht zugeordneten Angebotsmengen der noch nicht befriedigten Nachfrage zuzuordnen.

---

[1] Zum Überblick vgl. Domschke (1995).

Beispiel zur Anwendung der Nord-West-Ecken-Regel

$i\backslash j$	1	2	3	4	A_i
1	15	5			20
2		12	13		25
3			9	12	21
N_j	15	17	22	12	

Tab. 8-3:   Transportmengen x_{ij} bei Anwendung der Nord-West-Ecken-Regel

Die 20 ME am Angebotsort i=1 reichen aus, um in der Tabelle 8-3 die Nachfrage N_1 vollständig und N_2 mit 5 ME teilweise zu befriedigen. Der restliche Bedarf N_2 wird vom Angebotsort
i=2 befriedigt, der auch noch 13 ME an den Nachfrageort j=3 liefern kann. Dessen restlicher
Bedarf sowie der vollständige Bedarf von Nachfrageort j=4 wird durch Angebotsort i=3 befriedigt. Die Kosten dieser Lösung betragen 354 GE.

An diesem Beispiel erkennt man, daß es relativ leicht ist, eine zulässige Lösung für das Problem zu ermitteln. Anschließend kann man diese systematisch verbessern. Da die Nord-West-
Ecken-Regel eine erste zulässige Lösung ermittelt, gehört sie ebenso wie die im folgenden dargestellte "Vogel'sche Approximationsmethode" zu der Gruppe der sogenannten "Eröffnungs-
verfahren".

8.2.3   Heuristische Lösung durch die Vogel'sche Approximationsmethode

Die Vogel'sche Approximationsmethode berücksichtigt die Unterschiede der Kostensätze und
führt daher in der Regel zu besseren Lösungen als die Nord-West-Ecken-Regel. Die Methode
betrachtet bei der Wahl der jeweils als nächstes zu verbindenden Angebots- und Nachfrageorte
die **Kostendifferenzen** der Lieferbeziehungen. Dazu wird für jeden Angebotsort der am günstigsten und der am zweitgünstigsten zu beliefernde Nachfrageort ermittelt. Die *Differenz* zwischen dem günstigsten und dem zweitgünstigsten Kostensatz wird dem betreffenden Angebotsort zugeordnet. Entsprechend geht man für die Nachfrageorte vor. Wenn bei einem Angebotsort die Kostendifferenz dz_i zwischen dem günstigsten und dem zweitgünstigsten Nachfrageort
i vergleichsweise hoch ist, würde man es sehr "**stark bedauern**", bei diesem Angebotsort nicht
die günstigste Transportbeziehung nutzen zu können. Aufgrund der hohen Kostendifferenz
müßte dann ein relativ teurer ("zweitgünstigster") Transport durchgeführt werden. Die grundsätzliche Idee besteht darin, die Transportmengen schrittweise so festzulegen, daß man in bezug auf den jeweils *nächsten* Schritt nur das "minimal erforderliche Bedauern" hervorruft. Dazu betrachtet man in jedem Stadium des Lösungsprozesses sowohl aus der Sicht der Nachfrageorte als auch aus der Sicht der Angebotsorte alle (dann noch) möglichen Transportbeziehungen und ermittelt jeweils die korrespondierenden Kostendifferenzen. Die Lieferbeziehung mit
der maximalen Kostendifferenz wird so stark wie möglich genutzt. Sind das Angebot oder die
Nachfrage eines Ortes ausgeschöpft, so wird dieser Ort gesperrt.

Beispiel zur Anwendung der Vogel'schen Approximationsmethode

Betrachtet wird wieder das Beispiel von S. 256. Das Verfahren läuft hier in vier Iterationen ab, die in Abbildung 8-1 und Tabelle 8-4 dargestellt sind.

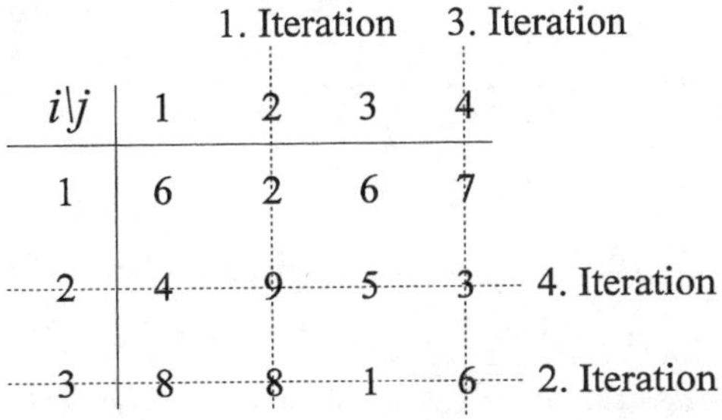

Abb. 8-1: Markierung der Kostenmatrix während des Lösungsprozesses

Zunächst werden in der Iteration 1 die maximalen Kostendifferenzen dz_i bzw. ds_j für alle Angebots- und Nachfrageorte i bzw. j ermittelt. Aus Sicht des Angebotsortes 1 treten die niedrigsten Kosten von 2 GE/ME auf, wenn der Nachfrageort 2 beliefert wird. Die zweitniedrigsten Kosten von 6 GE/ME werden bei Belieferung der Nachfrageorte 1 oder 3 erreicht. Die Differenz dz_1 beträgt in der ersten Iteration 4 GE/ME und wird im oberen rechten Bereich von Tabelle 8-4 notiert. Auf entsprechende Weise werden für alle (zunächst noch nicht gesperrten) Angebots- und Nachfrageorte die maximalen Differenzen dz_i und ds_j für diese Iteration ermittelt und in Tabelle 8-4 eingetragen. Die jeweils höchsten Kostendifferenzen einer Iteration werden unterstrichen. Die höchste Kostendifferenz $ds_2=6$ GE/ME erhält man in der ersten Iteration für den Nachfrageort 2. Dieser kann am günstigsten vom Angebotsort 1 beliefert werden. Also setzt man $x_{12}:=17$, den maximal möglichen Wert, und paßt das verbliebene Angebot am Angebotsort 1 an. Der Nachfrageort 2 ist nun vollständig beliefert, er muß daher gesperrt werden. Dies wird in der Kostenmatrix in Abbildung 8-1 durch die unterbrochen gezeichnete Linie und in Tabelle 8-4 durch das Symbol "☺" angedeutet.

Nun müssen die verbleibenden Angebots- und Nachfragemengen berechnet und die Kostendifferenzen aktualisiert werden. Nach der ersten Iteration beträgt das noch nicht eingeplante Angebot A_1 von Ort i=1 noch 3 ME, die Angebote der Orte 2 und 3 sind ebenso wie ihre Kostendifferenzen dz_2 und dz_3 unverändert. Da der Nachfrageort j=2 jetzt gesperrt ist, beträgt die Kostendifferenz dz_1 der zweiten Iteration nur noch 1 GE/ME.

i\j	1	2	3	4	A_i in Iteration 1	2	3	4	dz_i in Iteration 1	2	3	4
1	2	17	1		20	3	3	3	4	0	1	0
2	13			12	25	25	25	13	1	1	1	1
3			21		21	21	0	0	5	<u>5</u>	☺	

	i\j	1	2	3	4
N_j	1	15	17	22	12
in	2	15	0	22	12
It.	3	15	0	1	12
	4	2	0	1	0
ds_j	1	2	<u>6</u>	4	3
in	2	2	☺	4	3
It.	3	2		1	<u>4</u>
	4	<u>2</u>		1	☺

1. Iter.: $x_{12}:=17, j=2$ sperren

2. Iter.: $x_{33}:=21, i=3$ sperren

3. Iter.: $x_{24}:=12, j=4$ sperren

4. Iter.: $x_{21}:=13, i=2$ sperren

Schluß: $x_{11}:=2$ u. $x_{13}:=1$

Tab. 8-4: Rechengang der Vogel'schen Approximationsmethode

Nach der vierten Iteration sind lediglich am Angebotsort 1 noch 3 ME vorhanden. Sie werden den Nachfrageorten 1 und 3 zugeordnet. Die Kosten dieser Lösung betragen 161 GE. Sie ist damit erheblich "besser" als die Lösung, die man durch Anwendung der Nord-West-Ecken-Regel erhält.

8.2.4 Exakte Lösung durch die Transportmethode

Die bisher dargestellten heuristischen Verfahren zur Lösung des Transportproblems führen u.U. lediglich auf suboptimale Lösungen. Eine optimale Lösung kann durch den (allgemeinen) Simplex-Algorithmus der linearen Programmierung bestimmt werden. Im folgenden wird die sogenannte *Transportmethode* dargestellt, in der man statt dessen die spezielle Struktur des Problems ausnutzt und so den Rechenaufwand reduziert. Wie im Simplex-Algorithmus ändert man dabei eine gegebene Lösung schrittweise ab, solange sich der Zielfunktionswert verbessert. Die Lösung wird verändert, indem man eine bislang nicht eingeplante Transportverbindung x_{ij} einsetzt und gleichzeitig eine andere, bislang eingeplante Verbindung aufgibt. Das Verfahren besteht aus den folgenden Schritten:

1. Bestimme eine zulässige *Ausgangslösung*.

2. Ermittle die *Opportunitätskosten* der gegenwärtig nicht genutzten Transportverbindungen.

3. Wenn die Opportunitätskosten aller gegenwärtig nicht genutzten Transportverbindungen positiv sind, dann gehe zu Schritt 6.

4. Ermittle aus den gegenwärtig nicht genutzten Transportverbindungen diejenige mit den geringsten (negativen) Opportunitätskosten.

5. Plane auf dieser Transportverbindung eine Menge ein, die so groß ist, daß eine bislang eingesetzte Verbindung nicht mehr benötigt wird. Passe die anderen Transportmengen an und gehe zu Schritt 2.

6. Die gegenwärtige Lösung ist optimal. Ende des Verfahrens.

Der Kern des Verfahrens sind die Bestimmung der Opportunitätskosten in Schritt 3 und die Ermittlung der Transportverbindung, die im Schritt 5 aus der gegenwärtigen Lösung entfernt wird. Die einzelnen Schritte werden im folgenden am Beispiel erläutert.

Beispiel zur optimalen Lösung des Transportproblems

Ausgangspunkt des Verfahrens ist eine zulässige Lösung des Problems, wie sie z.B. mit der Nord-West-Ecken-Regel oder der Vogel'schen Approximationsmethode ermittelt werden kann. In dem bislang betrachteten Problem hatte die Nord-West-Ecken-Regel auf die in Abbildung 8-2 dargestellte Lösung geführt.

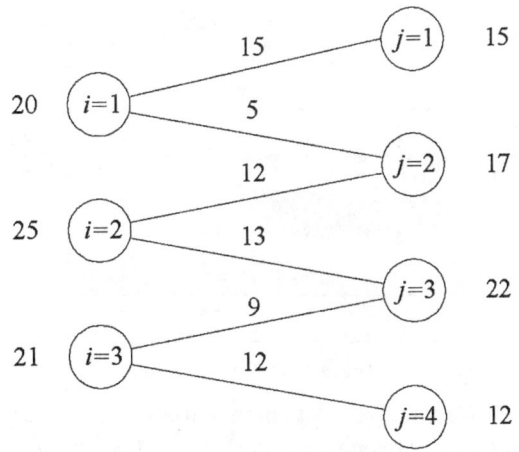

Abb. 8-2: Ausgangslösung nach der Nord-West-Ecken-Regel

Wenn man nun eine Transportmenge Δ von dem Angebotsort $i=2$ zu dem Nachfrageort $j=1$ einplanen würde, so könnte diese Menge Δ nicht mehr vom Angebotsort 2 zu den Nachfrageorten 2 bzw. 3 transportiert werden. Andererseits würden am Nachfrageort 1 genau Δ ME zuviel angeliefert. Die bisherige Planung muß also teilweise angepaßt werden. In der Abbildung 8-3 erkennt man, daß eine Lieferung $x_{21} = \Delta$ dazu führt, daß die bislang eingeplanten Transportmengen $x_{11}=15$ und $x_{22}=12$ um die Menge Δ gekürzt werden müssen und daß gleichzeitig die Transportmenge $x_{12}=5$ um Δ vergrößert werden muß. Die Veränderung der Transportmengen in dem Transporttableau ist ebenfalls abgebildet. Man erkennt in dem Transporttableau, daß jeder Eintrag einer Änderung Δ in einer Zelle des Transporttableaus sowohl mit einem weiteren Eintrag in derselben Zeile als auch einem in derselben Spalte verbunden ist. Die veränderten Zellen lassen sich in dem Transporttableau daher zu einem "kreisähnlichen" Gebilde verbinden. Im vorliegenden Fall wird der Kreis in dem Transporttableau gebildet durch die Verbindung der Zellen (2,1), (1,1), (1,2), und (2,2). Diese Zellen sind im Transporttableau schraffiert dargestellt.

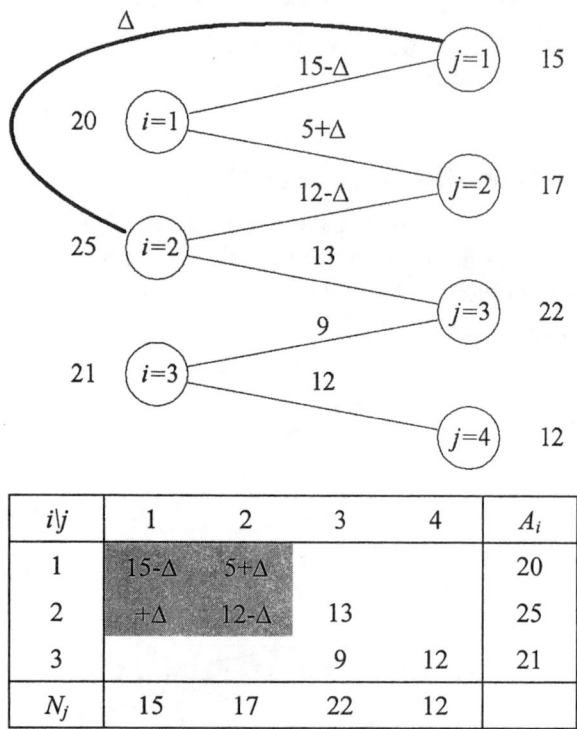

$i \backslash j$	1	2	3	4	A_i
1	$15-\Delta$	$5+\Delta$			20
2	$+\Delta$	$12-\Delta$	13		25
3			9	12	21
N_j	15	17	22	12	

Abb. 8-3: Veränderung bei Transport von Angebotsort 2 zu Nachfrageort 1

Wenn es sinnvoll ist, den Nachfrageort 1 vom Angebotsort 2 zu versorgen, so stellt sich die Frage, wie groß die Menge x_{21} *maximal* sein darf. Nimmt x_{21} im Transporttableau der Abbildung 8-3 den Wert 12 an, dann entfällt der bisherige Transport vom Angebotsort 2 zum Nachfrageort 2 und die Variable x_{22} erhält den Wert Null. Diese neue Lösung wird in Abbildung 8-4 dargestellt. Die Anzahl der genutzten Transportverbindungen hat sich gegenüber der Ausgangslösung nicht verändert. Will man die maximale Transportmenge Δ_{max} auf der "neuen" Transportverbindung ermitteln, so muß man in dem Transporttableau den "Kreis" aller betroffenen Zellen betrachten und diejenige Zelle ermitteln, die zuerst den Wert Null erreicht, wenn man Δ erhöht.

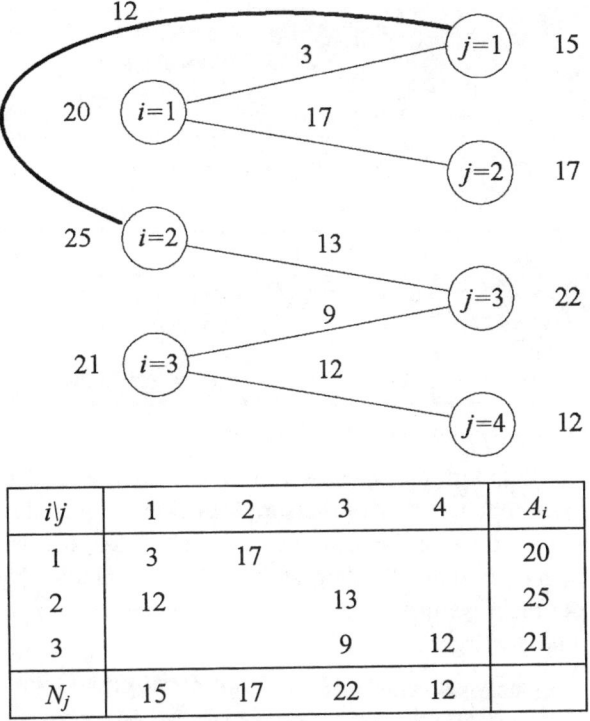

$i\backslash j$	1	2	3	4	A_i
1	3	17			20
2	12		13		25
3			9	12	21
N_j	15	17	22	12	

Abb. 8-4: Neue Lösung mit Transport von Angebotsort 2 zu Nachfrageort 1

Bei der Berechnung der Opportunitätskosten $\underline{c}_{21}$ der neuen Verbindung orientiert man sich ebenfalls an dem Kreis der veränderten Zellen im Transporttableau. Sie betragen $\underline{c}_{21} = c_{21} - c_{11} + c_{12} - c_{22}$. Für jede ME, die vom Angebotsort 2 zum Nachfrageort 1 transportiert wird, fallen die direkten Kosten c_{21} an. Außerdem muß zu Kosten von c_{12} eine weitere ME vom Angebotsort 1 zum Nachfrageort 2 transportiert werden. Es entfallen jedoch die Kosten c_{11} und c_{22}. Die Opportunitätskosten entlang des Kreises im Transporttableau betragen damit $\underline{c}_{21} = (4-6+2-9)$ GE/ME = - 9 GE/ME. Man spart also 9 GE, wenn man eine ME auf der "neuen" Transportverbindung einplant. Entsprechend kann man für alle nicht genutzten Transportverbindungen die Opportunitätskostensätze bestimmen. Sie sind in Tab. 8-5 zusammengefaßt. Die Kostensätze der gegenwärtig eingesetzten Verbindungen sind schattiert dargestellt. Am Beispiel des Opportunitätskostensatzes $\underline{c}_{31} = -1$ erkennt man, daß der "Kreis" mit den Zellen (3,1), (1,1), (1,2), (2,2), (2,3) und (3,3) hier *mehr* als vier Zellen umfaßt.

i/j	1	2	3	4
1	6	2	6-5+9-2=8	7-6+1-5+9-2= 4
2	4-6+2-9= -9	9	5	3-6+1-5= -7
3	8-6+2-9+5-1=-1	8-9+5-1=3	1	6

Tab. 8-5: Berechnung der Opportunitätskostensätze für die Ausgangslösung

i/j	1	2	3	4
1	6	2	6-5+4-6= -1	7-6+1-5+4-6=-5
2	4	9-4+6-2= 9	5	3-6+1-5= -7
3	8-4+5-1= 8	8-2+6-4+5-1=12	1	6

Tab. 8-6: Berechnung der Opportunitätskostensätze nach der ersten Iteration

Die kleinsten (negativen) Opportunitätskosten von -9 GE/ME treten für die bereits in Abbildung 8-3 betrachtete Verbindung von Angebotsort 2 zu Nachfrageort 1 auf. Es ist daher ökonomisch sinnvoll, auf diesem Weg die maximal mögliche Menge von 12 ME einzuplanen. Daraus ergibt sich das in Abbildung 8-4 dargestellte Transporttableau. Nun müssen erneut die Opportunitätskosten der nicht genutzten Verbindungen berechnet werden. Die Tabelle 8-6 enthält den Rechengang und die Ergebnisse.

Die geringsten Opportunitätskosten entstehen jetzt mit -7 GE/ME für die Verbindung vom Angebotsort 2 zum Nachfrageort 4. In dem Tableau der Abbildung 8-4 kann man ablesen, daß sich hier maximal 12 ME einplanen lassen, da dann der Transport vom Angebotsort 3 zum Nachfrageort 4 entfällt. Man erhält die Transportmengen in Tabelle 8-7 und die Opportunitätskostensätze in Tabelle 8-8.

i\j	1	2	3	4	A_i
1	3	17			20
2	12		1	12	25
3			21		21
N_j	15	17	22	12	

Tab. 8-7: Transporttableau nach der zweiten Iteration

i/j	1	2	3	4
1	6	2	6-5+4-6= -1	7-3+4-6=2
2	4	9-4+6-2= 9	5	3
3	8-4+5-1= 8	8-2+6-4+5-1=12	1	6-1+5-3=7

Tab. 8-8: Berechnung der Opportunitätskostensätze nach der zweiten Iteration

Nach der zweiten Iteration des Verfahrens können nur noch auf der Verbindung vom Angebotsort 1 zum Nachfrageort 3 Einsparungen von einer GE/ME realisiert werden. Hier kann gemäß Tabelle 8-7 maximal eine Transportmenge von 1 ME eingeplant werden, da dann der Transport vom Angebotsort 2 zum Nachfrageort 3 entfällt. Man erhält das Transporttableau in Tabelle 8-9 und die Opportunitätskosten der nicht genutzten Verbindungen in Tabelle 8-10.

$i\backslash j$	1	2	3	4	A_i
1	2	17	1		20
2	13			12	25
3			21		21
N_j	15	17	22	12	

Tab. 8-9: Transporttableau nach der dritten Iteration

i/j	1	2	3	4
1	6	2	6	7-3+4-6= 2
2	4	9-4+6-2= 9	5-4+6-6= 1	3
3	8-6+6-1= 7	8-2+6-1= 11	1	6-1+6-6+4-3= 6

Tab. 8-10: Berechnung der Opportunitätskostensätze nach der dritten Iteration

Es zeigt sich in Tabelle 8-10, daß nun alle Opportunitätskosten der nicht genutzten Verbindungen positiv sind. D.h., daß keine der gegenwärtig nicht genutzten Transportverbindungen zu geringeren Kosten führen kann. Damit ist die Lösung in Tabelle 8-9 optimal. In diesem Fall führt die Transportmethode zum gleichen Ergebnis wie die Vogel'sche Approximationsmethode[2].

Zur Berechnung der Opportunitätskostensätze kann man mit der sogenannten MODI-Methode (modifizierten Distributionsmethode) ein alternatives Verfahren einsetzen, das auf den mathematischen Eigenschaften von optimalen Lösungen linearer Programme aufbaut und stärker den

---

[2] Siehe Tabelle 8-4.

Zusammenhang zu der Simplex-Methode deutlich macht[3]. Da die Berechnung der Opportunitätskostensätze entlang des "Kreises" der veränderten Zellen im Transporttableau vergleichsweise anschaulich ist, wird hier auf die Darstellung der MODI-Methode verzichtet.

8.3 Planung von Rundreisen

In Distributionsprozessen müssen häufig von einem Ort aus mehrere andere Orte in einer einzelnen Rundreise angesteuert werden, die wieder am Ausgangsort endet. Es stellt sich die Frage, in welcher Reihenfolge man die einzelnen Zielorte beliefert, so daß die Gesamtlänge bzw. -dauer oder die Kosten der Rundreise minimiert werden. Dabei können Nebenbedingungen auftreten, welche die Lösung des Problems erschweren. So können die Kunden u.U. "Zeitfenster" vorgeben, innerhalb derer die Lieferung erfolgen muß. Ferner können die Fahrtzeiten oder -kosten z.B. aufgrund temporärer Überlastungen des Verkehrsnetzes zeitabhängig sein.

8.3.1 Formale Abbildung durch ein Entscheidungsmodell

Im einfachsten Fall handelt es sich um eine Situation, die man als klassisches "**Problem des Handlungsreisenden**" (Travelling Salesman Problem, TSP) bezeichnet[4]:

- Gegeben sind I Orte und die Entfernungen zwischen allen Paaren von Orten.

- Gesucht ist eine Rundreise minimaler Länge, in der jeder Ort genau einmal angesteuert wird.

Diese Annahmen führen auf das folgende Entscheidungsmodell:

Modell TSP

$$Min \ Z = \sum_{i=1}^{I} \sum_{j=}^{I} c_{ij} \cdot x_{ij} \tag{8-5}$$

u.B.d.R.

$$\sum_{j=1}^{I} x_{ij} = 1 \qquad\qquad \forall i \tag{8-6}$$

$$\sum_{i=1}^{I} x_{ij} = 1 \qquad\qquad \forall j \tag{8-7}$$

$$z_i - z_j + I \cdot x_{ij} \leq I - 1 \qquad\qquad i,j = 2,...,I; i \neq j \tag{8-8}$$

und

$$x_{ii} = 0 \qquad\qquad \forall i \tag{8-9}$$

Indizes und Parameter

c_{ij} Entfernung von Ort i zu Ort j

---

[3]   Vgl. z.B. Taha (1992), S. 202 ff.; Domschke/Drexl (2002), S. 79 ff.; Neumann/Morlock (2002), S. 330 ff.
[4]   Vgl. zum Überblick Domschke (1994) und Laporte (1992a).

$i,j=1,...,I$ Indizes der Orte

Entscheidungsvariablen

x_{ij} gleich 1, falls von Ort i zu Ort j gefahren wird, 0 sonst

z_i reellwertige Hilfsvariable zur Verhinderung von Kurzzyklen

Die Zielfunktion (8-5) fordert, daß die Summe der insgesamt zurückgelegten Entfernungen minimal wird. Die Nebenbedingungen (8-6) stellen sicher, daß jeder Ort i durch die Rundreise genau einmal verlassen werden muß. Aufgrund der Nebenbedingungen (8-7) wird jeder Ort j genau einmal angesteuert. Die Nebenbedingungen (8-8) und (8-9) stellen sicher, daß *genau eine zusammenhängende* Rundreise entsteht. Durch die Ungleichungen (8-8) werden sogenannte **Kurzzyklen verhindert**, die den Ort 1 nicht enthalten. Die Lösung darf nicht in mehrere Einzelzyklen aufgelöst sein, zwischen denen keine Verbindung besteht. Dies wird durch die reellwertigen Hilfsvariablen z_i erreicht. Das Gleichungssystem bewirkt, daß nur solche Rundreisen gebildet werden können, **die den Ort 1 enthalten**. Da außerdem Ort 1 nur einmal angesteuert (8-7) und verlassen (8-6) wird, kann nur eine Rundreise gebildet werden. Die Funktion der Zyklusbedingungen (8-8) läßt sich an folgendem Beispiel mit fünf Orten leicht erkennen. In ihm ist ein (isoliert betrachtet zulässiger[5]) Kurzzyklus mit den Orten 1, 2 und 3 enthalten. Außerdem liegt, wie in Abbildung 8-5 dargestellt, ein unzulässiger Kurzzyklus mit den Orten 4 und 5 vor.

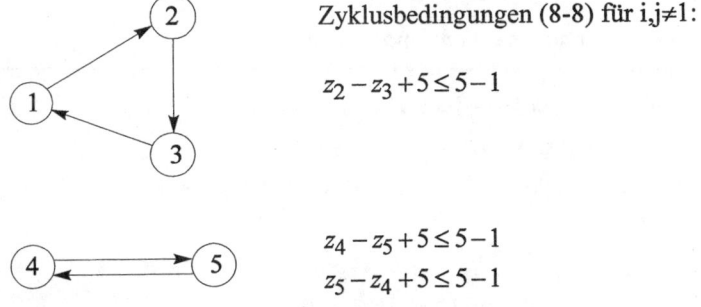

Zyklusbedingungen (8-8) für $i,j \neq 1$:

$$z_2 - z_3 + 5 \leq 5 - 1$$

$$z_4 - z_5 + 5 \leq 5 - 1$$
$$z_5 - z_4 + 5 \leq 5 - 1$$

Abb. 8-5: Wirkung der Nebenbedingungen zum Ausschluß von Kurzzyklen

Die Zyklusbedingungen (8-8) führen für den ersten Zyklus mit den Orten 1, 2 und 3 auf eine einzelne Ungleichung, die in bezug auf die Hilfsvariablen z_2 und z_3 lösbar ist. Für den Kurzzyklus, der die Orte 4 und 5 miteinander verbindet, erhält man dagegen zwei Ungleichungen für die Hilfsvariablen z_4 und z_5. Dieses System von Ungleichungen ist nicht lösbar, d.h. es gibt keine reellwertigen Zahlen z_4 und z_5, die *beiden* Ungleichungen genügen. Daher kann ein solcher Kurzzyklus ohne den Ort 1 nicht in einer Lösung des Entscheidungsmodells TSP enthalten sein. Zulässig sind somit nur solche Zyklen, die den Ort 1 enthalten. Zusätzlich muß berücksichtigt werden, daß die Variablen x_{ii} nicht den Wert 1 annehmen dürfen (8-9). Dazu kann man die korrespondierenden Koeffizienten c_{ii} der Zielfunktion mit einem prohibitiv hohen Wert

---

[5]   Dieser Zyklus ist zulässig, da er den Ort 1 enthält.

versehen, so daß in jeder Lösung stets x_{ii}=0 gilt. In diesem Fall kann man auf die Nebenbedingungen (8-9) verzichten.

Für das Problem des Handlungsreisenden sind nur solche Optimierungsverfahren bekannt, bei denen der Rechenaufwand im allgemeinen exponentiell mit der Problemgröße ansteigt. Daher hat man für dieses Problem eine Reihe von Heuristiken entwickelt, die i.d.R. mit begrenztem Rechenaufwand suboptimale Lösungen liefern. Dieses Modell wurde in Abschnitt 5.3.2 auf die Reihenfolgeplanung an einer Maschine bei reihenfolgeabhängigen Rüstzeiten übertragen. Dort wurde auch die Lösung durch das einfache Verfahren des "besten Nachfolgers" dargestellt.

8.3.2 Heuristische Lösung des Rundreiseproblems durch das Verfahren der sukzessiven Einbeziehung

Bei dem Verfahren der "sukzessiven Einbeziehung" wird die Rundreise durch sukzessive Vergrößerung des Zyklus aufgebaut. Es besteht aus folgenden Schritten:

1. Wähle einen *Start-* und *Zielort*.

2. Bilde einen *Kurzzyklus* durch Einfügen des in der Entfernungsmatrix benachbarten Ortes und ermittle den Entfernungszuwachs für diesen Zyklus.

3. Ermittle den *Zuwachs* der Entfernung für die alternativen Einordnungsmöglichkeiten des *nächsten* Ortes.

4. Wähle die Einordnungsmöglichkeit mit *dem niedrigsten Entfernungszuwachs*. Sind noch nicht alle Orte zugeordnet, gehe zu Schritt 3.

5. Ende des Verfahrens der sukzessiven Einbeziehung.

Beispiel zum Verfahren der sukzessiven Einbeziehung

Sechs Orte sind in einem **Verkehrsnetz** durch *direkte* Wege gemäß Abbildung 8-6 miteinander verbunden. Die Länge der direkten Wege ist dort jeweils angegeben.

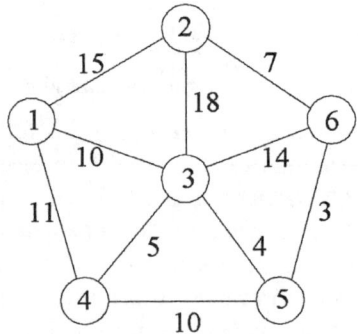

Abb. 8-6: Verkehrswege eines Rundreiseproblems

von \ nach	1	2	3	4	5	6
1	0	15	10	11	14	17
2	15	0	14	19	10	7
3	10	14	0	5	4	7
4	11	19	5	0	9	12
5	14	10	4	9	0	3
6	17	7	7	12	3	0

Tab. 8-11: Matrix der kürzesten Wege zwischen den Orten

Tabelle 8-11 gibt die Länge der jeweils *kürzesten Wege* zwischen *allen* Orten in diesem Verkehrsnetz an. Dabei ist zu berücksichtigen, daß der direkte Weg zwischen zwei Orten nicht immer der kürzeste sein muß. So führt der kürzeste Weg vom Ort 3 zum Ort 6 über den Ort 5. In diesem Beispiel ist die Matrix der kürzesten Wege symmetrisch zur Hauptdiagonalen, da die Länge aller Wege richtungsunabhängig ist.

Anzahl Orte	Zyklus	Entfernungs- zuwachs	Gesamtlänge
2	1-2-1	15+15=30	30
3	**1-3-2-1**	10+14-15=9	39
3	1-2-3-1	14+10-15=9	
4	**1-4-3-2-1**	11+5-10=6	45
4	1-3-4-2-1	5+19-14=10	
4	1-3-2-4-1	19+11-15=15	
5	1-5-4-3-2-1	14+9-11=12	
5	1-4-5-3-2-1	9+4-5=8	
5	**1-4-3-5-2-1**	4+10-14=0	45
5	1-4-3-2-5-1	10+14-15=9	
6	1-6-4-3-5-2-1	17+12-11=18	
6	1-4-6-3-5-2-1	12+7-5=14	
6	1-4-3-6-5-2-1	7+3-4=6	
6	**1-4-3-5-6-2-1**	3+7-10=0	45
6	1-4-3-5-2-6-1	7+17-15=9	

Tab. 8-12: Rechengang beim Verfahren der sukzessiven Einbeziehung

Löst man das Beispiel auf S. 268 mit dem Verfahren der sukzessiven Einbeziehung, so läuft der Rechengang in den in Tabelle 8-12 wiedergegebenen Schritten ab. Der gewählte Kurzzyklus mit minimalem Anstieg der Rundreisenlänge ist jeweils fett markiert. Man erhält eine Rundreise, deren Gesamtlänge 45 Entfernungseinheiten (EE) beträgt. Die Streckenführung ist in Abbildung 8-7 wiedergegeben. Man kann zeigen, daß die Heuristik hier das Optimum gefunden hat.

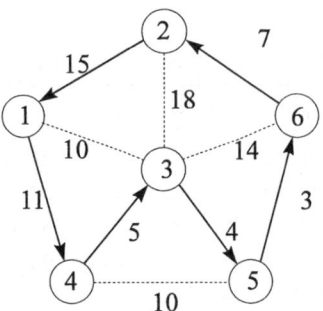

Abb. 8-7:   Rundreise nach dem Verfahren der sukzessiven Einbeziehung

8.3.3   Verbesserung durch das Verfahren der 2-optimalen Vertauschung

Mit den Verfahren des besten Nachfolgers[6] und der sukzessiven Einbeziehung erhält man eine zulässige *Ausgangslösung* für das Modell TSP. Diese wird oft nicht optimal sein. In einer Reihe von heuristischen Lösungsverfahren versucht man daher, Ausgangslösungen systematisch zu *verbessern*. Für die Lösung des TSP haben die sogenannten *r*-optimalen Verfahren eine relativ große Bedeutung erlangt, da sie mit überschaubarem Rechenaufwand i.d.R. vergleichsweise gute Lösungen liefern.

Die Grundidee des 2-optimalen Verfahrens für das TSP besteht darin, bei einer zulässigen Lösung **systematisch Transportverbindungen** zwischen zwei Paaren von Orten derart zu **vertauschen**, daß eine neue Rundreise mit kürzerer Gesamtlänge entsteht. Dieser Prozeß wird fortgesetzt, bis es keine Vertauschung von nur zwei Transportverbindungen mehr gibt, die zu einer Verkürzung der Rundreise führt. Trennt man eine Rundreise an drei Stellen auf und setzt sie zu einer neuen zusammen, so spricht man von einem 3-opt-Verfahren. Der Rechenaufwand und die Lösungsgüte des 3-opt-Verfahrens sind naturgemäß höher als beim 2-opt-Verfahren.

Beispiel zur Lösung des TSP durch das 2-optimale Verfahren

In dem auf S. 268 eingeführten Beispiel führt das Verfahren des besten Nachfolgers[7] auf die in Abbildung 8-8 wiedergegebene Ausgangslösung mit einer Gesamtlänge von 54 EE. Die Lösung ist in der Form eines Sechsecks dargestellt. Man kann diese Rundreise zwischen den Orten 1 und 3 auftrennen und nach einer weiteren Transportverbindung suchen, die sich mit der

---

6   Vgl. Abschnitt 6.3.2.
7   Vgl. die Lösung des Beispiels zur Reihenfolgeplanung bei reihenfolgeabhängigen Rüstzeiten im Abschnitt 6.3.2.

Verbindung zwischen den Orten 1 und 3 derart "über Kreuz" vertauschen läßt, daß eine neue Rundreise entsteht. Dafür kommen hier die Verbindungen zwischen den Orten 4 und 2, zwischen 5 und 6 sowie zwischen 6 und 2 in Betracht. Alle drei Varianten führen auf andere Rundreisen, die ebenfalls in Abbildung 8-8 dargestellt sind.

Berechnet man die Veränderung der Rundreisenlänge, so ergibt sich im Fall 1 eine Verringerung von 10+19-15-5 EE = 9 EE. Die Gesamtlänge der Rundreise beträgt damit im ersten Fall 54-9 EE = 45 EE. Die Vertauschungen der Fälle 2 und 3 führen zu einem Anstieg der Gesamtlänge von 14 bzw. 8 EE. Wenn man alle anderen möglichen 2er Vertauschungen untersucht, so wird man feststellen, daß es für dieses Beispiel keine bessere Lösung als die im Fall 1 dargestellte gibt.

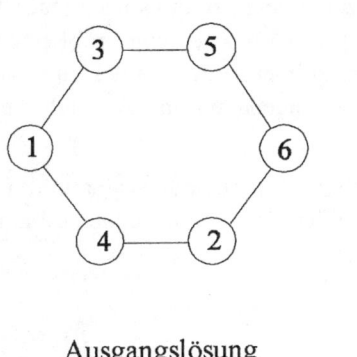

Ausgangslösung

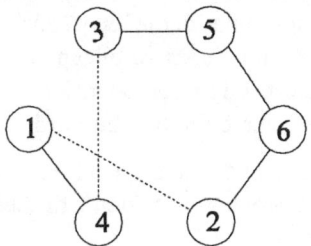

Fall 1

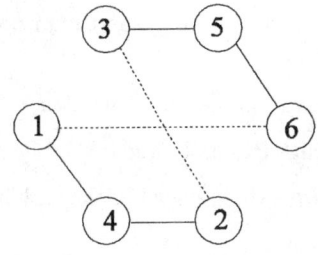

Fall 2

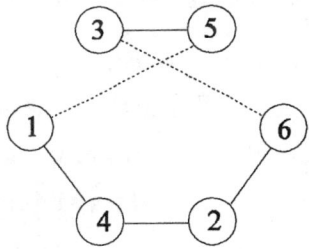

Fall 3

Abb. 8-8: *Beispiele für 2-opt-Vertauschungen zur Verbindung von Ort 1 und 3*

8.4 Planung von Touren

Wie bei der Losgrößen- und der Reihenfolgeplanung muß man auch bei der Planung der räumlichen Transformationsprozesse die Knappheit der eingesetzten Potentialfaktoren berücksichtigen. Will man etwa mehrere Kunden durch Rundreisen beliefern, so müssen häufig **Kapazitätsrestriktionen des Transportmittels**, etwa eines LKW, berücksichtigt werden. In dem Abschnitt zur Planung von Rundreisen wurde angenommen, daß alle zu besuchenden Orte in *einer* Rundreise enthalten sein müssen. In der Realität verhindern es die Kapazitätsrestriktionen der eingesetzten Transportmittel häufig, daß lediglich eine Rundreise gebildet wird. Man hat vielmehr eine Anzahl von **Touren** zu bilden, um die Volumen- oder Gewichtsgrenzen des oder der eingesetzten Fahrzeuge nicht zu überschreiten. Daraus kann folgen, daß ein Fahrzeug zumindest einen Teil seiner Fahrt halbleer oder leer zurücklegt, wenn es nach jeder Tour wieder zu seinem Ausgangspunkt (dem Depot) zurückkehrt. Das Entscheidungsproblem besteht darin, eine Reihe von Touren derart zu bilden, daß jeder Ort in einer der Touren angesteuert wird sowie die Kapazitätsrestriktion des oder der Fahrzeuge eingehalten und zugleich die gesamte Streckenlänge oder Fahrzeit minimiert wird.

Im einfachsten Fall läßt sich eine derartige Entscheidungssituation als Ein-Depot-Tourenplanungsproblem abbilden[8]. In diesen werden drei interdependente Fragestellungen simultan betrachtet:

1. Wieviele Touren sollen gebildet werden?

2. Welcher Ort ist welcher Tour zuzuordnen?

3. In welcher Reihenfolge sind die Orte einer Tour anzusteuern?

Die zweite Fragestellung läßt sich als Zuordnungsproblem[9] betrachten, die dritte enthält das Problem des Handlungsreisenden. Für die formale Modellierung kann man das Modell TSP verallgemeinern, sie kann von den folgenden Annahmen ausgehen:

- Von einem Depot aus, dem Ort 1, müssen die Orte 2 bis *I* beliefert werden.

- Die Ladekapazität des einen vorhandenen Fahrzeugs ist beschränkt.

- Für die Belieferung eines Ortes wird eine bestimmte Menge der Ladekapazität benötigt.

- Die Entfernungen zwischen allen *I* Orten sind bekannt.

- Die Gesamtlänge der zu bildenden Touren soll minimiert werden.

Die Annahmen lassen sich durch das folgende Modell abbilden:

Modell Tour

$$Min\, Z = \sum_{i=1}^{I} \sum_{j=1}^{I} \sum_{m=1}^{M} c_{ij} \cdot x_{ijm} \qquad (8\text{-}10)$$

---

[8] Vgl. hierzu und zum folgenden Tempelmeier (1983), S. 251 ff.; Domschke (1997), S. 211 ff.; Einen Überblick zu exakten und heuristischen Verfahren gibt Laporte (1992b).

[9] Vgl. Abschnitt 4.2.

u.B.d.R.

$$\sum_{i=1}^{I} w_i \cdot y_{im} \leq b \qquad\qquad \forall m \tag{8-11}$$

$$\sum_{j=1}^{I} x_{ijm} = y_{im} \qquad\qquad \forall i, m \tag{8-12}$$

$$\sum_{i=1}^{I} x_{ijm} = y_{jm} \qquad\qquad \forall j, m \tag{8-13}$$

$$\sum_{m=1}^{M} y_{im} = 1 \qquad\qquad i = 2, ..., I \tag{8-14}$$

$$z_i - z_j + I \cdot \sum_{m=1}^{M} x_{ijm} \leq I - 1 \qquad\qquad i, j = 2, ..., I; i \neq j \tag{8-15}$$

$$x_{iim} = 0 \qquad\qquad \forall i, m \tag{8-16}$$

Indizes und Parameter

b Kapazität des Fahrzeugs

c_{ij} Entfernung von Ort i zu Ort j

$i,j=1,...,I$ Indizes der Orte

$m=1,...,M$ Index der Touren

w_i benötigte Kapazität (z.B. Laderaum) des Fahrzeugs für die Belieferung des Ortes i

Entscheidungsvariablen

x_{ijm} gleich 1, falls die Tour m von Ort i zu Ort j fährt, 0 sonst

y_{im} gleich 1, falls Ort i in Tour m enthalten ist, 0 sonst

z_i reellwertige Hilfsvariable zur Verhinderung von Kurzzyklen

Dieses Modell enthält zwei Arten binärer Entscheidungsvariablen und die aus dem Modell TSP[10] bekannten reellwertigen Hilfsvariablen zur Vermeidung von Zyklen, welche den Ort 1 (das Depot) nicht enthalten. In der Zielfunktion (8-10) wird gefordert, daß die Gesamtlänge aller zu bildenden Touren minimiert wird. Dabei setzt man eine maximale Anzahl M von Touren voraus, die z.B. der maximalen Anzahl zu beliefernder Orte entsprechen kann. Die Zuordnung von Orten zu Touren muß die Kapazitätsrestriktion (8-11) des Fahrzeugs berücksichtigen. Falls in der Tour m der Ort i enthalten ist, so kann von dort aus nur ein Ort j angesteuert werden (8-

---

[10] Vgl. S. 266.

12). Entsprechend kann ein Ort j in Tour m nur von einem Ort i aus erreicht werden (8-13). Schließlich muß jeder Ort außer dem Depot genau einer Tour zugeordnet werden (8-14). Das Depot muß *allen* Touren zugeordnet werden. Deren Gesamtzahl ergibt sich erst aus der Lösung des Modells. Es dürfen keine Zyklen gebildet werden, die das Depot (Ort 1) nicht enthalten (8-15). Ein Ort darf nicht von sich selbst aus angesteuert (8-16) werden.

Mit dieser Modellformulierung ist nur die einfachste Variante eines Tourenplanungsproblems abgebildet worden. In der Realität können die Probleme erheblich komplizierter sein. So stehen häufig mehrere verschiedene Fahrzeuge zur Verfügung, die sich z.B. in ihrer Geschwindigkeit und/oder ihren Transportkosten unterscheiden können. Bei der Belieferung der Kunden sind möglicherweise Zeitfenster zu beachten. Die Fahrtzeiten können von der Tageszeit abhängen. Die zu transportierenden Güter sind u.U. nicht am Depot vorhanden, sondern sie müssen an einem Ort abgeholt und an einen anderen geliefert werden. Bestimmte Güter können nur mit bestimmten Fahrzeugen oder nicht gemeinsam transportiert werden. Vielfach sind Fahrzeuge über Funk mit einer Zentrale verbunden. Die Tourenplanung kann dann dynamisch in dem Sinne erfolgen, daß neue Transportaufträge Fahrzeugen zugewiesen werden, die bereits unterwegs sind.

Zur Lösung des Entscheidungsmodells "Tour" steht eine Reihe von Verfahren zur Verfügung. Sie lassen sich danach unterscheiden, ob in ihnen das im Modell enthaltene Zuordnungsproblem und das Rundreiseproblem gleichzeitig oder nacheinander gelöst werden. Im folgenden wird das heuristische "Saving-Verfahren" dargestellt, in dem beide Probleme simultan betrachtet werden.

Der Grundgedanke des "Saving-Verfahrens" besteht darin, zunächst sogenannte "**Pendeltouren**" zu bilden, in denen jeder Ort $2,...,I$ einzeln vom Depot aus angesteuert wird[11]. Damit erhält man zunächst eine zulässige Ausgangslösung. Anschließend prüft man, welche Touren sich durch **Verknüpfung ihrer Endpunkte** zusammenfassen lassen. Dabei muß die Kapazitätsrestriktion des Fahrzeugs berücksichtigt werden. Sofern sich zwei bislang isoliert betrachtete Touren an ihren Endpunkten verbinden lassen, "spart" man je einen Hin- und einen Rückweg. Allerdings kommt nun der Weg zwischen den verknüpften Endpunkten hinzu. In Abbildung 8-9 ist die Ersparnis s_{ij} dargestellt, die man bei Zusammenfassung von zwei Pendeltouren zu den Orten i und j zu einer Tour erhält.

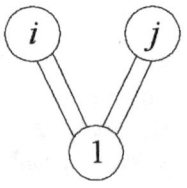 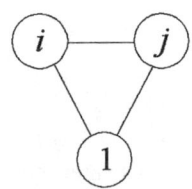

Ersparnis:

$$s_{ij} = c_{i1} + c_{1j} - c_{ij}$$

Pendeltouren   Zusammenfassung

Abb. 8-9: Ersparnis durch Zusammenfassung von Pendeltouren

---

[11] Vgl. Clarke/Whright (1964).

Falls sich mehrere Touren verbinden lassen, kann man zunächst diejenigen mit der maximalen Ersparnis wählen. Das Verfahren ist beendet, sobald man keine Touren mehr zusammenfassen kann, ohne die Kapazitätsgrenze des Fahrzeugs zu überschreiten oder die zu fahrende Strecke zu verlängern. Da zwei Touren immer nur an ihren jeweiligen Endpunkten zusammengefaßt werden können, ergibt sich aus der *Tourenbildung* stets auch eine bestimmte *Routenbildung*, d.h. eine bestimmte Lösung des Rundreiseproblems für die in einer Tour zu beliefernden Orte.

Beispiel zur Anwendung des Saving-Verfahrens

Ausgangspunkt ist erneut das Verkehrsnetz von S. 268 mit den in Abbildung 8-6 und Tabelle 8-11 angegebenen Daten. Von dem Ort 1 aus sind die Orte 2 bis 6 derart durch Touren zu beliefern, daß die Länge der insgesamt zurückgelegten Strecke minimal wird. An jedem Ort wird eine ME des zu transportierenden Gutes benötigt. Zum Transport wird ein LKW eingesetzt, der maximal 4 ME laden kann.

Savingwerte	Rang	1. It.	2. It.	3. It.
s_{23}=15+10-14=11				
s_{24}=15+11-19=7				
s_{25}=15+14-10=19				G
s_{26}=15+17-7=25	2		R	-
s_{34}=10+11-5=16				
s_{35}=10+14-4=20	3			R
s_{36}=10+17-7=20	4			G
s_{45}=11+14-9=16				
s_{46}=11+17-12=16				G
s_{56}=14+17-3=28	1	R		-

Tab. 8-13: Rechenschema zum Savingverfahren

Zunächst bildet man fünf Pendeltouren zu den Orten 2 bis 6, deren Gesamtlänge 134 EE beträgt. Anschließend werden in Tabelle 8-13 alle möglichen Savingwerte errechnet. Faßt man z.B. die Pendeltouren zu den Orten 2 und 3 zusammen, so spart man einen Rückweg von Ort 2 von 15 EE und einen Hinweg zu Ort 3 von 10 EE. Dafür muß man einmal von Ort 2 zu Ort 3 fahren. Auf dem kürzesten Weg über die Orte 6 und 4 sind dazu 14 EE zurückzulegen, so daß man 15+10-14 EE=11 EE spart. Jeder derartigen Zusammenfassung von Pendeltouren kann man entsprechend der Savingwerte einen Rang zuordnen. In Tabelle 8-14 werden in der ersten Iteration die Pendeltouren zu den Orten 5 und 6 miteinander verbunden, da sie zu der höchsten Ersparnis führen.

Für sie trägt man in Tabelle 8-13 in der Zeile des Savingwertes s_{56} und der Spalte der ersten Iteration ein "R" ein, da diese Verbindung mit dem maximalen Savingwert realisiert wird. Auf

Rang zwei steht die Verbindung zwischen den Orten 2 und 6. Da beide Orte am Ende (bzw. Anfang) ihrer jeweiligen Tour liegen, können die Touren verbunden werden. In der dritten Iteration müssen einige Zeilen gesperrt werden ("G"), weil sie Orte betreffen, die nicht mehr am Anfang bzw. Ende einer Tour stehen können. Dies gilt hier für alle Savingwerte, die sich auf den Ort 6 beziehen. Daher werden in der dritten Iteration die Zeilen s_{36} und s_{46} gesperrt. Eine direkte Verbindung zwischen den Orten 2 und 5 kann in der dritten Iteration ebenfalls nicht eingefügt werden. Von den verbleibenden realisierbaren Savingwerten ist der für die Orte 3 und 5 maximal und wird ausgewählt. Damit ist der LKW voll beladen. Da nun nur noch eine weitere Tour verbleibt, in welcher der Ort 4 beliefert wird, ist das Verfahren beendet.

Ausgangs-lösung	1. Iteration	2. Iteration	3. Iteration
1-2-1	1-2-1	1-2-6-5-1	1-2-6-5-3-1
1-3-1	1-3-1	1-3-1	1-4-1
1-4-1	1-4-1	1-4-1	
1-5-1	1-6-5-1		
1-6-1			

Tab. 8-14: Tourenbildung je Iteration

Die Lösung ist in Abbildung 8-10, dargestellt. Sie ist auch die optimale Lösung.

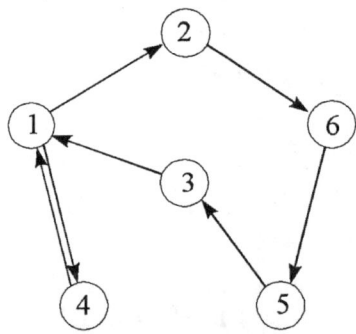

Abb. 8-10: Optimale Lösung

Bei derartig kleinen Problemen kann man diese optimale Lösung mit Standardsoftware zur gemischt-ganzzahligen linearen Optimierung errechnen. Größere Probleme verlangen i.d.R. den Einsatz problemspezifischer Verfahren.

9 Unterstützung der Ablauforganisation durch PPS-Systeme

9.1 Grundstruktur der konventionellen PPS-Systeme

Die Ablauforganisation industrieller Fertigungsprozesse ist in der Praxis üblicherweise in Produktionsplanungs- und -steuerungssysteme (PPS-Systeme)eingebunden. Die Struktur dieser Systeme ist vielfach nicht das Ergebnis einer betriebswirtschaftlich fundierten Analyse der zu lösenden Planungs- und Steuerungsaufgaben, sie hat sich vielmehr durch die Automatisierung früher manuell durchgeführter Schritte der Arbeitsvorbereitung ergeben. Konventionelle PPS-Systeme umfassen üblicherweise die in Abbildung 9-1 wiedergegebenen Komponenten. Ihr Planungskonzept wird in der englischsprachigen Literatur als *"Manufacturing Resource Planning (MRP II)"* bezeichnet[1].

Den Ausgangspunkt bildet i.d.R. eine kurzfristige Produktionsprogrammplanung, in der für einen Planungszeitraum von z.B. 3 Monaten die herzustellenden Endproduktmengen festgelegt werden. Diese Planung des sog. **Primärbedarfs** geht von den Nachfrageerwartungen aus. Durch sie sollte die Nutzung der verfügbaren Kapazitäten auf die übergeordneten Unternehmensziele ausgerichtet werden. Die konventionellen PPS-Systeme bieten jedoch keine derart zielorientierte Entscheidungsunterstützung.

Statt dessen werden im Fall der *kundenauftragsbezogenen Fertigung* lediglich die Auftragsdaten verwaltet. Produziert man für den *anonymen Markt*, so setzt man als kurzfristiges Produktionsprogramm vielfach die prognostizierten maximalen Absatzmengen an oder legt die Endproduktmengen anhand eigener Einschätzung der Nachfrage und Produktdeckungsbeiträge fest. Die ökonomischen Konsequenzen dieser "Planung" können kaum abgeschätzt werden.

---

[1] Für eine umfassende und detaillierte Darstellung mit zahlreichen Praxisbeispielen vgl. Vollmann/Berry/Whybark (1992). Zur Kritik vgl. z.B. Fleischmann (1988) und Drexl et al. (1994).

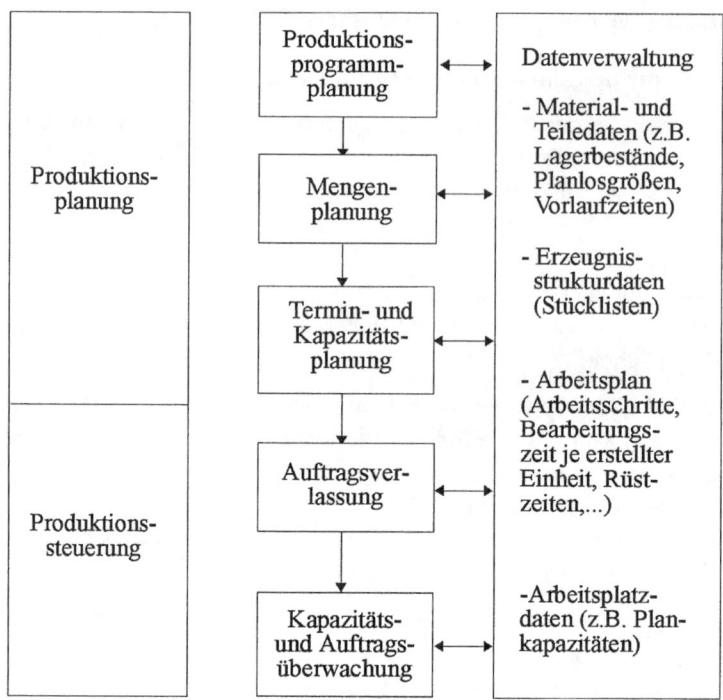

Abb. 9-1: Komponenten von PPS-Systemen

Aus dem Primärbedarf werden in einer **Mengenplanung** die herzustellenden Zwischenprodukte, deren Losgrößen und die bereitzustellenden Roh- und Hilfsstoffe ermittelt. Diese Planung kann mit programm- oder verbrauchsgebundenen Prognoseverfahren[2] vorgenommen werden. Im ersten Fall umfaßt sie eine mehrstufige Materialbedarfs- und Losgrößenplanung. Dazu werden Softwaremodule zur Stücklistenauflösung eingesetzt. Dieser Schritt des *"Material Requirements Planning (MRP)"* bildet den historischen Kern der heutigen PPS-Systeme. In der Materialbedarfsplanung leitet man unter Beachtung der Lagerbestände, Vorbestellungen und Reservierungen den sog. **Sekundärbedarf** her. Zu ihm gehören die Zwischenprodukte sowie die von außen zu beziehenden Roh- und Hilfsstoffe, die man in diesem Zusammenhang auch als Baugruppen bzw. Einzelteile bezeichnet. Über Verfahren der terminierten Bedarfsermittlung erhält man eine zeitliche Zuordnung der Bedarfsmengen z.B. auf einzelne Wochen. Dabei wird unterstellt, daß die Kapazität aller Ressourcen unbeschränkt ist.

In dieser PPS-Komponente geht man davon aus, daß die Bauteile jeweils das Ergebnis mehrerer Arbeitsgänge sind. Ihre Fertigung beansprucht daher verschiedene Ressourcen, ohne daß die Ressourcen bei der Materialbedarfsplanung überhaupt berücksichtigt würden. Die Losgrößen der Zwischen- und Endprodukte müssen außerdem zeitlich und mengenmäßig aufeinander abgestimmt sein. Zur Lösung dieses mehrstufigen Mehrproduktlosgrößenproblems kann man mittlerweile Verfahren heranziehen, denen z.B. das in Kapitel 5.3.2 dargestellte Entschei-

---

2   Vgl. hierzu u.a. Tempelmeier (2002), S. 35-377; Küpper (1993b), S. 221 ff.

dungsmodell zugrundeliegt. In der Praxis werden in der Mengenplanung vor allem einfachste Losgrößenmodelle wie das der "optimalen Losgröße" sowie Verfahren der heuristischen dynamischen Losgrößenplanung ohne Berücksichtigung von Kapazitätsrestriktionen verwendet[3].

Der erste Versuch einer zeitlichen Zuordnung von einzelnen Arbeitsgängen zu Ressourcen erfolgt in der **Termin-** und **Kapazitätsplanung**. Deren Grundlage sind die Bearbeitungszeiten je Stück sowie die Rüstzeiten der Aufträge bzw. Lose, wie sie in den Arbeitsplänen niedergelegt sind. In diesem Teil eines PPS-Systems sollte eigentlich eine grobe Arbeitsverteilung und Reihenfolgeplanung unter Beachtung der verfügbaren Kapazitäten vorgenommen werden, um die Durchlaufzeiten der Aufträge zu bestimmen. Diese Aufgaben werden in konventionellen Systemen kaum unterstützt. Vielmehr versucht man, in der Terminplanung die Start- und Endtermine der Arbeitsgänge unter Verwendung geschätzter Bearbeitungs-, Warte- und Transportzeiten vorläufig festzulegen. Auf diese Weise hofft man, die Durchlaufzeiten der Aufträge abzuschätzen. Dabei wird häufig mit Methoden der Netzplantechnik eine Vorwärts- oder eine Rückwärtsterminierung vorgenommen[4]. Im ersten Fall werden die Lose bzw. Aufträge von einem Startzeitpunkt aus nacheinander eingelastet, während man bei der Rückwärtsterminierung von ihren vorgegebenen Fertigstellungsterminen ausgeht. Der sich so ergebende Kapazitätsbedarf muß dann mit dem vorhandenen Kapazitätsangebot in Übereinstimmung gebracht werden. Hierzu ermittelt man für jede Ressource oder Arbeitsstation zeitliche Belastungsprofile und versucht, durch zeitliche Verschiebung von Arbeitsgängen einen Kapazitätsabgleich vorzunehmen. Die Durchlaufzeiten der Aufträge werden auf der Grundlage geschätzter Durchlaufzeiten je Arbeitgang prognostiziert. Diese werden meist aus Erfahrungswerten der Vergangenheit hergeleitet. Da bei Werkstattfertigung die Wartezeiten mehr als 80 % der Durchlaufzeiten betragen können, haben derartige Schätzwerte eine hohe Streuung. Die mit ihnen durchgeführte Kapazitätsbelastungsrechnung wird daher häufig falsch sein. Das bedeutet, daß beim Kapazitätsabgleich u.U. "Kapazitätsberge" verschoben werden, die aufgrund falsch eingeschätzter Durchlaufzeiten in der Realität nicht eintreten, während die tatsächlich realisierten Kapazitätsüberlastungen nicht vorhergesehen werden können. Damit bleibt der anspruchsvolle manuelle Dispositionsvorgang der Kapazitätsterminierung u.U. ohne erkennbares Ergebnis, so daß man in der Praxis auf diesen Planungsschritt häufig verzichtet[5].

Die Trennung und sukzessive Planung von Materialbedarfs- und Losgrößenplanung auf der einen und Termin- und Kapazitätsplanung auf der anderen Seite ist ein strukturelles Problem der konventionellen PPS-Systeme. Die mangelnde Abstimmung zwischen der Planung von Fertigungsmengen bzw. Losgrößen und den verfügbaren Kapazitäten führt dazu, daß die Produkte häufig nicht in den Perioden und bis zu den Terminen hergestellt werden können, welche die Mengenplanung vorgesehen hat. Dieses Problem läßt sich nur lösen, wenn man in der Losgrößenplanung die Kapazitätsrestriktionen der Ressourcen berücksichtigt.

---

[3] Vgl. Abschnitt 5.2.1 und 5.3.1.3.
[4] Vgl. Abschnitt 7.3.
[5] Vgl. Adam (1988), S. 13.

Kurzfristige Programm-, Mengen- sowie Termin- und Kapazitätsplanung bilden in konventionellen PPS-Systemen die Komponenten der Produktionsplanung. Ihr Ergebnis ist ein grober Plan, nach dem die Aufträge oder Lose zu fertigen sind. Dessen Durchführung ist Gegenstand der **Produktionssteuerung.** In den konventionellen PPS-Systemen umfaßt sie die Komponenten der Auftragsveranlassung oder Auftragsfreigabe sowie der Kapazitäts- und Auftragsüberwachung. In der **Auftragsfreigabe** werden die Lose ermittelt, mit deren Bearbeitung in der nächsten Periode begonnen werden soll. Dabei ist zu prüfen, ob das benötigte Personal, Material und die Werkzeuge verfügbar sein werden. In diesem Teil des PPS-Systems kann eine **Terminfeinplanung** vorgenommen werden. Dies bedeutet, daß nun die freigegebenen Aufträge auf konkrete Arbeitsträger verteilt und die Auftragsfolgen an diesen bestimmt werden. Sofern PPS-Systeme diesen Planungsbereich unterstützen, werden zur Reihenfolgeplanung häufig Prioritätsregeln angeboten[6]. Über die Festlegung der Startzeitpunkte für die einzelnen Arbeitsgänge ergibt sich die umzusetzende Maschinenbelegung.

Der Produktionsprozeß muß laufend kontrolliert werden. Dies ist Gegenstand der **Kapazitäts-** und **Auftragsüberwachung.** Für sie benötigt man Auftrags- und Arbeitsträgerdaten, die mit Systemen der Betriebsdatenerfassung erhoben werden können. Sie zeigen, wo und in welchem Arbeitsstadium sich die Aufträge befinden, wie die Arbeitsträger belastet sind, wo Störungen auftreten u.ä. Dies ist eine Voraussetzung, um durch Soll-Ist-Vergleiche Abweichungen aufdecken und korrigieren zu können.

Die mangelhafte Abstimmung zwischen den einzelnen Planungsebenen führt häufig zu einem **Durchlaufzeitensyndrom.** Wenn durch fehlerhaft geschätzte Durchlaufzeiten die zugesagten Liefertermine nicht eingehalten werden können, plant man die Aufträge in Zukunft früher ein. Dadurch steigt die Zahl der Aufträge in der Fertigung. Durch die größere Anzahl der Aufträge vor den einzelnen Arbeitsträgern wachsen die mittleren Durchlaufzeiten an den Arbeitsträgern. Deshalb werden die geschätzten Durchlaufzeiten erhöht, mit denen man in der nächsten Planungsrunde die Termin- und Kapazitätsplanung durchführt. Dann müssen jedoch die nachfolgenden Aufträge noch früher eingeplant und freigegeben werden, wodurch die Werkstattbestände noch weiter steigen, die Durchlaufzeiten noch höher werden usw. Auf diesem Wege können sich die Durchlaufzeiten immer weiter "hochschaukeln". Der Produktionsablauf wird durch die Vielzahl "herumstehender" Aufträge immer unübersichtlicher, die Komplexität der zu lösenden Planungsprobleme steigt.

Ein weiterer Mangel der angebotenen Standardprogramme zur Produktionsplanung und -steuerung ist ihre geringe Flexibilität. Für unterschiedliche Produktionstypen werden unterschiedliche Verfahren der Planung und Steuerung benötigt. Außerdem kann eine Fertigung aus mehreren Bereichen oder *Segmenten* bestehen, die durch *verschiedene Produktionstypen* gekennzeichnet sind. Dadurch entstehen zusätzliche Schnittstellenprobleme.

Die konventionellen PPS-Systeme und die zu ihrer Unterstützung angebotene Software weisen also eine Reihe von konzeptionellen Mängeln auf. Besonders schwerwiegend sind

---

[6]   Vgl. Abschnitt 6.4.3.2.

- die Nichtberücksichtigung der Kapazitäten bei der Programm- und der Mengenplanung,

- die geringe Zielorientierung der einzelnen Planungsschritte,

- die Annahme geschätzter Durchlaufzeiten sowie

- die geringe Flexibilität.

Es handelt sich um ein sukzessives Stufenkonzept ohne Rückkoppelung, in dem die Interdependenzen zwischen den Entscheidungsfeldern nicht ausreichend berücksichtigt werden. Der jeweils vorausgehende Planungsschritt ergibt den Rahmen für die nachfolgenden Entscheidungen, ohne die später relevant werdenden Beschränkungen ausreichend zu beachten.

Dem entspricht die mangelnde Ausrichtung der Planungsschritte auf die Unternehmensziele. Die Produktionsplanung und -steuerung sollte Handlungsspielräume so nutzen, daß die Unternehmensziele erreicht werden. Hierzu sind aus den Oberzielen konkret anwendbare Ziele der Ablauforganisation abzuleiten. Die bislang in den meisten PPS-Systemen enthaltenen Instrumente wie z.B. Prioritätsregeln lassen eine solche Zielausrichtung höchstens vage erkennen. Deshalb haben diese Systeme eher den Charakter von Nachrichten- als von Entscheidungsunterstützungssystemen. Da mit ihnen die Aufträge gewissermaßen in die Fertigung "hineingedrückt" werden, bezeichnet man sie auch als Systeme nach dem **Push-Prinzip**.

9.2 Neuere Konzepte der Produktionsplanung und -steuerung

Um diese Mängel zu beheben, sind mehrere neuere Konzepte zur Produktionsplanung und -steuerung entwickelt worden. Diese erfassen i.d.R. nicht alle Systemkomponenten von der Progammplanung bis zur Überwachung. Die meisten Konzepte konzentrieren sich auf die Fertigungssteuerung und lassen sich nach dem grundlegenden Ansatzpunkt in **bestands-** und **engpaßorientierte** Systeme gliedern.

Mit den bestandsorientierten Systemen versucht man, einen effizienten Ablauf zu erreichen, indem man maximale Auftragsbestände für die Fertigung festlegt. Dadurch soll der Kapazitätsbedarf auf das Kapazitätsangebot abgestimmt werden. Für die konkrete Maschinenbelegung verbleiben bei niedrigen Beständen nur geringe Entscheidungsspielräume, sie kann dezentral an den einzelnen Arbeitsträgern erfolgen. Die engpaßorientierten Systeme gehen von dem Grundgedanken des *Ausgleichsgesetzes der Planung* aus[7]. Danach muß die Planung an den Engpaßkapazitäten ansetzen. Wenn sie auf diese abgestimmt ist, lassen sich für die Abläufe an den Nichtengpässen i.d.R. leicht realisierbare Lösungen finden.

Die Beschreibung und Analyse muß sich hier auf wenige Beispiele konzentrieren. Die *belastungsorientierte Auftragsfreigabe*[8] ist lediglich auf eine Einzelfunktion der Produktionsplanung und -steuerung ausgerichtet und kann nicht als umfassendes System bezeichnet werden. Just-

---

[7] Vgl. Gutenberg (1983), S. 163 ff.
[8] Vgl. Wiendahl (1987), S. 206 ff.

in-Time-Systeme stellen dagegen die aus organisatorischer Sicht weitergehende Lösung dar und werden deshalb im folgenden anhand des Kanban-Verfahrens betrachtet.

9.2.1 Dezentrale Produktionssteuerung in Just-in-Time-Systemen durch das Kanban-Verfahren

In *Just-in-Time-* (JIT-) Systemen liefert man auf jeder Fertigungsstufe das von außen zu beziehende Material und die Zwischenprodukte erst unmittelbar vor Fertigungsbeginn ("*just in time*") an. Dadurch erreicht man niedrige Bestände und kurze Durchlaufzeiten. Die Grundgedanken des JIT-Konzepts und seiner Umsetzung im Kanban-Verfahren wurden ursprünglich in Japan bei Toyota entwickelt. Den Kern bilden

- die **flußorientierte** Anordnung der Arbeitsträger,

- die starke **Dezentralisierung der Produktionssteuerung** und

- das **Pull-Prinzip**.

Durch die Anordnung der Arbeitsträger nach dem Objektprinzip entsteht ein relativ reibungsloser und übersichtlicher Materialfluß. Die Entscheidungen über den konkreten Produktionsablauf sind weitgehend auf die Arbeitsträger in der Fertigung verlagert. Darin liegt ein wichtiges Charakteristikum der **aufbauorganisatorischen** Aufgaben- und Kompetenzverteilung. Zentral werden die Losgrößen an sowie die Lagerbestände zwischen aufeinanderfolgenden Produktionsstufen festgelegt. Die Losgröße entspricht häufig dem Inhalt eines Behälters, in dem man die Zwischenprodukte aufbewahrt und transportiert. Durch die Anzahl und Größe der Behälter ergeben sich die Zwischenlagerbestände. Der konkrete zeitliche Ablauf der Produktion ergibt sich dezentral aus dem **ablauforganisatorischen** Pull-Prinzip.

Auf jeder Produktionsstufe darf nur gearbeitet werden, um eine "Lücke" in dem darauffolgenden (Zwischen-) Lager aufzufüllen. Ein nach dem Pull-Prinzip gesteuertes Produktionssystem setzt sich erst dadurch in Bewegung, daß die letzte Produktionsstufe einen Fertigungsauftrag erhält. Die letzte Produktionsstufe entnimmt dazu Teile aus dem Zwischenlager nach der vorletzten Produktionsstufe und erzeugt dort eine "Lücke". Erst jetzt darf die vorletzte Produktionsstufe mit der Arbeit beginnen, um diese Lücke zu füllen. Mit den "Lücken" wandern daher die Informationen über den Bedarf dem Materialfluß entgegen, wenn man fertige Produkte aus dem System "herauszieht".

Für die Steuerung der Fertigung werden mit Transport- und Produktionskanbans häufig zwei Typen von Karten als Informationsträger eingesetzt. **Transportkanbans** dienen als Auftrag, die benötigte Teileart nach dem Pullprinzip aus dem Pufferlager zu holen und zur nächsten Produktionsstufe zu bringen. Zwischenprodukte dürfen nur in Behältern transportiert werden, an denen ein Transportkanban befestigt ist. Diese Kanbans enthalten die Teile-Nr. und -Bezeichnung sowie Informationen über die Stellen, welche dieses Teil herstellen und es verbrauchen. Ferner geben sie den Lagerort sowie die Behälterart und -kapazität an. Für den Regelkreis zwischen der Produktionsstelle und dem Pufferlager verwendet man **Produktionskanbans**. Er informiert neben der Teile-Nr. und -Bezeichnung u.a. über die produzierende Stelle sowie die Teile-Nr. und den Lagerort der dazu benötigten Vorprodukte.

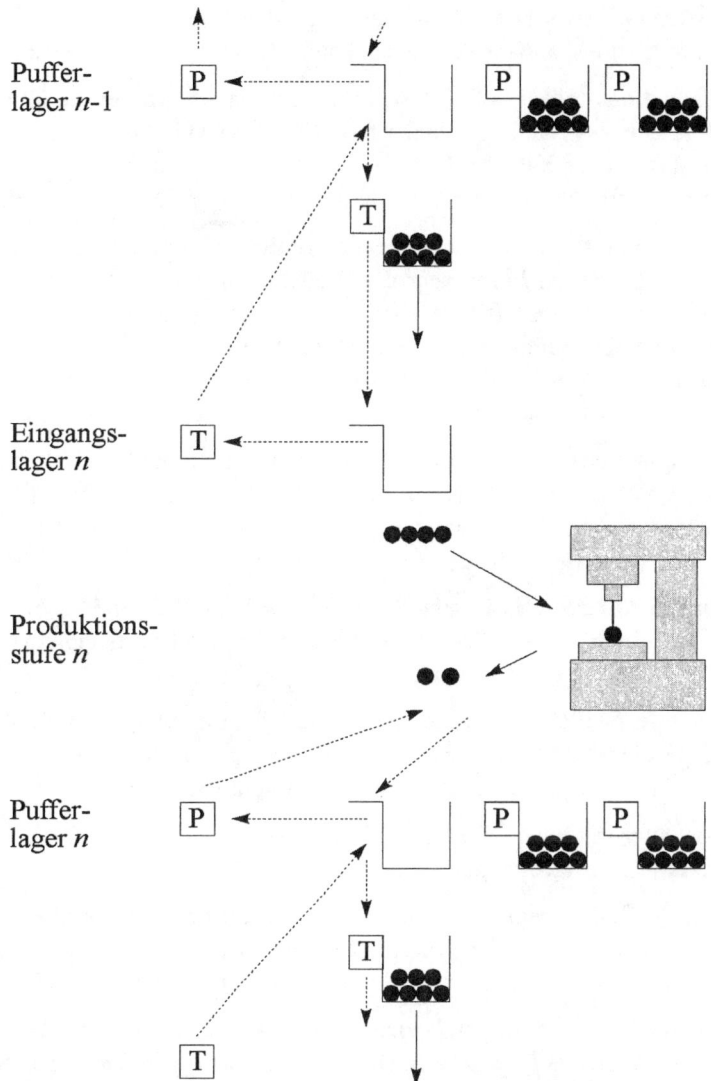

Abb. 9-2: Material- und Informationsfluß in einem Kanban-System

Zur Abstimmung mit der Beschaffung kann man zusätzlich **Signal-** und **Lieferantenkanbans** einsetzen. Signalkanbans zeigen als Hinweiskarten einen Meldebestand an. Sie werden angebracht, wenn eine externe Materialbeschaffung bei Erreichen eines festgelegten Meldebestands ausgelöst werden soll. Die Lieferantenkanbans stellen eine Art von Bestellscheinen dar und lösen beim Zulieferer eine Materialbestellung aus. Auf ihnen werden der Auslieferungsort und die Auslieferungszeit oder -spanne angegeben. Die Funktionsweise des Regelkreissystems zur

Informationsweitergabe zwischen aufeinanderfolgenden Produktionsstellen mit Hilfe von Transport- und Produktionskanbans läßt sich anhand von Abbildung 9-2 veranschaulichen[9].

Hinter jeder Produktionsstufe n befindet sich ein Pufferlager. An den gefüllten Behältern im Pufferlager befinden sich Produktionskanbans P. Vor der Produktionsstufe n stehen in einem kleinen Eingangslager ebenfalls Behälter, an denen sich Transportkanbans T befinden. Die Produktion an einer Stelle n ist mit dem folgenden Material- und Informationsfluß verbunden:

1. Ein Mitarbeiter kommt von der nachfolgenden Stelle $n+1$ mit einem Transportkanban und einem leeren Behälter zum Pufferlager der Produktionsstufe n. Dort tauscht er den leeren Behälter gegen einen vollen aus. Von dem vollen Behälter entfernt er den Produktionskanban und legt ihn in eine Sammelbox. Der mitgebrachte Transportkanban wird an dem vollen Behälter befestigt, mit dem er das Zwischenlager wieder verläßt. Der leere Behälter bleibt zurück.

2. Die Kanban-Sammelbox muß von dem Mitarbeiter der Produktionsstelle n in kurzen Abständen entleert werden. Wenn sich in ihr ein Produktionskanban befindet, stellt er einen Fertigungsauftrag für die darauf angegebene Produktart und -menge dar und löst den entsprechenden Produktionsprozeß aus.

3. Dazu benötigt der Mitarbeiter Einsatzteile, die er aus den Behältern in seinem Eingangslager holt. Wenn ein solcher Behälter leer ist, entfernt er den Transportkanban vom Behälter und legt ihn in die Sammelbox des Eingangslagers.

4. Der Mitarbeiter der Stelle n verwendet die Einsatzteile, um die auf den Produktionskanbans von Schritt 2 bezeichneten Teile herzustellen. Die fertigen Teile legt er in den leeren Behälter, der im Schritt 1 im Pufferlager der Stufe n abgestellt wurde.

5. Sobald der Behälter mit neuen Teilen gefüllt ist, versieht er ihn mit einem Produktionskanban und stellt ihn in das Pufferlager.

6. Nach einer gewissen Zeit begibt sich ein Mitarbeiter mit den Transportkanbans in der Sammelbox des Eingangslagers und den leeren Behältern zum Pufferlager der vorhergehenden Produktionsstelle $n-1$ und tauscht wie in Schritt 1 die leeren Behälter gegen gefüllte aus.

Schritt 6 entspricht dem ersten Schritt, bezieht sich jedoch auf die vorhergehende Produktionsstelle $n-1$. Damit ist der Kreis geschlossen. Die Fertigung wird von der letzten Stelle (z.B. dem Fertigwarenlager) bis zur Beschaffung (z.B. für Rohstoffe) gemäß dem Prinzip der **Produktion auf Abruf** ausgelöst. Der Material- und der Informationsfluß verlaufen in entgegengesetzten Richtungen.

Diese "**Nachfrageorientierung**" stellt ein wichtiges ablauforganisatorisches Merkmal dar. In den konventionellen PPS-Konzepten nach dem Push-Prinzip werden die Aufträge statt dessen zentral in die Produktion eingelastet und gelangen jeweils in die Warteschlange der Arbeitsträger. Man drückt die Aufträge gewissermaßen gegen den "Widerstand" der kapazitätsbeschränkten Arbeitsträger durch die Fertigung, was die Gefahr des Durchlaufzeitensyndroms nach sich

---

[9]   Vgl. Fandel/Francois (1989), S. 533; Vollmann/Berry/Whybark (1992), S. 93.

zieht. Demgegenüber führt das Pull-System dazu, daß sich die Fertigung vorgelagerter Stufen und die Materialbereitstellung an dem aktuellen Bedarf der Endprodukte orientieren. Die Produktion erfolgt damit "auf Abruf".

Mit einem solchen Konzept werden verschiedene **Ziele** der Ablauforganisation verfolgt. Einmal will man die Materialbestände und damit die Wartezeiten von Produkten bzw. Aufträgen senken sowie deren Durchlaufzeiten reduzieren. Durch die Festlegung der Anzahl und Größe der Behälter zwischen den Produktionsstufen wird die Höhe dieser Bestände begrenzt. Daran zeigt sich die Bestandsorientierung dieses Konzepts. Die Durchlaufzeiten werden reduziert, weil vor den Arbeitsträgern keine unnötigen Warteschlangen entstehen. Zugleich will man die Arbeitsproduktivität erhöhen. Der Ansatzpunkt hierfür ist nicht so sehr die Auslastung der Arbeitsträger als vielmehr die Kontinuität des Materialflusses. Störungen führen bei niedrigen Beständen sehr rasch zum Stillstand nachgelagerter Produktionsstufen. Deshalb ist man gezwungen, die Ursachen von Störungen zu beseitigen und die Leistung aufeinanderfolgender Stufen abzustimmen.

Eine fertigungssynchrone Anlieferung ist nicht bei jedem Produktionstyp realisierbar und verlangt die Einhaltung einer größeren Zahl von **Voraussetzungen**[10]. Derartige Systeme setzen einen Produktionsablauf im Fließprinzip voraus, sie sind daher bei einer reinen Werkstattfertigung nicht sinnvoll einsetzbar. Die Arbeitsträger müssen entsprechend dem Materialfluß angeordnet sein. Ferner müssen die Kapazitäten aufeinanderfolgender Arbeitsträger in hohem Maße abgestimmt sein. In den diskontinuierlichen Produktionsprozessen werden die bearbeiteten Teile unmittelbar nach der Bearbeitung weitergegeben. Es handelt sich also um eine offene Produktion. Aus diesen Voraussetzungen ergibt sich, daß JIT-Konzepte bei Massen- und Großserienfertigung am besten geeignet sind. Ein stetiger Bedarf muß zu ständig wiederkehrenden Produktionsabläufen führen. Er darf keinen starken Schwankungen unterliegen, das Absatz- und das Produktionsprogramm müssen also relativ stabil sein. Die Anzahl an Varianten darf nicht groß werden, da sonst zu große Zwischenlager benötigt werden und/oder die Belastung der einzelnen Arbeitsträger zu stark schwankt.

Neben den oben skizzierten Voraussetzungen in bezug auf den Produktionstyp, die für eine effiziente Anwendbarkeit von JIT-Systemen maßgeblich sind, muß die Einführung durch eine Reihe von **Maßnahmen** begleitet werden. Der Produktionsprozeß muß so in Arbeitsgänge gegliedert sein, daß ein **gleichmäßiger Ablauf** realisierbar ist. Die **Rüstzeiten** müssen durch technische und Ausbildungsmaßnahmen so weit reduziert werden, daß in einem Los (Behälter) nur ein Bruchteil das Tagesbedarfs gefertigt wird. Die Qualitätskontrolle muß sicherstellen, daß nur **fehlerfreie Teile** weitergeben werden, da ansonsten nachfolgende Produktionsstellen stillstehen werden. An die **Mitarbeiter** werden hohe Anforderungen gestellt. Sie müssen ein Spektrum von Tätigkeiten beherrschen, das bis zur Qualitätskontrolle und vorbeugenden Instandhaltung reichen kann. Darüber hinaus wird bei einer solchen dezentralen Steuerung ein hohes Maß an Selbständigkeit von ihnen verlangt. Sie müssen zur Zusammenarbeit mit anderen

---

[10]   Vgl. Fandel/Francois (1989).

bereit sein. Aus diesen Gründen erfordert der Übergang auf ein JIT-Konzept nicht nur eine weitgehende Arbeitsgestaltung, sondern auch eine Vorbereitung der Mitarbeiter durch gezielte Schulungsmaßnahmen. Das JIT-Prinzip wird auch auf die Beschaffung ausgeweitet und führt hier zu einem hohen Maß an organisatorischer und datentechnischer Integration. Die Lieferanten müssen pünktlich und fehlerfrei liefern. Die enge Verbindung zwischen den Partnern hat zur Konsequenz, daß sich der Produzent i.d.R. auf wenige Lieferanten beschränkt. Wegen der Notwendigkeit einer engen Abstimmung entsteht eine starke gegenseitige Abhängigkeit.

Die zentral zu lösenden Aufgaben der Ablauforganisation betreffen in JIT-Systemen vor allem die Strukturierung der Arbeitsgänge, die Anordnung der Arbeitsplätze und Pufferlager sowie die Größe und Anzahl der Behälter in den Puffern[11]. Damit treten die mittel- bis längerfristigen Tatbestände der Produktionsplanung in den Vordergrund.

9.2.2 Merkmale des engpaßorientierten OPT-Systems

Durch das System der "*Optimized Production Technology*"[12] soll eine auf die Engpässe abgestimmte Steuerung des Produktionsprozesses erfolgen. Ausgangspunkt ist die Überlegung, daß die Leistung des Gesamtsystems durch seine Engpässe bestimmt wird. Diese sollen auf eine möglichst ergiebige Weise genutzt werden. OPT bietet dazu eine Reihe von Regeln, die in einem EDV-gestützten Planungssystem umgesetzt werden. Da die Software den Regeln folgt, werden diese zunächst dargestellt.

Aus der Überlegung, daß die Engpässe für die Leistung des Gesamtsystems ausschlaggebend sind, folgen zwei Konsequenzen, je eine für die Engpässe und für die Nichtengpässe. Die **Engpässe** müssen zu jedem Zeitpunkt mit Aufträgen versorgt sein. An ihnen darf nur fehlerfreies Material bearbeitet werden, da Aufträge mit Mängeln denselben Verlust an Kapazitätsausnutzung zur Folge haben wie ein Fehlen von Aufträgen. Durch vorbeugende Instandhaltung ist zu vermeiden, daß Engpaßressourcen in Folge von zufälligen Störungen ausfallen. Jeder Verlust an einem Engpaß ist ein Verlust für das gesamte System.

Die zweite Konsequenz liegt in der Erkenntnis, daß große Lose an **Nichtengpässen** die Produktivität des Gesamtsystems nicht steigern. An Nichtengpässen kann man keine Zeit sparen. Die bei ihnen verfügbare freie Kapazität läßt sich dagegen für zusätzliche Umrüstungen zugunsten kleinerer Lose verwenden. Damit sind die Losgrößen auf verschiedenen Fertigungs- oder Transportstufen unterschiedlich, so daß sich die Arbeitsgänge eines Auftrags meist zeitlich überlappen. So erreicht man kurze Durchlaufzeiten, die ein Ergebnis der Planung und keine ihrer Voraussetzungen bilden. Diese Überlegungen werden in dem Prinzip "*Balance flow, not capacity*" zusammengefaßt.

Die Vorgehensweise des OPT-Systems besteht aus mehreren Schritten. Den Ausgangspunkt bildet die Erstellung eines Produktnetzes entsprechend Abbildung 9-3. In diesem werden für einen gegebenen Auftragsbestand die einzelnen Arbeitsgänge (und ihre Zwischenprodukte) durch Knoten, die Materialflüsse durch Kanten wiedergegeben. Anhand der zu bearbeitenden

---

[11] Vgl. z.B. Kuhn (1994a) und (1994b).
[12] Vgl. Lundrigan (1986), Meleton (1986), Swann (1986) und Fry/Cox/Blackstone (1992).

Aufträge wird der Kapazitätsbedarf an den Ressourcen ermittelt. Eine Ressource stellt einen Engpaß dar, wenn im Planungszeitraum die benötigte Kapazität größer ist als die verfügbare. Zunächst wird man versuchen, die Engpässe zu entlasten, indem man durch alternative Arbeits- bzw. Prozeßpläne Arbeitsgänge von den Engpässen zu den Nichtengpässen verlagert. Anschließend wird das Produktnetzwerk in einen kritischen und einen unkritischen Teil zerlegt. Dazu orientiert man sich an den in Abbildung 9-3 schattiert dargestellten Arbeitsgängen, welche die Engpaßressourcen benötigen.

Die zeitlich vor den Engpässen liegenden Arbeitsgänge sind nicht kritisch, da die benötigten Ressourcen freie Kapazitäten aufweisen. Kritisch ist dagegen der Teil des Netzes mit und nach den Engpässen. Mit einem bislang unveröffentlichten Algorithmus wird eine detaillierte Maschinenbelegung für die Engpaßressourcen durchgeführt. Die weiteren Arbeitsgänge im kritischen Netz werden dann von der Belegung der Engpaßressourcen ausgehend zeitlich *progressiv* eingeplant. Sicherheitsbestände vor den Engpässen sollen verhindern, daß diese in Folge von Störungen im Materialfluß stillstehen. Das Ergebnis ist ein **umsetzbarer Plan** für die Engpaßressourcen. Gleichzeitig wird deutlich, an welchen Stellen die Produktivität des Gesamtsystems gesteigert werden kann. Die unkritischen Arbeitsgänge und Anlagen werden dann auf der Grundlage der detaillierten Belegung der Engpässe zeitlich *retrograd* eingeplant.

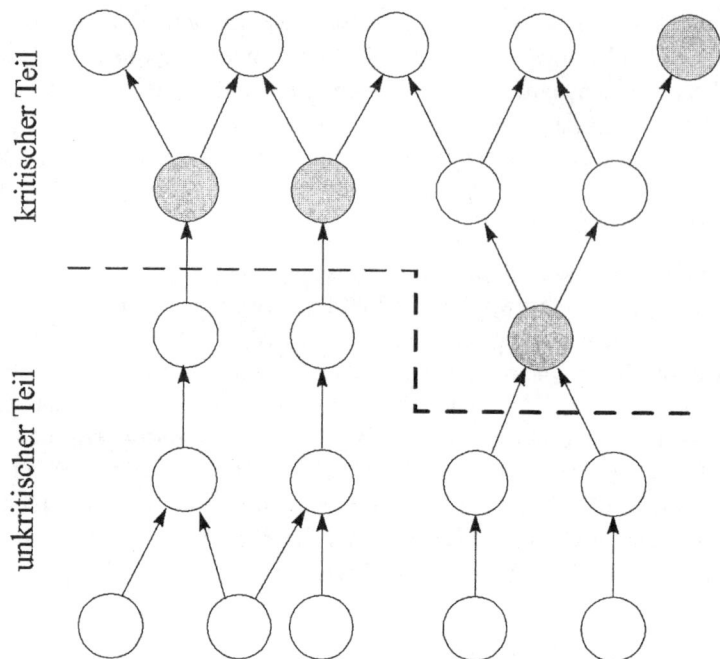

Abb. 9-3: Trennung des Produktnetzwerkes in den kritischen und den unkritischen Teil

Während der Grundgedanke einer Engpaßorientierung einleuchtet, scheitert eine tiefergehende Analyse und Beurteilung des OPT-Systems daran, daß der Algorithmus für die Maschinenbelegung im kritischen Teil des Produktnetzes aus kommerziellen Gründen nicht veröffentlicht wurde. Damit läßt sich nicht prüfen, wie die Entscheidungsprobleme definiert und mit welcher Güte sie gelöst werden. Es bleibt unklar, welche Interdependenzen berücksichtigt und welche vernachlässigt werden. Die Überlegung, daß i.d.R. wenige Engpässe die Leistung eines Systems bestimmen, wird gegenwärtig unter den Begriff "Theory of Constraints" vermarktet. Die Vorgehensweise und ihre Ergebnisse erinnern an die seit längerem bekannte lineare Programmierung, ohne jedoch immer deren Lösungsgüte zu erreichen[13].

9.3 Struktur kapazitätsorientierter PPS-Systeme

Vergleicht man die Entscheidungsmodelle und Lösungsverfahren der Ablauforganisation mit den Komponenten von PPS-Systemen, so werden die unterschiedlichen Schwerpunkte und Denkansätze erkennbar. Dies versucht Abbildung 9-4 zu verdeutlichen.

---

[13] Vgl. Plenert (1993); Lee/Plenert (1993).

Merkmal	Ablauforganisation	PPS-Systeme
Gliederung	Entscheidungsmodelle und Verfahren für • Arbeitsverteilung und Leistungsabstimmung • Losgrößen • Reihenfolgen • Transporte	• sukzessiver MRP-II Ansatz • bestandsorientierte Ansätze • engpaßorientierter Ansatz
Ursprung	Produktionswirtschaft, Operations Research	Praxis, Informatik
Vorgehens-weise	entscheidungstheoretische Problemformulierung	Entwicklung von Software
Ergebnis	Entscheidungsmodelle und Lösungsverfahren	Datenbanken und Benutzer-oberflächen
	⇒ unterschiedliche Denkwelten ⇐ Verknüpfung durch hierarchische Planung	

Abb. 9-4:   Beziehungen zwischen Modellen und Verfahren der Ablauforganisation und PPS-Systemen

Der Systematisierung nach Klassen von Entscheidungstatbeständen in der Ablauforganisation stehen Konzepte zum Planungsablauf gegenüber. Während die PPS-Systeme vor allem organisatorische Regeln zur Gestaltung dieses Planungsablaufs enthalten, zeigen die Entscheidungsmodelle der Ablauforganisation die Struktur ihrer grundlegenden Probleme mit deren Variablen, Einflußgrößen und Zielen. Diese werden zum einen für isolierte Entscheidungsfelder formuliert. Interdependenzen zwischen diesen Entscheidungsfeldern lassen sich durch integrierte Modelle abbilden[14]. Mit quantitativen exakten oder heuristischen Verfahren versucht man, die Entscheidungsmodelle für konkrete Datenkonstellationen zu lösen. Auf diesem Weg möchte man zu praktisch einsetzbaren und theoretisch fundierten Systemen der Produktionsplanung und -steuerung gelangen.

Während die Entwicklung der konventionellen PPS-Systeme bislang stark von der Praxis und der Informatik geprägt wurde, sind die Modelle und Verfahren der Ablauforganisation innerhalb der Betriebswirtschaftslehre vor allem durch Produktionswirtschaft und Operations Research beeinflußt worden. Beide Vorgehensweisen müssen sich ergänzen, wenn man zu leistungsfähigen PPS-Systemen kommen will. Durch EDV-technische Aspekte wie Datenbankabfragesprachen und graphische Benutzeroberflächen wird der Informationstransfer erst möglich gemacht. Damit stellt die EDV eine wichtige Grundlage dar. Die betriebswirtschaftlichen Planungs- und Steuerungsprobleme können jedoch nur überwunden werden, wenn die Vielfalt von

---

[14] Zu den damit verbundenen Problemen vgl. Abschnitt 2.2.4.

Produktionssystemen und Entscheidungsproblemen durch Modelle abgebildet und Verfahren zu ihrer Lösung bereitgestellt werden.

Anforderungen an die Konzeption derartiger Systeme liefert die Kritik an den konventionellen PPS-Systemen[15]. Zum einen muß auf allen Planungsebenen die beschränkte Kapazität der einzelnen Ressourcen berücksichtigt werden, wenn man als Minimalforderung zu durchführbaren Plänen kommen will. Zweitens sollten alle Planungsebenen konsistent auf die übergeordneten Unternehmensziele hin ausgerichtet werden. Die in Abschnitt 1.3 gekennzeichneten Einflußgrößen der Ablauforganisation sind für die konkrete Ausgestaltung eines derartigen PPS-Systems maßgebend. Sie richtet sich insbesondere nach der Struktur des Produktionsprogramms (z.B. Einzel-, Serien-, Sorten- oder Massenfertigung), der Art der Produktionsprozesse und dem Organisationstyp der Fertigung (z.B. Werkstatt-, Fließ- oder Gruppenfertigung).

Nach dem gegenwärtigen Stand der Forschung sollten derartige PPS-Systeme **hierarchisch** aufgebaut sein. Sie müssen Produktionssysteme abbilden können, die in Segmente gegliedert sind. Die Segmente können sich z.B. durch den Programm- oder Organisationstyp unterscheiden, so daß segmentspezifische Planungs- und Steuerungsprobleme zu lösen sind. Als allgemeine organisatorische Regeln für die Gestaltung derartiger PPS-Systeme sind folgende Prinzipien zu beachten:

- Zentralisierung der mittel- bis längerfristigen Produktionsplanung in Verbindung mit einer weitgehenden Dezentralisierung der Produktionssteuerung,

- vertikale Gliederung in mehrere Hierarchieebenen mit nach unten abnehmenden Planungshorizont und zunehmenden Detaillierungsgrad,

- Verknüpfung der Ebenen über spezifische Koordinationsmechanismen,

- Durchführung als rollierende Planung,

- Einbettung der Modellrechnung in einen interaktiven Lösungsprozeß,

- Erfassung der Unsicherheit der Daten über Sicherheitsbestände.

---

[15] Vgl. hierzu und zum folgenden ausführlich Drexl et al. (1994), S. 1028 ff.

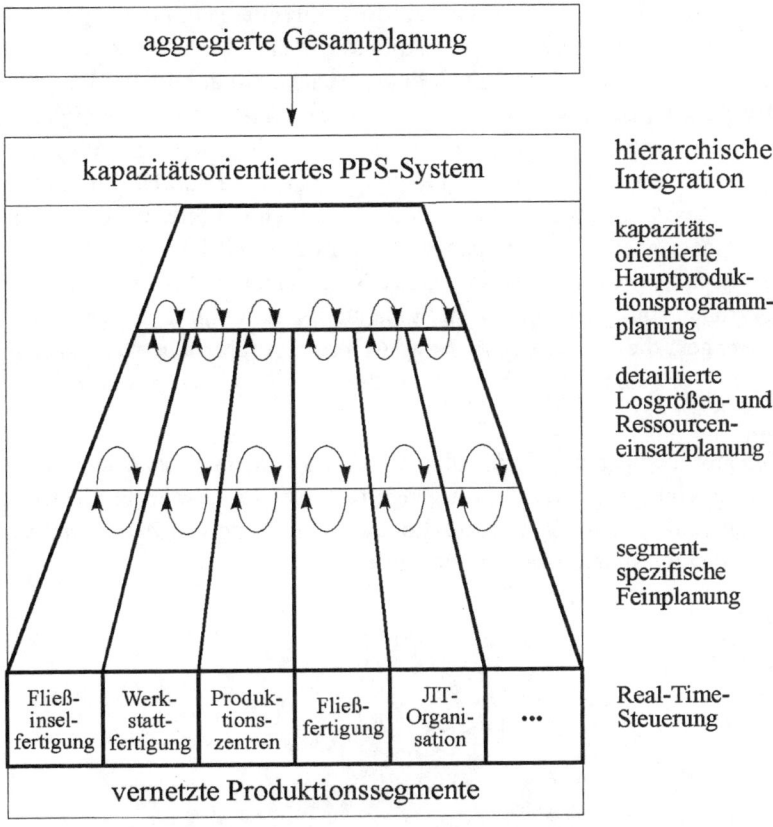

Abb. 9-5: Hierarchische Integration kapazitätsorientierter PPS-Systeme[16]

Auf eine aggregierte Gesamtplanung der Unternehmung folgt entsprechend Abbildung 9-5 als oberste Ebene des PPS-Systems die Planung des **Hauptproduktionsprogramms** unter Beachtung der verfügbaren Kapazitäten. Dazu lassen sich vor allem mehrperiodige Entscheidungsmodelle der linearen Programmierung heranziehen. Als Koeffizienten der Zielfunktion sind Deckungsbeitrags- und Kosteninformationen aus Produkt- und Marketingerfolgsrechnungen heranzuziehen, wenn die Entscheidungen auf übergeordnete Unternehmensziele hin ausgerichtet werden sollen. Derartige Modelle können relativ grob auf der Ebene von Hauptprodukten und Wochen formuliert werden, so daß ihr Umfang begrenzt bleibt und die Datenunsicherheit sich nur wenig auswirkt[17].

---

[16] Vgl. Drexl et al. (1994), S. 1030.

[17] Zu Prognoseverfahren und Entscheidungsmodellen für diesen Bereich vgl. z.B. Günther/Tempelmeier (2002), S. 135-167.

Darauf folgt eine **detaillierte Losgrößen-** und **Ressourceneinsatzplanung** für alle Produktarten und Produktionsstufen einzelner Produktionssegmente. Während sich das übergreifende Hauptproduktionsprogramm auf die Endprodukte bezieht, werden in der dynamischen Losgrößen- und Ressourceneinsatzplanung die Fertigungsaufträge für die benötigten Baugruppen, Komponenten, Teile usw. bestimmt. Dabei sind sowohl die Ecktermine für die Fertigstellung der Endprodukte aus der übergeordneten Planung als auch die auf den Produktionsstufen vorhandenen Kapazitäten zu beachten. Man erhält eine zeitliche Zuordnung der Aufträge. Auf diese Weise wird eine gemeinsame Planung von Losgrößen und Fertigungsterminen angestrebt, ohne daß die Maschinenbelegung in allen Einzelheiten einbezogen wird. Das Ergebnis der detaillierten Losgrößen- und Ressourceneinsatzplanung sind terminierte Fertigungsaufträge und Beschaffungsmengen, die Arbeitsträgern bzw. Arbeitsträgergruppen zugeordnet sind. Den Unterschied zu dem Vorgehen in den konventionellen PPS-Systemen soll Abbildung 9-6 für den Fall der Werkstattfertigung verdeutlichen[18].

Die Losgrößenentscheidungen in konventionellen PPS-Systemen beziehen sich auf *Teile*, die regelmäßig als Ergebnis mehrerer Arbeitsgänge mehrere Ressourcen beanspruchen. In einem kapazitätsorientierten System legt man die Lose auf der Ebene von *Arbeitsgängen* fest, da nur so der Bezug zu den Ressourcen hergestellt werden kann.

---

[18]   Vgl. hierzu und zum folgenden Helber (1994), S. 156 ff.

	konventionelle PPS-Systeme	kapazitätsorientierte PPS-Systeme
	kurzfristige Programmplanung	kurzfristige, kapazitätsorientierte Programmplanung
	Mengenplanung	kapazitätsorientierte Losgrößenplanung
Objekt:	Lose auf der Ebene von **Teilen**	Lose auf der Ebene von **Arbeitsgängen**
Ergebnis:	Zuordnung von Losen zu Perioden	Zuordnung von Losen zu Perioden
	Termin- und Kapazitätsplanung	
Objekt:	einzelne Arbeitsgänge der Lose	
Ergebnis:	vorläufige Start- und Endzeitpunkte der Arbeitsgänge	
	Auftragsfreigabe	Auftragsfreigabe
Objekt:	Lose der nächsten Periode	
Ergebnis:	Auswahl der Lose, mit deren Bearbeitung in der nächsten Periode begonnen wird	(Identifikation der Lose der nächsten Periode, kein dispositives Element im Hinblick auf die Ressourcen)
	Feinplanung	Feinplanung
Objekt:	freigegebene Lose für mehrere Perioden und Ressourcen	freigegebene Lose je Periode und Ressource
Ergebnis:	Zuordnung von Arbeitsgängen zu einzelnen Maschinen, detaillierte Maschinenbelegung	Zuordnung von Arbeitsgängen zu einzelnen Maschinen, detaillierte Maschinenbelegung

Abb. 9-6: Vergleich eines konventionellen PPS-Systems mit einem kapazitätsorientierten PPS-System für die Werkstattfertigung

Der erste Versuch einer zeitlichen Zuordnung von Arbeitsgängen zu Ressourcen erfolgt bei konventionellen Systemen mit den genannten Problemen in der **Termin- und Kapazitätsplanung**. Bezieht sich jedoch eine kapazitätsorientierte Losgrößenplanung bereits auf *Arbeitsgänge* als Objekt der Planung, so entfällt die Notwendigkeit, ein separates Modul zur Termin- und Kapazitätsplanung zu installieren. Dies ergibt sich daraus, daß bereits in der kapazitätsorientierten Materialbedarfs- und Losgrößenplanung ein auf der *Ebene der Arbeitsgänge zulässiger Produktionsplan* erstellt wird und eine *eindeutige Zuordnung von Arbeitsgängen zu Peri-*

oden und Ressourcen erfolgt. In den z.Z. gängigen PPS-Systemen erfolgt auch die Auftragsfreigabe auf der Ebene des Planungsobjektes "Teil". In einem einzelnen Planungsschritt werden
also mit jedem Los jeweils mehrere aufeinanderfolgende Arbeitsgänge in die Fertigung "hineingedrückt". An dieser Stelle enthalten diese Systeme häufig eine dispositive Komponente,
mit der aus den zeitlich anstehenden Fertigungsaufträgen/Losen diejenigen ausgewählt werden,
mit deren Bearbeitung begonnen werden soll. Dazu wird z.B. die *belastungsorientierte Auftragsfreigabe* eingesetzt. Sie trifft unter den anstehenden Aufträgen derart eine Auswahl, daß
die erwartete Belastung der betroffenen Ressourcen unter einer vorzugebenden Schranke bleibt.
Dieses Verfahren kann helfen, die mittleren (teilebezogenen) Durchlaufzeiten auch dann näherungsweise unter Kontrolle zu halten, wenn das Ergebnis der Mengen-, Termin- und Kapazitätsplanung *nicht unmittelbar realisierbar* ist. In diesem Sinn stellt die belastungsorientierte
Auftragsfreigabe einen "Reparaturalgorithmus" dar, mit dem man den Schaden einer von vorn-
herein inkonsistenten Produktionsplanung zu begrenzen versucht. Wenn jedoch die Produktionsplanung hinsichtlich der Ressourcen zulässig ist, so besteht im Hinblick auf die resultieren-
de Kapazitätsauslastung keine Notwendigkeit einer Auswahl von freizugebenden Aufträgen. In
dem ressourcenorientierten PPS-Konzept besteht die Funktion der Auftragsfreigabe allenfalls
darin, die unmittelbar anstehenden Lose (auf der Ebene von Arbeitsgängen) zu *identifizieren*
und sie an die Produktionssteuerung weiterzugeben. Es entfällt also zumindest in bezug auf die
knappen Ressourcen das dispositive Element einer Auswahl zwischen verschiedenen (konkurrierenden) Fertigungsaufträgen.

Die **Feinplanung** wird ebenfalls segmentspezifisch auf der nächsten Ebene in Abbildung 9-5
vorgenommen. Ihr relativ kurzer Planungszeitraum wird einige Tage betragen. In ihr sind die
Arbeitsverteilung, die Auftragsfolgen und die zeitliche Anordnung der Arbeitsgänge konkret
festzulegen. Ziele dieser untersten Planungsebene sind in erster Linie die nichtmonetären Größen der Durchlaufzeitenminimierung, Kapazitätsauslastung und Termineinhaltung im Rahmen
der durch die Losgrößen- und Ressourceneinsatzplanung gesetzten Grenzen. Die Feinplanung
kann unmittelbar mit EDV-gestützten Systemen der Echt-Zeit-Steuerung verbunden werden.
Durch die Betriebsdatenerfassung werden Rückmeldungen zum Produktionsfortschritt und zur
Verfügbarkeit der Ressourcen erstellt, die eine laufende Überwachung der Fertigung und ggf.
eine Anpassung bei Störungen sichern.

Die Komponenten derartiger umfassender Systeme sind entsprechend den wichtigsten
Einflußgrößen der Ablauforganisation zu gestalten. Ihre Struktur richtet sich in jedem Segment
danach, ob beispielsweise eine Einzelfertigung, Werkstattfertigung, automatisierte Fließfertigung, flexible Fertigungssysteme, Fließfertigung mit Kanban-Steuerung u.ä. vorliegen. Insofern
liefert das skizzierte Konzept eine Grobstruktur, nach der einzelne Entscheidungsmodelle, Lösungsverfahren und organisatorische Regeln einzubinden und miteinander zu verknüpfen sind.

Anhang

Für eine standardnormalverteilte Zufallsvariable V bezeichnet $E\{F_V(v)\}$ gemäß

$$E\{ F_V(v)\} = \int\limits_{V=v}^{\infty}(V-v)\cdot\frac{1}{\sqrt{2\pi}}\cdot e^{-\frac{1}{2}V^2}\ dV$$

den standardisierten **Fehlmengenerwartungswert** in Abhängigkeit des **Sicherheitsfaktors** v. Da sich dieser Ausdruck nicht geschlossen berechnen läßt, muß man ihn numerisch approximieren.

Auf diese Weise erhält man die korrespondierenden Werte von $E\{F_{V(v)}\}$ und v in der folgenden Tabelle:

$E\{F_{V(v)}\}$	v	$E\{F_{V(v)}\}$	v	$E\{F_{V(v)}\}$	v	$E\{F_{V(v)}\}$	v
2.990396	-2.99	2.631330	-2.63	2.273996	-2.27	1.920771	-1.91
2.980410	-2.98	2.621373	-2.62	2.264114	-2.26	1.911054	-1.90
2.970425	-2.97	2.611418	-2.61	2.254235	-2.25	1.901345	-1.89
2.960440	-2.96	2.601464	-2.60	2.244359	-2.24	1.891642	-1.88
2.950455	-2.95	2.591511	-2.59	2.234486	-2.23	1.881946	-1.87
2.940471	-2.94	2.581560	-2.58	2.224616	-2.22	1.872257	-1.86
2.930488	-2.93	2.571610	-2.57	2.214750	-2.21	1.862575	-1.85
2.920505	-2.92	2.561662	-2.56	2.204887	-2.20	1.852900	-1.84
2.910523	-2.91	2.551715	-2.55	2.195028	-2.19	1.843233	-1.83
2.900541	-2.90	2.541769	-2.54	2.185172	-2.18	1.833573	-1.82
2.890560	-2.89	2.531825	-2.53	2.175321	-2.17	1.823920	-1.81
2.880580	-2.88	2.521883	-2.52	2.165472	-2.16	1.814276	-1.80
2.870600	-2.87	2.511943	-2.51	2.155628	-2.15	1.804639	-1.79
2.860621	-2.86	2.502004	-2.50	2.145788	-2.14	1.795010	-1.78
2.850643	-2.85	2.492067	-2.49	2.135952	-2.13	1.785390	-1.77
2.840665	-2.84	2.482132	-2.48	2.126120	-2.12	1.775778	-1.76
2.830688	-2.83	2.472198	-2.47	2.116292	-2.11	1.766174	-1.75
2.820711	-2.82	2.462267	-2.46	2.106468	-2.10	1.756579	-1.74
2.810736	-2.81	2.452337	-2.45	2.096649	-2.09	1.746993	-1.73
2.800761	-2.80	2.442410	-2.44	2.086835	-2.08	1.737415	-1.72
2.790787	-2.79	2.432484	-2.43	2.077025	-2.07	1.727847	-1.71
2.780814	-2.78	2.422561	-2.42	2.067219	-2.06	1.718288	-1.70
2.770841	-2.77	2.412640	-2.41	2.057419	-2.05	1.708738	-1.69
2.760870	-2.76	2.402720	-2.40	2.047623	-2.04	1.699198	-1.68
2.750899	-2.75	2.392804	-2.39	2.037832	-2.03	1.689668	-1.67
2.740929	-2.74	2.382889	-2.38	2.028046	-2.02	1.680147	-1.66
2.730961	-2.73	2.372977	-2.37	2.018266	-2.01	1.670637	-1.65
2.720993	-2.72	2.363067	-2.36	2.008491	-2.00	1.661137	-1.64
2.711026	-2.71	2.353160	-2.35	1.998721	-1.99	1.651647	-1.63
2.701060	-2.70	2.343255	-2.34	1.988957	-1.98	1.642168	-1.62
2.691095	-2.69	2.333352	-2.33	1.979198	-1.97	1.632700	-1.61
2.681131	-2.68	2.323453	-2.32	1.969445	-1.96	1.623242	-1.60
2.671169	-2.67	2.313556	-2.31	1.959698	-1.95	1.613796	-1.59
2.661207	-2.66	2.303662	-2.30	1.949957	-1.94	1.604360	-1.58
2.651247	-2.65	2.293770	-2.29	1.940222	-1.93	1.594937	-1.57
2.641288	-2.64	2.283882	-2.28	1.930493	-1.92	1.585525	-1.56

$E\{F_{V(v)}\}$	v	$E\{F_{V(v)}\}$	v	$E\{F_{V(v)}\}$	v	$E\{F_{V(v)}\}$	v
1.576124	-1.55	1.100190	-1.02	0.690900	-0.49	0.379261	0.04
1.566736	-1.54	1.091741	-1.01	0.684038	-0.48	0.374441	0.05
1.557360	-1.53	1.083315	-1.00	0.677212	-0.47	0.369660	0.06
1.547996	-1.52	1.074914	-0.99	0.670422	-0.46	0.364919	0.07
1.538645	-1.51	1.066537	-0.98	0.663667	-0.45	0.360218	0.08
1.529307	-1.50	1.058185	-0.97	0.656949	-0.44	0.355557	0.09
1.519981	-1.49	1.049858	-0.96	0.650267	-0.43	0.350935	0.10
1.510669	-1.48	1.041556	-0.95	0.643621	-0.42	0.346354	0.11
1.501370	-1.47	1.033279	-0.94	0.637011	-0.41	0.341811	0.12
1.492085	-1.46	1.025028	-0.93	0.630439	-0.40	0.337309	0.13
1.482813	-1.45	1.016803	-0.92	0.623903	-0.39	0.332846	0.14
1.473555	-1.44	1.008604	-0.91	0.617404	-0.38	0.328422	0.15
1.464312	-1.43	1.000431	-0.90	0.610943	-0.37	0.324038	0.16
1.455083	-1.42	0.992285	-0.89	0.604518	-0.36	0.319693	0.17
1.445868	-1.41	0.984166	-0.88	0.598131	-0.35	0.315388	0.18
1.436668	-1.40	0.976074	-0.87	0.591782	-0.34	0.311122	0.19
1.427483	-1.39	0.968009	-0.86	0.585470	-0.33	0.306895	0.20
1.418313	-1.38	0.959972	-0.85	0.579196	-0.32	0.302707	0.21
1.409159	-1.37	0.951962	-0.84	0.572959	-0.31	0.298558	0.22
1.400020	-1.36	0.943981	-0.83	0.566761	-0.30	0.294448	0.23
1.390897	-1.35	0.936028	-0.82	0.560601	-0.29	0.290377	0.24
1.381791	-1.34	0.928103	-0.81	0.554479	-0.28	0.286345	0.25
1.372700	-1.33	0.920207	-0.80	0.548396	-0.27	0.282351	0.26
1.363626	-1.32	0.912340	-0.79	0.542351	-0.26	0.278396	0.27
1.354568	-1.31	0.904503	-0.78	0.536345	-0.25	0.274479	0.28
1.345528	-1.30	0.896694	-0.77	0.530377	-0.24	0.270601	0.29
1.336504	-1.29	0.888916	-0.76	0.524448	-0.23	0.266761	0.30
1.327498	-1.28	0.881167	-0.75	0.518558	-0.22	0.262959	0.31
1.318510	-1.27	0.873448	-0.74	0.512707	-0.21	0.259196	0.32
1.309539	-1.26	0.865760	-0.73	0.506895	-0.20	0.255470	0.33
1.300587	-1.25	0.858102	-0.72	0.501122	-0.19	0.251782	0.34
1.291652	-1.24	0.850475	-0.71	0.495388	-0.18	0.248131	0.35
1.282737	-1.23	0.842879	-0.70	0.489693	-0.17	0.244518	0.36
1.273840	-1.22	0.835315	-0.69	0.484038	-0.16	0.240943	0.37
1.264961	-1.21	0.827781	-0.68	0.478422	-0.15	0.237404	0.38
1.256102	-1.20	0.820280	-0.67	0.472846	-0.14	0.233903	0.39
1.247263	-1.19	0.812810	-0.66	0.467309	-0.13	0.230439	0.40
1.238443	-1.18	0.805372	-0.65	0.461811	-0.12	0.227011	0.41
1.229643	-1.17	0.797967	-0.64	0.456354	-0.11	0.223621	0.42
1.220863	-1.16	0.790594	-0.63	0.450935	-0.10	0.220267	0.43
1.212103	-1.15	0.783254	-0.62	0.445557	-0.09	0.216949	0.44
1.203365	-1.14	0.775947	-0.61	0.440218	-0.08	0.213667	0.45
1.194646	-1.13	0.768673	-0.60	0.434919	-0.07	0.210422	0.46
1.185949	-1.12	0.761432	-0.59	0.429660	-0.06	0.207212	0.47
1.177274	-1.11	0.754225	-0.58	0.424441	-0.05	0.204038	0.48
1.168619	-1.10	0.747051	-0.57	0.419261	-0.04	0.200900	0.49
1.159987	-1.09	0.739912	-0.56	0.414122	-0.03	0.197797	0.50
1.151377	-1.08	0.732806	-0.55	0.409022	-0.02	0.194729	0.51
1.142789	-1.07	0.725735	-0.54	0.403962	-0.01	0.191696	0.52
1.134223	-1.06	0.718698	-0.53	**0.398942**	**0.00**	0.188698	0.53
1.125680	-1.05	0.711696	-0.52	0.393962	0.01	0.185735	0.54
1.117160	-1.04	0.704729	-0.51	0.389022	0.02	0.182806	0.55
1.108664	-1.03	0.697797	-0.50	0.384122	0.03	0.179912	0.56

E{$F_{V(v)}$}	v	E{$F_{V(v)}$}	v	E{$F_{V(v)}$}	v	E{$F_{V(v)}$}	v
0.177051	0.57	0.072789	1.07	0.024360	1.58	0.006649	2.09
0.174225	0.58	0.071377	1.08	0.023796	1.59	0.006468	2.10
0.171432	0.59	0.069987	1.09	0.023242	1.60	0.006292	2.11
0.168673	0.60	0.068619	1.10	0.022700	1.61	0.006120	2.12
E0.165947	0.61	**0.067274**	**1.11**	0.022168	1.62	0.005952	2.13
0.163254	0.62	0.065949	1.12	0.021647	1.63	0.005788	2.14
0.160594	0.63	0.064646	1.13	0.021137	1.64	0.005628	2.15
0.157967	0.64	0.063365	1.14	0.020637	1.65	0.005472	2.16
0.155372	0.65	0.062103	1.15	0.020147	1.66	0.005321	2.17
0.152810	0.66	0.060863	1.16	0.019668	1.67	0.005172	2.18
0.150280	0.67	0.059643	1.17	0.019198	1.68	0.005028	2.19
0.147781	0.68	0.058443	1.18	0.018738	1.69	0.004887	2.20
0.145315	0.69	0.057263	1.19	0.018288	1.70	0.004750	2.21
0.142879	0.70	0.056102	1.20	0.017847	1.71	0.004616	2.22
0.140475	0.71	0.054961	1.21	0.017415	1.72	0.004486	2.23
0.138102	0.72	0.053840	1.22	0.016993	1.73	0.004359	2.24
0.135760	0.73	0.052737	1.23	0.016579	1.74	0.004235	2.25
0.133448	0.74	0.051652	1.24	0.016174	1.75	0.004114	2.26
0.131167	0.75	0.050587	1.25	0.015778	1.76	0.003996	2.27
0.128916	0.76	0.049539	1.26	0.015390	1.77	0.003882	2.28
0.126694	0.77	0.048510	1.27	0.015010	1.78	0.003770	2.29
0.124503	0.78	0.047498	1.28	0.014639	1.79	0.003662	2.30
0.122340	0.79	0.046504	1.29	0.014276	1.80	0.003556	2.31
0.120207	0.80	0.045528	1.30	0.013920	1.81	0.003453	2.32
0.118103	0.81	0.044568	1.31	0.013573	1.82	0.003352	2.33
0.116028	0.82	0.043626	1.32	0.013233	1.83	0.003255	2.34
0.113981	0.83	0.042700	1.33	0.012900	1.84	0.003160	2.35
0.111962	0.84	0.041791	1.34	0.012575	1.85	0.003067	2.36
0.109972	0.85	0.040897	1.35	0.012257	1.86	0.002977	2.37
0.108009	0.86	0.040020	1.36	0.011946	1.87	0.002889	2.38
0.106074	0.87	0.039159	1.37	0.011642	1.88	0.002804	2.39
0.104166	0.88	0.038313	1.38	0.011345	1.89	0.002720	2.40
0.102285	0.89	**0.037483**	**1.39**	0.011054	1.90	0.002640	2.41
0.100431	0.90	**0.036668**	**1.40**	0.010771	1.91	0.002561	2.42
0.098604	0.91	0.035868	1.41	0.010493	1.92	0.002484	2.43
0.096803	0.92	0.035083	1.42	0.010222	1.93	0.002410	2.44
0.095028	0.93	0.034312	1.43	**0.009957**	**1.94**	0.002337	2.45
0.093279	0.94	0.033555	1.44	0.009698	1.95	0.002267	2.46
0.091556	0.95	0.032813	1.45	0.009445	1.96	0.002198	2.47
0.089858	0.96	0.032085	1.46	0.009198	1.97	0.002132	2.48
0.088185	0.97	0.031370	1.47	0.008957	1.98	0.002067	2.49
0.086537	0.98	0.030669	1.48	0.008721	1.99	0.002004	2.50
0.084914	0.99	0.029981	1.49	0.008491	2.00	0.001943	2.51
0.083315	1.00	0.029307	1.50	0.008266	2.01	0.001883	2.52
0.081741	1.01	0.028645	1.51	0.008046	2.02	0.001825	2.53
0.080190	1.02	0.027996	1.52	0.007832	2.03	0.001769	2.54
0.078664	1.03	0.027360	1.53	0.007623	2.04	0.001715	2.55
0.077160	1.04	0.026736	1.54	0.007419	2.05	0.001662	2.56
0.075680	1.05	0.026124	1.55	0.007219	2.06	0.001610	2.57
0.074223	1.06	0.025525	1.56	0.007025	2.07	0.001560	2.58
		0.024937	1.57	0.006835	2.08		

$E\{F_{V(v)}\}$	v	$E\{F_{V(v)}\}$	v	$E\{F_{V(v)}\}$	v	$E\{F_{V(v)}\}$	v
0.001511	2.59	0.001060	2.70	0.000761	2.80	0.000523	2.91
0.001464	2.60	0.001026	2.71	0.000736	2.81	0.000505	2.92
0.001418	2.61	0.000993	2.72	0.000711	2.82	0.000488	2.93
0.001373	2.62	0.000961	2.73	0.000688	2.83	0.000471	2.94
0.001330	2.63	0.000929	2.74	0.000665	2.84	0.000455	2.95
0.001288	2.64	0.000899	2.75	0.000643	2.85	0.000440	2.96
0.001247	2.65	0.000870	2.76	0.000621	2.86	0.000425	2.97
0.001207	2.66	0.000841	2.77	0.000600	2.87	0.000410	2.98
0.001169	2.67	0.000814	2.78	0.000580	2.88	0.000396	2.99
0.001131	2.68	0.000787	2.79	0.000560	2.89	0.000382	3.00
0.001095	2.69			0.000541	2.90		

Die für die Beispiele im Abschnitt 5.4 benutzten Einträge der Tabelle sind markiert dargestellt.

Literaturverzeichnis

Adam, D. (1969): Produktionsplanung bei Serienfertigung - Ein Beitrag zur Theorie der Mehrproduktunternehmung, Wiesbaden 1969

Adam, D. (1988): Aufbau und Eignung klassischer PPS-Systeme, in: Fertigungssteuerung I, Schriften zur Unternehmensführung, Band 38, hrsg. v. D. Adam, Wiesbaden 1988

Adams, J./Balas, E./Zawack, D. (1988): The shifting bottleneck procedure for job shop scheduling, in: Management Science (34) 1988, S. 391-401

Adelsberger, H.H./Kanet, J.J. (1991): The Leitstand - a new tool for computer-integrated manufacturing, in: Production and Inventory Management Journal (32) 1991, S. 43-48

Akers, S.B. (1956): A graphical approach to production scheduling problems, in: Operations Research (4) 1956, S. 244-245

Altrogge, G. (1993): Netzplantechnik, in: Handwörterbuch der Betriebswirtschaftslehre, hrsg. v. W. Wittmann et al., 5. Aufl., Stuttgart 1993, Bd. 2, Sp. 2907-2924

Altrogge, G. (1994): Netzplantechnik, 2. Aufl., München et al. 1994

Askin, R.G./Standridge, C. (1993): Modeling and analysis of manufacturing systems, New York et al. 1993

Bamberg, G./Coenenberg, A. (2002): Betriebswirtschaftliche Entscheidungslehre, 11. Aufl., München 2002

Bartusch, M (1983): Optimierung von Netzplänen mit Anordnungsbeziehungen bei knappen Betriebsmitteln, Dissertation, RWTH Aachen 1983

Baybars, I. (1986): A survey of exact algorithms fo the simple assembly line balancing problem, in: Management Science (32) 1986, S. 909-932

Billington, P.J./McClain, J.O./Thomas, L.J. (1983): Mathematical programming approaches to capacity-constrained MRP systems: review, formulation and problem reduction, in: Management Science (29) 1983, S. 1126-1141

Blazewicz, J./Ecker, K./Schmidt, G./Weglarz, J. (1993): Scheduling in computer and manufacturing systems, Berlin et al. 1993

Blumenfeld, D.E. (1990): A simple formula for estimating throughput of serial production lines with variable processing times and limited buffer capacity, in: International Journal of Production Research (28) 1990, S. 1163-1182

Bode, J. (1993): Betriebliche Produktion von Information, Wiesbaden 1993

Breid, V. (1994): Erfolgspotentialrechnung - Konzeption im System einer finanzierungstheoretisch fundierten, strategischen Erfolgsrechnung, Stuttgart 1994

Brink, H.-J./Fabry, P. (1974): Die Planung von Arbeitszeiten unter besonderer Berücksichtung der Systeme vorbestimmter Zeiten, Wiesbaden 1974

Brown, R.G. (1964): Smoothing, Forecasting and Prediction, Englewood Cliffs 1964

Buzacott, J.A./Shanthikumar, J.G. (1993): Stochastic models of manufacturing systems, Englewood Cliffs, New Jersey 1993

Carlier, J. (1982): The one-maschine sequencing problem, in: European Journal of Operational Research (11) 1982, S. 42-47

Clarke, G./Wright, J.W. (1964): Scheduling of vehicles from a central depot to a number of delivery points, in: Operations Research (12) 1964, S. 568-581

Conway, R./Maxwell, W./McClain, J.O./Thomas, L.J. (1988): The role of work-in-process inventory in serial production lines, in: Operations Research (36) 1988, S. 229-241

Conway, R.W./Maxwell, W.L./Miller, L.W. (1967): Theory of scheduling, Reading, Massachusetts 1967

Croston, J.D. (1972): Forecasting and stock control for intermittent demands, in: Operational Research Quarterly, 23 (3), 1972, S. 289-303

Dallery, Y./Gershwin, S.B. (1992): Manufacturing flow lines systems: a review of models and analytical results, in: Queueing Systems (12) 1992, S. 3-94

Dauzère-Péres, S./Lassere, J.P. (1994): An integrated approach in production planning and scheduling, Berlin et al. 1994

Debreu, G. (1959): Theory of Value, New Haven 1959

Decker, M. (1993): Variantenfließfertigung, Heidelberg 1993

Dellmann, K. (1975): Entscheidungsmodelle für die Serienfertigung, Opladen 1975

Derstroff, M. (1995): Mehrstufige Losgrößenplanung mit Kapazitätsbeschränkungen, Heidelberg 1995

Dinkelbach, W. (1964): Zum Problem der Produktionsplanung in Ein- und Mehrproduktunternehmen, Würzburg 1964

Domschke, W. (1993): Standortplanung, innerbetriebliche, in: Handwörterbuch der Betriebswirtschaftslehre, hrsg. v. W. Wittmann et al., 5. Aufl., Stuttgart 1993, Bd. 3, Sp. 3950-3962

Domschke, W. (1995): Logistik: Transport, 4. Aufl., München 1995

Domschke, W. (1997): Logistik: Rundreisen und Touren, 4. Aufl., München 1997

Domschke, W./Drexl, A. (1991): Kapazitätsplanung in Netzwerken, in: Operations Research Spektrum (13) 1991, S. 63-76

Domschke, W./Drexl, A. (2002): Einführung in Operations Research, 5. Aufl., Berlin et al. 2002

Domschke, W./Scholl, A./Voß, S. (1997): Produktionsplanung. Ablauforganisatorische Aspekte, 2. Aufl., Berlin et al. 1997

Drexl, A. (1990a): Fließbandaustaktung, Maschinenbelegung und Kapazitätsplanung in Netzwerken, in: Zeitschrift für Betriebswirtschaft (60) 1990, S. 53-70

Drexl, A. (1990b): Planung des Ablaufs von Unternehmensprüfungen, Stuttgart 1990

Drexl, A. (1991): Scheduling of project networks by job assignment, in: Management Science (37) 1991, S. 1590-1602

Drexl, A. (1993): Standorttheorien, in: Handwörterbuch der Betriebswirtschaftslehre, hrsg. v. W. Wittmann et al., 5. Aufl., Stuttgart 1993, Bd. 3, Sp. 3962-3972

Drexl, A./Fleischmann, B./Günther,H.-O./Stadtler, H./Tempelmeier, H. (1994): Konzeptionelle Grundlagen kapazitätsorientierter PPS-Systeme, in: Zeitschrift für betriebswirtschaftliche Forschung (46) 1994, S. 1022-1045

Drexl, A./Haase, K./Kimms, A. (1995): Losgrößen- und Ablaufplanung in PPS-Systemen auf der Basis randomisierter Opportunitätskosten, in: Zeitschrift für Betriebswirtschaft (65) 1995, S. 267-284

Drexl, A./Jordan, C. (1995): materialflussorientierte Produktionssteuerung bei Variantenfließfertigung, in: Zeitschrift für betriebswirtschaftliche Forschung (47) 1995, S. 1073-1087

Drexl, A./Kimms, A. (2001): Sequencing JIT mixed-model assembly lines under station-load and part-usage constraints, in: Management Science (47) 2001, S. 480-491

Drexl, A./Kolisch, R. (1993): Produktionsplanung und -steuerung bei Einzel- und Kleinserienfertigung. Grundlagen, in: Wirtschaftswissenschaftliches Studium (22) 1993, S. 60-66

Dyckhoff, H. (1991): Berücksichtigung des Umweltschutzes in der betriebswirtschaftlichen Produktionstheorie, in: Betriebswirtschaftslehre und ökonomische Theorie, hrsg. v. D. Ordelheide, B. Rudolph und E. Büsselmann, Stuttgart 1991, S. 275-309

Dyckhoff, H. (1994): Betriebliche Produktion. Theoretische Grundlagen einer umweltorientierten Produktionswirtschaft, 2. Aufl., Berlin et al. 1994

Dyckhoff, H./Darmstädter, A./Soukal, R. (1994): Recycling, in: Handbuch Produktionsmanagement, hrsg. von H.C., Wiesbaden 1994, S. 1071-1086

Evans, J.R. (1985): An efficient implementation of the Wagner-Whitin algorithm for dynamic lot-sizing, in: Journal of Operations Management (5) 1985, S. 229-235

Fandel, G. (1996): Produktion I. Produktions- und Kostentheorie, 5. Aufl., Berlin et al. 1996

Fandel, G./Francois, P. (1989): Just-in-Time-Produktion und -Beschaffung. Funktionsweise, Einsatzvoraussetzungen und Grenzen, in: Zeitschrift für Betriebswirtschaft (59) 1989, S. 531-544

Fandel, G./Blaga, S. (2004): Aktivitätsanalytische Überlegungen zu einer Theorie der Dienstleistungsproduktion, in: Zeitschrift für Betriebswirtschaft, Ergänzungsheft 1/2004, S. 1-21

Fleischmann, B. (1988): Operations Research-Modelle und -Verfahren in der Produktionsplanung, in: Zeitschrift für Betriebswirtschaft (58) 1988, S. 347-372

Frank, R. (2002): Microeconomics and Behaviour, 5. Aufl., New York 2002

Friedl, G./Hilz, C./Pedell, B. (2003): Controlling mit SAP/R3, 3. Aufl., Wiesbaden 2003

Fry, T.D./Cox, J.F./Blackstone, Jr., J.H. (1992): An analysis and discussion of the optimized production technology software and its use, in: Production and Operations Management (1) 1992, S. 229-242

Gaitanides, M. (1983): Prozeßorganisation, München 1983

Gälweiler, A. (1960): Produktionskosten und Produktionsgeschwindigkeit, Wiesbaden 1960

Garey, M.R./Johnson, D.S. (1979): Computers and intractability. A guide to the theory of NP-completeness, New York 1979

Giffler, B./Thompson, G.L (1960): Algorithms for solving production scheduling problems, in: Operations Research (8) 1960, S. 487-403

Glaser, H. (1979): Materialbedarfsvorhersagen, in: Handwörterbuch der Produktionswirtschaft, hrsg. v. W. Kern, Stuttgart 1979, Sp. 1202-1210

Goyal, S.K./Gunasekaran, A. (1990): Multi-stage production-inventory systems, in: European Journal of Operational Research (46) 1990, S. 1-20

Graham, R.L./Lawler, E.L./Lenstra, J.K./Rinnoy Kan, A.H.G. (1979): Optimization and approximation in deterministic scheduling and sequencing: a survey, in: Annals of Discrete Mathematics (5) 1979, S. 287-326

Granger, C.W.J./Newbold, P. (1992): Forecasting Economic Time-Series, 2. Aufl., San Diego 1992

Graves, S.C. (1982): Using Lagrangean techniques to solve hierarchical production planning problems, in: Management Science (28) 1982, S. 260-275

Grochla, E. (1979): Materialwirtschaft, in: Handwörterbuch der Produktionswirtschaft, hrsg. v. W. Kern, Stuttgart 1979, Sp. 1257-1265

Grochla, E. (1992): Grundlagen der Materialwirtschaft. Das materialwirtschaftliche Optimum im Betrieb, 3. Aufl., Wiesbaden 1992

Gross, D./Harris, C.M. (1998): Fundamentals of queueing theory, 3. Aufl., New York et al. 1998

Große-Oetringhaus, W. (1974): Fertigungstypologie unter dem Gesichtspunkt der Fertigungsablaufplanung, Berlin 1974

Günther, H.-O./Tempelmeier, H. (2002): Produktion und Logistik, 5. Aufl., Berlin et al. 2002

Gupta, Y.P./Keung, Y. (1990): A review of multi-stage lot-sizing models, in: International Journal of Operations and Production Management (10) 1990, S. 57-73

Gutenberg, E. (1951): Grundlagen der Betriebswirtschaftslehre, Erster Band: Die Produktion, 1. Aufl., Berlin et al. 1951

Gutenberg, E. (1980): Grundlagen der Betriebswirtschaftslehre, Dritter Band: Die Finanzen, 8. Aufl., Berlin et al. 1980

Gutenberg, E. (1983): Grundlagen der Betriebswirtschaftslehre, Erster Band: Die Produktion, 24. Aufl., Berlin et al. 1983

Haase, K. (1994): Lotsizing and scheduling for production planning, Berlin et al. 1994

Hansmeyer, K.H. (1979): Produktion und Umweltschutz, in: Handwörterbuch der Produktionswirtschaft, hrsg. v. W. Kern, Stuttgart 1979, Sp. 2029-2043

Harrison, P.J. (1965): Short term sales forecasting, in: Applied Statistics, 14, 1965, S. 102 ff

Haupt, R./Schilling, V. (1993): Simulationsgestützte Untersuchung neuerer Ansätze von Prioritätsregeln in der Fertigung, in: Wirtschaftswissenschaftliches Studium (22) 1993, S. 611-616

Hax, A.C./Candea, D. (1984): Production and inventory management, Englewood Cliffs, New Jersey 1984

Hax, A.C./Meal, H.C. (1975): Hierarchical integration of production planning and scheduling, in: Studies in Management Sciences (1) 1975, S. 53-69

Heinen, E. (1983): Betriebswirtschaftliche Kostenlehre, 6. Aufl., Wiesbaden 1983

Heiss, T. (1960): Theoretische Grundlagen für die empirische Ermittlung industrieller Kostenfunktionen, Diss. Saarbrücken 1960

Helber, S. (1994): Kapazitätsorientierte Losgrößenplanung in PPS-Systemen, Stuttgart 1994

Helber, S. (1995): Lot sizing in capacitated production planning and control systems, erscheint in: Operations Research Spektrum (17) 1995

Helgeson, W.P./Birnie, D.P. (1961): Assembly line balancing using the ranked positional weight technique, in: The Journal of Industrial Engineering (12) 1961, S. 394-398

Heinen, E. (1983): Betriebswirtschaftliche Kostenlehre, 6. Aufl., Wiesbaden 1983

Henzel, F. (1967): Kosten und Leistung, 4. Aufl., Essen 196

Hildenbrand, W. (1966): Mathematische Grundlagen zur nicht-linearen Aktivitätsanalyse, in: Unternehmensforschung 1966, S. 65-80

Hill, W./Fehlbaum, R./Ulrich, P. (1994): Organisationslehre 1, 5. Aufl., Bern et al. 1994

Höter, J.W. (1994): Effiziente Algorithmen zur Bestimmung optimaler Losgrößen, in: Operations Research Proceedings 1993, Berlin et al. 1994, S. 28-34

Horváth, P./Mayer R. (1989): Prozeßkostenrechnung. Der neue Weg zu mehr Kostentransparenz und wirkungsvolleren Unternehmensstrategien, in: Controlling (1) 1989, S. 214-219

Horváth, P./Mayer, R. (1993): Prozeßkostenrechnung - Konzeption und Entwicklungen, in: Prozeßkostenrechnung. Methodik, Anwendung und Softwaresysteme, Sonderheft 2/93 der Kostenrechnungspraxis, hrsg. v. W. Männel, Wiesbaden 1993, S. 15-28

Johnson, S.M. (1954): Optimal two- and three-stage production schedules with setup times included, in: Naval Research Logistics Quarterly (1) 1954, S. 61-68

Kilger, W. (1958): Produktions- und Kostentheorie, Wiesbaden 1958

Kilger, W. (1972): Flexible Plankostenrechnung. Theorie und Praxis der Grenzplankostenrechnung und Deckungsbeitragsrechnung, 5. Aufl., Köln/Opladen 1972

Kilger, W./Pampel, J./Vikas, K. (2002): Flexible Plankostenrechnung und Deckungsbeitragsrechnung, 11. Aufl., Wiesbaden 2002

Kistner, K.P./Steven, M. (1993): Produktionsplanung, 2. Aufl., Heidelberg 1993

Kleinrock, L. (1975): Queueing systems. Volume 1: Theory, New York et al. 1975

Kloock, J (1969): Betriebswirtschaftliche Input-Output-Modelle, Wiesbaden 1969

Koch, H. (1982): Integrierte Unternehmensplanung, Wiesbaden 1982

Koopmanns, T.C. (1951): Analysis of Production as an Efficient Combination of Activities, in: Activity Analysis of Production and Allocation, hrsg. v. T.C. Koopmanns, New York et al. 1951, S. 33-97

Kosiol, E. (1966): Die Unternehmung als wirtschaftliches Aktionszentrum, Reinbeck 1966

Kosiol, E. (1972): Kostenrechnung und Kalkulation, 2. Aufl., Berlin 1972

Kosiol, E. (1976): Organisation der Unternehmung, 2. Aufl., Wiesbaden 1976

Kosiol, E. (1979): Kostenrechnung der Unternehmung, 2. Aufl., Wiesbaden 1979

Kreikebaum, H. (1994), Umweltstrategien und ihre Umsetzung in Industrieunternehmen, in: Handbuch Produktionsmanagement, hrsg. v. H. Corsten, Wiesbaden 1994, S. 1037-1050

Kuhn, H. (1994a): Bestimmung der Anzahl der Karten in einem KANBAN-System, in: Das Wirtschaftsstudium (23) 1994, S. 527-532

Kuhn, H. (1994b): Die Fallstudie aus der Betriebswirtschaftslehre: optimaler Lagerbestand in einem KANBAN-System, in: Das Wirtschaftsstudium (23) 1994, S. 618-628

Kuik, R./Salomon, M./Van Wassenhove, L.N. (1994): Batching decisions: structure and models, in: European Journal of Operational Research (75) 1994, S. 243-263

Küpper, H.-U. (1979a): Produktionstypen, in: Handwörterbuch der Produktionswirtschaft, hrsg. v. W. Kern, Stuttgart 1979, Sp. 1636-1647

Küpper, H.-U. (1979b): Dynamische Produktionsfunktion der Unternehmung auf der Basis des Input-Output-Ansatzes, in: Zeitschrift für Betriebswirtschaft (49) 1979, S. 93-106

Küpper, H.-U. (1980): Interdependenzen zwischen Produktionstheorie und der Organisation des Produktionsprozesses, Berlin 1980

Küpper, H.-U. (1985): Structure, Applications and Limits of Dynamic Production Functions of the Firm Based on the Input-Output-Approach. In: Engineering costs and Productions Economics (9) 1985, S. 3-10.

Küpper, H.-U. (1993a): Kostenrechnung auf investitionstheoretischer Basis, in: Zur Neuausrichtung der Kostenrechnung. Entwicklungsperspektiven für die 90er Jahre, hrsg. v. J. Weber, Stuttgart 1993, S. 79-136

Küpper, H.-U. (1993b): Beschaffung, in: Vahlens Kompendium der Betriebswirtschaftslehre, Bd. 1, hrsg. v. M. Bitz et al., 3. Aufl., München 1993, S. 203-262

Küpper, H.-U. (2001): Controlling. Konzeption, Aufgaben und Instrumente, 3. Aufl., Stuttgart 2001

Küpper, W./Lüder, K./Streidtferdt, L. (1975): Netzplantechnik, Würzburg et al. 1975

Laporte, G. (1992a): The travelling salesman problem: An overview of exact and approximate algrorithms, in: European Journal of Operational Research (59) 1992, S. 231-247

Laporte, G. (1992b): The vehicle routing problem: An overview of exact and approximate algrorithms, in: European Journal of Operational Research (59) 1992, S. 345-358

Laßmann, G. (1968): Die Kosten- und Erlösrechnung als Instrument der Planung und Kontrolle in Industriebetrieben, Düsseldorf 1968

Laux, H. (2003): Entscheidungstheorie, 5. Aufl., Berlin 2003

Laux, H./Liermann, F. (2003): Grundlagen der Organisation. Die Steuerung von Entscheidungen als Grundproblem der Betriebswirtschaftslehre, 5. Aufl., Berlin et al. 1993

Lee, T.M./Plenert, G. (1993): Optimizing theory of constraints when new product alternatives exist, in: Production and Inventory Management Journal (37) 1993, S. 51-57

Lehmann, M.R. (1926): Grundsätzliche Bemerkungen zur Frage der Abhängigkeit der Kosten vom Beschäftigungsgrad, in: Betriebswirtschaftliche Rundschau (3) 1926, S. 145-155

Leontief, W. (1966): Input-Output Analysis, in: Input-Output Economics, hrsg. v. W. Leontief, New York 1966, S. 134-155

Little, J.D.C. (1961): A proof for the queueing formula L=$\square$W, in: Operations Research (9) 1961, S. 383-387

Luhmer, A. (1975): Maschinelle Produktionsprozesse. Ein Ansatz dynamischer Produktions- und Kostentheorie, Opladen 1975

Lundrigan, R. (1986): What is this thing called OPT? in: Production and Inventory Management 1986, S. 2-11

MacCarthy, B.L./Liu, J. (1993): Addressing the gap in scheduling research: a review of optimization and heuristic methods in production scheduling, in: International Journal of Production Research (31) 1993, S. 59-79

Manne, A.S. (1960): On the job-shop scheduling problem, in Operations Research (8) 1960, S. 219-223

Männel, W. (1980): Produktions- und absatzwirtschaftliche Konsequenzen qualitätspolitischer Entscheidungen im Rahmen der Beschaffung, in: Zeitschrift für betriebswirtschaftliche Forschung (32) 1980, S. 1110-1129

Meleton Jr., M.P. (1986): OPT - fantasy or breakthrough?, in: Production and Inventory Management 1986, S. 13-21

Mellerowicz, K. (1963): Kosten und Kostenrechnung, 4. Aufl., Berlin 1963

Mertens, P./Backert, K. (1981): Vergleich und Auswahl von Prognoseverfahren für betriebswirtschaftliche Zwecke, in: Prognoserechnung, hrsg. v. P. Mertens, 4. Aufl., Würzburg et al. 1981, S. 339-362

Miltenburg, J. (1989): Level schedules for mixed-model assembly lines in just-in-time production systems, in: Management Science (35) 1989, S. 192-207

Müller-Merbach, H. (1968): Die Berechnung des undeterminierten und terminierten Teilbedarfs mit dem Gozinto-Graph, in: Operations Research und Datenverarbeitung bei der Produktionsplanung, hrsg. v. K.F. Bussmann und P.H. Mertens, Stuttgart 1968, S. 109-120

Müller-Merbach, H. (1970): Optimale Reihenfolgen, Berlin et al. 1970

Müller-Merbach, H. (1992): Operations Research: Methoden und Modelle der Optimalplanung, 3. Aufl., München 1992

Neumann, K./Morlock, M. (2002): Operations Research, 2. Aufl., München et al. 2002

Pack, L. (1963): Die Bestimmung der optimalen Leistungsintensität, in: Zeitschrift für die gesamte Staatswissenschaft 1963, S. 1-57

Pfohl, H.-C. (1993): Logistiksysteme, in: Handwörterbuch der Betriebswirtschaftslehre, hrsg. v. W. Wittmann et al., 5. Aufl., Stuttgart 1993, Bd. 2, Sp. 2616-2631

Pfohl, H.-C. (2004a): Logistiksysteme. Betriebswirtschaftliche Grundlagen, 7. Aufl., Berlin et al. 2004

Pfohl, H.-C. (2004b): Logistikmanagement. Konzeption und Funktionen, 2. Aufl., Berlin et al. 2004

Picot, A. (1993): Organisation, in: Vahlens Kompendium der Betriebswirtschaftslehre, Bd. 2, hrsg. v. M. Bitz et al., 3. Aufl., München 1993, S. 101-174

Plenert, G. (1993): Optimizing theory of constraints when multiple constrained ressources exist, in: European Journal of Operational Research (70) 1993, S. 126-133

Pressmar, D.B. (1968): Die Kosten-Leistungsfunktion industrieller Produktionsanlagen, Diss. Hamburg 1968

Pressmar, D.B. (1969): Ein mathematisches und geometrisches Modell der ertragsgesetzlichen Produktionsfunktion, in: Zeitschrift für Betriebswirtschaft (39) 1969, S.301-322

Pressmar, D.B. (1974): Evolutorische und stationäre Modelle mit variablen Zeitintervallen zur simultanen Produktions- und Ablaufplanung, in: Proceedings in Operations Research 3, Würzburg 1974, S. 462-475

Pritsker, A.A.B./Watters, L.J./Wolfe, P.M. (1969): Multiproject scheduling with limited ressources: a zero-one programming approach, in: Management Science (16) 1969, S. 93-108

REFA (1992): Methodenlehre des Arbeitsstudiums. Teil 2. Datenermittlung, 7. Aufl., München 1992

Riebel, P. (1963): Industrielle Erzeugungsverfahren in betriebswirtschaftlicher Sicht, Wiesbaden 1963

Riebel, P. (1971): Zur Programmplanung bei Kuppelproduktion, in: Zeitschrift für betriebswirtschaftliche Forschung (23) 1971, S. 733-775

Riebel, P. (1994): Einzelkosten- und Deckungsbeitragsrechnung, 7. Aufl., Wiesbaden 1994

Rönnau, W. (1972): Materialbereitstellungsplanung bei schwankendem Auftragseingang, Berlin et al. 1972

Rosenberg, O./Ziegler, H. (1992): A comparison of heuristic algorithms for cost-oriented assembly line balancing, in: Zeitschrift für Operations Research 1992, S. 477-495

Rummel, K. (1949): Einheitliche Kostenrechnung auf der Grundlage einer vorausgesetzten Proportionalität der Kosten betrieblicher Größen, 3. Aufl., Düsseldorf 1949

Schäfer, E. (1969): Der Industriebetrieb. Betriebswirtschaftslehre der Industrie auf typologischer Grundlage, Bd. 1, Köln/Opladen 1969

Schanz, G. (1992): Organisation, in: Handwörterbuch der Organisation, 3. Aufl., hrsg. v. E. Frese, Stuttgart 1992, Sp. 1459-1471

Schläger, W. (1994): Einführung in die Zeitreihenprognose bei saisonalen Bedarfsschwankungen und Vergleich der Verfahren von Winters und Harrison, in: Prognoserechnung, hrsg. v. P. Mertens, 5. Aufl., Heidelberg 1994, S. 41-55

Schmalenbach, E. (1963): Kostenrechnung und Preispolitik, 8. Aufl. (bearbeitet von R. Bauer), Köln/Opladen 1963

Schneeweiß, C./Söhner, V. (1991): Kapazitätsplanung bei moderner Fließfertigung, Heidelberg 1991

Spengler, T. (1998): Industrielles Stoffstrommanagement - Betriebswirtschaftliche Planung und Steuerung von Stoff- und Energieströmen in Produktionsunternehmen, Berlin 1998

Schröder, M. (1994): Einführung in die kurzfristige Zeitreihenprognose und Vergleich der einzelnen Verfahren, in: Prognoserechnung, hrsg. v. P. Mertens, 5. Aufl., Heidelberg 1994, S. 7-39

Schweitzer, M. (1964): Probleme der Ablauforganisation in Unternehmungen, Berlin 1964

Schweitzer, M. (1966): Beitrag zur optimalen Terminierung, in: Zeitschrift für Betriebswirtschaft (36) 1966, S. 41-52

Schweitzer, M. (1973): Einführung in die Industriebetriebslehre, Berlin/New York 1973

Schweitzer, M. (1986): Die produktionstheoretischen Grundlagen der programmorientierten Materialbedarfsplanung, in: Zukunftsaspekte der anwendungsorientierten Betriebswirtschaftslehre. Festschrift für Erwin Grochla zu seinem 65. Geburtstag, hrsg. v. E. Gaugler, H.G. Meissner und N. Thom, Stuttgart 1986, S. 363-376

Schweitzer, M. (1990): Zur Geltung produktionstheoretischer Aussagen in der Industrie, in: Führungsorganisation und Technologiemanagement. Festschrift für Friedrich Hoffmann zu seinem 65. Geburtstag, hrsg. v. R. Bühner, Berlin 1990. S. 231-256

Schweitzer, M. (1993): Produktion, in: Handwörterbuch der Betriebswirtschaftslehre, hrsg. v. W. Wittmann et al., 5. Aufl., Stuttgart 1993, Bd. 2, Sp. 3328-3347

Schweitzer, M. (1994): Industrielle Fertigungswirtschaft, in: Industriebetriebslehre, hrsg. v. M. Schweitzer, 2. Aufl. München 1994, S. 568-746

Schweitzer, M./Küpper, H.-U. (1997): Produktions- und Kostentheorie: Grundlagen – Anwendungen, 2. Aufl., Wiesbaden 1997

Schweitzer, M./Küpper, H.-U. (2003): Systeme der Kosten- und Erlösrechnung, 8. Aufl., München 2003

Seelbach, H. (1993): Ablaufplanung, in: Handwörterbuch der Betriebswirtschaftslehre, hrsg. v. W. Wittmann et al., 5. Aufl., Stuttgart 1993, Bd. 1, Sp. 1-15

Seelbach, H. unter Mitarbeit von H. Fehr, J. Hinrichsen, P. Witten u. H.-G. Zimmermann (1975): Ablaufplanung, Würzburg et al. 1975

Sieben, G./Schildbach, T. (1990): Betriebswirtschaftliche Entscheidungstheorie, 3. Aufl., Düsseldorf 1990

Silver, E.A./Meal, H.C. (1973): A heuristic for selecting lot size quantities for the case of a deterministic time-varying demand rate and discrete opportunities for replenishment, in: Production and Inventory Management (1973), S. 64-74

Silver, E.A./Pyke, D.F./Peterson, R. (1998): Inventory management and production planning and scheduling, 3. Aufl., New York et al. 1998

Stadtler, H. (1988): Hierarchische Produktionsplanung bei losweiser Fertigung, Heidelberg 1988

Stadtler, H./Wilhelm, S. (1993): Einsatz von Fertigungsleitständen in der Industrie, in: CIM Management 1993, S. 39-44

Steven, M. (1993): Produktion und Umweltschutz, Heidelberg 1993

Steven, M. (1994a) Dynamische Analyse des Umweltfaktors in der Produktion, in: Zeitschrift für Betriebswirtschaft (64) 1994, S. 493-513

Steven, M. (1994b): Hierarchische Produktionsplanung, 2. Aufl., Heidelberg 1994

Stöppler, S. (1975): Dynamische Produktionstheorie, Opladen 1975

Streim, H. (1975): Heuristische Lösungsverfahren. Versuch einer Begriffsklärung, in: Zeitschrift für Operations Research (19) 1975, S. 143-162

Swann, D. (1986): Using MRP for optimized schedules (emulating OPT), in: Production and Inventory Management 1986, S. 30-37

Taha, H.A. (1992): Operations Research. An introduction, 5. Aufl., New York et al. 1992

Tempelmeier, H. (1983): Quantitative Marketing-Logistik, Berlin et al. 1983

Tempelmeier, H. (1993): Beschaffung, Materialwirtschaft, Logistik, in: Handwörterbuch der Betriebswirtschaftslehre, hrsg. v. W. Wittmann et al., 5. Aufl., Stuttgart 1993, Bd. 1, Sp. 312-325

Tempelmeier, H. (2002): Material-Logistik. Grundlagen der Materialbedarfs- und Losgrößenplanung in PPS-Systemen, 5. Aufl., Berlin et al. 2002

Tempelmeier, H./Derstroff, D. (1996): A lagrangean-based heuristic for dynamic multi-item multi-level constrained lotsizing with setup times, in: Management Science (42) 1996, S. 738 - 757

Tempelmeier, H./Helber, S. (1994): A heuristic for dynamic multi-item multi-level capacitated lotsizing for general product structures, in: European Journal of Operational Research (75) 1994, S. 296-311

Theisen, P. (1970): Grundzüge einer Theorie der Beschaffungspolitik. Berlin 1970.

Troßmann, E. (1983): Grundzüge einer dynamischen Theorie und Politik der betrieblichen Produktion, Berlin 1983

Trux, W.R. (1972): Einkauf und Lagerdispositionen mit Datenverarbeitung. Bedarf, Bestand, Bestellung, Wirtschaftlichkeit, 2. Aufl., München 1972

Varian, H. (2002): Intermediate Microeconomics: A Modern Approach, 6. Aufl., New York 2002

Vazsonyi, A. (1962): Die Planungsrechnung in Wirtschaft und Industrie, München/Wien 1962

Vollmann, T.E./Berry, W.L./Whybark, D.C. (1992): Manufacturing planning and control systems, 3. Aufl., Homewood, Illinois 1992

Wagner, M.H./Whitin, T.M. (1958): Dynamic version of the economic lot size model, in: Management Science (5) 1958, S. 89-96

Walther, A. (1947): Einführung in die Wirtschaftslehre der Unternehmung, Zürich 1947

Walther, A. (1959): Einführung in die Wirtschaftslehre der Unternehmung. 2. Auflage, Zürich 1959.

Wedekind, H. (1968): Ein Vorhersagemodell für sporadische Nachfragemengen bei der Lagerhaltung, in: Ablauf- und Planungsforschung, 9, 1968, S. 1-11

Wiendahl, H.-P. (1987): Belastungsorientierte Fertigungssteuerung - Grundlagen, Verfahrensaufbau, Realisierung, München 1987

Wiese, K.H. (o.J.): Mittelfristige Bedarfsvorhersage in der Konsumgüterindustrie, IBM-Forum 78 170

Winters, P.R. (1960): Forecasting sales by exponentiallly weigthed moving averages, in: Management Science, 6, 1960, S. 324-342

Wöhe, G. (2002): Einführung in die Betriebswirtschaftslehre, 21. Aufl., München 2002

Ziegler, H. (1990): Produktionsablaufplanung und -steuerung bei Mehrproduktfließlinien, in: Operations Research Proceedings 1989, hrsg. v. K.P. Kistner et al., Berlin 1990, S. 161-171

Stichwortverzeichnis